高等学校省级规划教材

卓越工程师教育培养计划土木类系列教材

合肥工业大学教材出版基金资助项目

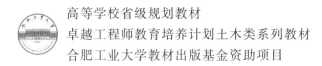

建筑设备工程

（第 3 版）

主　编　祝　健　王立平

副主编　章　瑾　李雪飞　万　力

编　委　（按姓氏笔画为序）

王　坤　张东凯

合肥工业大学出版社

图书在版编目(CIP)数据

建筑设备工程/祝健,王立平主编. --3版. --合肥:合肥工业大学出版社,2024.

ISBN 978-7-5650-5909-4

Ⅰ.TU8

中国国家版本馆 CIP 数据核字第 20248312R8 号

建筑设备工程

(第3版)

主编 祝 健 王立平		责任编辑 赵 娜	
出 版	合肥工业大学出版社	版 次	2007 年 12 月第 1 版
地 址	合肥市屯溪路 193 号		2016 年 7 月第 2 版
邮 编	230009		2024 年 11 月第 3 版
电 话	理工图书出版中心:0551-62903004	印 次	2024 年 11 月第 1 次印刷
	营销与储运管理中心:0551-62903198	开 本	787 毫米×1092 毫米 1/16
网 址	press.hfut.edu.cn	印 张	25.75
E-mail	hfutpress@163.com	字 数	627 千字
发 行	全国新华书店	印 刷	安徽联众印刷有限公司

ISBN 978-7-5650-5909-4 定价: 52.00 元

如果有影响阅读的印装质量问题,请与出版社营销与储运管理中心联系调换。

第3版 前 言

随着我国社会的发展和科技的进步,建设行业进入了高质量发展阶段,建筑设备专业在"双碳"战略和高品质建设过程中扮演着越来越重要的角色。建筑设备专业相关的标准相继修订,新设备、新材料、新技术不断涌现。此外,同行们也不断给我们提供了宝贵意见并提出了增加内容的期盼。因此,我们于2023年组织以资深的高校教师为骨干,联合设计科研单位有关专家组成修编团队。团队牢记为党育人、为国育才的初心使命,制定了习近平新时代中国特色社会主义思想进教材落实细则,坚持"用心打造培根铸魂、启智增慧的精品教材",修编团队经过充分调研,在第2版的基础上进行了修订。第3版依据相关现行国家标准,紧扣"双碳"、绿色、安全、智慧等建筑行业高质量发展主题,对内容做了部分调整,删除了一些基础理论的知识,重点扩充和更新了以下内容:①根据现行国家标准,特别是工程建设强制性标准的内容对本书进行了全面梳理和优化;②增加了各专业的绿色节能技术和智慧建筑、智慧城市等相关内容;③增加了建筑能源的综合利用,蓄冷、分布式能源、光伏太阳能、建筑储能等新能源应用章节。

本书继承并发扬了前一版的严谨作风。坚持理论和实际结合,普及和深入兼顾,力求叙述全面,概念清晰,标准准确,计算方法可靠,数据、图表翔实,以便广大读者学习和使用。

本书由祝健老师、王立平老师担任主编,章瑾老师、李雪飞老师和万力教授级高级工程师担任副主编。本书的具体编写分工:第1章、第2章由章瑾编写,第3章、第4章由王坤编写,第5章由祝健编写,第6章由王立平编写,第7章由李雪飞编写,第8章由张东凯、祝健编写,第9章由祝健编写,第10章由祝健、李雪飞编写,第11~18章由万力、祝健编写。

本书在修订过程中,经过广泛调研,参阅了国内外同行多部著作。使用本书的部分高校老师也提出了很多宝贵意见供我们参考,在此表示衷心感谢。限于编者学识及专业水平,如读者发现需修改和补充之处,请将意见和有关资料及时提供给我们,以便我们修订与完善。

编 者

2024年6月

第2版　前　言

随着我国经济建设的快速发展,工程建设科技水平得到快速提升,这给建筑设备专业的发展提供了良好的发展机遇。

本教材于 2007 年 12 月第 1 版发行,2014 年被列为安徽省省级规划教材。近年来,国家建筑行业加大了在建筑产业化、建筑节能、安全和基础设施建设等重点领域的建设,建筑设备工程专业相关的国家标准、规范、规程要求产生了很大的变动,建筑设备工程的新材料、新产品、新技术不断涌现,为此,在第 1 版的基础上,本书进行了修订。主要修订内容:①修订整合原有章节,重新对基础知识加以梳理,删减部分理论性较强的内容;②采用国家最近、最新制定的制图标准和相关行业规范;③增加建筑节能、绿色建筑及建筑智能化新技术的应用。

本书内容尽可能满足相关专业培养要求,分清主次,突出重点,加强理论与实际的结合。对建筑设备工程中涉及的专业知识、设计规范等内容有所体现,紧跟科技发展,更新和扩充教学内容,结合行业最新动态,充分反映各种新材料、新技术、新成果、新工艺在各专业中的配合与应用,丰富学生的知识面,使学生掌握必要的基础理论知识和专业知识。

修订后的教材内容共分为三篇,第一篇主要介绍建筑给水排水工程;第二篇介绍供热、供燃气、通风及空气调节;第三篇介绍建筑电气。每章均附有适当的思考题,便于学生练习。

本书由祝健老师担任主编,章瑾老师、刘向华老师和万力教授级高级工程师担任副主编。本书的编写分工:第 1 章、第 2 章、第 3 章由章瑾编写,第 4 章由王坤编写,第 5 章由祝健编写,第 6 章由刘向华编写,第 7 章由李雪飞编写,第 8 章由张虎编写,第 9 章由祝健编写,第 10 章由祝健和杨丰编写,第 11～14 章由万力编写。

本书可以作为土木建筑类专业的教材或教学参考书,也可供从事与土木建筑类工作有关的设计、规划、装修、施工及管理人员参考借鉴。

本书在修订过程中,经过广泛调研,参阅了国内外同行多部著作,省内外部分高校和建筑设计单位也提出了很多宝贵的修改意见,在此表示衷心感谢。限于编者学识及专业水平,书中难免存在疏漏之处,欢迎读者批评指正。

编　者

2016 年 6 月

第1版 前 言

建筑设备工程是土木、建筑类专业的一门工程技术基础课。本课程主要介绍建筑给水、排水、热水供应与燃气输配、供暖、通风、空气调节、建筑电气等工程的基本知识和技术。本书对建筑设备工程的基础知识、基本工作原理、设备选型、简单的设计计算及如何配合土建设计、施工进行综合考虑等方面做了简要的叙述。由于目前我国高层建筑的蓬勃兴起，带动了各类建筑设备的不断发展，使得建筑设备系统发生了很大变化，因此本书在各篇章中对高层建筑设备做了适当介绍。

近年来随着社会经济的发展和科学技术的进步，以及人们物质文化生活水平的不断提高，建筑设备工程专业相关的国家标准、规范、规程要求发生了很大的变革；建筑设备工程的新材料、新产品、新技术不断涌现，为此，合肥工业大学土木工程学院和安徽省建筑工业学院环境工程学院教师联合编写了本教材。考虑到本教材主要用于土木建筑类专业本科生学习，课时较少，我们采用了将内容相对集中的方法，着重讲解水、暖、电方面的基本知识。在编写中遵循"内容充实，取材新颖，注重实用，提高时效"的原则，努力做到不仅包括学科的基本内容，而且反映学科最新的技术成果。书中各章都附有思考题，可供读者复习巩固所学的主要知识。各使用单位可根据自己的教学计划，有所侧重，以满足教学要求。

本书可以作为土木建筑类专业的教材或教学参考书，也可以作为从事与土木建筑类工作有关的设计、规划、装修、施工及管理人员的参考用书。

本书由合肥工业大学土木与水利工程学院祝健担任主编，安徽省建筑工业工程学院环境学院宣玲娟担任副主编。本书的编写分工：第1章、第4章、第8章、第12章由祝健编写，第3章、第9章由宣玲娟编写，第2章、第6章由张爱凤编写，第5章由章瑾编写，第7章由李雪飞编写，第10章由张虎编写，第11章由刘向华编写，第13～16章由万力、祝健编写。

本书在编写过程中，参考了书后所列的参考文献，从中吸取许多有关的内容；参考了有关专家、学者的著述，吸收了国内外建筑设备各方面的新技术和新成果，并且运用了当前最新颁布的国家规范。在此向各文献的编著者表示感谢。

由于编者水平有限，书中不当之处在所难免，恳请各位师生、工程技术人员，将发现的错误及改进意见告知编者，以便修订完善。

编 者

2007 年 11 月

目　　录

第一篇　给水排水

第二篇 供热、供燃气、通风及空气调节

第三篇　建筑电气

绪　　论

0.1　建筑设备的概念

随着城市化进程的加快,人们对居住环境和生活质量的要求不断提高,建筑设备专业在城市建设中扮演着越来越重要的角色。建筑设备专业涵盖了给水排水、供暖通风与空气调节、建筑电气、建筑智能化和智慧城市等多个领域,旨在为人们提供健康舒适、安全耐久、节能环保、宜居便利的建筑环境。本书将对建筑设备专业的各个方面进行介绍,并阐述其在建筑行业高质量发展过程中所起的作用,特别是增加了其在绿色双碳、建筑品质提升及智慧建筑建设中的应用。

本书将建筑设备划分成给水排水、供暖通风与空气调节和建筑电气三个篇幅。

0.1.1　给水排水

给水排水专业主要研究城市供水、排水、污水处理等方面的技术和设施。随着水资源的日益紧张,给水排水专业在保障城市供水安全、提高水资源利用效率、减少污水排放等方面发挥着重要作用。本书重点介绍建筑内部的给水排水问题,其核心内容包括给水设计、消防设计、排水设计、热水设计。随着社会经济的发展,人们对建筑品质的要求越来越高,给排水及消防给水为建筑物提供充足、可靠、安全的用水的同时,需要更加注重节水技术的研究和应用,以实现人与环境的和谐共生,满足可持续发展的需求。

0.1.2　供暖通风与空气调节

供暖通风与空气调节(Heating, Ventilation and Air Conditioning, HVAC)包括供暖、通风和空气调节三个部分。这三部分的功能相互关联,向建筑提供舒适的温湿度环境和适当的室内空气品质。随着物质生活水平的提高,人们对室内环境的需求不断增长,供暖通风与空气调节专业在建筑设计和运行中的地位越来越重要。未来该专业发展方向和趋势主要集中在提高能源效率、减少温室气体排放和提升室内空气质量等方面,更加注重节能技术的发展,降低 HVAC 系统能耗,减少对环境的影响。

0.1.3　建筑电气

建筑电气专业主要研究建筑物内部的电力供应、照明、防雷接地、电气消防和建筑智能化等方面的技术和设施。随着智能建筑和绿色建筑的发展及新能源的应用,建筑电气专业在提高建筑物能源利用效率、保障电力系统安全稳定运行等方面发挥着关键作用。未来,建筑电气专业将更加注重构建以"光、储、直、柔"为特征的新型建筑电气系统,以满足城市可持续发展的需求。

综上,结合本书后叙内容,编者根据建筑设备专业包含的具体内容构建了建筑设备总体架构(见图0-1)。

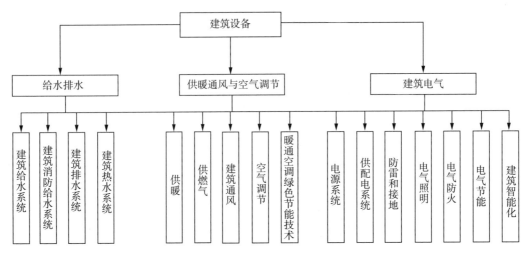

图 0-1 建筑设备总体架构

0.2 建筑设备的要素

我们学习建筑设备技术,需要了解建筑设备的关键要素,包括与建筑各个专业的关系及在建筑功能、安全、绿色节能、智慧城市等领域的作用,这样才能掌握课程的目的和重点,更好地提升学习水平。

0.2.1 建筑设备要服务于建筑的功能和性能

在建筑设备领域,保证建筑的功能和性能是至关重要的。首先,建筑设备的设计、选型与配合需要与建筑的用途、规模和特性相一致,同时满足机电的功能和性能要求。其次,建筑设备需要与建筑、结构、造价等相结合,确保各自的需求和要求得到充分考虑,包括对建筑空间布局、设备安装位置、管线走向等方面的综合规划。通过有效的分工协调,可以提升项目建设质量,满足使用者对建筑工程使用功能、舒适度、效率和安全等方面的要求。

0.2.2 建筑设备要以双碳及绿色节能为目标

建筑设备在实现建筑节能和双碳目标方面起着至关重要的作用。从规划设计阶段开始,建筑设备专业就需要着眼于建筑全生命周期的节能低碳,全过程贯穿绿色化理念。这包括执行国家节能标准,采用节能型的技术、工艺、设备、材料和产品,加强可再生能源的应用等。

新建建筑需要满足节能低碳的要求。新建公共建筑与住宅一般需要符合绿色建筑星级技术指标;既有建筑则需要通过节能改造来满足这些要求,对于既有建筑的改造,应避免大拆大建,在满足安全性和舒适性的前提下,实现建筑的节能改造。

建筑设备领域有条件提前实现"双碳"目标。实现这一目标的路径可以概括为"一个节能和两个替代"。一个节能是指继续深入推进以节能为核心的工作,两个替代则是指推进以可再生能源替代传统能源，以新材料、新工艺、新技术替代传统建筑材料、工艺和技术。

0.2.3　建筑设备要符合装配式建筑的要求

建筑设备专业人员需要根据装配式建筑的特点，选择合适的设备并进行配置。这包括对供暖、通风及空调、给排水、照明等设备进行选型和配置，以满足建筑物的使用需求。

建筑设备专业人员需要参与装配式建筑的系统集成与控制工作，采用建筑信息化模型（Building Information Modeling，BIM）等技术，确保各个系统之间的协调与配合。这包括对建筑物的装配构建进行设计、对管线自动检测碰撞做好安装和调试。

0.2.4　建筑设备在建筑安全方面起到重要作用

防火：建筑设备中的消防系统是保障建筑物安全的重要设施。它包括火灾报警系统、自动喷水灭火系统、气体灭火系统、防排烟系统等，能够及时发现火灾并采取相应的措施进行扑灭，从而保护人员和财产的安全。

防盗：建筑设备中的安防系统可以提供入侵报警、视频监控等功能，有效防范盗窃和其他犯罪行为的发生。通过安装门禁系统、监控系统等设备，可以提高建筑物的安全性，减少被盗风险。

防雷接地：建筑设备中的防雷接地系统可以有效地保护建筑物免受雷电的损害。通过合理的设计和安装避雷针、接地装置等设备，可以将雷电引向地面，避免对建筑物和人员造成伤害。

防电击：建筑设备中的电气系统需要符合相关的安全标准和规范，确保电气设备的正常运行和人身安全。

抗震：建筑设备中的抗震设计可以减少地震对建筑物的破坏。通过采用合适的管道结构设计和材料，提高建筑物的抗震能力，保护人员和财产的安全。

应急指挥：建筑设备中的应急指挥系统可以在紧急情况下提供及时有效的指挥和救援。

信息安全：建筑设备中的信息系统需要采取相应的安全措施，保护信息的机密性和完整性。例如，建立防火墙、加密通信等措施可以防止黑客攻击和信息泄露。

0.2.5　建筑设备在建筑行业高质量发展中扮演重要角色

建筑业的高质量发展已成为行业发展的主要方向，具体主要体现在以下几个方面。

（1）从高消耗、低产出的粗放型发展向更高级的可持续发展转变。这意味着建筑设备需要不断创新，提供更加节能、环保、高效的设备和技术。

（2）产品和服务质量的提升。建筑设备需要确保所提供的设备和技术服务于建筑的高品质建设，满足更高的标准和要求。

（3）智能化建造已成为建筑行业的发展趋势。建筑设备需要与时俱进，研发和推广更加智能、自动化的设备和技术。

（4）装配式建筑的崛起为建筑业带来了新的机遇和挑战。建筑设备需要与装配式建筑的发展同步，并给其提供更加先进、精确的设备和支持。

0.2.6　建筑设备的设计与施工要以标准为准绳

工程建设标准在建筑设备工程中具有重要的意义。工程建设标准是为了在工程建设中实现规范化、统一化和标准化，保证工程质量、促进技术进步、保障人体健康和人身、财产安全等目标，由政府或其授权的机构制定并发布的强制性或推荐性技术规范和质量要求。标准的重要作用体现在以下几个方面。

保证工程质量：工程建设标准规定了建筑水、暖、电三设备专业的设计、施工、验收等环节的技术要求和质量标准，有利于确保工程的质量和安全。

提高工程效率：工程建设标准为建筑水、暖、电三设备专业提供了统一的操作规范和方法，有利于提高工程的施工效率和管理水平。

促进技术进步：工程建设标准反映了当前最新的技术水平和发展要求，有利于推动建筑电气工程的技术创新和应用。

有利于维护公共利益：工程建设标准规定了建筑水、暖、电设备工程的公共安全和环境保护等方面的要求，有利于保障公众的生命财产安全和环境健康。

工程建设标准包括国家、行业、地方、团体和企业标准。目前我国工程建设标准中的全文强制性标准项目名称统称为技术规范，其他均称为非强制性技术标准，也称为技术标准。

技术规范分为工程项目类规范和通用技术类规范。工程项目类规范是以工程项目为对象，以总量规模、规划布局，以及项目功能、性能和关键技术措施为主要内容的强制性标准。通用技术类规范是以技术专业为对象，以规划、勘察、测量、设计、施工等通用技术要求为主要内容的强制性标准。新制定非强制性技术标准原则上不设置强制性条文，逐步用全文强制性标准取代现行技术标准中分散的强制性条文。

这些标准覆盖了工程建设的各个环节，包括勘察、规划、设计、施工（包括安装）及验收等行业专用的综合性标准和重要的行业专用的质量标准，有关安全、卫生和环境保护的标准，工程建设重要的行业专用的术语、符号、代号、量与单位和制图方法等内容。

0.3　本课程的学习目的

建筑设备工程是一门专业基础课。建筑设备工程在建筑、结构、造价等专业中占有重要位置。学习本课程的目的在于掌握建筑设备工程的基本知识，具备综合考虑和合理处理各种建筑设备与建筑主体之间的关系的能力，从而做出适用的、经济的建筑和结构设计，并掌握一般建筑的水、暖、电设计的原则和方法，使整个建筑设计和工程达到经济、实用、多功能的要求。

建筑设备是指建筑内的给水、排水、供热、通风、空气调节、供电、照明、智能化等设备系统。这些设备工程置于建筑物内，要求与建筑、结构及生产工艺设备等相互协调。合理地进行建筑设备工程的设计、施工是保证建筑物发挥高效、多功能的前提。在当前学科交叉不断发展的趋势下，作为土木类的学生非常有必要学好本课程，努力成为新世纪复合型人才。

第一篇

给水排水

第1章 室外给水排水系统

室外给水排水系统与建筑给水排水系统密切相连。室外给水系统担负着从水源取水，将其净化到所要求的水质标准后，由城市管网将清水输送、分配到各建筑物的任务；而室外排水系统则接纳由建筑物排水系统排出的废水和污水，并及时地将其输送至适当地点，最后经妥善处理后排放至天然水体或再利用。室外排水系统还担负着收集和排放雨水的任务。在整个给水排水工程中，给水排水的流程与系统功能关系示意如图 1-1 所示。

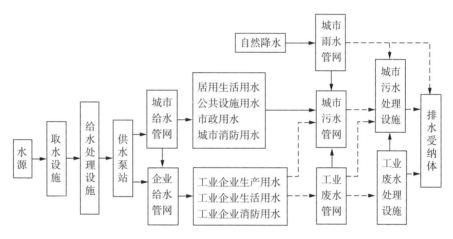

图 1-1　给水排水的流程与系统功能关系示意

1.1　室外给水系统概述

室外给水系统的主要任务是自水源取水，进行处理净化达到用水水质标准后，经过管网输送，供城镇各类建筑所需的生活、生产、市政（如绿化、街道洒水）和消防用水。

通常，室外给水系统包括水源、取水工程、净水工程、输配水工程及泵站。

1.1.1　水源

城市给水水源有广义和狭义之分。狭义的水源一般指清洁淡水，即传统意义的地表水和地下水，是城市给水水源的主要选择；广义的水源除了上述的清洁淡水外，还包括海水和低质水（微咸水、再生污水和暴雨洪水）等。工程上的水源，即上述狭义的水源范围内可以恢复更新的淡水量中，在一定技术经济条件下，可以被人们所用的那一部分水及少量被用于冷却的海水。

地下水指埋藏在地下空隙、裂隙、溶洞等含水层介质中储存运移的水体。地下水按埋藏条件可以分为包气带水、潜水、承压水。地下水具有水质清洁、水温稳定、分布面广等特点，但地下水径流量较小，矿化度和硬度较高。地下水是城市主要水源，若水质符合要求，则可优先考虑。但地下水中矿物质盐类含量高、硬度大、埋藏过深或储量过小、抽取地下水会引起地面下沉的地区和城市,不宜以地下水作为水源。

地表水主要指江河、湖泊、水库等。地表水具有浑浊度较高、水温变幅大、易受工农业污染、季节性变化明显等特点,但地表水径流量大、矿化度和硬度低、含铁锰量低。地表水源的水量充沛,常能满足大量用水的需要,是城市给水水源的主要选择。但多年的环境污染,使不少地表水丰富的地区,不能利用城市周围的地表水源,从而造成"水质型"缺水的现象。

海水含盐量很高,淡化较困难,且耗资巨大,因此海水作为水源一般用于工业用水和生活杂用水,如工业冷却、除尘、冲灰、洗涤、消防、冲厕等。

传统意义的给水水源以外的、可以利用的低质水源称为边缘水,其主要指微咸水、生活污水、暴雨洪水。这些水经过处理后可以用于工农业生产和生活用水,或直接用于工业冷却水、农业用水及市政用水等。

1.1.2 取水工程

取水工程包括选择水源和取水地点,建造适宜的取水构筑物,其主要任务是保证给水系统取得足够的水量并符合我国城市供水水质标准和生活饮用水水源水质标准。

地下水取水构筑物的形式与地下水埋深、含水层厚度等水文地质条件有关,主要有管井、大口井、辐射井、渗渠和引泉构筑物等,其中以管井和大口井最为常见。管井由其井壁和含水层中进水部均为管状结构而得名,用于取水量大、含水层厚大于 4 m,而底板埋藏深度大于 8 m 的情况。大口井与管井一样,也是一种垂直建造的取水井,其因井径较大而得名,用于含水层厚度在 5 m 左右,而底板埋藏深度小于 15 m 的情况。图 1-2 为两种常见的地下水取水构筑物示意。

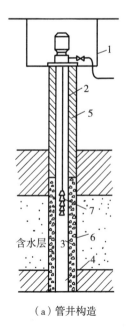

（a）管井构造　　　　　　（b）大口井构造

1—井室;2—井壁管;3—过滤管;4—沉淀管;5—黏土封闭;6—人工填砾;7—深井泵。

图 1-2　两种常见的地下水取水构筑物示意

地表水取水构筑物建于水源岸边,其位置应根据取水水质、水量并结合当地的地质、地形、水深及其变化情况等确定。地表水取水构筑物的形式主要有固定型和移动型两种:固定型包括岸边式、河床式和斗槽式;移动型包括浮船式、缆车式等。应根据水源的具体情况选择取水构筑物的形式。图 1-3 为常见的两种地表水取水构筑物示意。

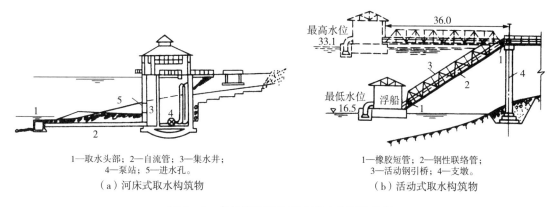

1—取水头部;2—自流管;3—集水井;
4—泵站;5—进水孔。

（a）河床式取水构筑物

1—橡胶短管;2—钢性联络管;
3—活动钢引桥;4—支墩。

（b）活动式取水构筑物

图 1-3　常见的两种地表水取水构筑物示意

1.1.3　净水工程

净水工程的任务就是对天然水质进行净化处理,除去水中的悬浮物质、胶体、病菌和其他有害物质,使水质达到用户的水质标准。城市自来水厂净化后的水必须满足国家标准《生活饮用水卫生标准》(GB 5749—2022)中的水质指标。工业用水的水质标准和生活饮用水不同,如锅炉用水要求水质具有较低的硬度;纺织漂染工业用水对水中的含铁量限制较严;大型发电机组对冷却水水质纯度有很高要求,而制药工业、电子工业则需含盐量极低的脱盐软化水等。因此,工业用水应按照生产工艺对水质的具体要求来确定相应的水质标准及净化工艺。

地表水的净化工艺流程,应根据水源水质和用户对水质的要求确定。一般以供给饮用水为目的的工艺流程,主要包括沉淀、过滤及消毒三个部分。地表水的处理流程示意如图 1-4 所示。

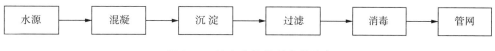

图 1-4　地表水的处理流程示意

地下水一般不需要像地表水那样进行净化处理。有的地方直接饮用地下水;有的仅进行加氯消毒;有的经滤池的过滤和消毒处理之后,即可作为饮用水。

江河、湖泊或水库原水经取水构筑物,由一级泵房的水泵抽送到反应沉淀池或澄清池,当一级泵房设在水厂中时,在一级泵房的水泵吸水管中投加混凝剂;当一级泵房距离水厂较远时,混凝剂投加在水厂中的反应沉淀池或澄清池的进水管中,一般通过安装在管道上的管道静态混合器进行混合。目前,我国采用较广泛的沉淀池是平流沉淀池和斜管沉淀池。

沉淀或澄清后的水,经滤池(一般以石英砂为滤料)过滤,去除沉淀或澄清构筑物中未被去除的杂质颗粒。过滤不仅可以进一步降低水的浊度,而且可以使水中有机物、细菌乃至病毒等随水的浊度降低而被部分去除,为过滤后的消毒创造良好条件。

消毒的目的是消灭水中的细菌和病原菌,同时保证净化后的水在输送到用户之前不致被再次污染。消毒的方法有物理法和化学法。物理法有紫外线、超声波、加热法等;化学法有液氯、次氯酸钠、氯胺、二氧化氯、漂白粉及臭氧等。图 1-5 为某自来水厂的平面布置示意。

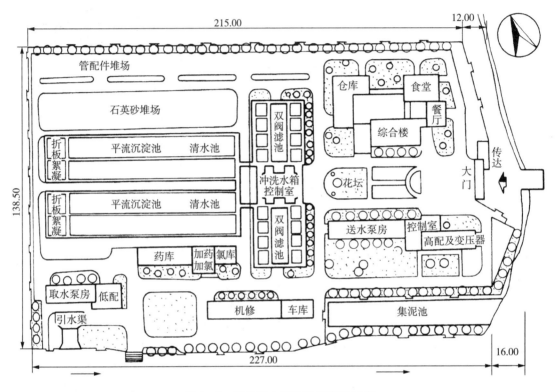

图 1-5 某自来水厂的平面布置示意

1.1.4 输配水工程

输配水工程的任务是将净化后的水送到用水地区并分配到各用水点。它包括输水管和管网、水塔与高位水池等调节构筑物。输配水工程直接服务于用户,是给水系统中工程量最大、投资最高的部分(占 70%～80%)。

1. 输水管和管网

输水管是从水源输水到城市水厂或从城市水厂输送到相距较远管网的管线和管渠。它不负担配水任务,但要求简短、安全。通常沿现有道路或规划道路敷设,并应尽量避免穿越河谷、山脊、沼泽、重要铁道及洪水泛滥淹没的地区。

配水管的任务是将输水管输送的水分配到用户。由于配水管分布在城市给水区域内,纵横交错,形成网状,所以称为管网。

管网是给水系统的重要组成部分,并且和其他构筑物(如泵站、水池或水塔等)有着密切的联系。因此,管网的布置应满足以下几个方面:

(1)应符合城市总体规划的要求,考虑供水的分期发展,并留有充分的余地;

（2）管网应布置在整个给水区域内，并能在适当的水压下，向所有的用户供给足够的水量；

（3）无论在正常工作或在局部管网发生故障时，应保证不中断供水；

（4）管网的造价及经营管理费用应尽可能低，因此，除了考虑管线施工时有无困难及障碍外，必须沿最短的路线输送到各用户，使管线敷设长度最短。

管网的布置形式有枝状管网和环状管网两种（见图 1-6）。一般，在小城镇的管网或城市管网的边远地区采用枝状管网。此外，城镇管网初期先采用枝状管网，逐步发展后，形成环状管网。环状管网供水安全可靠。一般，在大、中城镇的给水系统或对给水要求较高、不能断水的管网，均应采用环状管网。环状管网还能减轻管内水锤的威胁，有利于管网安全。

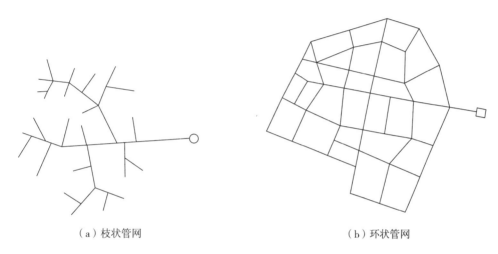

（a）枝状管网　　　　　　　　　　　　　　　　（b）环状管网

图 1-6 管网布置形式

2. 调节构筑物

水塔（见图 1-7）与高位水池是给水系统的调节装置，其作用是调节供水量与用水量之间的不平衡状况。水塔与高位水池能够把水低峰时管网中多余的水储存起来，在高峰时再送入管网。其作用不仅可以保证管网水压的基本稳定，同时也可以使水泵能在高效率范围内运行。

清水池（见图 1-8）与二级泵站可以直接对给水系统起调节作用，也可以同时对一、二级泵站的供水和送水起调节作用。

图 1-7 水塔

图 1-8 清水池

1.1.5 泵站

1. 一级泵站

在给水系统中,通常把水源地取水泵站称为一级泵站,泵站可以与取水构筑物合建,也可以分建。一级泵站的作用是把水源的水抽升上来,送至净化构筑物。

2. 二级泵站

二级泵站的任务是将净化的水,由清水池抽吸升压送往用水户。它和一级泵站一起构成整个给水系统的动力枢纽,是保证水系统正常运行的关键。

泵站的主要设备有水泵、引水装置、配套电机等。泵房建筑设计应遵照国家标准《室外给水设计标准》(GB 50013—2018)中的规定执行。

1.2 室外排水系统概述

水在使用过程中受到了污染,就成为污水,污水需要进行处理和排泄。城市内降水(包括雨水和冰雪融化水)的水量较大,且有污染,亦应及时排放。将城市污水、降水有组织地收集、输送、处理和处置污水的工程设施称为排水系统。

污水按其来源,可分为生活污水、生产污(废)水及雨、雪水三类。

城市排水系统通常包括排水管网、雨水管网、污水(废水)泵站、污水处理厂及污水(雨水)出水口等。

1.2.1 排水体制

在城市中,对生活污水、工业废水和降水,采取的排除方式称为排水体制,也称为排水制度。排水体制按排除方式可分为合流制和分流制两种。

1. 合流制排水系统

将生活污水、工业废水和降水用同一管道系统汇集输送排除的称为合流制排水系统。合流制排水系统应设置污水截流设施。

合流制排水系统示意如图 1-9 所示,污水、废水、降水同样也合用一套管道系统。晴天时全部输送到污水处理厂;雨天时若雨水量增大,污水、废水、雨水的混合量超过一定数量,则其超出部分通过溢流井排入水体。这种方式多在改扩建工程中采用。

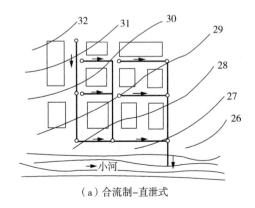

（a）合流制-直泄式

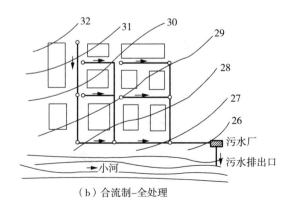

（b）合流制-全处理

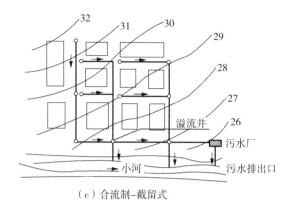

（c）合流制–截留式

图 1-9　合流制排水系统示意

2. 分流制排水系统

当生活污水、工业废水、降水用两个或两个以上各自独立的管道系统来汇集和输送时，称为分流制排水系统。分流制排水系统示意如图 1-10 所示。其中，汇集生活污水和工业废水的系统称为污水排除系统；汇集和排除雨水的系统称为雨水排除系统；只排除工业废水的系统称为工业废水排除系统。

分流制排水系统将各类污水分别排放，有利于污水的处理和利用，分流制管道的水力条件比较好。新建地区的排水系统宜采用分流制。

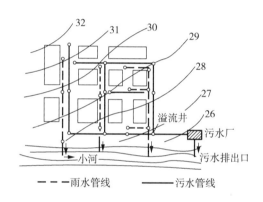

图 1-10　分流制排水系统示意

排水体制的选择，应根据城镇的总体规划，结合当地的地形特点、水文条件、水体状况、气候特征、原有排水设施、污水处理程度和处理后出水利用等综合考虑后确定。同一城镇的不同地区可采用不同的排水体制。对水体保护要求高的地区，可对初期雨水进行截流、调蓄和处理。在缺水地区，宜对雨水进行收集、处理和综合利用。

1.2.2　城市排水系统的布置形式

室外排水管网的布置形式取决于地形、土壤条件、排水体制、污水处理厂位置及排入水体的出口位置等因素。此外，尚应遵循下述的一些原则：污水应尽可能以最短距离并以重力流的方式排送至污水处理厂；管道应尽可能地平行地面自然坡度以减少埋深；干管及主干管常敷设于地势较低且较平坦的地方；地形平坦处的小流量管道应以最短管线与干管相接；当管道埋深达最大允许值，继续深挖对施工不便及不经济时，应考虑设置污水提升泵站，但泵站的数量应力求减少；管道应尽可能避免或减少穿越河道、铁路及其他地下构筑物；当城市排水系统分期建造时，第一期工程的主干管内，应有相当大的流量通过，以避免初期因流速太小而影响正常排水。

排水管网(主要是干管和主干管)常用的布置形式有截流式、平行式、分区式和放射式四种(见图 1-11)。

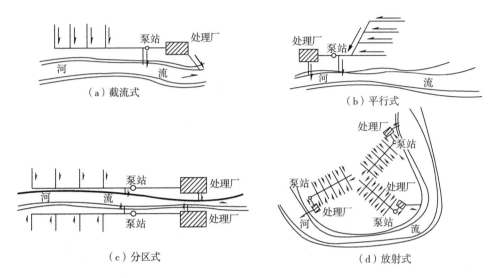

图 1-11　排水管网常用的布置形式

为了便于检查及清通排水管网,在管道交汇处、转弯处、管径或坡度改变处、跌水处及直线管段上每隔一定距离处应设检查井。检查井在直线管段的最大间距应根据疏通方法等具体情况确定,一般宜按表 1-1 的规定取值。

表 1-1　检查井最大间距

管径或暗渠净高/mm	最大间距/m	
	污水管道	雨水(合流)管道
200~400	40	50
500~700	60	70
800~1000	80	90
1100~1500	100	120
1600~2000	120	120

1.2.3　污水处理

污水及污泥当中常含有多种有用物质,应当予以回收利用,即污水、污泥资源化。回收利用不仅可以为国家创造财富,也是一种经济有效的污水处理措施。

现代污水处理技术按作用原理可分为物理处理法、生物处理法和化学处理法三类。通常,城市污水的处理采用前两类方法,工业废水处理采用化学处理法。

物理处理法,主要利用物理作用分离去除污水中呈悬浮状态的固体污染物质,整个处理过程中不发生任何化学变化。物理处理法包括重力分离法、离心分离法、过滤法等。城市污水处理常用的是筛滤(格栅、筛网)与沉淀(沉砂池、沉淀池)、气浮、过滤等。物理处理法习惯上也称为机械处理法。

　　生物处理法,利用微生物的生命活动,将污水中的有机物分解氧化为稳定的无机物,从而使污水得到净化。主要用来去除污水中的胶体和溶解性的有机物质,对氨氮、磷等物质具有良好的去除效果。生物处理法可分为好氧生物处理法和厌氧生物处理法。污水处理通常采用好氧生物处理法,污泥和高浓度有机废水处理通常采用厌氧生物处理法。生物塘是与活性污泥法相近的简易生物处理法,污水灌溉是与生物膜法相近的生物处理法。

　　化学处理法,主要利用化学反应分离、回收污水中的污染物质,其主要处理方法有中和混凝、电解、氧化还原及离子交换等。化学处理法通常用于工业废水处理。

　　城市污水处理根据处理程度,可划分为一级处理、二级处理和三级处理。一级处理主要去除污水中的悬浮固体污染物,常用物理处理法;二级处理主要是大幅度地去除污水中的胶体和溶解性的有机污染物,常用生物处理法;三级处理主要是进一步去除二级处理中所未能去除的某些污染物质,如使水体富营养化的氮、磷等物质,具体处理方法随去除对象而异,双层滤料、滤池可以进一步去除悬浮固体,以降低生化需氧量(BOD)等。通常,城市污水经过一级处理、二级处理后,基本上能达到国家统一规定的污水排放水体的标准,三级处理一般用于污水处理后再利用的情况。城市污水处理的典型流程如图 1-12 所示。

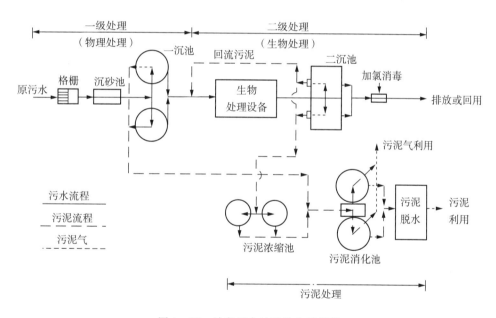

图 1-12　城市污水处理的典型流程

1.3　室外给水排水系统规划概要

1.3.1　城市给水系统规划与城市建设的关系

　　城市给水系统规划是城市规划的一个组成部分,它与城市总体规划和其他单项工程规划之间有着密切联系。因此,在进行城市给水系统规划时,应考虑其与总体规划及其他各单项工程规划之间的密切配合和协调一致。

1. 给水系统规划与城市总体规划间的关系

城市总体规划是给水系统规划布局的基础和技术经济的依据,主要表现在以下几点。

(1)给水系统规划的年限与城市总体规划所确定的年限相一致,近期规划为5～10年,远期规划为10～20年,给水系统规划通常采用长期规划分期实施的做法。

(2)城市给水系统的规模取决于城市的性质和规模。根据城市人口发展的数目、工业发展规模、居住区建筑层数和建筑标准、城市现有资料和气候等自然条件,可确定城市供水规模。

(3)从给水系统的工业布局可知生产用水量及其要求。

(4)根据城市用地布局和发展方向等确定给水系统的布置,并满足城市功能分区规划的要求。

(5)根据城市用水要求、功能分区和当地水源情况选择水源,确定水源数目及取水构筑物的位置和形式。

(6)根据用户对水量、水质、水压要求,城市功能分区、建筑分区,城市自然条件等选择水厂、加压站、调节构筑物的位置和管线的走向。

(7)根据所选定的水源水质和城市用水对水质的要求确定水的处理方案。

城市给水系统规划对城市总体规划也有所影响,城市总体规划中应考虑给水系统规划的要求,为城市供水创造良好的条件,应注意以下几点。

(1)在进行区域规划和城市总体规划时,应注意给水水源选择或水量不足给区域和城市的建设、发展带来的不良后果。

(2)在城市或工业区布局中,应注意生活饮用水水源的保护。

(3)一般城市用水不宜离给水水源过高过远;否则,将增加泵站和输水管道造价,且经营费用高。

(4)在进行城市规划时,对大量用水的工厂,宜靠近水源布置。同时,用水量大且污染严重的工厂不应放在取水口上游,以免污染水源。

(5)在确定工厂位置时,应充分考虑各工厂用水的重复利用和综合利用。

2. 给水系统规划与城市其他单项工程规划间的关系

城市规划中,与给水系统规划有关的其他单项工程规划有水利、农业灌溉、航运、道路、环境保护、管线工程综合及人民防空工程(以下简称人防工程)等。给水系统规划应与这些规划相互配合、相互协调,使整个城市各组成部分的规划做到有机联系。

(1)城市的水源是非常宝贵的财富,在选择城市给水水源时,应考虑农业部门、航运部门、水利部门等对水源规划的要求,相互配合,做到统筹安排,合理地综合利用各种水源,必要时还应与有关部门签订协议。

(2)城市输水管渠和管网,一般沿城市道路敷设,与道路系统规划的关系十分密切。在规划中应相互创造有利条件,密切配合。

(3)给水系统规划还与管线工程综合规划紧密联系,因为现代化城市的街道下,埋有各种地下设施。

① 各种管道:给水管、排水管、煤气管、供热管等。

② 各种电缆:电话电缆、电灯电缆、电力电缆等。

③ 各种隧道:人行地通、地下铁道、防空隧道、工业隧道等。

这些设施在街道横断面上的位置(平面位置和垂直位置),均应由管线工程综合规划部门统一安排,建设部门必须按批准的位置进行建设。地下管线之间或与构筑物之间的最小净距见表 1-2 所列。

表 1-2　地下管线之间或与构筑物之间的最小净距

	给水管		污水管		雨水管	
	水平/m	垂直/m	水平/m	垂直/m	水平/m	垂直/m
给水管	0.5~1.0	0.1~0.15	0.8~1.5	0.1~0.15	0.8~1.5	0.1~0.15
污水管	0.8~1.0	0.1~0.15	0.8~1.5	0.1~0.15	0.8~1.5	0.1~0.15
雨水管	0.8~1.5	0.1~0.15	0.8~1.5	0.1~0.15	0.8~1.5	0.1~0.15
低压煤气管	0.5~1.0	0.1~0.15	1.0	0.1~0.15	1.0	0.1~0.15
直埋式热水管	1.0	0.1~0.15	1.0	0.1~0.15	1.0	0.1~0.15
热力管沟	0.5~1.0	—	1.0	—	1.0	—
乔木中心	1.0	—	1.5	—	1.5	—
电力电缆	1.0	直埋 0.5 穿管 0.25	1.0	直埋 0.5 穿管 0.25	1.0	直埋 0.5 穿管 0.25
通信电缆	1.0	直埋 0.5 穿管 0.15	1.0	直埋 0.5 穿管 0.15	1.0	直埋 0.5 穿管 0.15
通信及照明电杆	0.5	—	1.0	—	1.0	—

注:净距指管外壁距离,管道交叉设套管指套管外壁距离,直埋式热力管指保温管壳外壁距离。

1.3.2　城市排水系统规划与城市建设的关系

城市排水系统规划的实现和提高、城市排水设施普及率的提高、污水处理达标排放率的提高等都不是一个短期能解决的问题,需要几个规划期才能完成。因此,城市排水系统规划具有较长期的时效,以满足城市不同发展阶段的需要。城市排水系统规划的期限应与城市总体规划期限相一致,城市一般为 20 年,建制镇一般为 15~20 年。

排水系统近期建设规划应以规划目标为指导,并有一定的超前性;要对近期建设目标、发展布局及城市近期需要建设项目的实施做出统筹安排;要考虑城市远景发展的需要。城市排水出口与污水收纳体的确定都不应影响下游城市或城市远景规划的建设和发展,排水系统的布局也应具有弹性,为城市远景发展留有余地。

在城市总体规划时应根据城市的资源、经济和自然条件及科技水平优化产业结构和工业结构,并在用地规划时给以合理布局,尽可能减少污染源。在排水系统规划中应对城市所有雨污水进行全面规划,对排水设施进行合理布局,对污水、污泥的处置应执行"综合利用,化害为利,造福人民"的原则。

城市排水系统规划与城市给水系统规划之间关系紧密,排水系统规划的污水量、污水处理程度、受纳水体及污水出口应与给水系统规划的用水量、回用再生水的水质水源地及其卫生防护区相协调。城市排水系统规划与城市水系规划、城市防洪规划密切相关,因此城市排水系统规划应与规划水系的功能和防洪设计水位相协调。城市排水系统灌溉多沿城市道路敷设,因此城市排水系统规划应与城市规划道路的布局和宽度相协调。城市排水系统规划中排水管渠的布置和泵站、污水处理厂位置的确定应与城市竖向规划相协调。污水厂位置的选择,应符合城镇总体规划和排水系统规划的要求,并应根据下列因素综合确定:在城镇水体的下游;便于处理后出水回用和安全排放;便于污泥集中处理和处置;在城镇夏季主导风向的下风侧;有良好的工程地质条件;少拆迁,少占地,根据环境评价要求,有一定的卫生防护距离;有扩建的可能;厂区地形不应受洪涝灾害影响,防洪标准不应低于城镇防洪标准,有良好的排水条件;有方便的交通、运输和水电条件。

思 考 题

1. 简述室外给水系统的主要任务。
2. 简述管网的布置形式及管网布置应满足的要求。
3. 室外排水体制有哪几种? 如何选择?
4. 简述城市污水处理的基本流程。
5. 简述城市给水系统规划、排水系统规划与城市总体规划间的关系。

第2章　建筑给水系统

2.1　建筑给水系统和给水方式

建筑给水系统的主要任务是选定经济、适用的最佳供水系统,将城市管网的水从室外管道输送到各种卫生器具、用水龙头、生产用水设备和消防设备等处,并满足各用水点对水质、水量、水压的要求,保证用水安全可靠。

2.1.1　建筑给水系统的分类

建筑给水系统按用途一般分为生活给水系统、生产给水系统和消防给水系统三类。

1. 生活给水系统

为住宅、公共建筑和工业企业人员提供饮用、盥洗、淋浴、洗涤、烹调等生活用水的给水系统称为生活给水系统。其中,与人体直接接触的或饮用的烹饪、饮用、盥洗、洗浴用水为生活饮用水系统。生活饮用水系统除要满足所需的水量、水压要求外,其水质必须严格符合国家标准《生活饮用水卫生标准》(GB 5749—2022);冲洗便器、浇洒地面、冲洗汽车等用水为杂用水系统,其水质应满足非饮用水标准。

为节省管道、便于管理,国内通常将饮用水系统与杂用水系统合二为一使用。

2. 生产给水系统

为工业企业生产方面提供用水的给水系统称为生产给水系统。生产给水系统因生产工艺不同而种类繁多,如直流给水系统、循环给水系统、纯水系统等。生产给水系统对水量、水质、水压及供水的要求因工艺不同而不同,需要详尽了解生产工艺对生产给水系统的要求。

3. 消防给水系统

为扑救建筑物火灾而设置的给水系统称为消防给水系统。消防给水系统又分为消火栓给水系统和自动喷水灭火系统。消防给水系统用水量大,压力要求高,但对水质无特殊要求。

上述三个系统可以独立设置,也可以根据各种系统对水质、水温、水压等具体要求,考虑技术可行、经济合理、安全可靠等因素,将其中两种或三种系统合并,形成生活、消防给水系统,生产、消防给水系统,生活、生产给水系统,生活、生产、消防给水系统等。

2.1.2　建筑给水系统的组成

一般情况下,建筑给水系统由引入管、水表节点、管道系统、给水附件、增压和贮水设备、建筑消防设备等组成(见图 2-1)。

1. 引入管

引入管是由市政管道引入至小区给水管网的管段,或由小区给水接户管引入建筑物的管段。

2. 水表节点

水表节点是指引入管上装设的水表及其前后设置的闸门、泄水装置的总称。

3. 管道系统

管道系统包括水平干管、立管和横支管等。

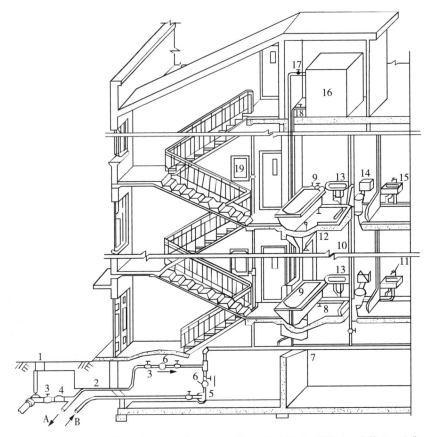

1—阀门井;2—引入管;3—阀门;4—水表;5—水泵;6—逆止阀;7—干管;8—支管;9—浴盆;
10—立管;11—水龙头;12—淋浴器;13—洗脸盆;14—大便器;15—洗涤盆;16—水箱;
17—进水管;18—出水管;19—消火栓;A—进入贮水池;B—来自贮水池。

图 2-1 建筑给水系统的组成

4. 给水附件

给水附件包括配水附件(如各式龙头、消火栓、喷头)和调节附件(如各类闸阀、截止阀、蝶阀、止回阀、减压阀等)。

5. 增压和贮水设备

当室外给水管网的水压或流量经常或间断不足,不能满足室内或建筑小区内给水要求时,应设加压和流量调节装置,如贮水池、高位水箱、水泵和气压给水装置等。

6. 建筑消防设备

应根据建筑物的性质、规模、高度、体积等条件,按建筑物防火要求和规定设置消火栓、自动喷水灭火或水幕灭火设备等。

7. 给水局部处理设施

当有些建筑对给水水质要求很高,超出我国现行生活饮用水卫生标准或其他原因造成水质不能满足要求时,就需要设置一些设备、构筑物进行给水深度处理,如二次净化处理。

2.1.3 给水方式

给水方式即为给水方案,它与建筑物的高度、性质、用水安全性,是否设消防给水,室外给水管网所能提供的水量、水压等因素有关,其最终取决于建筑给水系统所需水压 H 和室外管网所具有的资用水头(服务水头)H_0 之间的关系。

建筑给水系统所需水压 H,即能将需要的流量输送到建筑物内最不利配水点(给水系统中,若某一配水点的水压被满足,则系统中其他用水点的压力均能被满足,人们就称该点为给水系统中的最不利配水点,即该系统中所需供水压力最大的点)的配水龙头或用水设备处,并保证有足够的水压。

室外管网所具有的资用水头 H_0,即市政管网所能提供的常年供水服务压力。

1. 直接给水方式

直接给水方式如图 2-2 所示。

适用范围:室外管网水压、水量在一天的时间内均能满足室内用水需要,$H_0 > H$。

供水方式:室外管网与室内管网直接相连,利用室外管网水压直接工作。

特点:系统简单,投资少,安装维护可靠,充分利用室外管网压力,节约能源;但系统内部无贮水设备,室外一旦停水,室内系统立即断水。

2. 水泵、水箱给水方式

1)单设水箱给水方式

单设水箱给水方式如图 2-3 所示。

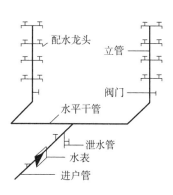

图 2-2　直接给水方式

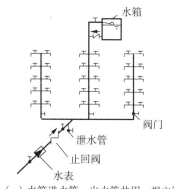

（a）水箱进水管、出水管共用一根立管

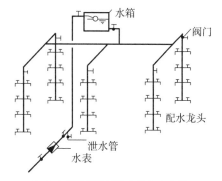

（b）水箱分别设置进水管和出水管

图 2-3　单设水箱给水方式

适用范围:室外管网水压周期性不足,一天内大部分时间能满足需要,仅在用水高峰时,因用水量的增加而使市政管网压力降低,不能保证建筑上层的用水。

供水方式:室内外管道直接相连,屋顶加设水箱。当室外管网压力充足时(夜间),向水箱充水;当室外管网压力不足时(白天),由水箱供水。

特点:系统简单,能充分利用室外管网的压力供水,节省电耗;具有一定的储备水量,减轻市政管网高峰负荷;但系统设置了高位水箱,增加了建筑物的结构负荷,屋顶造型不美观,且水箱水质易受污染。

2)水泵-水箱联合给水方式

水泵-水箱联合给水方式如图 2-4 所示。

适用范围:室外管网压力经常不足且室内用水又不很均匀。

供水方式:水箱充满后,由水箱供水,以保证用水。

特点:水泵及时向水箱充水,使水箱容积减小;水箱的调节作用,使水泵工作状态稳定,并使其可以在高效率下工作;水箱的调节还可以延时供水,使供水压力稳定,若在水箱上设置液位继电器,则可实现水泵启闭自动化。

3. 水池-水泵联合给水方式

水池-水泵联合给水方式如图 2-5 所示。

适用范围:当建筑物内用水量大且用水不均匀时,可采用水池-水泵联合给水方式。

特点:水泵变负荷运行,减少能量浪费,不需设调节水箱。

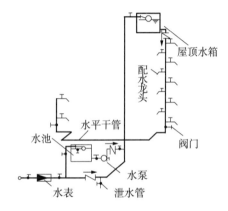

图 2-4　水泵-水箱联合给水方式

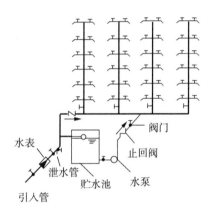

图 2-5　水池-水泵联合给水方式

4. 叠压(无负压)给水方式

叠压给水方式如图 2-6 所示。

供水方式:供水设备从有压的供水管网中直接吸水增压。

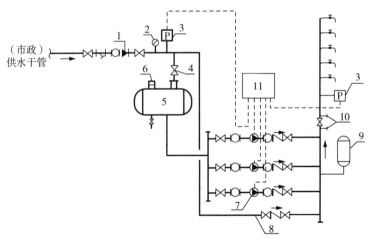

1—倒流防止器(可选);2—压力表;3—压力传感器;4—阀门;5—稳流罐(立式、卧式);

6—防负压装置;7—变频调速泵;8—旁通管(可选);9—气压水罐(可选);10—消毒预留口;11—控制柜。

图 2-6　叠压给水方式

特点:减少二次污染,充分利用外网压力,减少水泵扬程,节能。

叠压给水方式有使用条件,当采用叠压给水方式时,不得造成该地区城镇给水管网的水压低于本地规定的最低供水服务压力。此外,如果给水管网符合当地叠压给水设备使用条件,应优先采用叠压给水设备。同时,当采用从城镇给水管网吸水的叠压给水方式时,需要经过当地供水部门的同意。这些规定确保了叠压给水方式的安全和有效性。

5. 气压给水方式

气压给水方式如图 2-7 所示。

适用范围:室外给水管网压力低于或经常不能满足建筑内给水管网所需水压,室内用水不均匀,不宜设置高位水箱。

特点:需在给水系统中设置气压给水设备,利用该设备气压水罐内气体的可压缩性,升压供水。气压水罐的作用相当于高位水箱,但其位置可根据需要设置在高处或低处。

6. 分区给水方式

分区给水方式如图 2-8 所示。

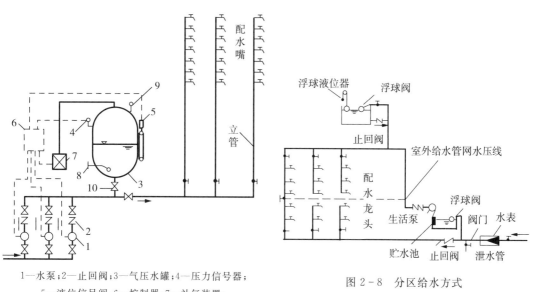

1—水泵;2—止回阀;3—气压水罐;4—压力信号器;
5—液位信号阀;6—控制器;7—补气装置;
8—排气阀;9—安全阀;10—阀门。
图 2-7 气压给水方式

图 2-8 分区给水方式

适用范围:多(高)层建筑中,室外给水管网能提供一定的水压,满足建筑较低几层用水要求,这种给水方式对建筑物低层设有洗衣房、澡堂、大型餐厅和厨房等用水量大的建筑物尤其具有经济意义。

供水方式:低区由市政管网压力直接供水;高区由水泵加压供水,两区间设连通管,并设阀门,必要时,室内整个管网用水均可由水泵、水箱联合供水或由室外管网供水。

2.1.4 建筑给水系统的管路图式

给水方式按其水平干管在建筑内敷设的位置可以分为下行上给式、上行下给式和中分式;按用水安全程度不同可分为枝状管网和环状管网。其中,枝状管网多用于一般建筑中的给水管路,环状管网多用于不允许断水的大型公共建筑、高层或某些生产车间。环状管网又可分为水平环状和垂直环状等。

1. 下行上给式

水平干管敷设在地下室天花板下,专门的地沟内或在底层直接埋地敷设,自下向上供水。当民用建筑直接从室外管网供水时,多采用此方式。优点是布置方式简单,明装时便于安装维修;缺点是最高层配水点流出水头较低、埋地管道检修不便。

2. 上行下给式

水平干管敷设在顶层天花板下、吊顶中,自上向下供水。该方式适用于屋顶设水箱的建筑,或机械设备、地下管线较多的工业厂房下行布置有困难时采用。其缺点是易结露、结冻,干管漏水时易损坏墙面和室内装修、维修不便。

3. 中分式

水平干管敷设在中间技术层内或某层吊顶内,由中间向上、下两个方向供水。中分式适用于屋顶用作露天茶座、舞厅或设有中间技术层的高层建筑。

2.2 给水系统所需水压、水量

2.2.1 给水系统所需水压

给水系统所需水压,即能将所需要的流量输送到建筑物内最不利点的配水龙头或用水设备处,并保证有足够的流出水头。流出水头即各给水配件(用水设备)获得额定流量所必需的最小静水压力。建筑内给水系统所需水底 H 为

$$H = H_1 + H_2 + H_3 + H_4 \qquad (2-1)$$

式中:H——建筑内给水系统所需水压,kPa;

H_1——室外引入管起点至最不利配水点位置高度所要求的静水压,kPa;

H_2——计算管道的总水头损失,kPa;

H_3——水流通过水表的水头损失,kPa;

H_4——计算管路最不利配水点的工作压力,kPa,见表 2-1 所列。

在设计之初,为选择给水方式,判断是否需要设置给水增压及贮水设备,常常要对建筑内给水系统所需压力按建筑层数进行估算:1 层($n=1$)为 100 kPa(约 10 m 水柱);2 层($n=2$)为 120 kPa;3 层($n=3$)以上每增加 1 层,水压增加 40 kPa,即 $H=120+40\times(n-2)$,其中 n 不小于 2。

此方法适用于引入管、室内管路不太长,流出水头不太大和层高不超过 3.5 m 的民用建筑。给水系统所需水压力为自地平算起的最小保证压力。

卫生器具的额定流量、当量、连接管公称直径和工作压力见表 2-1 所列。

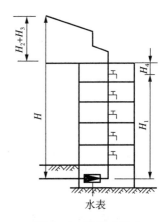

图 2-9 建筑内给水系统所需压力

表 2-1 卫生器具的给水额定流量、当量、连接管公称直径和工作压力

序号	给水配件名称		额定流量/(L/s)	当量	连接管公称直径/mm	工作压力/MPa
1	洗涤盆、拖布盆、盥洗槽	单阀水嘴	0.15~0.20	0.75~1.00	15	0.100
		单阀水嘴	0.30~0.40	1.50~2.00	20	
		混合水嘴	0.15~0.20 (0.14)	0.75~1.00 (0.70)	15	
2	洗脸盆	单阀水嘴	0.15	0.75	15	0.100
		混合水嘴	0.15(0.10)	0.75(0.50)	15	
3	洗手盆	感应水嘴	0.10	0.50	15	0.100
		混合水嘴	0.15(0.10)	0.75(0.50)	15	
4	浴盆	单阀水嘴	0.20	1.00	15	0.100
		混合水嘴(含带淋浴转换器)	0.24(0.20)	1.20(1.00)	15	
5	淋浴器	混合阀	0.15(0.10)	0.75(0.50)	15	0.100~0.200
6	大便器	冲洗水箱浮球阀	0.10	0.50	15	0.050
		延时自闭式冲洗阀	1.20	6.00	25	0.100~0.150
7	小便器	手动或自动自闭式冲洗阀	0.10	0.50	15	0.050
		自动冲洗水箱进水阀	0.10	0.50		0.020
8	小便槽穿孔冲洗管(每米长)		0.05	0.25	15~20	0.015
9	净身盆冲洗水嘴		0.10(0.07)	0.50(0.35)	15	0.100
10	医院倒便器		0.20	1.00	15	0.100
11	实验室化验水嘴(鹅颈)	单联	0.07	0.35	15	0.020
		双联	0.15	0.75		
		三联	0.20	1.00		
12	饮水器喷嘴		0.05	0.25	15	0.050
13	洒水栓		0.40	2.00	20	0.050~0.100
			0.70	3.50	25	
14	室内地面冲洗水嘴		0.20	1.00	15	0.100
15	家用洗衣机水嘴		0.20	1.00	15	0.100

注:(1)表中括弧内的数值系在有热水供应时、单独计算冷水或热水时使用。

(2)当浴盆上附设淋浴器时,或混合水嘴有淋浴器转换开关时,其额定流量和当量只计水嘴,不计淋浴器,但水压应按淋浴器计。

(3)家用燃气热水器,所需水压按产品要求和热水供应系统最不利配水点所需工作压力确定。

(4)绿地的自动喷灌应按产品要求设计。

(5)当卫生器具给水配件所需额定流量和工作压力有特殊要求时,其值应按产品要求确定。

2.2.2 给水系统所需水量

1. 建筑给水水量

建筑给水水量包括生活用水量、生产用水量和消防用水量三部分。

1)生产用水量

生产用水量一般较均匀,根据生产工艺过程、设备情况、产品性质、地区条件等,按消耗在单位产品上的用水量或单位时间内消耗在生产设备上的用水量计算确定。

2)消防用水量

消防用水量与建筑物的使用性质、规模、耐火等级和火灾危险程度等密切相关,为保证灭火效果,建筑内消防用水量应根据同时开启消防灭火设备用水量之和计算确定。

3)生活用水量

生活用水量受建筑物使用性质、卫生设备完善程度、当地气候、生活习惯及水价等因素的影响,可根据国家制定的用水定额、小时变化系数和用水单位数计算确定。生活用水量一般不均匀。卫生器具越多,设备越完善,用水不均匀性越小。

2. 最高日用水量、最大小时用水量计算

用水量定额是指在某一度量单位内(如单位时间、单位产品等)被居民或其他用水者所消耗的水量。

生活用水量可根据用水量定额、小时变化系数和用水单位数等,按下式计算:

$$Q_d = mq_d \tag{2-2}$$

$$Q_h = \frac{Q_d}{T} K_h \tag{2-3}$$

$$K_h = \frac{Q_h}{Q_p} \tag{2-4}$$

式中:Q_d——最高日用水量,L/d;

m——用水单位数,人或床位数,工业企业建筑为每班人数;

q_d——最高日生活用水定额,$L/(人 \cdot d)$、$L/(床 \cdot d)$ 或 $L/(人 \cdot 班)$;

Q_h——最大小时用水量,L/h;

T——建筑内用水时间,h;

K_h——小时变化系数;

Q_p——平均小时用水量,L/h。

若工业企业为分班工作制,则最高日用水量为 $Q_d = mq_d n$,其中 n 为生产班数;若每班生产人数不等,则最高日用水量为 $Q_d = \sum m_i q_d$。

工业企业建筑,管理人员的最高日生活用水定额可取 $30 \sim 50$ $L/(人 \cdot 班)$;车间工人的生活用水定额应根据车间性质确定,宜采用 $30 \sim 50$ $L/(人 \cdot 次)$;用水时间宜取 8 h;小时变化系数宜取 $2.5 \sim 1.5$。

工业企业建筑淋浴用水定额,应根据国家标准《工业企业设计卫生标准》(GBZ 1)中车间的卫生特征分级确定,可采用 $40 \sim 60$ $L/(人 \cdot 次)$,延续供水时间宜取 1 h。

各类建筑的生活用水定额及小时变化系数见表 2-2～表 2-4 所列。

表 2-2　住宅生活用水定额及小时变化系数

住宅类别	卫生器具设置标准	最高日用水定额/ [L/(人·d)]	平均日用水定额/ [L/(h·d)]	最高日小时变化系数 K_h
普通住宅	有大便器、洗脸盆、洗涤盆、洗衣机、热水器和沐浴设备	130～300	50～200	2.8～2.3
	有大便器、洗脸盆、洗涤盆、洗衣机、集中热水供应(或家用热水机组)和沐浴设备	180～320	60～230	2.5～2.0
别墅	有大便器、洗脸盆、洗涤盆、洗衣机、洒水栓,家用热水机组和沐浴设备	200～350	70～250	2.3～1.8

注:(1)当地主管部门对住宅生活用水定额有具体规定时,应按当地规定执行。

(2)别墅生活用水定额中含庭院绿化用水和汽车抹车用水,不含游泳池补充水。

表 2-3　公共建筑生活用水定额及小时变化系数

序号	建筑物名称		单位	生活用水定额/L		使用时数/h	最高日小时变化系数 K_h
				最高日	平均日		
1	宿舍	居室内设卫生间	每人每日	150～200	130～160	24	3.0～2.5
		设公用盥洗卫生间		100～150	90～120		6.0～3.0
2	招待所、培训中心、普通旅馆	设公用卫生间、盥洗室	每人每日	50～100	40～80	24	3.0～2.5
		设公用卫生间、盥洗室、淋浴室		80～130	70～100		
		设公用卫生间、盥洗室、淋浴室、洗衣室		100～150	90～120		
		设单独卫生间、公用洗衣室		120～200	110～160		
3	酒店式公寓		每人每日	200～300	180～240	24	2.5～2.0
4	宾馆客房	旅客	每床位每日	250～400	220～320	24	2.5～2.0
		员工	每人每日	80～100	70～80	8～10	2.5～2.0
5	医院住院部	设公用卫生间、盥洗室	每床位每日	100～200	90～160	24	2.5～2.0
		设公用卫生间、盥洗室、淋浴室		150～250	130～200		
		设单独卫生间		250～400	220～320		
		医务人员	每人每班	150～250	130～200	8	2.0～1.5
	门诊部、诊疗所	病人	每病人每次	10～15	6～12	8～12	1.5～1.2
		医务人员	每人每班	80～100	60～80	8	2.5～2.0
	疗养院、休养所住房部		每床位每日	200～300	180～240	24	2.0～1.5

（续表）

序号	建筑物名称		单位	生活用水定额/L		使用时数/h	最高日小时变化系数 K_h
				最高日	平均日		
6	养老院、托老所	全托	每人每日	100～150	90～120	24	2.5～2.0
		日托		50～80	40～60	10	2.0
7	幼儿园、托儿所	有住宿	每儿童每日	50～100	40～80	24	3.0～2.5
		无住宿		30～50	25～40	10	2.0
8	公共浴室	淋浴	每顾客每次	100	70～90	12	2.0～1.5
		浴盆、淋浴		120～150	120～150		
		桑拿浴（淋浴、按摩池）		150～200	130～160		
9	理发室、美容院		每顾客每次	40～100	35～80	12	2.0～1.5
10	洗衣房		每千克干衣	40～80	40～80	8	1.5～1.2
11	餐饮业	中餐酒楼	每顾客每次	40～60	35～50	10～12	1.5～1.2
		快餐店、职工及学生食堂		20～25	15～20	12～16	
		酒吧、咖啡馆、茶座、卡拉OK房		5～15	5～10	8～18	
12	商场	员工及顾客	每平方米营业厅面积每日	5～8	4～6	12	1.5～1.2
13	办公	坐班制办公	每人每班	30～50	25～40	8～10	1.5～1.2
		公寓式办公	每人每日	130～300	120～250	10～24	2.5～1.8
		酒店式办公		250～400	220～320	24	2.0
14	科研楼	化学	每工作人员每日	460	370	8～10	2.0～1.5
		生物		310	250		
		物理		125	100		
		药剂调制		310	250		
15	图书馆	阅览者	每座位每次	20～30	15～25	8～10	1.2～1.5
		员工	每人每日	50	40		
16	书店	顾客	每平方米营业厅每日	3～6	3～5	8～12	1.5～1.2
		员工	每人每班	30～50	27～40		
17	教学、实验楼	中小学校	每学生每日	20～40	15～35	8～9	1.5～1.2
		高等院校		40～50	35～40		
18	电影院、剧院	观众	每观众每场	3～5	3～5	3	1.5～1.2
		演职员	每人每场	40	35	4～6	2.5～2.0
19	健身中心		每人每次	30～50	25～40	8～12	1.5～1.2
20	体育场（馆）	运动员淋浴	每人每次	30～40	25～40	4	3.0～2.0
		观众	每人每场	3	3		1.2

（续表）

| 序号 | 建筑物名称 | | 单位 | 生活用水定额/L | | 使用时数/h | 最高日小时变化系数 K_h |
				最高日	平均日		
21	会议厅		每座位每次	6～8	6～8	4	1.5～1.2
22	会展中心（展览馆、博物馆）	观众	每平方米展厅每日	3～6	3～5	8～16	1.5～1.2
		员工	每人每班	30～50	27～40		
23	航站楼、客运站旅客		每人次	3～6	3～6	8～16	1.5～1.2
24	菜市场地面冲洗及保鲜用水		每平方米每日	10～20	8～15	8～10	2.5～2.0
25	停车库地面冲洗水		每平方米每次	2～3	2～3	6～8	1.0

注：(1)中等院校、兵营等宿舍设置公用卫生间和盥洗室，当用水时段集中时，最高日小时变化系数 K_h 宜取高值 6.0～4.0；其他类型宿舍设置公用卫生间和盥洗室时，最高日小时变化系数 K_h 宜取低值 3.5～3.0。

(2)除注明外，均不含员工生活用水，员工最高日用水定额为每人每班 40～60 L，平均日用水定额为每人每班 30～45 L。

(3)大型超市的生鲜食品区按菜市场用水。

(4)医疗建筑用水中已含医疗用水。

(5)空调用水另计。

表 2-4　汽车冲洗最高日用水定额

冲洗方式	高压水枪冲洗/[L/(辆·次)]	循环用水冲洗补水/[L/(辆·次)]	抹车、微水冲洗/[L/(辆·次)]	蒸汽冲洗/[L/(辆·次)]
轿车	40～60	20～30	10～15	3～5
公共汽车	80～120	40～60	15～30	—
载重汽车				

注：(1)汽车冲洗台的自动冲洗设备用水定额有特殊要求时，其值按产品要求确定。

(2)在水泥和沥青路面行驶的汽车，宜选用下限值；路面等级较低时，宜选用上限值。

2.3　增压、贮水设备

2.3.1　水泵

水泵是给水系统中的主要增压设备。室内给水系统中较多采用离心水泵，它具有结构简单、体积小、效率高等优点。

1.离心泵的工作原理

离心泵的工作原理是把它从动力装置(电动机)获得的能量转换成流体的能量。水泵启动前，要使泵壳及吸水管中充满水，以排除泵壳及吸水管内部的空气。当叶轮高速转动时，在离心力的作用下，水从叶轮中心被甩向泵壳，使水获得动能与压能。由于泵壳的断面是逐渐扩大的，因此水进入泵壳后流速逐渐减小，水的部分动能转化为压能。

2. 水泵抽水方式

水泵按抽水方式分为水泵直接从室外管网抽水和水泵从贮水池抽水两种。

1)水泵直接从市政管网抽水

水泵直接从市政管网抽水,可充分利用市政管网水压,减少水泵经常运转费用,保护水质不受污染。该抽水方式系统简单,基建投资较小。但易引起市政管网压力降低,影响相邻建筑用水。目前,城市工业的发展及住宅、公共建筑的增加,导致室外管网供水的压力不足。为保证市政管网的正常工作,管理部门对此种抽水方式加以限制。一般说来,生活给水泵不得直接从市政管网直接抽水。为保证消防时的水压要求和避免水泵吸水而使室外给水管网造成负压,吸水时,室外给水管网压力不得低于100 kPa,且直吸时水泵应装有低压保护装置(当室外管网压力低于100 kPa时,水泵自动停转)。水泵直吸时,计算水泵扬程应考虑室外管网压力。由于室外管网压力是变化的,因此当室外管网为最大压力时,应校校核水泵出口压力是否过高。

叠压(无负压)供水设备可以从市政管网直接取水,且不会对周围管网水压造成影响。这种装置的主要工作原理:把小区供水系统的开式进水水池变成容积较小的稳流罐,并在稳流罐上安装防负压装置,消除高峰负荷时罐内的负压,从而达到对市政自来水管网的直接抽吸的目的,满足自来水管网安全运行的要求(见图 2-10)。由于市政自来水管网 $0.20 \sim 0.30$ MPa 左右的水压 H_0 在进入小区进水管时没有节流损失掉,因此小区供水系统的变频水泵

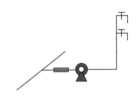

图 2-10　叠压(无负压)
供水设备从市政管网直接抽水

在小区供水时就可以减少 $0.20 \sim 0.30$ MPa 的扬程,从而达到节能供水的目的。若因自来水供水不足或管网停水而导致调节罐内的水位不断下降,液位控制器会给出水泵停机信号以保护水泵机组。夜间及小流量供水时可通过小型膨胀罐供水,防止水泵频繁启动。无负压变频供水设备的关键技术部分为智能控制系统(变频型)和调节罐的真空消除。

2)水泵从贮水池抽水

当室内水泵抽水量较大,不允许直接从室外管网抽水时,需要建造贮水池,水泵从贮水池中抽水(见图 2-11)。该抽水方式的缺点是不能利用城市管网的水压,水泵消耗电能,而且水池水质易被污染。高层民用建筑、大型公共建筑及由城市管网供水的工业企业,一般采用这种抽水方式,此时水池既是调节池又兼做贮水池用。

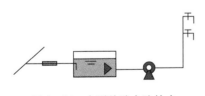

图 2-11　水泵从贮水池抽水

上述两种抽水方式,水泵均宜采用自动开关装置特别是自灌式,以使运行管理方便。水泵的启闭若无水箱,则由压力继电器根据室内外管网的压力变化来控制;若有水箱,则可通过设置在水箱中的浮球式水位继电器控制。供生活用水水泵,按建筑物的重要性考虑设置备用机组一台,对小型民用建筑允许短时间断水时,可不设置备用机组。生产及消防所需水泵的备用数,应参照工艺要求及有关防火规定确定。对于高层建筑、大型民用建筑、建筑小区和其他较大型的给水系统应设有一台备用泵,备用泵的容量应与最大一台水泵相同。因断水引起事故(如产品报废、设备爆炸、人员伤亡、重大财产损失等)时,除设备用泵外,还应有不间断的电源供应,当电网不能满足要求时,应设有其他备用动力供应设备。消防水泵的动力供应,应符合"消防规范"的要求。

3. 水泵运行

水泵运行方式有恒速运行和变速运行两种。恒速运行水泵在额定转速下运行,设计的最大流量 Q_{max} 在一天用水中出现的概率较小,多数情况下用水量小于 Q_{max}。在这种运行模式下,水泵工作点通常沿着 Q-H 曲线上下移动,管网中压力较大,造成能量浪费,因此多采用阀门调节。变速运行水泵主要采用变频调速器,通过调节水泵的转速改变水泵的流量、扬程和功率,使水泵变量供水,保持高效运行。

4. 水泵选择

生活给水系统加压水泵选择时,水泵效率应符合现行国家标准《清水离心泵能效限定值及节能评价值》(GB 19762—2007)的规定。水泵的 Q-H 特性曲线应是随流量增大、扬程逐渐下降的曲线。应根据管网水力计算进行选泵,水泵应在其高效区内运行。

1)流量

在生活(生产)给水系统中,无水箱调节时,水泵出水量要满足系统高峰用水要求,应由系统的高峰用水量(设计秒流量)确定。采用高位水箱调节时,水泵的最大出水量不应小于系统的最大时用水量。若水箱容积较大,并且用水量均匀,则水泵流量可按平均时流量确定。消防水泵流量应由室内消防设计水量确定。生活、生产、消防共用调速水泵在消防时其流量除保证用水总量外,还应保证生活、生产用水量的要求。

2)扬程

水泵扬程应满足室内给水系统最不利点所需水压,经水力计算确定。

当水泵与室外给水管网直接连接时,有

$$H_b \geqslant H_1 + H_2 + H_3 + H_4 - H_0 \qquad (2-5)$$

当水泵与室外给水管网间接连接,从贮水池(或水箱)抽水时,有

$$H_b \geqslant H_1 + H_2 + H_4 \qquad (2-6)$$

式中:H_b——水泵扬程,kPa;

H_1——引入管或贮水池最低水位至最不利配水点位置高度所要求的静水压,kPa;

H_2——水泵吸水管和出水管至最不利配水点计算管路的总水头损失,kPa;

H_3——水流通过水表时的水头损失,kPa;

H_4——最不利配水点的流出水头,kPa;

H_0——室外给水管网所能提供的最小压力,kPa。

5. 水泵控制

针对相应的给水方式,水泵有以下几种控制方式。

(1)高位水箱控制方式:利用高位水箱的水位来控制水泵的运转。

(2)水泵直接送水控制方式:通过水泵出口的压力感应来控制水泵运行。

(3)压力容器控制方式:利用压力容器(压力水箱)内的压力来控制水泵的运行。

6. 水泵设置

水泵宜自灌吸水,每台水泵宜设置单独从水池吸水的吸水管。吸水管内的流速宜采用 1.0~1.2 m/s;吸水管口应设置向下的喇叭口,喇叭口直径一般为吸水管直径的 1.3~1.5 倍,喇叭口宜低于水池最低水位不宜小于 0.3 m(当吸水管管径大于 200 mm 时,管径每增大 100 mm,要求的喇叭口最小淹没水深应加深 0.1 m),否则应采取防止空气被吸入的措施。

吸水管喇叭口至池底的净距不应小于吸水管管径的 80%,且不得小于 0.1 m;吸水管喇叭口边缘与池壁的净距不宜小于 1.5 倍吸水管管径;吸水管之间净距不宜小于 3.5 倍吸水管管径(管径以相邻两者的平均值计)。

当水池水位不能满足水泵自灌启动水位时,应设置防止水泵空载启动的保护措施。

当每台水泵单独从水池吸水有困难时,可采用单独从吸水总管上自灌吸水,吸水总管伸入水池的引水管不宜少于两条,当一条引水管发生故障时,其余引水管应能通过全部设计流量。每条引水管上应设阀门。吸水总管内的流速不应大于 1.2 m/s。吸水管应有不小于 0.005 的坡度坡向吸水池。其连接管道变径时,应采用偏心异径管,而且要求管顶平接,以免管道中存气。

生活水泵出水管流速宜采用 1.5~2.0 m/s。每台水泵的出水管上,应装设压力表、检修阀门、止回阀或水泵多功能控制阀,必要时可在数台水泵出水汇合总管上设置水锤消除装置。自灌式吸水的水泵吸水管上应装设阀门。

7. 水泵减振防噪

建筑物内的给水泵房,应采取减振防噪措施,如选用低噪声水泵机组;吸水管和出水管上应设减振装置;水泵机组的基础应设置减振装置;管道支架、吊架和管道穿墙、楼板处,应采取防止固体传声措施;必要时泵房的墙壁和天花应采取隔音吸音处理。

2.3.2 贮水池

建筑物内的生活用水低位贮水池(箱)是建筑给水系统用来调节和贮存水量的构筑物。贮水池(箱)设计时选用的材质、衬里或内涂层材料应符合《生活饮用水输配水设备及防护材料的安全性评价标准》(GB/T 17219—1998)的规定。

1. 贮水池的设置要求

贮水池应设进水管、出水管、溢流管、泄水管和水位信号管等。为保证水质不被污染,并考虑检修方便等,贮水池的设置应满足以下条件:

(1)供单体建筑的生活饮用水水池(箱)与消防用水的水池(箱)应分开设置。建筑物内的生活饮用水水池(箱)体,应采用独立结构形式,不得利用建筑物的本体结构作为水池(箱)的壁板、地板及顶盖。

(2)建筑物内的生活饮用水水池(箱)及生活给水设施,不应设置与厕所、垃圾间、污废水泵房、污废水处理机房及其他污染源毗邻的房间内;其上层不应有上述用房及浴室、盥洗室、厨房、洗衣服和其他产生污染源的房间。

(3)建筑物内的水池(箱)应设置在专用房间内,房间应无污染、不结冻、通风良好,并应维修方便;室外设置的水池(箱)及管道应采取防冻、隔热措施。

(4)建筑物内的水池(箱)不应毗邻配变电所或在其上方,不宜毗邻居住用房或在其下方。

(5)水池(箱)外壁与建筑主体结构墙或其他池壁之间的净距,无管道的侧面不宜小于 0.7 m;安装有管道的侧面不宜小于 1.0 m,且管道外壁与建筑本体墙面之间的通道宽度不宜小于 0.6 m;设有人孔的池顶,顶板面与上面建筑本体板底的净空不应小于 0.8 m;水箱底与房间地面板的净距,当有管道时不宜小于 0.8 m。

(6)生活饮用水水池(箱)内贮水更新时间不宜超过 48 h。生活饮用水水池(箱)应设置消毒装置。当水池(箱)的有效容积大于 50 m³ 时,宜分成容积基本相等、能独立运行的两格。

(7)当消防用水和生产或生活用水合用一个贮水池,且池内无溢流墙时,在生产和生活水泵的吸水管上、消防水位处开 25 mm 的小孔,以确保消防贮水量不被动用。

在贮水池中设溢流墙示例如图 2-12 所示,在生活或生产水泵吸水管上开孔示例如图 2-13 所示。

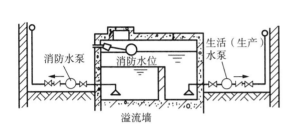

图 2-12　在贮水池中设溢流墙示例

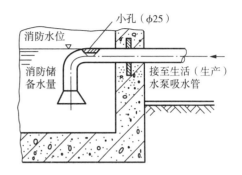

图 2-13　在生活或生产水泵吸水管上开孔示例

2. 贮水池有效容积的确定

贮水池的有效容积应根据生活调节水量、消防储备水量和生产事故备用水量确定,可按下式计算:

$$V \geqslant (Q_b - Q_g) \cdot T_b + V_x + V_s \tag{2-7}$$

$$(Q_b - Q_g) \cdot T_b \leqslant Q_g \cdot T_t \tag{2-8}$$

式中:V——贮水池有效容积,m³;

Q_b——水泵出水量,m³/h;

Q_g——水池进水量,m³/h;

T_b——水泵运行时间,h;

V_x——消防储备水量,m³;

V_s——生产事故备用水量,m³;

T_t——水泵运行间隔时间,h。

当资料不足时,贮水池的生活调节水量宜按建筑物最高日用水量的 20%～25% 确定。

2.3.3　吸水井

吸水井是用来满足水泵吸水要求的构筑物,一般在室外不需要设置贮水池而又不允许水泵直接从室外管网抽水时设置。

吸水井有效容积不应小于最大一台水泵 3 min 的设计流量。吸水井尺寸要满足吸水管的布置、安装、检修和水泵正常工作的要求。吸水管在吸水井中布置时的最小尺寸如图 2-14 所示。

吸水井可以设置在底层或地下室,也可以设置在室外地下或地上。对于生活饮用水,吸水井应有防止污染的措施。

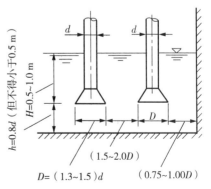

图 2-14　吸水管在吸水井中
布置时的最小尺寸

2.3.4 生活用水高位水箱

在建筑给水系统中，当需要储存和调节水量，以及需要稳压和减压时，均可设置水箱。水箱一般采用玻璃钢、不锈钢、钢筋混凝土等材质。常用水箱的形状有矩形、方形和圆形。

1. 水箱配管及附件

水箱应设进水管、出水管、溢流管、信号管、泄水管、通气管、人孔、液位计、内外爬梯等（见图 2-15）。

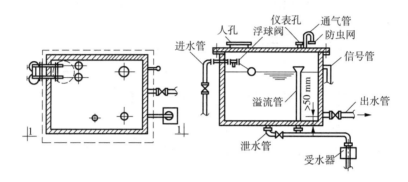

图 2-15 水箱配管及附件示意

1) 进水管

进水管口的最低点高出溢流边缘的空气间隙不应小于进水管管径，且不应小于 25 mm，可不大于 150 mm。当进水管从最高水位以上进入水箱，管口为淹没出流时，管顶应装设真空破坏器等防虹吸回流措施。水箱的进水管上应装设与进水管管径相同的自动水位控制阀（包括杠杆式浮球阀和液压式水位控制阀门），并不得少于两个。两个进水管口标高应一致。当采用水泵加压进水时，进水管不得设置自动水位控制阀，应设置由水箱水位控制水泵开、停的装置。进水管管径按水泵流量或室内设计秒流量计算确定，其管道流速按不同工况的要求确定，在资料不全时一般可按 0.6~0.9 m/s 选用。

2) 出水管

进、出水管宜分别设置，并应采取防止短路的措施。出水管管内底标高应高于箱底 0.1~0.15 m，以防污物流入配水管网。出水管和进水管可以分别和水箱连接，也可以合用一条管道。合用时出水管上设有止回阀，其标高应低于水箱最低水位 1.0 m 以上，以保证止回阀开启所需压力。出水管管径按设计秒流量计算确定。出水管与进水管合用立管如图 2-16 所示。

3) 溢流管

溢流管宜采用水平喇叭口集水，喇叭口下的垂直管段长度不宜小于 4 倍溢流管管径；溢流管管径应按能排泄水池（箱）的最大入流量确定，并宜比进水管管径大一级；溢流管出口端应设置防护措施，溢流口应至少高于最高水位 0.1 m。

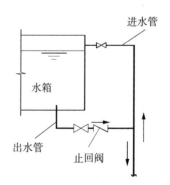

图 2-16 出水管与进水管合用立管

为了保护水箱中水质不被污染,溢流管不得与污水管道直接相连,必要时需经过断流水箱,并设水封装置才可接入。水箱设在平屋顶上时,溢流水可直接流在屋面上。溢流管上不得装阀门。

4)信号管

信号管应安装在水箱壁的溢流口以下 10 mm 处,管径 15~20 mm,信号管的另一端通到值班室的洗涤盆处,以便随时发现水箱浮球阀失灵而能及时修理。若水箱液位和水泵进行联锁控制,则可在水箱侧壁或顶板处安装液位继电器或信号器,采用自动水位报告。

5)泄水管

泄水管宜从水箱底接出,用于检修或清洗时泄水。泄水管上装设阀门,平时关闭,泄水时开启。泄水管的阀门后管道可与溢流管相连,并应采用间接排水方式。泄水管管径应按水箱泄空时间和泄水受体的排泄能力确定,当水池箱中的水不能以重力自流泄空时,应设置移动或固定的提升装置。无特殊要求时,泄水管管径可比进水管管径缩小 1~2 级,但不得小于 50 mm。

6)通气管

供应生活饮用水的水箱应设密封箱盖,箱盖上设检修人孔和通气管,使水箱内空气流通。通气管一般不少于 2 根,并宜有高差。管道上不得装阀门,水箱的通气管管径一般宜为 100~150 mm,管口端应装防虫网罩,严禁与排水系统的通气管和通风道相连。

2. 水箱的有效容积

水箱的有效容积应根据调节水量、生活和消防储备水量及生产事故备储水量确定。调节水量根据用水和供水的变化曲线确定,当无上述资料或资料可靠性较差时,可按经验确定。

(1)当水泵、水箱联合供水,水泵为自动启动时,有

$$V_{sb} = \frac{Cq_b}{4K_b} \qquad (2-9)$$

式中:V_{sb}——水箱的调节容积,m^3;

　　q_b——水泵出水量,m^3/h;

　　K_b——水泵 1 h 启动次数,一般 6~8 次/h;

　　C——安全系数($C=1.5~2.0$)。

(2)当水泵、水箱联合供水,水泵为手动启动时,有

$$V_{sb} = \frac{Q_{max}}{n_b} - Q't_b \qquad (2-10)$$

式中:Q_{max}——最高日用水量,m^3/h;

　　n_b——一天内水泵启动次数,次/d;

　　Q'——水泵运行时间内,建筑物平均小时用水量,m^3/h;

　　t_b——水泵启动一次的最短运行时间,h。

(3)当单设水箱时,有

$$V_{sb} = (Q_1 - Q_w)T_1 \qquad (2-11)$$

式中:Q_1——由水箱供水的最大连续平均小时用水量,m^3/h;

　　Q_w——在水箱供水的最大连续时段内,室外向室内管网和水箱供水的流量,m^3/h;

T_1——由水箱供水的最大连续出水小时数,h。

(4)当没有上述资料时,根据生活日用水量 Q_d 的百分数来确定。

由城镇给水管网夜间直接进水的高位水箱的生活用水调节容积,宜按供水的用水人数和最高日用水定额确定。当采用水泵-水箱联合供水时,若水泵自动启停,则宜按水箱服务区域内的最大小时用水量的50%计;若水泵由人工开关,则可按服务区域的最高日用水量的12%计。当采用串联供水方案时,若水箱除供本区用水外,还供上区提升泵抽水用,则水箱的调节容积除满足上述要求外,还应贮存 3～5 min 的提升泵的设计流量。若水箱为中途转输专用,则水箱的调节容积宜取 5～10 min 转输水泵的流量。

3. 水箱的设置高度

水箱的安装高度,应满足建筑物内最不利配水点所需要的流出水头,经管道水力计算确定,即按式(2-12)确定。减压水箱的安装高度一般需高出其供水分区 3 层以上。

$$Z_x \geqslant Z_b + H_c + H_s \qquad (2-12)$$

式中: Z_x——高位水箱最低水位标高,m;

Z_b——最不利配水点(或消火栓或自动喷水喷头)的标高,m;

H_c——最不利配水点(或消火栓或自动喷水喷头)需要的流出水头,m;

H_s——水箱出口至最不利配水点(或消火栓或自动喷水喷头)的管道总压力损失,m。

4. 水箱布置

水箱应设置在便于维护、光线和通风良好且不结冻的地方,一般布置在屋顶或闷顶内的水箱间,在我国南方地区,大部分是直接设置在平屋顶上的。水箱底与水箱间地面的净距,当有管道敷设时不宜小于 0.8 m。水箱间应有良好的通风、采光和防蚊蝇措施,室内最低气温不得低于 5 ℃,水箱间的承重结构为非燃烧材料,水箱间的净高不得低于 2.2 m。水箱布置间距见表 2-5 所列。

表 2-5　水箱布置间距 （单位:m）

给水水箱形式	箱外壁至墙面的净距		水箱之间的距离	箱顶至建筑结构最低点的距离	人孔盖顶至房间顶板的距离	最低水位至水管止回阀的距离
	有阀门一侧	无阀门一侧				
圆形	0.8	0.5	0.7	0.6	1.5(0.8)	0.8
矩形	1.0	0.7	0.7	0.6	1.5(0.8)	0.8

注:表中距离均为净距离,括号内为最小间距。

2.3.5　气压给水设备

气压给水设备是给水系统中的一种调节和局部升压设备。它利用密闭压力罐内的压缩空气,将罐中的水送到管网中各配水点,其作用相当于水塔或高位水箱,可以调节和贮存水量并保持所需的压力。

1. 气压给水设备的适用范围

(1)当城市水压不足时,在建筑物(如住宅宿舍楼、公共建筑)的自备给水系统中或小区(如施工现场、农村、学校)的给水设备上采用气压给水较为适宜。

(2)对压力要求较高的建筑,或建筑艺术要求不可能设置水箱或水塔的情况下气压给水设备更为合适。

(3)在地震区、高层建筑、人防工程、国防工程中也可采用气压给水设备。

2. 气压给水设备的优点

(1)灵活性大。气压给水设备中供水压力是利用罐内压缩空气产生的,罐体的安装高度可不受限制。它隐蔽,安装、拆卸都很方便。

(2)投资少、建设速度快。目前有许多成套产品,接上水源、电源即可使用,施工安装简单,在建设费用上也比其他的水箱节省。

(3)水质不易污染。因水在密闭系统中流动,受污染的可能性极小。

(4)运行可靠、维修管理方便。因气压水罐和水泵组合在一起,若采用可靠的仪表,可不设专人管理实现自动化。

3. 气压给水设备存在的问题

(1)调节水量小。气压水罐的调节水量一般为总容积的 20%。

(2)运行费用高。水泵频繁启动,耗电量和维修费用相应增大。

(3)钢材耗量大。气压水罐为压力容器,其用材、加工、检验均有严格规定。

(4)变压力供水。压力变化幅度较大,不适合用水量较大和要求水压稳定的用水对象,因而其使用范围受到一定限制。

4. 气压给水设备的分类

按给水压力,气压给水设备可分为低压(0.6 MPa 以下)、中压(0.6～1.0 MPa)和高压(1.0～1.6 MPa)。根据有关规范,以选用低压为宜。

按压力稳定性,气压给水设备可分为变压式和定压式两种。当用户对水压没有特定要求时,常使用变压式气压给水设备。罐内空气压力随给水情况变化,给水系统处于变压状态下工作。在变压式气压给水设备的供水管上装设调压阀,即成为定压式气压给水设备,将阀后的水压控制在要求范围内,可满足用户对水压恒定的要求。

按水罐形式,气压给水设备可分为卧式、立式和球式。卧式水罐中的水和空气接触面积较大,使空气的损失较多,对变压水罐的补气不利。立式水罐常采用阐柱形,使空气和水接触的面积减小,对变压水罐的补气有利。球式水罐技术先进、经济合理、外形美观,但加工相对复杂、困难。

按气水接触方式,气压给水设备可分为气水接触式和隔膜式两种。其中,气水接触式是一般常用的形式。隔膜式气压给水设备使用隔膜将气水分开,从而减少空气的漏损。隔膜可用塑料或橡胶制成。图 2-17 为隔膜式气压给水设备,其可以一次充气,长期使用;可以不设置空气压缩机,使系统得到简化,节省投资,扩大气压给水设备的使用范围。

5. 气压给水设备的组成

(1)密闭水罐。其内部充满空气和水。

(2)水泵。其将水送到罐内及管网。

(3)加压装置。加压装置如空气压缩机,其作用是加压水及补充空气漏损。

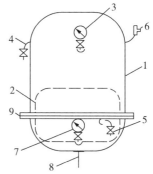

1—罐体;2—橡胶隔膜;3—电接点压力表;
4—充气管;5—放气管;6—安全阀;7—压力表;
8—进、出水管;9—法兰。

图 2-17　隔膜式气压给水设备

（4）控制器材。其作用是启动水泵及空气压缩机。

6. 气压给水设备的工作原理

图 2 - 18 为单罐变压式气压给水设备。其工作原理如下：罐内空气的起始压力高于给水管网所需的设计压力，水在压缩空气的作用下被送至管网；随着水量的减少，水位下降，罐内空气压力逐渐减小，当压力降到设计最小工作压力时，水泵在继电器作用下启动，将水压入罐内，同时进入管网；当罐内压力上升到设计最大工作压力时，水泵又在压力继电器作用下停止工作，如此往复。

如果管网需要获得稳定的压力，那么可采用单罐定压式给水设备，即在配水总管上装置调压阀。在水罐的进气管和出水

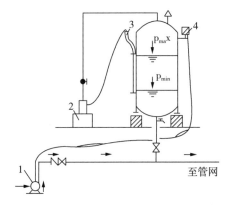

1—水泵；2—空气压缩机；
3—水位继电器；4—压力继电器。
图 2 - 18　单罐变压式气压给水设备

管上，应分别设置止水阀和止气阀，以防止水进入空气管道和防止压缩空气进入配水管网。

大型给水系统中，气压给水设备采用双罐（一个充水、一个充气）。如果需要双罐定压式设备，只要在两罐之间的空气管上装一个调压阀即可。

7. 气压给水设备的补气方式

气压给水设备中的空气与水直接接触，在经过一段时间后，罐内空气由于漏损和溶解于水而逐渐减少，因而使调节容积逐渐减小，水泵启动逐渐频繁，因此需要定期补充气体。最常用的是用空气压缩机补气，在小型系统中也可采用水射器补气和定期泄空补气等方式。

8. 气压给水设备的选型

1）气压给水设备的容积确定

如图 2 - 19 所示，根据波马定律有

$$(p_0+0.098)V_z = (p_1+0.098)V_1$$
$$= (p_2+0.098)V_2$$

式中：p_0——气压水罐无水时的气压（表压），MPa；

　　　V_z——气压水罐无水时的总体积，m^3；

　　　p_1——气压水罐设计最低工作压力（表压），MPa；

　　　V_1——气压水罐设计最低工作压力对应的空气体积，m^3；

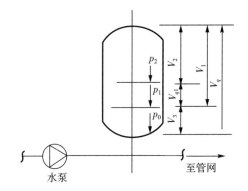

图 2 - 19　气压水罐计算用图

　　　p_2——气压水罐设计最高工作压力（表压），MPa；

　　　V_2——气压水罐设计最高工作压力对应的空气体积，m^3；

气压水罐内水的调节容积 V_{ql} 为

$$V_{ql}=V_1-V_2$$

整理以上两式,令 $\alpha_b = \dfrac{p_1 + 0.098}{p_2 + 0.098}$,即 α_b 为气压水罐内最小工作压力与最大工作压力之比(压力以绝对压力计),一般设计时取 α_b 为 0.65~0.85;令 $\beta = \dfrac{p_1 + 0.098}{p_0 + 0.098}$,即 β 为气压水罐容积附加系数,其反映罐内不起水量调节作用的附加水容积的大小。一般补气式卧式水罐 β 宜为 1.25;补气式立式水罐 β 宜为 1.10;隔膜式气压水罐 β 宜为 1.05。

可以得出

$$V_q = \frac{\beta V_{ql}}{1 - \alpha_b} \tag{2-13}$$

工程设计时,可以按水箱调节容积的计算公式计算,即

$$V_{ql} = \frac{\alpha_a q_b}{4 n_q} \tag{2-14}$$

式中:V_{ql}——气压水罐内水的调节容积,m^3;

　　α_a——安全系数,宜取 1.0~1.3;

　　q_b——水泵出水量,m^3/h;当罐内为平均压力时,q_b 不应小于管网最大小时流量的 1.2 倍;

　　n_q——水泵一小时内启动次数,宜采用 6~8 次/h。

2)气压水罐中的工作压力

根据《建筑给水排水设计标准》(GB 50015—2019)中的规定,气压水罐中的最低工作压力应满足供水管网系统的最不利配水点处所需要的压力,故气压水罐中的最低工作压力 p_1 为

$$p_1 = 0.01 H_{q1} + 0.001 H_{q2} + H_3 \tag{2-15}$$

式中:H_{q1}——最不利配水点与水泵吸水池最低水位的高程差,m;

　　H_{q2}——最不利配水点至水泵吸水池最低水位之间管路的沿程、局部水头损失之和,kPa;

　　H_3——最不利配水点满足工作要求的最低工作压力,MPa。

气压水罐中的最高工作压力可根据 $p_2 = \dfrac{p_1 + 0.098}{\alpha_b} - 0.098$ 计算,但不得使管网最大水压处配水点的水压大于 0.55 MPa。

气压水罐为压力容器,应设置安全阀,安全阀的开启压力为罐内的最大工作压力。当罐内压力大于 p_2 时,安全阀自动开启,释放多余的压力,保护压力水罐安全工作。

3)气压给水设备的水泵和空压机选型

水泵选型应考虑气压给水设备的不同工况、给水系统的最大小时用水量及设备的运行方式等因素。

(1)变压式气压给水设备:当水泵扬程为 p_1 时,水泵的供水流量取管网最大设计秒流量;当水泵扬程为 p_2 时,水泵的供水流量取管网最大小时流量;当水泵扬程为气压水罐内平均压力$(p_1 + p_2)/2$ 时,水泵的供水流量应等于或略大于给水系统所需的最大小时流量的 1.2 倍,此时水泵应在高效区运行。

(2)定压式气压给水设备:当水泵扬程可以按最小工作压力 p_1 计,水泵供水流量按不小于管网最大设计秒流量计;当空气压缩机的工作压力不小于 p_2 时,排气量根据气压水罐的总容积确定。

9. 有关气压水罐选用的几个问题

1)选用高位水箱或气压水罐的原则

高位水箱和气压水罐这两种升压设备各有特点:高位水箱属于定压给水,压力较稳定;而气压水罐则为变压式给水,压力在一定范围内波动。在水泵自动化上,二者也是不同的,高位水箱多用液位继电器控制,而气压水罐则用压力继电器控制。在贮水功能上,高位水箱可贮存一定的水量备用,而气压水罐则不能。选用这两种升压设备,要根据具体的用水要求,进行经济技术比较后确定。

2)选用气-水接触式和隔膜式的原则

从功能上讲,这两种气压水罐是一样的;从经济角度看,气-水接触式稍低于隔膜式。但前者有水质可能被污染的缺点,从这个意义上可认为隔膜式稍优于气-水接触式。目前,国际上两种形式并存,均有一定的应用。

3)气压给水装置的节能问题

从工作压力上来看,水泵的扬程要额外增加 $\Delta p = p_2 - p_1$ 的无用功,同时,因水泵正常工作时出水压力在 $p_2 \sim p_1$ 变化,不可能经常维持在最高效率点附近运行,平均运行效率较低,水箱供水系统则没有这种情况。

2.4 管材、附件及仪表

2.4.1 给水系统管材

给水系统采用的管材、管件,应符合国家现行有关产品标准要求,管道及管件的工作压力不得大于产品标准公称压力或标称的允许工作压力。当生活给水与消防共用管道时,管材、管件等还须满足消防的相关要求。在符合使用要求的前提下,应选用节能、节水型产品。

(1)埋地管道的管材,应具有耐腐蚀和能承受相应地面荷载的能力,可采用塑料给水管、有衬里的铸铁给水管、经可靠防腐处理的钢管等管材。

(2)室内给水管道应选用耐腐蚀和安装、连接方便可靠的管材。明敷或嵌墙敷设时,一般可采用不锈钢管、铜管、塑料给水管、金属塑料复合管及经可靠防腐处理的钢管。敷设在地面找平层内时,宜采用交联聚乙烯管(PEX 管)、无规共聚聚丙烯管(PP-R 管)、氯化聚氯乙烯管(PVC-C 管)、铝塑复合管、耐腐蚀的金属管材。

(3)室外明敷管道一般不宜采用给水塑料管、铝塑复合管。

(4)在环境温度大于 60 ℃的环境中,不应采用塑料给水管,如硬质聚氯乙烯管(PVC-U 管)等。

(5)建筑给水塑料管道除 PVC-C 可用于水喷淋消防系统外,其他给水塑料管材不得用于室内消防给水系统。

(6)给水泵房内的管道宜采用法兰连接的建筑给水不锈钢管、钢塑复合管和给水钢塑复合压力管。

2.4.2　管道连接

（1）钢管的连接。钢管常采用螺纹连接（见图 2－20）、焊接和法兰连接。

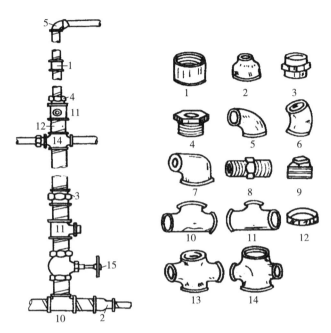

1—管箍；2—异径管箍；3—活接头；4—补心；5—90°弯头；6—45°弯头；7—异径弯头；8—内管箍；9—管塞；

10—等径三通；11—异径三通；12—根母；13—等径四通；14—异径四通；15—阀门。

图 2－20　钢管螺纹连接配件及连接方法

（2）铸铁管的连接。铸铁管应采用承插和法兰等连接方式。常用给水铸铁管件如图
2－21所示。

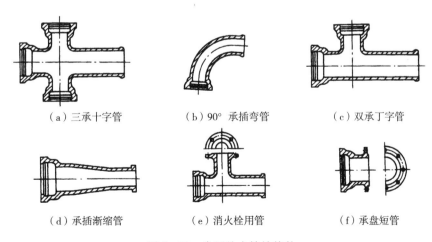

（a）三承十字管　　　　　（b）90° 承插弯管　　　　　（c）双承丁字管

（d）承插渐缩管　　　　　（e）消火栓用管　　　　　（f）承盘短管

图 2－21　常用给水铸铁管件

（3）塑料管的连接。PVC－U 管宜采用承插黏接，也可采用橡胶密封圈连接，并应使用
注射成型的外螺纹管件。PVC－C 管采用承插黏接。PP－R 管明敷和非直埋管道宜采用

热熔连接;与金属或用水器连接应采用丝扣或法兰连接(需采用专用的过渡管件或过渡接头);直埋、暗敷在墙体及地坪层内的管道应采用热熔连接,不得采用丝扣、法兰连接。

(4)薄壁不锈钢管的连接。薄壁不锈钢管应采用卡压、环压、卡凸式或卡箍式等连接方式。

2.4.3 附件

附件分为配水附件、控制附件和其他附件三类。

1. 配水附件

配水附件是生活、生产、消防给水系统管网的终端用水点上的设施,如生活给水系统的配水附件(见图 2-22)主要指卫生器具的给水配件或配水龙头。

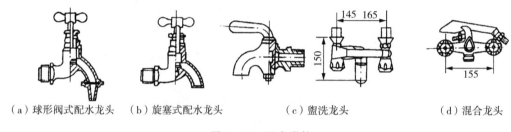

(a)球形阀式配水龙头　　(b)旋塞式配水龙头　　　　(c)盥洗龙头　　　　　(d)混合龙头

图 2-22　配水附件

2. 控制附件

1)闸阀

闸阀也叫作闸板阀,是一种广泛使用的阀门。它的闭合原理:闸板密封面与阀座密封面高度光洁、平整一致,相互贴合,可阻止介质流过,并依靠顶模、弹簧或闸板的模型,来增强密封效果。它在管路中主要起切断作用。

它的优点:流体阻力小,启闭省劲,可以在介质双向流动的情况下使用,没有方向性,全开时密封面不易冲蚀,结构长度短,不仅适合做小阀门,而且适合做大阀门。

闸阀按阀杆螺纹分为明杆式和暗杆式两类,按闸板构造分为楔式和平行两类。

2)截止阀

截止阀开闭过程中密封面之间摩擦力小,比较耐用,开启高度不大,制造容易,维修方便,不仅适用于中低压,而且适用于高压。

它的闭合原理:依靠阀杠压力,使阀瓣密封面与阀座密封面紧密贴合,阻止介质流通。

截止阀只许介质单向流动,安装时有方向性。它的结构长度大于闸阀,同时流体阻力大,长期运行时,密封可靠性不强。

截止阀分为直通式、直流式、角式和柱塞式截止阀等。

3)蝶阀

蝶阀也叫作蝴蝶阀,顾名思义,它的关键性部件好似蝴蝶迎风,自由回旋。

蝶阀的阀瓣是圆盘,围绕阀座内的一个轴旋转,旋角的大小,便是阀门的开闭度。

蝶阀具有轻巧的特点,比其他阀门要节省材料,结构简单,开闭迅速,切断和节流都能用,流体阻力小,操作省力。蝶阀可以做成很大口径。能够使用蝶阀的地方,最好不要使用闸阀,因为蝶阀比闸阀经济,而且调节性好。目前,蝶阀在热水管路中广泛应用。

4）球阀

球阀的工作原理：靠旋转阀门来使阀门畅通或闭塞。球阀开关轻便,体积小,可以做成很大口径,密封可靠,结构简单,维修方便,密封面与球面常处于闭合状态,不易被介质冲蚀,在各行业均得到广泛的应用。

球阀有浮动球式和固定球式两类。

5）止回阀

止回阀是依靠流体本身的力量自动启闭的阀门,它的作用是阻止介质倒流。它的名称很多,如逆止阀、单向阀、单流门等。止回阀按结构可分升降式和旋启式两类。

（1）升降式：阀瓣沿着阀体垂直中心线移动。这类止回阀有两种：一种是卧式,装于水平管道,阀体外形与截止阀相似;另一种是立式,装于垂直管道。

（2）旋启式：阀瓣围绕座外的销轴旋转,有单瓣、双瓣和多瓣之分,但原理是相同的。

止回阀选型：当阀前水压小时,宜采用阻力低的球式和梭式止回阀;当关闭后密闭性能要求严密时,宜选用有关闭弹簧的软密封止回阀;当要求削弱关闭水锤时,宜选用弹簧复位的速闭止回阀或后阶段有缓闭功能的止回阀;当管网最小压力或水箱最低水位需满足开启止回阀压力时,宜选用旋启式止回阀等开启压力低的止回阀。

6）减压阀

减压阀是将介质压力降低到一定数值的自动阀门。减压阀种类很多,主要有活塞式和弹簧薄膜式两种。

活塞式减压阀是通过活塞的作用进行减压的阀门。弹簧薄膜式减压阀,是依靠弹簧和薄膜来进行压力平衡的。

减压阀的减压比不宜大于 3∶1,并应避开气蚀区。当阀后压力允许波动时,可采用比例式减压阀;当阀后压力要求稳定时,宜采用可调式减压阀中的稳压减压阀;当减压差小于0.15 MPa 时,宜采用可调式减压阀中的差压减压阀。减压阀不应设置旁通阀。

常见的各类阀门如图 2-23 所示。

（a）不锈钢闸阀　　（b）截止阀　　（c）蝶阀　　（d）球阀

（e）升降式止回阀　　（f）旋启式止回阀　　（g）活塞式减压阀　　（h）弹簧薄膜式减压阀

图 2-23　常见的各类阀门

2.4.4　水表

水表是在测量条件下,用于连续测量、记录和显示流经测量传感器的水体积的仪表。

1. 水表分类

1)按测量原理

按测量原理,水表可分为速度式水表和容积式水表两类。速度式水表安装在封闭管道中,由一个运动元件组成,并由水流运动速度直接使其获得动力速度的水表。速度式水表有旋翼式和螺翼式两种。旋翼式水表中又有单流束水表和多流束水表。按安装方向速度式水表可分为水平安装水表和垂直安装水表。

容积式水表安装在管道中,由一些被逐次充满和排放流体的已知容积的容室和凭借流体驱动的机构组成的水表,或简称定量排放式水表,一般采用活塞式结构。

2)按计量等级

计量等级反映了水表的工作流量范围,尤其是小流量下的计量性能。按照从低到高的次序,水表一般分为 A 级表、B 级表、C 级表、D 级表四类,其计量性能分别达到国家标准中规定的计量等级 A、B、C、D 等级的相应要求。

3)按公称口径

按公称口径,水表通常分为小口径水表和大口径水表两类。公称口径 40 mm 及以下的水表通常称为小口径水表,公称口径 50 mm 及以上的水表称为大口径水表。这两种水表有时又称为民用水表和工业用水表,公称口径 40 mm 及以下的水表用螺纹连接,50 mm 及以上的水表用法兰连接。

4)按介质的温度

按介质温度,水表可分为冷水水表和热水水表两类,水温 30 ℃是其分界线。

5)按计数器的指示形式

按计数器的指示形式,水表可分为指针式、字轮式(或称数码式或 E 型表)和指针字轮组合式三类。在国家标准《饮用冷水水表和热水水表》(GB/T 778—2018)中又将指示形式分为模拟式装置、数字式装置、模拟式和数字式的组合装置。

6)远传水表分类

远传水表通常是以普通水表为基表加装了远传输出装置的水表,远传输出装置可以安置在水表本体内或指示装置内,也可以配置在外部。

目前远传水表的信号有两类:一类是包括代表实时流量的开关量信号、脉冲信号、数字信号等,传感器一般用干簧管或霍尔元件;另一类代表累积流量的数字信号和经编码的其他电信号等。远传输出的方式包括有线和无线两类。

7)预付费类水表

预付费类水表是以普通水表为基表加装了控制器和电控阀所组成的一种具有预置功能的水表。典型的有 IC 卡冷水水表、TM 卡水表和代码预付费水表。定量水表采用的也是一种预置控制的技术。

以 IC 卡为媒体的预付费水表。按 IC 卡与外界数据传送的形式可分为有接触型 IC 卡和非接触型(又称为射频感应型)IC 卡两种。接触型 IC 卡的触点可与外界接触;非接触型 IC 卡带有射频收发电路及其相关电路,不向外引出触点。

TM 卡水表是一种非接触式的智能预付费水表,TM 卡是一种具有 IC 卡功能的碰触式存储卡。

代码数据交换式水表是用一组变形的数据码来传输交换预付的水购置量数据,并采用这种数据控制技术的智能预付费水表。

定量水表是指采用电气控制或数控方式,在一定范围内设置和控制用水量的水表。

常见的各类水表如图 2 - 24 所示。

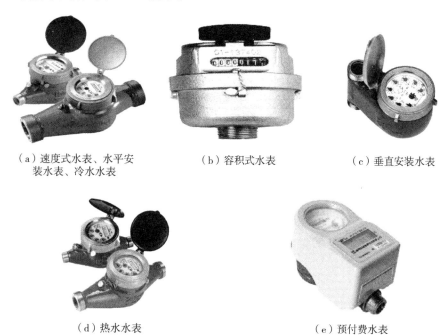

（a）速度式水表、水平安　　　　（b）容积式水表　　　　　（c）垂直安装水表
　　装水表、冷水水表

　　　　（d）热水水表　　　　　　　　　　　（e）预付费水表

图 2 - 24　常见的各类水表

2. 水表性能参数

常用流量:额定工作条件下水表符合最大允许误差要求的最大流量。

过载流量:要求水表在短时间内能符合最大允许误差要求,随后在额定工作条件下仍能保持计量特性的最大流量。

最小流量:水表符合最大允许误差要求的最低流量。

分界流量:出现在常用流量和最小流量之间,将流量范围划分成各有特定最大允许误差的"高区"和"低区"两个区的流量。

压力损失(Δp):在给定流量下,管道中存在由水表所造成的不可恢复的压力降低。

3. 水表选型

水表的选择包括确定水表类型和口径。水表类型应根据各类水表的特性和安装水表管段通过水流的水质、水量、水压、水温等情况选定。用水量均匀的生活给水系统,如公共浴室、洗衣房、公共食堂等用水密集型建筑,可按设计秒流量不超过但接近水表的常用流量确定水表的公称直径。用水量不均匀的生活给水系统,如住宅和公寓及旅馆等公共建筑,可按设计秒流量不超过但接近水表的过载流量确定水表的公称直径。在消防时除生活用水外尚需通过消防流量的水表,应以生活用水的设计流量叠加消防流量进行校核,校核流量不应大于水表的过载流量。

2.5 建筑给水管道的布置和敷设

2.5.1 给水管道的布置

1. 引入管

引入管自室外管网将水引入室内,力求简短,铺设时常与外墙垂直。从配水平衡和供水可靠考虑,当用水点分布不均匀时,引入管宜从建筑物用水量最大处和不允许断水处引入;当用水点均匀时,宜从建筑物中间引入,以缩短管线长度,减小管网水头损失。引入管布置示意如图 2-25 所示。

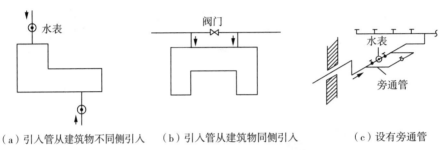

(a) 引入管从建筑物不同侧引入　　(b) 引入管从建筑物同侧引入　　(c) 设有旁通管

图 2-25　引入管布置示意

一般的建筑物设一根引入管,单向供水。当不允许断水或消火栓个数大于 10 个时,应设 2 条或 2 条以上引入管,且从建筑物不同侧引入。如不满足条件需从同侧引入时,其间距应大于 15 m,并在两个连接点的室外给水管道上设置分隔阀门。

引入管应有不小于 0.003 的坡度坡向室外给水管网,或坡向阀门井、水表井,以便检修时排放存水。

每条引入管应装设阀门,必要时还应装设泄水装置,以便管网检修时泄水,防冰防压。

引入管穿越承重墙或基础时,应预留洞口,洞口高度(或套管内顶)应保证管道上部净空高度不得小于建筑物的沉降量,一般不小于 0.1 m。引入管穿过墙壁进入室内部分,可有下列两种情况:若基础埋设较浅,则管道从外墙基础下面通过;若基础埋设较深,则引入管穿越承重墙或基础本体,且必须保证引入管不致因建筑物沉降而受到破坏。引入管进入建筑物示意如图 2-26 所示。

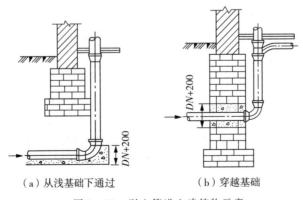

(a) 从浅基础下通过　　　　　(b) 穿越基础

图 2-26　引入管进入建筑物示意

2. 水表节点

必须单独计量水量的建筑物,应从引入管上装设水表。为检修方便,水表前应设阀门,水表后应设阀门、止回阀和放水阀。当因断水而影响正常生产的工业企业建筑物,只有一条引入管时,应绕水表设旁通管。水表节点在南方地区可设在室外水表井中,井距建筑物外墙 2 m 以上;在寒冷地区常设于室内的供暖房间内。水表节点示意如图 2-27 所示。

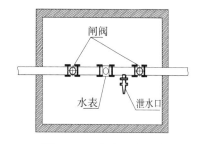

图 2-27 水表节点示意

3. 建筑给水管网

建筑给水管网布置时与建筑性质、外形、结构状况、卫生器具布置及采用的给水方式有关,应考虑的原则如下。

(1)充分利用外网压力;在保证供水安全的前提下,以最短的距离输水;引入管和给水干管宜靠近用水量最大或不允许间断供水的用水点;力求水力条件最佳。

(2)不影响建筑的使用和美观,管道宜沿墙、梁、柱布置,一般可设置在管井、吊顶内或墙角边。

(3)管道宜布置在用水设备、器具较集中处,方便维护管理及检修。

(4)室内给水管网宜采用枝状布置,单向供水。不允许间断供水的建筑和设备,应采用环状管网或贯通枝状双向供水。

(5)不得穿越变、配电间、电梯机房、通信机房、大中型计算机房、计算机网络中心、有屏蔽要求的 X 光室、CT 室、档案室、书库、音像库等遇水会损坏设备或引发事故的房间;不得在生产设备、配电柜上方通过;不得妨碍生产操作、交通运输和建筑物的使用。

(6)不得布置在遇水能引起燃烧、爆炸的原料、产品、设备上面。

(7)不得敷设在烟道、风道、电梯井、排水沟内;不得穿过大、小便槽(给水立管距大、小便槽端部不得小于 0.5 m)。

(8)不宜穿越橱窗、壁柜、木装修。当不可避免时,应采取隔离和防护措施。

(9)不宜穿越伸缩缝、沉降缝、变形缝。当必须穿越时,应设置补偿管道伸缩和剪切变形的装置。

① 螺纹弯头法。螺纹弯头法又称为丝扣弯头法(见图 2-28),建筑物的沉降可由螺纹弯头的旋转补偿,适用于小口径的管道。

② 软性接头法。用橡胶软管或金属波纹管连接沉降缝、伸缩缝两侧的管道。

③ 活动支架法。在沉降缝两侧设支架,使管道垂直移动而不能水平横向移动,以适应沉降、伸缩的应力。活动支架法如图 2-29 所示。

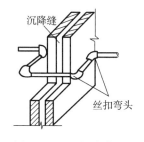

图 2-28 丝扣弯头法

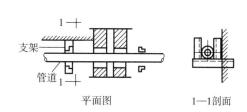

图 2-29 活动支架法

2.5.2 给水管道的敷设

建筑内部给水管道可明敷、暗敷，一般应根据建筑中室内工艺设备的要求及管道材质的不同来确定。

1. 明敷

明敷是管道在室内沿墙、梁、柱、天花板下、地板旁暴露敷设。其特点是造价低，便于安装维修；但不美观，易凝结水，积灰，妨碍环境卫生。该方式适用于一般民用建筑和生产车间。

2. 暗敷

暗敷是管道敷设在地下室或吊顶中，或在管井、管槽、管沟中隐蔽敷设。其特点是卫生条件好、美观，但造价高，施工维护均不便。该方式适用于建筑标准高的建筑，如高层建筑、宾馆，要求室内洁净无尘的车间，如精密仪器车间、电子元件车间等。

给水管道暗敷时，不得直接敷设在建筑物结构层内，敷设在垫层或墙体管槽内的给水支管的外径不宜大于 25 mm。

室内给水管道可以与其他管道一同架设，但应当考虑安全、施工、维护等要求。在管道平行或交叉设置时，管道的相互位置、距离、固定等应按管道综合有关要求统一处理。

2.5.3 管道防腐、防冻、防露、防漏的技术措施

使建筑内部给水系统能在较长年限内正常工作，除应加强维护管理外，在施工中还需采取如下一系列措施。

1. 防腐

金属管道一般应采取适当的防腐措施。铸铁管及大口径钢管可采用水泥砂浆衬里；球墨铸铁管外壁宜采用喷涂沥青和喷锌防腐，内壁衬宜采用水泥砂浆防腐；钢塑复合管就是钢管加强防腐性能的一种形式。

埋地铸铁管宜在管外壁刷冷底子油一道，石油沥青两道；埋地钢管（包括热镀锌钢管）宜在外壁刷冷底子油一道、石油沥青两道外加保护层（当土壤腐蚀性较强时可采用加强级或特加强级防腐）；钢塑复合管埋地敷设，其外壁防腐同普通钢管；薄壁不锈钢管埋地敷设，应对管沟或管外壁采取防腐措施；当管外壁为薄壁不锈钢材质时，应有防止管材与水泥直接接触的措施（管外加防腐套管或外缚防腐胶带）。

明装管道应刷防护漆。明装热镀锌钢管应刷银粉两道（卫生间）或调和漆两道。

当管道敷设在有腐蚀性的环境中时，管外壁应刷防腐漆或缠绕防腐材料及采取其他有效的方法措施。

2. 防冻保温

在寒冷地区，对于敷设在冬季不采暖房间的管道及安装在受室外冷空气影响的门厅、过道处的管道应考虑保温、防冻措施。常用做法：在管道安装完毕，经水压试验和管道外表面除锈并刷防腐漆后，管道外包棉毡（如岩棉、超细玻璃棉、玻璃纤维和矿渣棉毡等）作为保温层，或以保温瓦（由泡沫混凝土、硅藻土、水泥蛭石、泡沫塑料或水泥膨胀珍珠岩等制成）为保温层，外包玻璃丝布保护层，表面刷调和漆；当处于寒冷地区或保温区厚度过厚时，应采用蒸汽伴管或电伴热等措施。

3. 防结露保温

当给水管道结露会影响环境，引起装饰、物品等受损害时，给水管道应做防结露绝热层。

当管道内水温低于空气露点温度时$[(t_2-t_1)>0]$，空气中的水蒸气将在管道外表面产生凝结水，给水管道应采取防结露保温措施，保温层外壳应密封防渗。在采用金属给水管会出现结露的地区，塑料管也会出现结露，故也需要做防结露保冷层。防结露保冷层的选择和施工，一般可按照《管道和设备保温、防结露及电伴热》(16S401)实施。

2.5.4 水质防护

生活饮用水系统的水质，应符合国家标准《生活饮用水卫生标准》(GB 5749—2022)的规定。

(1)自备水源的供水管道严禁与城镇给水管道直接连接。

(2)中水、雨水回用水等非生活饮用水管道严禁与生活饮用水管道连接。

(3)生活饮用水应有防止管道内产生虹吸回流、背压回流等污染的措施。

(4)卫生器具和用水设备的生活饮用水管配水件出水口，不得被任何液体或杂质淹没；出水口高出承接用水容器溢流边缘的最小空气间隙，不得小于出水口直径的 2.5 倍。

(5)从生活饮用水管网向消防等其他非供生活饮用的贮水池(箱)补水时，其进水口最低点高出溢流边缘的空气间隙不应小于 150 mm；向中水、雨水回用水等回用水系统的贮水池(箱)补水时，其进水管口最低点高出溢流边缘的空气间隙不应小于进水管管径的 2.5 倍，且不应小于 150 mm。

(6)从生活饮用水管道上直接供下列用水管道时，应在用水管道的下列部位设置倒流防止器：

① 从城镇给水管网的不同管段接出两路及两路以上至小区或建筑物，且与城镇给水管网形成连通管网的引入管上；

② 从城镇生活给水管网直接抽水的生活供水加压水泵进水管上；

③ 利用城镇给水管网直接连接且小区引入管无防回流设施时，向气压水罐、热水锅炉、热水机组、水加热器等有压容器或密闭容器注水的进水管上。

(7)严禁生活饮用水管道与大便器(槽)、小便斗(槽)采用非专用冲洗阀直接连接。

(8)生活饮用水管道应避开毒物污染区，当条件限制不能避开时，应采取防护措施。

(9)生活饮用水水池(箱)的构造和配管应符合下列要求：

① 人孔、通气管、溢流管应有防止生物进入水池(箱)的措施；

② 进水管宜在水池(箱)的溢流水位以上接入；

③ 进出水管布置不得产生水流短路，必要时应设导流装置；

④ 不得接纳消防管道试压水、泄压水等回流水或溢流水；

⑤ 泄水管和溢流管的排水应间接排水，宜排入邻近的洗涤盆、地漏，且满足间接排水口最小空气间隙要求；

⑥ 水池(箱)材质、衬砌材料和内壁涂料，不得影响水质。

2.6 建筑给水系统的水力计算

2.6.1 设计秒流量

给水管道的设计流量不仅是确定各管段管径，也是计算管道水头损失，进而确定给水系统所需压力的主要依据。因此,设计流量的确定应符合建筑内部的用水规律。建筑内的生活用水量在一昼夜、一小时里都是不均匀的。为保证用水,在建筑生活给水管道系统设计时,将按其供水的卫生器具给水当量、使用人数、用水规律在高峰用水时段的最大瞬时给水流量作为该管段的设计流量,并称为给水设计秒流量,其计量单位通常以 L/s 表示。

1. 住宅建筑的生活给水管道的设计秒流量

住宅建筑的生活给水管道的设计秒流量,应按下列步骤和方法计算。

(1)根据住宅配置的卫生器具给水当量、使用人数、用水定额、使用时数及小时变化系数,按式(2-16)计算出生活给水管道的最大用水时卫生器具给水当量平均出流概率:

$$U_0 = \frac{100 \, q_0 \, m K_h}{0.2 \cdot N_g \cdot T \cdot 3600} \tag{2-16}$$

式中:U_0——生活给水管道的最大用水时卫生器具给水当量平均出流概率,%;

q_0——最高用水日的用水定额,按表2-2取用;

m——每户用水人数,人;

K_h——小时变化系数,按表2-2取用;

N_g——每户设置的卫生器具给水当量总数;

T——用水时数,h;

0.2——一个卫生器具给水当量的额定流量,L/s。

(2)根据计算管段上的卫生器具给水当量总数,按式(2-17)计算得出该管段的卫生器具给水当量同时出流概率:

$$U = 100 \times \frac{1 + \alpha_c \, (N_g - 1)^{0.49}}{\sqrt{N_g}} \tag{2-17}$$

式中:U——计算管段的卫生器具给水当量同时出流概率,%;

α_c——对应于 U_0 的系数,查表2-6;

N_g——计算管段的卫生器具给水当量总数。

表2-6 $U_0 - \alpha_c$ 值对应表

$U_0/\%$	1.0	1.5	2.0	2.5	3.0	3.5
α_c	0.00323	0.00697	0.01097	0.01512	0.01939	0.02374
$U_0/\%$	4.0	4.5	5.0	6.0	7.0	8.0
α_c	0.02816	0.03263	0.03715	0.04629	0.05555	0.06489

(3)根据计算管段的卫生器具给水当量同时出流概率,按式(2-18)计算该管段的设计秒流量:

$$q_g = 0.2 \cdot U \cdot N_g \tag{2-18}$$

式中:q_g——计算管段的设计秒流量,L/s。

① 为了计算快速、方便,在计算出 U_0 后,即可根据计算管段的 N_g 值从给水管道设计秒流量计算表[参见《建筑给水排水设计标准》(GB 50015—2019)]中直接查得给水设计秒流

量。该表可用内插法。

②当计算管段的卫生器具给水当量总数超过给水设计秒流量计算表中的最大值时,其设计流量应取最大时用水量。

③给水干管有两条或两条以上具有不同最大用水时卫生器具给水当量平均出流概率的给水支管时,按式(2-19)计算该管段的最大用水时卫生器具给水当量平均出流概率:

$$\bar{U}_0 = \frac{\sum U_{0i} N_{gi}}{\sum N_{gi}} \qquad (2-19)$$

式中:$\bar{U}_0$——给水干管的最大用水时卫生器具给水当量平均出流概率,%;

U_{0i}——支管的最大用水时卫生器具给水当量平均出流概率,%;

N_{gi}——相应支管的卫生器具给水当量总数。

2. 旅馆等建筑的生活给水管道的设计秒流量

宿舍(居室内设卫生间)、旅馆、宾馆、酒店式公寓、门诊部、诊疗所、医院、疗养院、幼儿园、养老院、办公楼、商场、图书馆、书店、客运站、航站楼、会展中心、教学楼、公共厕所等建筑的生活给水设计秒流量,应按式(2-20)计算:

$$q_g = 0.2\alpha\sqrt{N_g} \qquad (2-20)$$

式中:q_g——计算管段的给水设计秒流量,L/s;

N_g——计算管段的卫生器具给水当量总数;

α——根据建筑物用途而定的系数,应按表2-7采用。

表2-7　根据建筑物用途而定的系数值(α值)

建筑物名称	α 值	建筑物名称	α 值
幼儿园、托儿所、养老院	1.2	教学楼	1.8
门诊部、诊疗所	1.4	医院、疗养院、休养所	2.0
办公楼、商场	1.5	酒店式公寓	2.2
图书馆	1.6	宿舍(居室内设卫生间)、旅馆、招待所、宾馆	2.5
书店	1.7	客运站、航站楼、会展中心、公共厕所	3.0

卫生器具给水当量是以某一卫生器具给水流量值为基数,其他卫生器具的给水流量值与其的比值。

(1)当计算值小于该管段上的一个最大卫生器具给水额定流量时,应以最大卫生器具给水额定流量为设计秒流量。

(2)当计算值大于该管段上按卫生器具给水额定流量累加所得流量值时,应以卫生器具给水额定流量累加所得流量值为设计秒流量。

(3)有大便器延时自闭冲洗阀的给水管段,大便器延时自闭冲洗阀的给水当量均以0.5计,应以计算得到的q_g附加1.20 L/s的流量为该管段的给水设计秒流量。

(4)综合楼建筑的α值应按加权平均法计算。

3. 工业企业生活间等建筑的生活给水管道的设计秒流量

宿舍(设公用盥洗卫生间)、工业企业生活间、公共浴室、职工(学生)食堂或营业餐馆的厨房、体育场馆、影剧院、普通理化实验室等建筑的生活给水管道的设计秒流量,应按式(2-21)计算:

$$q_{\mathrm{g}} = \sum q_0 N_0 b \qquad (2-21)$$

式中:q_{g}——计算管段的给水设计秒流量,L/s;

q_0——同类型的一个卫生器具给水额定流量,L/s;

N_0——同类型卫生器具总数;

b——同类型卫生器具的同时给水百分数,应按表 2-8、表 2-9、表 2-10 选用。

表 2-8 宿舍(设公用盥洗卫生间)、工业企业生活间、公共浴室、影剧院、
体育场馆卫生器具同时给水百分数(%)

卫生器具名称	宿舍(设公用盥洗卫生间)	工业企业生活间	公共浴室	影剧院	体育场馆
洗涤盆(池)	—	33	15	15	15
洗手盆	—	50	50	50	70(50)
洗脸盆、盥洗槽水嘴	5~100	60~100	60~100	50	80
浴盆	—	—	50	—	—
无间隔淋浴器	20~100	100	100	—	100
有间隔淋浴器	5~80	80	60~80	(60~80)	(60~100)
大便器冲洗水箱	5~70	30	20	50(20)	70(20)
大便槽自动冲洗水箱	100	100	—	100	100
大便器自闭式冲洗阀	1~2	2	2	10(2)	5(2)
小便器自闭式冲洗阀	2~10	10	10	50(10)	70(10)
小便器(槽)自动冲洗水箱	—	100	100	100	100
净身盆	—	33	—	—	—
饮水器	—	30~60	30	30	30
小卖部洗涤盆	—	—	50	50	50

注:(1)表中括号内的数值系电影院、剧院的化妆间、体育场馆的运动员休息室使用。

(2)健身中心的卫生间,可采用本表体育场馆运动员休息室的同时给水百分率。

表 2-9 职工(学生)食堂或营业餐馆的厨房设备同时给水百分数(%)

厨房设备名称	同时给水百分数	厨房设备名称	同时给水百分数
洗涤盆(池)	70	开水器	50
煮锅	60	蒸汽发生器	100

（续表）

厨房设备名称	同时给水百分数	厨房设备名称	同时给水百分数
生产性洗涤机	40	灶台水嘴	30
器皿洗涤机	90		

注：职工或学生饭堂的洗碗台水嘴，按 100% 同时给水，但不与厨房用水叠加。

表 2-10　实验室化验水嘴同时给水百分数（%）

化验水嘴名称	同时给水百分数	
	科研教学实验室	生产实验室
单联化验水嘴	20	30
双联或三联化验水嘴	30	50

（1）当计算值小于该管段上一个最大卫生器具给水额定流量时，应采用一个最大的卫生器具给水额定流量为设计秒流量。

（2）大便器自闭式冲洗阀应单列计算，当单列计算值小于 1.2 L/s 时，以 1.2 L/s 计；大于 1.2 L/s 时，以计算值计。

4. 综合体建筑或同一建筑不同功能部分的生活给水干管的设计秒流量

综合体建筑或同一建筑不同功能部分的生活给水干管的设计秒流量，应符合下列规定：

（1）当不同建筑（或功能部分）的用水高峰出现在同一时段时，生活给水干管的设计秒流量应采用各建筑不同功能部分的设计秒流量的叠加值；

（2）当不同建筑（或功能部分）的用水高峰出现在不同时段时，生活给水干管的设计秒流量应采用高峰时用水量最多的主要建筑（或功能部分）的设计秒流量与其余部分的平均时给水流量的叠加值。

2.6.2　给水管网水力计算

建筑给水管网水力计算，是在绘出管网轴测图后进行的。其目的是在求出各管段设计流量后，确定各管段的管径、水头损失，计算建筑给水系统所需的水压，进而将给水方式确定下来。计算要尽可能利用室外给水管网所提供的水压。

1. 确定各管段的管径

按建筑物性质和卫生器具当量数求得各管段的设计秒流量后，根据流量公式及流速控制范围选择管径。

$$q_{\mathrm{g}} = \frac{\pi d_{\mathrm{j}}^2}{4} v \tag{2-22}$$

$$d_{\mathrm{j}} = \sqrt{\frac{4q_{\mathrm{g}}}{\pi v}} \tag{2-23}$$

式中：q_{g}——计算管段的设计秒流量，m^3/s；

d_{j}——计算管段的管内径，m；

v——管道中水的流速,m/s。

管中流速是按照节省投资、噪声小等原则,经过技术经济比较后确定的。建筑物内的给水管道流速一般可按表 2-11 选取,但最大不超过 2 m/s。

表 2-11 生活给水管道的水流速度

公称直径/mm	15~20	25~40	50~70	≥80
水流速度/(m/s)	≤1.0	≤1.2	≤1.5	≤1.8

工程设计中也可采用下列数值:DN15~DN20,v=0.6~1.0 m/s;DN25~DN40,v=0.8~1.2 m/s;DN50~DN70,v≤1.5 m/s;DN80 及以上的管径,v≤1.8 m/s。

2. 确定各管段的水头损失

给水管网水头损失的计算包括沿程水头损失和局部水头损失两部分内容。

(1)给水管道的沿程水头损失:

$$h_i = i \cdot L \qquad (2-24)$$

式中:h_i——沿程水头损失,kPa;

L——管道计算长度,m;

i——管道单位长度的水头损失,kPa/m。

$$i = 105 C_h^{-1.85} d_j^{-4.87} q_g^{1.85} \qquad (2-25)$$

式中:i——管道单位长度水头损失,kPa/m;

d_j——管道计算内径,m;

q_g——计算管段给水设计流量,m^3/s;

C_h——海澄·威廉系数,塑料管、内衬(涂)塑管 C_h=140,铜管、不锈钢管 C_h=130,内衬水泥、树脂的铸铁管 C_h=130,普通钢管、铸铁管 C_h=100。

设计计算时,也可直接使用由上述公式编制的水力计算表,由管段的设计秒流量 q_g,控制流速 v 在正常范围内,查出管径和单位长度的水头损失 i。

(2)给水管网的局部水头损失:

管段的局部水头损失计算公式为

$$h_j = 10 \sum \xi \frac{v^2}{2g} \qquad (2-26)$$

式中:h_j——管段局部水头损失之和,kPa;

ζ——管段局部阻力系数;

v——沿水流方向局部管件下游的流速,m/s;

g——重力加速度,m/s^2。

由于给水管网中局部管件如弯头、三通等甚多,随着构造不同,其 ζ 值也不尽相同,详细计算较为烦琐,因此在实际工程中给水管网的局部水头损失计算有管(配)件当量长度计算法和管网沿程水头损失百分数估算法两种。

① 管(配)件当量长度计算法。管(配)件当量长度的含义:管(配)件产生的局部水头损失大小与同管径某一长度管道产生的沿程水头损失相等,所以该长度即为该管(配)件的当量长度(又称为折算补偿长度)。阀门和螺纹管件的摩阻损失当量长度见表 2-12 所列。

表 2-12　阀门和螺纹管件的摩阻损失当量长度　　　　　　　(单位:m)

管件内径/mm	各种管件的折算管道长度						
	90°标准弯头	45°标准弯头	标准三通90°转角流	三通直向流	闸板阀	球阀	角阀
9.5	0.3	0.2	0.5	0.1	0.1	2.4	1.2
12.7	0.6	0.4	0.9	0.2	0.1	4.6	2.4
19.1	0.8	0.5	1.2	0.2	0.2	6.1	3.6
25.4	0.9	0.5	1.5	0.3	0.2	7.6	4.6
31.8	1.2	0.7	1.8	0.4	0.2	10.6	5.5
38.1	1.5	0.9	2.1	0.5	0.3	13.7	6.7
50.8	2.1	1.2	3.0	0.6	0.4	16.7	8.5
63.5	2.4	1.5	3.6	0.8	0.5	19.8	10.3
76.2	3.0	1.8	4.6	0.9	0.6	24.3	12.7
101.6	4.3	2.4	6.4	1.2	0.8	38.0	16.7
127	5.2	3.0	7.6	1.5	1.0	42.6	21.3
152.4	6.1	3.6	9.1	1.8	1.2	50.2	24.3

注:本表的螺纹接口是指管件无凹口的螺纹,即管件与管道在连接点内径有突变,管件内径大于管道内径。当管件为凹口螺纹,或管件与管道为等径焊接,其折算补偿长度取表值的 1/2。

② 管网沿程水头损失百分数估算法。不同材质管道、三通分水与分水器分水管内径大小的局部水头损失占沿程水头损失百分数的经验取值,分别见表 2-13、表 2-14 所列。

表 2-13　不同材质管道的局部水头损失占沿程水头损失百分数的经验取值

管材质		局部水头损失占沿程水头损失百分数的经验取值	
PVC-U		25%～30%	
PP-R			
PVC-C			
铜			
PEX		25%～45%	
聚氯乙烯(PVP)	三通配水	50%～60%	
	分水器配水	30%	
钢塑复合	螺纹连接内衬塑铸铁管件的管道	30%～40%	生活给水系统
		25%～30%	生活、生产给水系统
	法兰、沟槽式连接内涂塑钢管件的管道	10%～20%	

(续表)

管材质		局部水头损失占沿程水头损失百分数的经验取值
热镀锌钢	生活给水管道	25%~30%
	生产、消防给水管道	15%
	其他生活、生产、消防共用系统管道	20%
	自动喷水管道	20%
	消火栓管道	10%

表 2-14　三通分水与分水器分水管内径大小的局部水头损失占沿程水头损失百分数的经验取值

管(配)件内径与管道内径的关系	采用三通分水	采用分水器分水
管(配)件内径与管道内径一致	25%~30%	15%~20%
管(配)件内径略大于管道内径	50%~60%	30%~35%
管(配)件内径略小于管道内径	70%~80%	35%~40%

注:此表只适用于配水管,不适用于给水干管。

3. 水表水头损失的计算

水表水头损失的计算是在选定水表的型号后进行的。

水表的水头损失可按下式计算:

$$h_d = \frac{q_g^2}{K_b} \tag{2-27}$$

式中:h_d——水表的水头损失,kPa;

q_g——计算管段的给水设计流量,m^3/h;

K_b——水表的特性系数,一般由生产厂提供,也可按下式计算:旋翼式水表为 $K_b = \frac{Q_{max}^2}{100}$,螺翼式水表为 $K_b = \frac{Q_{max}^2}{10}$,其中 Q_{max} 为水表的过载流量,m^3/h。

水表水头损失值应满足表 2-15 的规定,否则应放大水表的口径。

表 2-15　水表水头损失允许值　　　　　　　　　　(单位:kPa)

表型	正常使用时	消防时
旋翼式	<24.5	<49.0
螺翼式	<12.8	<29.4

(1)当未确定水表的具体产品时,水头损失可按以下规定估算:

① 住宅入户管上的水表水头损失值宜取 0.01 MPa;

② 建筑物或小区引入管上的水表水头损失值在生活用水工况时,宜取 0.03 MPa;在校核消防工况时,宜取 0.05 MPa 计算。

(2)特殊附件的局部阻力可按以下规定计算:

① 管道过滤器局部水头损失宜取 0.01 MPa;

② 比例式减压阀的水头损失宜按阀后静水压的 10%~20% 确定;

③ 倒流防止器、真空破坏器的局部水头损失,应按相应产品测试参数确定。

4. 管网水力计算的方法和步骤

根据建筑采用的给水方式,在建筑物管道平面布置图的基础上,绘制给水管网的轴测图,进行水力计算。各种给水管网的水力计算方法和步骤略有差别,现就最常见的给水方式,分述其各自的水力计算步骤及方法。

1)下行上给的给水方式

(1)根据给水系统轴测图选出要求压力最大的管路作为计算管路。

(2)从最不利点开始,按流量变化处为节点进行管段编号,并标明各计算管段长度。

(3)按建筑物性质,正确选用设计秒流量公式计算各管段的设计秒流量。

(4)进行水力计算,确定各计算管段的管径及水头损失。如选用水表,应计算出水表的水头损失。按计算结果确定建筑物所需的总水头 H,并与城市管网所提供的常年供水服务压力 H_0 比较。若 $H < H_0$,则满足要求;若 H_0 稍小于 H,则可适当放大某几段管径,使 $H < H_0$;若 H_0 小于 H 很多,则需考虑设水箱和水泵的给水方式。

(5)对于设水箱、水泵的给水方式,则要求计算确定水箱和贮水池容积,计算从水箱出口到最不利点所需的压力,确定水箱的安装高度,计算从引入管起点到水箱进口间所需的压力,选择水泵及配管计算。

2)上行下给的给水方式

(1)在上行横干管中选择要求压力最大的管路作为计算管路。

(2)划分计算管段,计算各管段的设计秒流量,确定各管段的管径及水头损失,确定计算管路的总损失。

(3)计算高位水箱的生活用水最低水位,即

$$Z = Z_1 + 0.1H_2 + 0.1H_4 \tag{2-28}$$

式中:Z——高位水箱生活用水量最低水位标高,m;

$\quad\quad Z_1$——室内最不利配水点的标高,m;

$\quad\quad H_2$——由水箱出口至最不利配水点的管路的沿程、局部水头损失之和,kPa;

$\quad\quad H_4$——建筑物内最不利配水点满足工作要求的最低工作压力,kPa;

水箱安装高度不宜过大,以免要求水箱架设太高,增加建筑物结构上的困难和影响建筑物的造型美观。

(4)计算各立管管径。根据各节点处已知压力和干管几何高度,自下而上按已知压力选择管径,控制不使流速过大,不产生噪声。

(5)设计水箱和水泵的给水方式,根据水箱、水池容积,从水箱出口到最不利点之间所需压力,从引入管起点到水箱进水口之间所需的压力,选择水泵。

(6)如管道系统不对称,可以再用另一个立管进行校核。

2.7　高层建筑给水系统

2.7.1　高层建筑给水系统的竖向分区

高层建筑是指建筑高度大于 27 m 的住宅建筑和建筑高度大于 24 m 的非单层厂房、仓

库和其他民用建筑。高层建筑如果采用同一给水系统,那么低层管道中静水压力过大,会带来以下弊端:需采用耐高压管材、附件和配水器材,使得工程造价增加;开启阀门或配水附件时,管网中易产生水锤冲击;低层配水附件开启后,由于用水点处压力过高,使出流量增加,造成水流喷溅,影响使用,并可能使顶层配水附件处产生负压抽吸现象,形成回流污染。

为了克服上述弊端,保证建筑供水的安全可靠性,高层建筑给水系统应采取竖向分区供水,即在建筑物的垂直方向按层分段,各段为一区,分别组成各自的给水系统。给水系统的压力应满足以下几点要求:

(1)卫生器具给水配件承受的最大工作压力不得大于 0.60 MPa;

(2)当生活给水系统分区供水时,各分区的静水压力不宜大于 0.45 MPa;当设有集中热水系统时,分区静水压力不宜大于 0.55 MPa;

(3)生活给水系统用水点处供水压力不宜大于 0.20 MPa,并应满足卫生器具工作压力的要求;

(4)住宅入户管供水压力不应大于 0.35 MPa,非住宅类居住建筑入户管供水压力不宜大于 0.35 MPa。

2.7.2 高层建筑给水系统的给水方式

1. 高位水箱供水方式

高位水箱供水方式分为串联供水、并联供水、减压水箱供水和减压阀供水。

(1)串联供水方式(见图 2-30)是水泵分散设置在各区,楼层中区的水箱兼作上一区的水池。优点:无高压水泵和高压管线,投资较节省,能源消耗较小。缺点:水泵分散设置、分区水箱所占建筑面积大;水泵所设楼层防振隔声要求高;水泵分散,维护管理不便;上区供水受下区限制,供水可靠性差。

(2)并联供水方式(见图 2-31)是在分区独立设置水箱和水泵,水泵集中设置在地下室,分别向各区供水。优点:各区独立运行,互不干扰,供水安全可靠;水泵集中布置,便于维护管理,能源消耗较小。缺点:水泵台数多,水泵出水高压管线长,设备费用增加;分区水箱占用建筑上层面积。

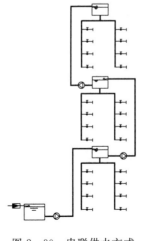

图 2-30 串联供水方式

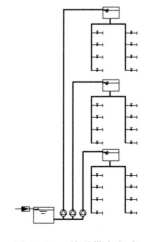

图 2-31 并联供水方式

（3）减压水箱供水方式（见图 2-32）是整栋建筑物内的用水量全部由设置在底层的水泵提升至屋顶总水箱，然后再分送至各分区水箱，分区水箱起减压作用。优点：供水较可靠，设备与管道较简单，投资较节省，设备布置较集中，维护管理方便。缺点：水泵运行费用高；屋顶总水箱容积大、对建筑的结构和抗震不利；建筑物高度较高、分区较多时，各分区减压水箱浮球阀承受压力大，造成关不严或经常维修；下区供水受上区的限制。

（4）减压阀供水方式（见图 2-33）与减压水箱供水方式不同之处在于以减压阀来代替减压水箱。优点：供水可靠，水泵与管材较少，投资省，设备布置集中，便于维护管理，不占用建筑上层使用面积。缺点：下区供水压力损失较大，稍浪费电力能源。

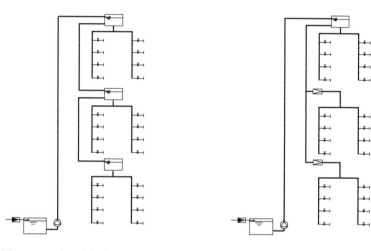

图 2-32　减压水箱供水方式　　　　图 2-33　减压阀供水方式

2. 气压水箱供水方式

气压水箱供水方式有两种形式：气压水箱并列供水方式和气压水箱减压阀供水方式，如图 2-34、图 2-35 所示。优点：不需要高位水箱，不占高层建筑楼层面积。缺点：运行费用较高，气压罐贮水量小，水泵启闭频繁，水压变化幅度大，罐内起始压力高于管网所需的设计压力，会产生给水压力过高带来的弊端。

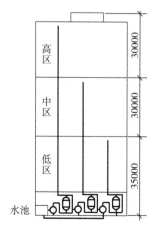

图 2-34　气压水箱并列供水方式

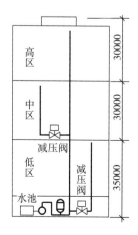

图 2-35　气压水箱减压阀供水方式

3. 分区无水箱并联供水方式

近年来,国内外许多大型高层建筑采用无水箱的变速水泵供水方式(见图 2-36)。这种供水方式是分区设置变速水泵或多台并联水泵,根据水泵出水量或水压,调节水泵转速或运行台数。优点:供水较可靠,设备布置集中,便于维护与管理,不占用建筑上层使用面积,能源消耗较少。缺点:水泵型号、数量较多,投资费用高,水泵控制调节较麻烦,水泵切换过程供水有波动。

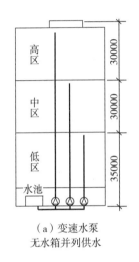

（a）变速水泵
无水箱并列供水

（b）变速水泵
无水箱减压阀供水

图 2-36　分区无水箱并联供水方式

思 考 题

1. 建筑给水系统的给水方式有哪些? 每种方式各有什么特点,适用怎样的条件?

2. 离心泵的工作原理是什么? 其流量及扬程如何确定?

3. 水池(箱)有效容积如何确定? 水箱配管有哪些?

4. 生活、消防合用水池或水箱,消防储备水不被动用的措施有哪些?

5. 气压给水设备的工作原理是什么?

6. 建筑给水管道布置的基本原则是什么?

7. 如何选择给水管材?

8. 水表有哪些性能参数? 如何选型?

9. 给水系统如何估算给水系统所需压力,理论计算时给水管网的水头损失如何计算?

10. 什么是设计秒流量? 不同建筑的生活给水管道设计秒流量如何计算?

11. 高层建筑给水系统技术要求和技术措施是什么? 常用分区给水方式有哪些优缺点?

第3章 建筑消防给水系统

消防给水系统是扑灭火灾,保护人民生命财产安全的给水系统。火灾虽是偶然事故,但一经发生便危害无穷,因此对消防供水的要求极为严格,必须使供水管网及设备处于警备状态,保证消防的用水需求。

水是主要的灭火剂,这是由水的特性决定的。水的比热为 4.186 J/(g·℃),汽化潜热为 2260 J/g,每千克水自常温加热至沸点并完全气化,将吸收 2595 kJ 热量,同时体积增大 1725 倍;水蒸气为惰性气体,占据燃烧区空间,有冲淡隔绝空气的灭火作用;水有极强的润湿性,遇到固体物,极易润湿固体表面,使其难于燃烧;水还有极强的溶解性,是个万能的溶剂,用水可以扑灭易溶于水的固体或液体火灾。除以上灭火特性外,水到处都有,容易获取和储存,且价格低廉,其自身和在灭火过程中对生态环境没有危害;水是流体,具备便于管道输配等优点,灭火效率高,应用简便,因此人们普遍把水用作主要的灭火剂。以水为灭火剂的灭火系统有消火栓给水灭火系统、固定消防炮灭火系统、自动喷水灭火系统、水喷雾灭火系统及细水雾灭火系统。对于不宜直接用水灭火的燃烧物,可以用洁净气体灭火和泡沫灭火系统。本章重点讲解消火栓给水系统和自动喷水灭火系统。

3.1 室外消防给水系统

室外消防系统是设置在建筑物外消防给水管网上的供水设施,其由室外消火栓、室外消防给水管网、消防水源等组成。火灾时,其向消防车供水或直接连接水带、水枪出水灭火,是扑救火灾的重要消防设施之一。

在城市、居住区、工厂、仓库等的规划和建筑设计时,必须同时设计消防给水系统。城市、居住区应设市政消火栓,民用建筑、厂房(仓库)、储罐(区)、堆场应设室外消火栓。

3.1.1 市政、室外消火栓设置场所

市政、室外消火栓的设置应符合下列要求。

(1)除居住区人数不大于 500 人且建筑层数不大于两层的居住区外,城镇(包括居住区、商业区、开发区、工业区等)应沿可通行消防车的街道设置市政消火栓;

(2)除城市轨道交通工程的地上区间和一、二级耐火等级且建筑体积不大于 3000 m³ 的戊类厂房可不设置室外消火栓外,下列建筑或场所应设置室外消火栓:

① 建筑占地面积大于 300 m² 的厂房、仓库和民用建筑;

② 用于消防救援和消防车停靠的建筑屋面或高架桥;

③ 地铁车站及其附属建筑、车辆基地。

3.1.2 市政、室外消火栓类型及布置

1. 市政、室外消火栓类型

室外消火栓一般由栓体、法兰接管、泄水装置、内置出水阀和弯管底座等组成,室外消火

栓简图如图 3-1 所示。

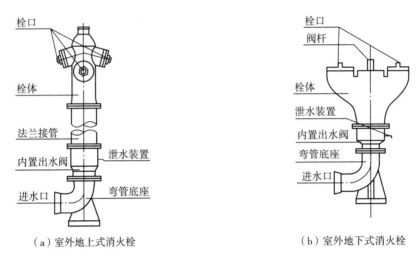

（a）室外地上式消火栓　　　　　　　（b）室外地下式消火栓

图 3-1　室外消火栓简图

室外消火栓按安装场合可分为地上式和地下式(见图 3-2 和图 3-3)；按用途可分为普通型和特殊型，特殊型又分为泡沫型、防撞型；按进水口的公称直径可分为 100 mm 和 150 mm两种。

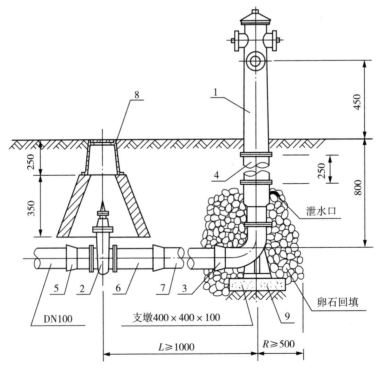

1—地上式消火栓；2—闸阀；3—弯管底座；4—法兰接管；
5、6—短管；7—铸铁管；8—闸阀套筒；9—混凝土支墩。

图 3-2　地上式室外消火栓

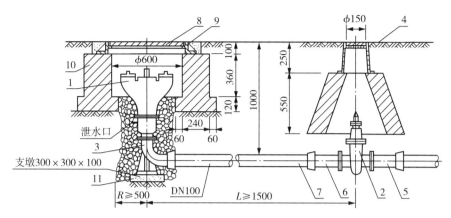

1—地下式消火栓;2—闸阀;3—弯管底座;4—闸阀套筒;5、6—短管;
7—铸铁管;8—井盖;9—井座;10—井室;11—混凝土支墩。

图 3-3　地下式室外消火栓

　　地上式室外消火栓在地上接水,操作方便,但易被碰撞,易受冻,有条件时可采用防撞型;地下式室外消火栓防冻效果好,但需要建较大的地下井室,且使用时消防队员要到井内接水,非常不方便。

　　在严寒地区室外消火栓可采用消防水鹤。消防水鹤一般由地下部分(主控水阀、排放余水装置、启闭联动机构)和地上部分(引水导流管道和护套、消防水带接口、旋转机构、伸缩机构等)组成,具有可摆动、可伸缩、防冻、启闭快速等特点。消防水鹤简图如图 3-4 所示。

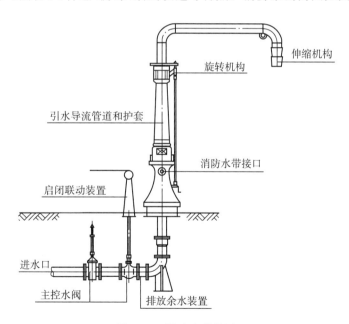

图 3-4　消防水鹤简图

2. 市政、室外消火栓布置

市政、室外消火栓布置应符合下列要求。

(1)室外消火栓应设置在容易发现、便于消防车使用的地点,地下消火栓还应当在地面附近设有明显固定的标志。

(2)城市、居住区的室外消火栓应根据消火栓的保护半径和间距布置。建筑物的室外消火栓的数量应按室外消防用水量经计算确定,并符合消火栓保护半径和间距要求。每个室外消火栓的用水量应按 10～15 L/s 计算。与保护对象的距离为 5～40 m 的市政消火栓,可计入室外消火栓的数量内。

(3)室外消火栓的保护半径不应大于 150 m,间距不应大于 120 m。

(4)室外消火栓距路边不宜小于 0.5 m 并不应大于 2 m,距房屋外墙不宜小于 5 m。

(5)当建筑物在市政消火栓保护半径 150 m 以内,且消防用水量不超过 15 L/s 时,可不设建筑物室外消火栓。

(6)室外消火栓应沿建筑周围均匀布置,并不宜集中布置在建筑物的一侧,建筑消防扑救面一侧的数量不宜少于 2 个。

(7)人防工程、地下工程等建筑的室外消火栓距出入口不宜小于 5 m,并不宜大于 40 m。

(8)停车场的室外消火栓宜沿停车场周边设置,且距离最近一排汽车不宜小于 7 m,距加油站或油库不宜小于 15 m。

(9)市政消火栓宜在道路的一侧设置,并宜靠近十字路口,当道路宽度大于 60 m 时,应在道路的两侧交叉错落设置。

(10)严寒地区消防用水量较大的商务区可设置消防水鹤等辅助消防给水设施,其布置间距宜为 1000 m,接消防水鹤的市政给水管的管径不宜小于 DN200。

(11)建筑的室外消火栓、阀门、消防水泵接合器等设置地点应设置永久性固定标识。

图 3-5 为某小区室外消防给水管网布置示意。

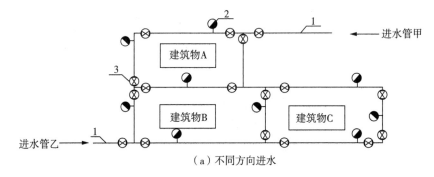

（a）不同方向进水

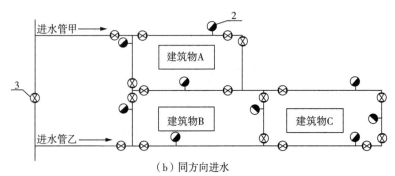

（b）同方向进水

1—引入管;2—室外消火栓;3—阀门井。

图 3-5 某小区室外消防给水管网布置示意

3.1.3　室外消防给水管网

室外消防给水管网的布置应符合下列规定。

(1)室外消防给水管网应布置成环状,室外消防给水管网可与市政给水管网共同构成环网或室外消防给水管网独立构成环状管网;当室外消防用水量小于等于 15 L/s 时,可布置成枝状。

(2)向环状管网输水的进水管不应少于 2 条,并宜从两个不同方向的市政给水管引入;当其中 1 条发生故障时,其余的进水管应能满足消防用水总量的供给要求。

(3)环状管道应采用阀门分成若干独立段,每段内室外消火栓的数量不宜超过 5 个。

(4)室外消防给水管道的直径不应小于 DN100。

(5)室外消防给水管道设置的其他要求应符合现行国家标准《室外给水设计标准》(GB 50013—2018)的有关规定。

室外消火栓给水系统的水源、消防水泵可参考室内消火栓给水系统的水源、消防水泵设计要求。

3.1.4　市政、室外消防用水量

(1)市政消防给水设计流量,应根据当地火灾统计资料、火灾扑救用水量统计资料、灭火用水量保证率、建筑的组成和市政给水管网运行合理性等因素综合分析计算确定。

城镇市政消防给水设计流量,应按同一时间内的火灾发生次数和一次灭火用水量确定。城镇同一时间内的火灾起数和一起灭火用水量应不小于表 3 - 1 的规定。

表 3 - 1　城镇同一时间内的火灾起数和一起灭火用水量

人数 N/万人	同一时间内的火灾起数/起	一起火灾灭火设计流量/(L/s)
N≤1.0	1	15
1.0＜N≤2.5	1	20
2.5＜N≤5.0	2	30
5.0＜N≤10.0	2	35
10.0＜N≤20.0	2	45
20.0＜N≤30.0	2	60
30.0＜N≤40.0	2	75
40.0＜N≤50.0	3	75
50.0＜N≤70.0	3	90
N＞70.0	3	100

注:城市的室外消防用水量应包括居住区、工厂、仓库、堆场、储罐(区)和民用建筑的室外消火栓用水量。当工厂、仓库和民用建筑按单体建筑规定计算的室外消火栓用水量与本表计算不一致时,应取较大值。

(2)工厂、仓库、堆场、储罐(区)和民用建筑的室外消防用水量,应按同一时间内的火灾起数和一起火灾灭火所需用水量确定。工厂、仓库、堆场、储罐(区)和民用建筑在同一时间内的火灾起数应符合表 3 - 2 的规定。

表 3-2　工厂、仓库、堆场、储罐(区)和民用建筑在同一时间内的火灾起数

名称	基地面积/km²	附有居住区人数/万人	同一时间内的火灾起数/起	备注
工厂	≤1	≤1.5	1	按需水量最大的一座建筑物(或堆场、储罐)计算
		>1.5	2	工厂(堆场或储罐区)、居住区各一起
	>1	不限	2	按需水量最大的两座建筑物(或堆场、储罐)之和计算
仓库、民用建筑	不限	不限	1	按需水量最大的一座建筑物(或堆场、储罐)计算

注:采矿、选矿等工业企业当各分散基地有单独的消防给水系统时,可分别计算。

(3)建筑物室外消防用水量不应小于表 3-3 的规定。

表 3-3　建筑物室外消火栓用水量　　　　　　　(单位:L/s)

耐火等级	建筑物名称及类别			建筑物体积 V/m³					
				V≤1500	1500<V≤3000	3000<V≤5000	5000<V≤20000	20000<V≤50000	V>50000
一、二级	工业建筑	厂房	甲、乙类	15	15	20	25	30	35
			丙类	15	15	20	25	30	40
			丁、戊类	15	15	15	15	15	20
		仓库	甲、乙类	15	15	25	25	—	—
			丙类	15	15	25	25	35	45
			丁、戊类	15	15	15	15	15	20
	民用建筑	住宅		15					
		公共建筑	单层及多层	15			25	30	40
			高层	—			25	30	40
	地下建筑(包括地铁)、平战结合的人防工程			15			20	25	30
三级	工业建筑	乙、丙类		15	20	30	40	45	—
		丁、戊类		15			20	25	35
	单层及多层民用建筑			15		20	25	30	—
四级	丁、戊类厂房(仓库)			15		20	25	—	
	单层及多层民用建筑			15		20	25	—	

注:(1)室外消火栓用水量应按消防用水量最大的一座建筑物计算。成组布置的建筑物应按消火栓设计流量较大的相邻两座建筑物的体积之和确定;

(2)火车站、码头和机场的中转库房,其室外消火栓设计流量应按相应耐火等级的丙类物品库房确定;

(3)国家级文物保护单位的重点砖木、木结构的建筑物室外消火栓设计流量,按三级耐火等级民用建筑物消火栓设计流量确定;

(4)当单座建筑的总建筑面积大于 500000 m² 时,建筑物室外消火栓设计流量应按本表规定的最大值增加一倍。

3.2　室内消防给水系统

室内消防给水系统是把室外给水系统提供的水量,直接或经过加压(外网压力不满足需要时)输送到用于扑灭建筑物内的火灾而设置的固定灭火设备,是建筑物中最基本的灭火设施。室内消防给水系统主要由室内消水栓等组成。

3.2.1　室内消火栓设置场所

按照国家标准《建筑防火通用规范》(GB 55037—2022),室内消火栓的设置应符合下列规定。

(1)除不适合用水保护或灭火的场所、远离城镇且无人值守的独立建筑、散装粮食仓库、金库可不设置室内消火栓外,下列建筑应设置室内消火栓:

① 建筑占地面积大于 300 m² 的甲、乙、丙类厂房和仓库;

② 高层公共建筑和建筑高度大于 21 m 的住宅建筑;

③ 建筑体积大于 5000 m³ 的下列单、多层建筑:车站、码头、机场的候车(船、机)建筑,展览、商店、旅馆和医疗建筑,老年人照料设施,档案馆,图书馆;

④ 特等、甲等剧场,超过 800 个座位的乙等剧场和电影院等,超过 1200 个座位的礼堂、体育馆等单、多层建筑;

⑤ 建筑高度大于 15 m 或建筑体积大于 10000 m³ 的办公建筑、教学建筑和其他单、多层民用建筑;

⑥ 建筑面积大于 300 m² 且平时使用的人防工程;

⑦ 建筑面积大于 300 m² 的汽车库和修车库;

⑧ 地铁工程中的地下区间、控制中心、车站及长度大于 30 m 的人行通道,车辆基地内建筑面积大于 300 m² 的建筑;

⑨ 通行机动车的一、二、三类城市交通隧道。

(2)国家级文物保护单位的重点砖木或木结构的古建筑,宜设置室内消火栓。

(3)人员密集的公共建筑、建筑高度大于 100 m 的建筑和建筑面积大于 200 m² 的商业服务网点内应设置软管卷盘或轻便消防水龙。高层住宅建筑的户内宜配置轻便消防水龙。

(4)下列建筑或场所,可不设室内消防给水,但宜设置消防软管卷盘或轻便消防水龙。

① 耐火等级为一、二级且可燃物较少的单、多层丁、戊类厂房(仓库);

② 耐火等级为三、四级且建筑体积不超过 3000 m³ 的丁类厂房;耐火等级为三、四级且建筑体积不超过 5000 m³ 的戊类厂房(仓库);

③ 粮食仓库、金库、远离城镇且无人值班的独立建筑;

④ 存有与水接触能引起燃烧爆炸的物品的建筑;

⑤ 室内没有生产、生活给水管道,室外消防用水取自储水池且建筑体积不超过 5000 m³ 的其他建筑。

(5)车库、修车库和停车场应符合下列规定:耐火等级为一、二级且停车数超过 5 辆的汽车库;停车数超过 5 辆的停车场;耐火等级为一、二级的Ⅳ类以上修车库应设置室内消火栓给水系统。

3.2.2 室内消火栓给水系统组成

室内消火栓给水系统一般由水枪、水龙带、消火栓及消火栓箱、消防卷盘、水泵接合器、消防管道、消防水泵、高位消防水箱和消防水池等组成。

1. 水枪

水枪是灭火的主要工具之一,其作用在于收缩水流,产生击灭火焰的充实水柱。水枪喷口直径为 13 mm、16 mm、19 mm;另一端设有与水龙带相连接的接口,其口径为 50 mm、65 mm两种。水枪常用铜、铝或塑料制成。

2. 水龙带

常用的水龙带用帆布、麻布或橡胶输水软管制成,直径为 50 mm、65 mm 两种,长度一般为 15 m、20 m、25 m 三种,水龙带的两端分别与水枪和消火栓连接。

3. 消火栓

室内消火栓有单出口和双出口之分,均为内扣式接口。单出口消火栓的直径有 50 mm 和 65 mm 两种,双出口消火栓直径均为 65 mm。消火栓栓口垂直于墙面或向下安装。消火栓、水龙带和水枪常装设于消火栓箱中(见图 3-6)。消火栓箱安装高度以消火栓栓口中心距地面 1.1 m 为基准。

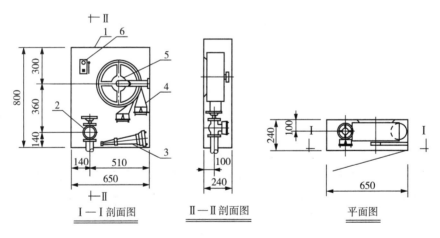

1—消火栓箱;2—消火栓;3—水枪;4—水龙带;5—水带卷盘;6—消防按钮。

图 3-6 消火栓箱安装示意

4. 消防卷盘

消防卷盘是一种重要的辅助灭火设备,由内径 19 mm、长度 20~40 m 卷绕在旋转盘上的胶管和喷嘴口径为 6~9 mm 的水枪组成。消防卷盘如图 3-7 所示。其可与普通消火栓设在同一消火栓箱内,也可单独设置。该设备操作方便,便于非专职消防人员使用,对及时控制初期火灾有特殊作用。在高级旅馆、综合楼和建筑高度超过100 m 的超高层建筑内均应设置,因为其用

图 3-7 消防卷盘

水量较少,且消防队不使用该设备,所以其用水量可不计入消防用水总量。

5. 水泵接合器

水泵接合器是消防车向建筑内管网送水的接口设备。当建筑遇特大火灾,消防水量供水不足或消防泵发生故障时,需用消防车取室外消火栓或消防水池的水,通过水泵接合器向建筑中补充水量。水泵接合器的数量应按建筑消防用水量确定。每个水泵接合器的供水量按 10~15 L/s 计算。水泵接合器应设于消防车使用方便之处,并距室外消火栓或消防水池周围15~40 m。水泵接合器的形式有地上式、地下式和墙壁式三种(见图 3-8)。

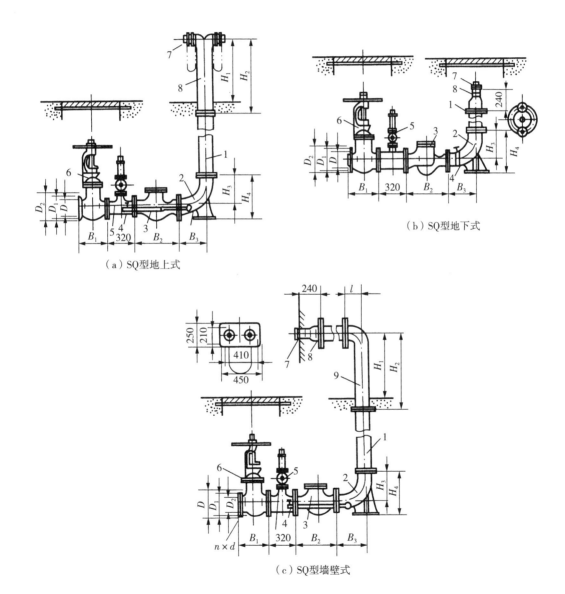

（a）SQ型地上式

（b）SQ型地下式

（c）SQ型墙壁式

1—法兰接管;2—弯管;3—升降式单向阀;4—放水阀;
5—安全阀;6—闸阀;7—进水接口;8—本体;9—法兰弯管。

图 3-8　水泵接合器

6. 高位消防水箱

设置常高压给水系统并能保证最不利点消火栓和自动喷水灭火系统等的水量和水压的建筑物,或设置干式消防竖管的建筑物,可不设置消防水箱。

设置临时高压给水系统的建筑物应设置消防水箱(包括气压水罐、水塔、分区给水系统的分区水箱)。消防水箱的设置应符合下列规定。

(1)高位消防水箱的设置位置应高于其所服务的水灭火设施,且最低有效水位应满足水灭火设施最不利点处的静水压力,并应按下列规定确定:一类高层公共建筑,不应低于 0.10 MPa,但当建筑高度超过 100 m 时,不应低于 0.15 MPa;高层住宅、二类高层公共建筑、多层公共建筑,不应低于 0.07 MPa,多层住宅不宜低于 0.07 MPa;工业建筑不应低于 0.10 MPa,当建筑体积小于 20000 m^3 时,不宜低于 0.07 MPa。不满足以上要求时,应设稳压泵。稳压泵可设置在屋面或地下室消防泵房,室内消火栓系统稳压布置示意如图3-9所示。

(2)消防水箱应储存初期(一般按 10 min)火灾所需的消防用水量,高位消防水箱有效容积应满足表3-4的规定。

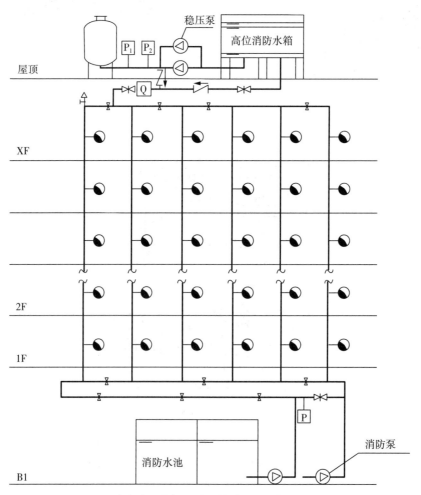

(a)稳压设备置于屋顶的消火栓给水系统

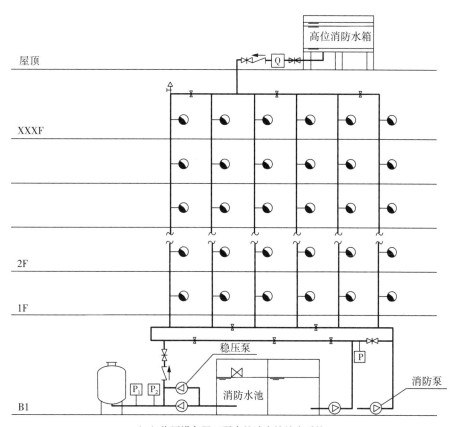

（b）稳压设备置于泵房的消火栓给水系统

图 3-9　室内消火栓系统稳压布置示意

表 3-4　高位消防水箱有效容积

建筑物类别	室内消防流量/（L/s）	水箱有效容积/m³
一类高层公共建筑		≥36
一类高层公共建筑（>100 m）		≥50
一类高层公共建筑（>150 m）		≥100
多层及二类高层公共建筑、一类高层住宅		≥18
一类高层住宅（>100 m）		≥36
二类高层住宅		≥12
大于 21 m 的多层住宅		≥6
工业建筑	>25	≥18
	≤25	≥12
10000 m² ＜总建筑面积＜30000 m² 的商店建筑		≥36
总建筑面积＞30000 m² 的商店建筑		≥50

（3）发生火灾后，由消防水泵供给的消防用水不应进入消防水箱。

（4）严寒、寒冷等冬季结冰地区的消防水箱应设置在消防水箱间内，其他地区宜设置在室内，当必须在屋顶露天设置时，应采取防冻隔热等安全措施。

（5）高位消防水箱间应通风良好，不应结冰，当必须设置在严寒、寒冷等冬季结冰地区的非采暖房间时，应采取防冻措施，环境温度或水温不应低于 5 ℃。

（6）高位消防水箱外壁与建筑本体结构墙面或其他池壁之间的净距，应满足施工或装配的需要，无管道的侧面净距不宜小于 0.7 m；安装有管道的侧面净距不宜小于 1.0 m，且管道外壁与建筑本体墙面之间的通道宽度不宜小于 0.6 m；设有人孔的水箱顶，其顶面与其上面的建筑物本体板底的净空不应小于 0.8 m。

7. 消防水池

消防水池用于消防水源不满足室内外消防用水量要求的情况下，贮存火灾持续时间内的消防用水量。消防水池可设于室外地下或地面上，也可设在室内地下室或与室内游泳池、水景水池兼用。符合下列规定之一的，应设置消防水池：当生产、生活用水量达到最大时，市政给水管道、进水管或天然水源不能满足室内外消防用水量；市政给水管道为枝状或只有 1 条进水管，且室外消防用水量大于 20 L/s 或建筑高度大于 50 m；市政消防给水设计流量小于建筑室内外消防给水设计流量。

消防水池应符合下列规定。

（1）当市政给水管网能保证室外消防用水量时，消防水池的有效容量应满足在火灾延续时间内室内消防用水量的要求。当室外给水管网不能保证室外消防用水量时，消防水池的有效容量应满足在火灾延续时间内室内消防用水量与室外消防用水量不足部分之和的要求。当室外给水管网供水充足且在火灾情况下能保证连续补水时，消防水池的容量可减去火灾延续时间内补充的水量。

（2）供消防车取水的消防水池应设置取水口或取水井，且吸水高度不应大于 6.0 m。取水口或取水井与建筑物（水泵房除外）的距离不宜小于 15 m；与甲、乙、丙类液体储罐的距离不宜小于 40 m；与液化石油气储罐的距离不宜小于 60 m，如采取防止辐射热的保护措施时，可减为 40 m。

（3）消防水池的保护半径不应大于 150 m。

（4）供单体建筑的消防水池应与生活饮用水池分开设置。当小区的生活贮水量大于消防贮水量时，小区的生活用水贮水池与消防水池可合并设置，合并贮水池的有效容积的贮水设计更新周期不得大于 48 h，消防用水与生产、生活用水合并的水池，应采取确保消防用水不做他用的技术措施。

高层建筑中的商业楼、展览楼、综合楼，建筑高度大于 50 m 的财贸金融楼、图书馆、书库、重要的档案楼、科研楼和高级宾馆等火灾延续时间应按 3 h 计算；其他公共建筑和住宅的火灾延续时间为 2 h；自动喷水灭火系统可按火灾延续时间 1 h 计算。

3.2.3 消火栓给水系统布置

1. 室内消火栓的布置要求

根据规范要求设置室内消火栓的建筑，包括设备层在内的各层均应设置消火栓。室内消火栓的布置应满足下列要求。

（1）屋顶设有直升机停机坪的建筑，应在停机坪出入口处或非电器设备机房处设置消火栓，且距停机坪机位边缘的距离不应小于 5.0 m。

（2）消防电梯前室应设室内消火栓，并应计入消火栓使用数量。

（3）建筑室内消火栓的设置位置应满足火灾扑救要求，室内消火栓应设置在楼梯间及其休息平台和前室、走道等明显易于取用，以及便于火灾扑救的位置；住宅的室内消火栓宜设置在楼梯间及其休息平台；汽车库内消火栓的设置不应影响汽车的通行和车位的设置，并应确保消火栓的开启；同一楼梯间及其附近不同层设置的消火栓，其平面位置宜相同；冷库的室内消火栓应设置在常温穿堂或楼梯间内。

（4）建筑室内消火栓栓口的安装高度应便于消防水龙带的连接和使用，其距地面高度宜为 1.1 m，其出水方向应便于消防水带的敷设，并宜与设置消火栓的墙面成 90°角或向下；为方便使用，同一建筑物内应采用同一规格的消火栓、水枪和水龙带，每根水龙带的长度不应超过 25 m。

（5）设有室内消火栓的建筑应设置带有压力表的试验消火栓，多层和高层建筑应在其屋顶设置，严寒、寒冷等冬季结冰地区可设置在顶层出口处或水箱间内等便于操作和防冻的位置；单层建筑宜设置在水力最不利处，且应靠近出入口。

2. 室内消火栓的间距

室内消火栓的间距应由计算确定，室内消火栓的计算分如下两种情况。

（1）建筑高度小于或等于 24 m 且体积小于或等于 5000 m³ 的多层仓库、建筑高度小于或等于 54 m 且每单元设置一部疏散楼梯的住宅等建筑，应保证一支消防水枪的一股充实水柱到达其保护范围内的室内任何部位，且消火栓的布置间距不应大于 50 m。一股充实水柱的消火栓布置示意如图 3-10 所示，其布置间距按式（3-1）计算：

$$S_1 = 2\sqrt{R^2 - b^2} \qquad\qquad (3-1)$$

$$R = C \cdot L_d + h \qquad\qquad (3-2)$$

式中：S_1——消火栓间距（一股水柱到达保护范围任何部位），m；

　　R——消火栓保护半径，m；

　　C——水带展开时的弯曲折减系数，一般取 0.8～0.9；

　　L_d——水带长度，m；

　　h——水枪充实水柱倾斜 45°时的水平投影距离（m），$h = 0.71H_m$，对于一般建筑（层高 3～3.5 m）由于建筑层高的限制，一般取 $h = 3.0$ m，其中 H_m 为水枪充实水柱，水枪射流在 26～38 mm 直径圆断面内、包含全部水量 75%～90% 的密实水柱长度，一般在 7～15 m；

　　b——消火栓的最大保护宽度，m。

（2）其他民用建筑应保证同一平面有两支消防水枪的两股充实水柱同时达到任何部位，且消火栓的布置间距不应大于 30 m。两股充实水柱的消火栓布置示意如图 3-11 所示，其布置间距按式（3-3）计算：

$$S_2 = \sqrt{R^2 - b^2} \qquad\qquad (3-3)$$

式中：S_2——消火栓间距(两股水柱到达同层任何部位)，m；

R、b——符号意义同前。

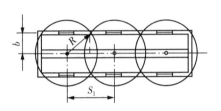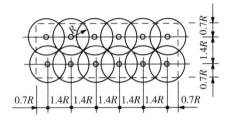

（a）单排一股充实水柱到达室内任何部位　　　　（b）多排一股充实水柱到达室内任何部位

图 3-10　一股充实水柱的消火栓布置示意

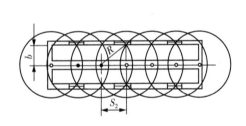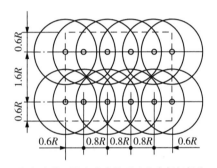

（a）单排两股充实水柱到达室内任何部位　　　　（b）多排两股充实水柱到达室内任何部位

图 3-11　两股充实水柱的消火栓布置示意

3. 消火栓给水管道的布置

建筑内消火栓给水管道布置应满足下列要求。

(1)室内消火栓系统管网应布置成环状，当室外消防用水量不大于 20 L/s，且室内消火栓不超过 10 个时，除向两座以上建筑供水系统及临时高压供水系统外，可布置成枝状。环状管网至少应有两条进水管与室外管网或消防水泵连接，当其中一条进水管发生事故时，其余的进水管应能供应全部消防用水量。

(2)当由室外生产生活消防合用系统直接供水时，合用系统除应满足室外消防给水设计流量及生产和生活最大小时设计流量的要求外，还应满足室内消防给水系统的设计流量和压力要求。

(3)室内消防管道管径应根据系统设计流量、流速和压力要求经计算确定；室内消火栓竖管管径应根据竖管最低流量计算确定，但不应小于 DN100。

(4)室内消火栓给水管网宜与自动喷水灭火系统的管网分开设置；当合用消防泵时，供水管路沿水流方向应在报警阀前分开设置。

(5)高层民用建筑，设有消防给水的住宅、超过 5 层的其他多层民用建筑，超过 2 层或建筑面积大于 10000 m² 的地下或半地下建筑(室)、室内消火栓设计流量大于 10 L/s 平战结合的人防工程，高层工业建筑和超过 4 层的多层工业建筑，其室内消火栓给水系统应设置消防水泵接合器。水泵接合器应设在消防车易于到达的地点,同时还应考虑在其附近 15～40 m 内有供消防车取水的室外消火栓或消防水池取水口。水泵接合器的数量应按室内消防用水量确定,每个水泵接合器进水流量可按 10～15 L/s 计算,一般不少于 2 个。

(6)室内消防给水管道应采用阀门分成若干独立段。对于单层厂房(仓库)和公共建筑,检修停止使用的消火栓不应超过 5 个。对于多层民用建筑和其他厂房(仓库),室内消防给水管道上阀门的布置应保证检修管道时关闭的竖管不超过 1 根,但设置的竖管超过 4 根时,可关闭不相邻的 2 根。阀门应保持常开,并应有明显的启闭标志或信号。

(7)允许直接吸水的市政给水管网,当生产、生活用水量达到最大且仍能满足室内外消防用水量时,消防泵宜直接从市政给水管网吸水。

(8)严寒和寒冷地区非采暖的厂房(仓库)及其他建筑的室内消火栓系统,可采用干式系统,但在进水管上应设置快速启闭装置,管道最高处应设置自动排气阀。

3.2.4　消防给水

1. 消防水源

消防给水必须有可靠的水源,保证消防用水量。水源可采用城市给水管网,这是一般最常用的消防用水的水源,有的城市给水管网是生活与消防或生活、消防及生产合用系统,在工厂中有的是生产及消防合用系统,这些都考虑了消防水量,能够满足城市、工厂的消防用水要求;如果城市有天然水体,如河流、湖泊等,水量能满足消防用水要求,也可作为消防水源。若上述两种水源不能满足消防用水量的要求,则可以设置消防贮水池供水,其容量应满足在火灾延续时间内消防用水量的要求。

2. 消防给水系统分类

室内消火栓给水系统应采用高压或者临时高压消防给水系统,且不应与生产、生活给水系统合用。当仅设有消防软管卷盘或轻便消防水龙时,可与生产、生活给水系统合用。

(1)高压消防给水系统。高压消防给水系统又称为常高压消防给水系统,是指能始终保持满足水灭火设施所需的工作压力和流量,火灾时无须消防水泵直接加压的系统。

(2)临时高压消防给水系统。临时高压消防给水系统是指平时不能满足水灭火设施所需的工作压力和流量,火灾时自动启动消防水泵以满足水灭火设施所需的工作压力和流量的供水系统。

(3)区域集中消防给水系统。区域集中消防给水系统是指建筑群共用消防给水系统,可以采用高压或者临时高压消防给水系统。当建筑群采用临时高压消防给水系统时,应符合下列规定:工矿企业消防供水的最大保护半径不宜超过 1200 m,且占地面积不宜大于 200 hm²;居住小区消防供水的最大保护建筑面积不宜超过 50 万 m²;公共建筑宜为同一产权或物业管理单位。

3. 消火栓给水系统形式

室内消火栓给水系统形式多种多样,应根据建筑特点,按照安全可靠、经济合理的原则,选择适合的给水形式。

1)市政直接给水

如图3-12所示,这种给水形式不设置
消防水池和消防水泵。这种给水形式供水可
靠,系统简单,投资少,安装维护简单,适用
于市政给水管网能够满足室内消防给水的工
作压力和流量要求的单层和多层建筑。当室
内消火栓采用环状管网时,引入管不应少于
2条。

2)高位消防水池给水

如图3-13所示,这种给水形式设有高位
消防水池,不设置消防水泵,消防水池贮存一
次灭火的全部水量。这种给水形式供水可靠,

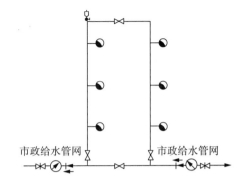

图3-12 市政直接供水的给水形式

系统简单,投资少,安装维护简单,适用于有可供利用的地形设置高位消防水池的单层和多
层建筑。高位消防水池的高度应能满足最不利点室内消火栓工作压力的要求。

3)临时高压给水

当室外给水管网的水压不能满足室内消火栓给水系统的水压要求时,宜采用设有消防
泵和消防水箱的给水形式。如图3-14所示,消防水箱由生活给水系统补水储存初期火灾
用水量(一般为10 min的消防用水量),火灾初期由消防水箱供水灭火,消防水泵启动后从
消防水池抽水灭火。

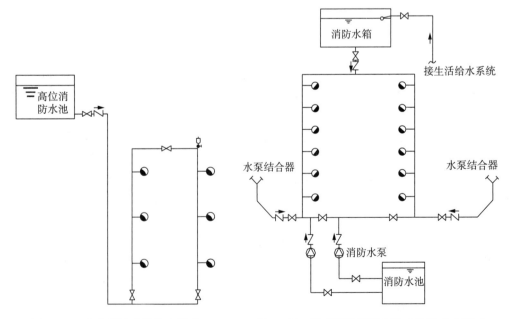

图3-13 高位消防水池给水形式　　　　图3-14 设有消防泵和消防水箱的给水形式

4)分区给水

当建筑高度大,消火栓给水系统工作压力大于2.4 MPa或消火栓栓口处的静水压力

超过 1.0 MPa 时,应采用分区给水。分区供水的方式又可分为并联分区、串联分区和减压阀分区。

如图 3-15 所示,并联分区给水形式中每个分区分别有各自的专用消防水泵,并集中于消防泵房内。该供水形式供水较为可靠,消防水泵集中布置在下部,不占用上部楼层面积,便于管理维护;消防水泵型号多,配电功率大,控制较复杂。

如图 3-16 所示,串联分区给水形式由消防水泵或串联消防水泵分级向上供水,串联消防水泵设置在设备层或避难层。该给水形式,消防水泵分散设置,无须高区水泵和耐高压管道;其缺点是管理不集中,上面和下面各区的消防水泵要联动,逐区向上供水,安全可靠性差。这种给水形式适用于超高层公共建筑。

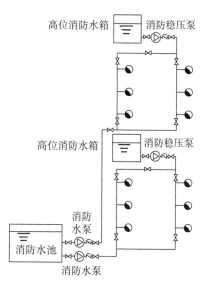

图 3-15　消防水泵并联分区给水形式

如图 3-17 所示,减压阀分区给水形式中高区和低区共用一组消防水泵,供水较可靠,系统较简单。

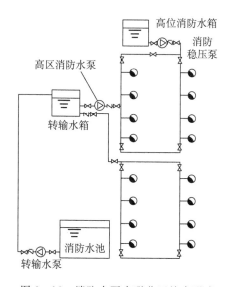

图 3-16　消防水泵串联分区给水形式

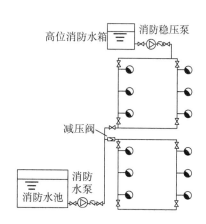

图 3-17　减压阀分区给水形式

3.2.5　室内消火栓系统用水量

室内消火栓系统用水量与建筑高度及建筑性质有关,其大小应根据建筑物的用途功能、体积、高度、耐火等级、火灾危险性等因素综合确定。我国规范规定的各种建筑物消火栓用水量及同时使用水枪数量可查表 3-5 和表 3-6。

表 3-5   工业建筑物的室内消火栓用水量

建筑物名称	高度 h/m、体积 V/m³、火灾危险性			消火栓设计流量/(L/s)	同时使用水枪数量/支	每根竖管最小流量/(L/s)
厂房	h≤24	甲、乙、丁、戊		10	2	10
		丙	V≤500	10	2	10
			V>500	20	4	15
	24<h≤50	乙、丁、戊		25	5	15
		丙		30	6	15
	h>50	乙、丁、戊		30	6	15
		丙		40	8	15
仓库	h≤24	甲、乙、丁、戊		10	2	10
		丙	V≤500	15	3	15
			V>500	25	5	15
	h>24	丁、戊		30	6	15
		丙		40	8	15

注：丁、戊类高层厂房(仓库)室内消火栓的用水量可按本表减少 10 L/s,同时使用水枪数量可按本表减少 2 支。

表 3-6   民用建筑物的室内消火栓用水量

建筑物名称		高度 h/m、体积 V/m³、座位数 n/个、火灾危险性	消火栓设计流量/(L/s)	同时使用水枪数量/支	每根竖管最小流量/(L/s)
单层及多层	科研楼、试验楼	V≤10000	10	2	10
		V>10000	15	3	10
	车站、码头、机场的候车(船、机)楼和展览建筑(包括博物馆)等	5000<V≤25000	10	2	10
		25000<V≤50000	15	3	10
		V>50000	20	4	15
	剧院、电影院、会堂、礼堂、体育馆等	800<n≤1200	10	2	10
		1200<n≤5000	15	3	10
		5000<n≤10000	20	4	15
		n>10000	30	6	15
	旅馆	5000<V≤10000	10	2	10
		10000<V≤25000	15	3	10
		V>25000	20	4	15
	商店、图书馆、档案馆等	5000<V≤10000	15	3	10
		10000<V≤25000	25	5	15
		V>25000	40	8	15

（续表）

建筑物名称		高度 h/m、体积 V/m³、座位数 n/个、火灾危险性	消火栓设计流量/(L/s)	同时使用水枪数量/支	每根竖管最小流量/(L/s)
单层及多层	病房楼、门诊楼等	$5000 < V \leqslant 25000$	10	2	10
		$V > 25000$	15	3	10
	办公楼、教学楼、公寓、宿舍等其他民用建筑	高度超过 15 m 或 $V > 10000$	15	3	10
	住宅	$21 < h \leqslant 27$	5	2	5
高层	住宅	$27 < h \leqslant 54$	10	2	10
		$h > 54$	20	4	10
	二类公共建筑	$h \leqslant 50$	20	4	10
	一类公共建筑	$h \leqslant 50$	30	6	15
		$h > 50$	40	8	15
国家级文物保护单位的重点砖木或木结构的古建筑		$V \leqslant 10000$	20	4	10
		$V > 10000$	25	5	15
地下建筑		$V \leqslant 5000$	10	2	10
		$5000 < V \leqslant 10000$	20	4	15
		$10000 < V \leqslant 25000$	30	6	15
		$V > 25000$	40	8	20

注：(1) 消防软管卷盘、轻便消防水龙及多层住宅楼梯间中的干式消防竖管，其消防用水量可不计入室内消防用水量。

　　(2) 当一座多层建筑有多种使用功能时，室内消火栓设计流量应分别按本表中不同功能计算，且应取最大值。

3.2.6　建筑消火栓系统所需水压要求

高层建筑、厂房、库房和室内净空高度超过 8 m 的民用建筑等场所，消火栓栓口动压不应小于 0.35 MPa，且消防水枪充实水柱应按 13 m 计算；其他场所，消火栓栓口动压不应小于 0.25 MPa，且消防水枪充实水柱应按 10 m 计算。

3.3　自动喷水灭火系统

自动喷水灭火系统是一种在发生火灾时，能自动打开喷头喷水灭火并同时发出火警信号的消防灭火系统，是当今世界上公认的最为有效的自救灭火设施，也是应用最广泛、用量最大的自动灭火系统。

这种灭火系统具有很高的灵敏度和灭火成功率，据资料统计，自动喷水灭火系统扑救初期火灾的效率在 97% 以上,是扑灭建筑初期火灾非常有效的一种灭火设备。在我国,自动喷水灭火系统已经开始在工业建筑、公共建筑、住宅建筑设计中广泛采用。

3.3.1 自动喷水灭火系统设置原则

1. 民用建筑

根据《建筑防火通用规范》(GB 55037—2022)中规定,除建筑内的游泳池、浴池、溜冰场可不设置自动灭火系统外,下列民用建筑、场所和平时使用的人防工程应设置自动灭火系统。

(1)特等、甲等剧场,超过 1500 个座位的乙等剧场,超过 2000 个座位的会堂或礼堂,超过 3000 个座位的体育馆,超过 5000 人的体育场的室内人员休息室与器材间等。

(2)任一楼层建筑面积大于 1500 m^2 或总建筑面积大于 3000 m^2 的展览、商店、餐饮和旅馆建筑及医院中同样建筑规模的病房楼、门诊楼和手术部。

(3)设置有送回风道(管)的集中空气调节系统且总建筑面积大于 3000 m^2 的公共建筑。

(4)藏书量超过 50 万册的图书馆。

(5)大、中型幼儿园,老年人照料设施。

(6)总建筑面积大于 500 m^2 的地下或半地下商店。

(7)设置在地下或半地下、多层建筑的地上 4 层及以上楼层、高层民用建筑内的歌舞娱乐放映游艺场所,设置在多层建筑首层、2 层和 3 层且任一层建筑面积大于 300 m^2 的地上歌舞娱乐放映游艺场所(除游泳场所外)。

(8)一类高层公共建筑及其地下、半地下室。

(9)二类高层公共建筑及其地下、半地下室的公共活动用房、走道、办公室和旅馆的客房、可燃物品库房。

(10)建筑高度大于 100 m 的住宅建筑。

(11)建筑面积大于 1000 m^2 且平时使用的人防工程。

(12)除敞开式汽车库可不设置自动灭火设施外,Ⅰ、Ⅱ、Ⅲ类地上汽车库,停车数大于 10 辆的地下或半地下汽车库,机械式汽车库,采用汽车专用升降机作为汽车疏散出口的汽车库,Ⅰ类机动车修车库均应设自动灭火系统。

2. 工业建筑

除散装粮食仓库和不宜用水保护或灭火的场所外,下列厂房或生产部位、仓库应设置自动灭火系统,并宜采用自动喷水灭火系统。

(1)大于等于 50000 纱锭的棉纺厂的开包、清花车间;大于等于 5000 锭的麻纺厂的分级、梳麻车间;火柴厂的烤梗、筛选部位;占地面积大于 1500 m^2 或总建筑面积大于 3000 m^2 的单层、多层制鞋、制衣、玩具及电子等类似生产厂房;占地面积大于 1500 m^2 的木器厂房;泡沫塑料厂的预发、成型、切片、压花部位;高层乙、丙、丁类厂房;建筑面积大于 500 m^2 的地下或半地下丙类厂房。

(2)除占地面积不大于 2000 m^2 的单层棉花仓库外,每座占地面积大于 1000 m^2 的棉、毛、丝、麻、化纤、毛皮及其制品的仓库;每座占地面积大于 600 m^2 的火柴仓库;邮政楼中建筑面积大于 500 m^2 的空邮袋库;丙、丁类的地上高架仓库和高层仓库;设计温度高于 0 ℃ 的高架冷库,设计温度高于 0 ℃ 且每个防火分区建筑面积大于 1500 m^2 的非高架冷库;总建面积大于 500 m² 的地下或半地下丙类仓库;每座占地面积大于 1500 m² 或总建筑面积大于 3000 m² 的其他单层或多层丙类物品仓库。

3.3.2　自动喷水灭火系统的主要组件

自动喷水灭火系统由喷头、报警阀、水流报警装置等部分组成。

1. 喷头

喷头可分为开式和闭式两种。喷头口处有堵水支撑的称为闭式喷头,没有堵水支撑的称为开式喷头。

闭式喷头由喷水口、温感释放器和溅水盘组成,通过感温元件控制喷头的开启。闭式喷头根据热敏元件的不同,可分为玻璃球喷头和易熔合金喷头两种(见图 3-18 和图 3-19);按溅水盘的形式和安装位置,可分为直立型、下垂型、边墙型、普通型、吊顶型(见图 3-20 和图 3-21)和干式下垂型。各种类型喷头的适用场所见表 3-7 所列。湿式系统的喷头,其公称动作温度宜高于环境最高温度 30 ℃。对民用建筑和工业厂房,安装闭式喷头的最大净空高度不得超过 18 m。开式喷头根据用途的不同,可分为开启式和水幕两种类型。

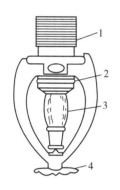

1—喷头接口;2—密封垫;3—玻璃球;4—溅水盘。

图 3-18　玻璃球喷头示意

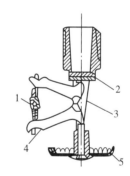

1—易熔金属;2—密封垫;3—轭臂;4—悬臂撑杆;5—溅水盘。

图 3-19　易熔合金喷头示意

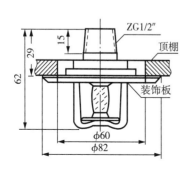

图 3-20　吊顶型喷头示意

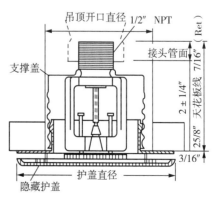

图 3-21　可调式吊顶型喷头示意

表 3-7   各种类型喷头的适用场所

喷头类别	适用场所
玻璃球喷头	因具有外形美观、体积小、重量轻、耐腐蚀,适用于宾馆等要求美观度高和具有腐蚀性场所
易熔合金喷头	适用于外观要求不高、腐蚀性不大的工厂、仓库和民用建筑
直立型喷头	适用于安装在管路下经常有移动物体的场所和尘埃较多的场所
下垂型喷头	适用于各种保护场所
边墙型喷头	适用于安装在空间狭窄和通道状建筑上
吊顶型喷头	属装饰型喷头,可安装在旅馆、客厅、餐厅、办公室等建筑上
普通型喷头	可直立、下垂安装,适用于有可燃吊顶的房间
干式下垂型喷头	专用于干式喷水灭火系统
开启式喷头	适用于雨淋喷水灭火和其他开式系统
水幕喷头	凡需保护的门、窗、洞、檐口、舞台口等应安装这类喷头
自动启闭喷头	这种喷头具有自动启闭功能,凡需降低水渍损失的场所均适用
快速响应喷头	这种喷头具有短时启动效果,凡要求启动时间短的场所均适用
大水滴喷头	适用于高架库房等火灾危险等级高的场所
扩大覆盖面喷头	喷水保护面积可达 $30\sim36\ m^2$,可降低系统造价,适用于民用建筑和厂房中净空高度不大于 8 m 的场所。

2. 报警阀

报警阀是自动喷水灭火系统中的重要组成设备。它平时可用来检修、测试自动喷水灭火系统的可靠性,在发生火灾时能发出火警信号。报警阀有湿式、干式、预作用式和雨淋式四种类型,分别适用于湿式、干式、预作用式和雨淋式(雨淋、水幕、水喷雾)自动喷水灭火系统。图 3-22 和图 3-23 分别为湿式和干式报警阀原理示意。

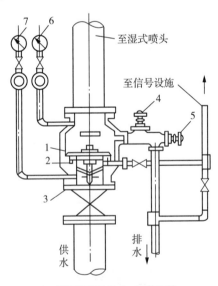

1—报警阀及阀芯;2—阀体凹槽;
3—总闸阀;4—试铃阀;5—排水阀;
6—阀后压力表;7—阀前压力表。

图 3-22   湿式报警阀原理示意

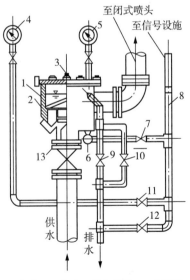

1—阀体;2—差动双盘关阀板;3—充气塞;
4—阀前压力表;5—阀后压力表;6—角阀;
7—止回阀;8—信号管;9、10、11—截止阀;
12—小孔阀;13—总闸阀。

图 3-23   干式报警阀原理示意

3. 水流报警装置

水流报警装置主要有水力警铃、水流指示器(见图 3-24)和压力开关。

水力警铃是与湿式报警阀配套的报警器,当报警阀开启通水后,在水流冲击下,能发出报警铃声。

水流指示器安装在采用闭式喷头的自动喷水灭火系统的水平干管上,当报警阀开启,水流通过管道时,水流指示器中浆片摆动接通电信号,直接报知起火喷水的部位。

压力开关一般安装在延时器与水力警铃之间的信号管道上,当水流经过信号管时,压力开关动作,发出报警信号并启动增压供水设备。

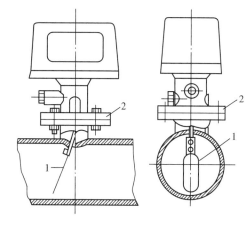

1—浆片;2—连接法兰。

图 3-24　水流指示器

4. 延时器

延时器是一个罐式容器,安装在湿式报警阀和水力警铃(压力开关)之间的管道上,用来防止由压力波动引起的报警阀开启而导致的误报警。当报警阀受管网水压冲击开启,少量水进入延时器后,即由泄水孔排出,水力警铃不会动作。

5. 末端试水装置

末端试水装置由试水阀、压力表及试水接头组成。为检验系统的可靠性及测试系统能否在开放一只喷头的不利条件下可靠报警并正常启动,要求在每个报警阀组控制的最不利点处设末端试水装置,而其他防火分区、楼层的最不利点喷头处均应设置直径为 25 mm 的试水阀。试水接头出水口的流量系数,应等同于同楼层或防火分区内的最小流量系数喷头。末端试水装置的出水,应采取孔口出流的方式排入排水管道。

6. 火灾探测器

火灾探测器是自动喷水灭火系统的配套组成部分,它能探测火灾并及时报警,以便尽早将火灾扑灭于初期,减少损失。

根据探测方法和原理,火灾探测器有感烟、感温和感光探测器(见图 3-25)。电动感烟、感温、感光火灾探测器能分别将物体燃烧产生的烟、温度、光的敏感响应转化为电信号,传递

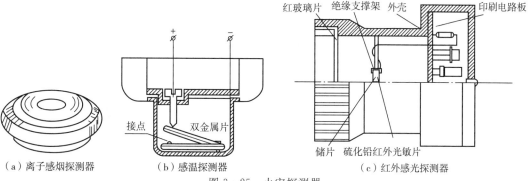

（a）离子感烟探测器　　　（b）感温探测器　　　（c）红外感光探测器

图 3-25　火灾探测器

给报警器或启动消防设备的装置,因此属于早期报警设备。

此外,室内消防给水系统中还应安装用以控制水箱和水池水位、干式和预作用喷水灭火系统中的充气压力,以及水泵工作等情况的监测装置,以消火灾除隐患,提高灭火的成功率。

3.3.3 自动喷水灭火系统的分类

自动喷水灭火系统按喷头开闭形式,分为闭式自动喷水灭火系统和开式自动喷水灭火系统。闭式自动喷水灭火系统可分为湿式自动喷水灭火系统、干式自动喷水灭火系统、干湿式自动喷水灭火系统、预作用自动喷水灭火系统、重复启闭预作用式灭火系统、闭式自动喷水-泡沫联用系统等;开式自动喷水灭火系统可分为雨淋式喷水灭火系统、水喷雾灭火系统、水幕系统和雨淋式自动喷水-泡沫联用系统等。

1. 湿式自动喷水灭火系统

如图 3-26 所示,湿式自动喷水灭火系统由湿式报警阀、水流指示器、闭式喷头、管道系统和供水设施等组成,报警阀的上下管道内始终充满有压水,在喷头开启时,能立刻喷水灭火。水的物理性质使始终充满有压水的管道系统受到环境温度的限制,故该系统适用于环境温度为 4~70 ℃的建(构)筑物。其特点是喷头动作后立即喷水,灭火成功率高于干式自动喷水灭火系统。

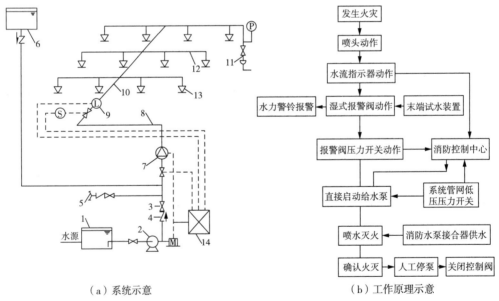

（a）系统示意　　　　　（b）工作原理示意

1—水池;2—水泵;3—闸阀;4—止回阀;5—水泵接合器;6—消防水箱;7—湿式报警阀;
8—配水干管;9—水流指示器;10—配水管;11—末端试水装置;12—配水支管;13—闭式喷头;
14—报警控制器;P—压力表;M—驱动电机;L—水流指示器。

图 3-26 湿式自动喷水灭火系统及工作原理示意

湿式自动喷水灭火系统的工作原理:当火灾发生时,高温火焰或气流使闭式喷头的热敏感原件炸裂或熔化脱落,喷头打开喷水灭火。此时,管网中的水由静止变为流动,水流指示器收到感应,送出信号,在报警控制器上指示某一区域喷水。持续喷水造成湿式报警阀的上部水压低于下部水压,原处于关闭状态的阀片自动开启。此时,压力水通过湿式报警阀,流向配水干管和配水管,同时进入延迟器,继而压力开关动作、水力警铃发出火警声讯。此外,压力开关直接联锁自动启动水泵,或控制器根据水流指示器和压力开关的信号自动启动消防水泵向管网加压供水,达到持续自动喷水灭火的目的。

2. 干式自动喷水灭火系统

如图 3-27 所示,干式自动喷水灭火系统由干式报警阀、闭式喷头、管道、充气设备和供水设施等组成。该系统在报警阀后的管道内充以压缩空气,在报警阀前的管道中充满压力水。当发生火灾喷头开启时,先排出管路内的压缩空气,随之水进入管网,经喷头喷出。该系统适用于室内温度低于 4 ℃ 或高于 70 ℃ 的建筑物或构筑物。其缺点是发生火灾时,须先排除管道内气体并充水,推迟了开始喷水的时间,特别不适合火势蔓延速度快的场所使用。

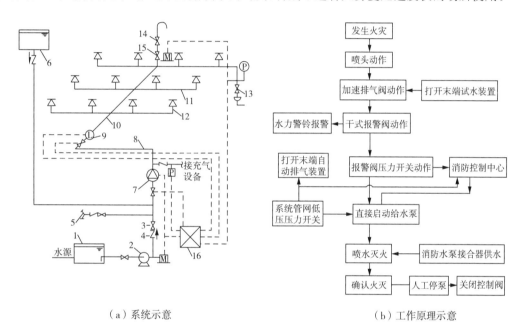

（a）系统示意　　　　　　　　　　　（b）工作原理示意

1—水池;2—水泵;3—闸阀;4—止回阀;5—水泵接合器;6—消防水箱;7—干式报警阀;
8—配水干管;9—水流指示器;10—配水管;11—配水支管;12—闭式喷头;13—末端试水装置;
14—快速排气阀;15—电动阀;16—报警控制器;P—压力表;M—驱动电机;L—水流指示器。

图 3-27　干式自动喷水灭火系统及工作原理示意

干式喷水灭火系统的喷头应向上布置(干式悬吊型喷头除外)。为减少排气时间,一般要求管网的容积管网不宜大于 1500 L,当设有排气装置时,不宜超过 3000 L。

3. 预作用式自动喷水灭火系统

预作用式自动喷水灭火系统采用预作用报警阀,并由火灾自动报警系统启动。如图 3-28 所示,预作用式喷水灭火系统由火灾探测系统、闭式喷头、预作用报警阀、充气设备、管道和水泵组成。预作用报警阀后的管道系统内平时无水,呈干式,充满有压或无压的气体。该系统有比闭式喷头更灵活的火灾报警系统联动。火灾发生初期,火灾探测系统控制自动开启或手动开启预作用报警阀,使消防水进入预作用报警阀后管道,系统转换为湿式,当闭式喷头开启后,即可出水灭火。

预作用式自动喷水灭火系统既有湿式和干式系统的优点,又避免了湿式和干式系统的缺点。代替干式系统,可避免喷头延迟喷水的缺点;特别在不允许出现误喷、管道漏水的重

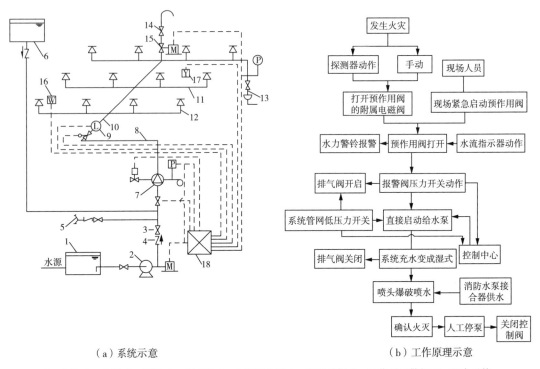

（a）系统示意　　　　　　　　　　　（b）工作原理示意

1—水池；2—水泵；3—闸阀；4—止回阀；5—水泵接合器；6—消防水箱；7—预作用报警阀；8—配水干管；
9—水流指示器；10—配水管；11—配水支管；12—闭式喷头；13—末端试水装置；14—快速排气阀；
15—电动阀；16—感温探测器；17—感烟探测器；18—报警控制器；P—压力表；M—驱动电机；L—水流指示器。

图 3-28　预作用式自动喷水灭火系统及工作原理示意

要场所，可代替湿式系统。

灭火后必须及时停止喷水场所的供水，应采用重复启闭预作用系统。重复启闭预作用系统是准工作状态时预作用报警阀后管道充满有压气体，火灾扑灭后自动关阀、复燃时再次开阀喷水的预作用系统。该系统有两种形式，一种是喷头具有自动重复启闭功能，另一种是系统通过烟、温感传感器控制系统的控制阀，来实现系统的重复启闭功能。

4. 雨淋式喷水灭火系统

雨淋式喷水灭火系统的特点是采用开式喷头和雨淋报警阀，并由火灾报警系统或传动管联动雨淋阀和水泵使与雨淋阀连接的开式喷头同时喷水。该系统适用于火灾火势发展迅猛、蔓延迅速、危险性大的建筑或部位，雨淋式自动喷水灭火系统工作原理示意如图 3-29 所示。雨淋式喷水灭火系统应有自动控制、手动控制和现场应急操作装置。

5. 水喷雾灭火系统

如图 3-30 所示，水喷雾灭火系统由水雾喷头、雨淋报警阀、管道系统、供水设施及火灾探测和报警系统等组成。该系统是利用水雾喷头将水流分解为细小的水雾滴来灭火。在灭火过程中，细小的水雾滴可完全汽化，从而获得最佳的冷却效果。与此同时产生的水蒸气可造成窒息的环境条件；当用于扑救溶于水的可燃液体火灾时，可产生稀释冲淡效果。冷却、窒息、乳化和稀释，这四个特点在扑救过程中单独或同时发生作用，均可获得良好的灭火效果。另外，水雾自身具有电绝缘性能，可安全地用于电气火灾的扑救。但水喷雾灭火系统需要高压力和大水量，因而使用受到限制。

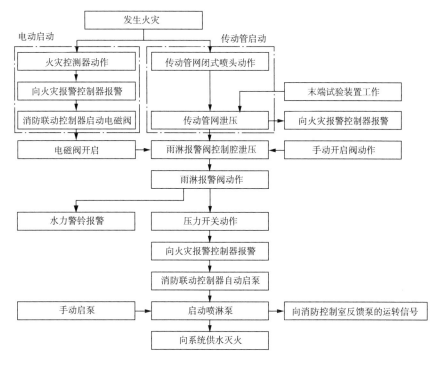

图 3-29　雨淋式自动喷水灭火系统工作原理

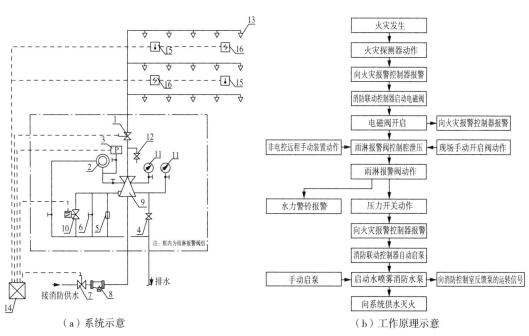

（a）系统示意　　　　　　　　　　（b）工作原理示意

1—试验信号阀；2—水力警铃；3—压力开关；4—放水阀；5—非电控远程手动装置；6—现场手动装置；
7—进水信号阀；8—过滤器；9—雨淋报警阀；10—电磁阀；11—压力表；12—试水阀；
13—水雾喷头；14—火灾报警控制器；15—感温探测器；16—感烟探测器。

图 3-30　水喷雾灭火系统及工作原理示意

6. 水幕系统

水幕系统由开式水幕喷头、控制阀、管道系统、供水设施及火灾探测系统和报警系统等组成。喷头沿线状布置,发生火灾时,可挡烟阻火和冷却分隔物,可以采用开式喷头或水幕喷头。水幕分为两种,一种是利用密集喷洒的水墙或水帘挡烟阻火,起防火分隔作用,如舞台与观众之间的隔离水帘;另一种是利用水的冷却作用,配合防火水帘等分隔物进行防火分隔。水幕系统适用于建筑物内需要保护和防火隔断的部位。

3.3.4 自动喷水灭火系统的管道布置

1. 管网的分类和选择

(1)报警阀前的管网可分为环状管网和枝状管网,采用环状管网的目的是提高系统的可靠性。当自动喷水灭火系统中设有两个及以上报警阀时,报警阀前应设环状供水管道。

(2)报警阀后的管网可分为枝状管网、环状管网和格栅状管网,采用环状管网的目的是减少系统管道的水头损失并使系统布水更均匀。

枝状管网又分为中央末端供水、中央中心供水、侧边末端供水和侧边中央供水四种形式(见图3-31)。自动喷水系统的环状管网一般为一个环,当为多环时称为格栅状管网(见图3-32)。

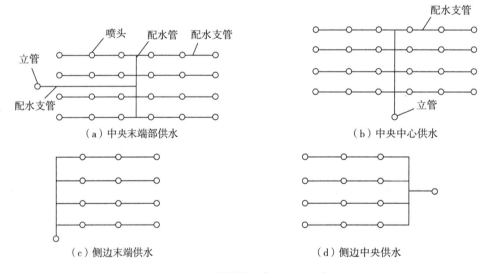

图 3-31　枝状管网布置形式示意

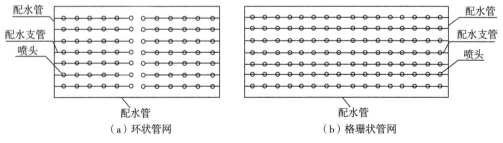

图 3-32　管网布置形式示意

管网的选择:一般轻危险等级宜采用侧边末端供水、侧边中央供水;中危险等级宜采用中央末端供水、中央中心供水及环状管网,对于民用建筑,为降低吊顶空间高度可采用环状管网,配水干管的管径应经水力计算确定,一般为 DN80～DN100;严重危险等级和仓库危险等级宜采用环状管网和格栅状管网;湿式系统可采用任何形式的管网,但干式、预作用式系统不应采用格栅状管网。

2. 管道系统

(1)配水管道的工作压力不应小于 1.2 MPa,并不应设置其他用水设施。

(2)配水管道可采用内外壁热镀锌钢管、涂覆钢管、铜管、不锈钢管和 PVC-C 管。

(3)配水管道的布置,应使配水管入口的压力均衡,轻、中危险级场所中各配水管入口的压力均不宜大于 0.40 MPa。

(4)管道的直径应经水力计算确定。配水管两侧每根配水支管控制的标准喷头数,轻、中危险等级系统不应超过 8 支。同时,在吊顶上、下安装喷头的配水支管,上、下侧均不应超过 8 支;严重危险等级仓库级系统不应超过 6 支。

(5)短立管及末端试水装置的连接管,其管径不应小于 25 mm。

(6)干式、预作用式系统的供气管道采用钢管时,管径不宜小于 15 mm;采用铜管时,管径不宜小于 10 mm。

(7)自动喷水灭火系统的水平管道宜有坡度,充水管道不宜小于 2‰,准工作状态下不充水的管道不宜小于 4‰,管道应坡向泄水阀。

3.4　其他灭火系统

3.4.1　建筑灭火器配置

为了有效地扑救工业与民用建筑初期火灾,除了 9 层及以下的普通住宅外,均应设置建筑灭火器,特别是油漆间、配电间、仪表控制室、办公室、实验室、厂房、库房、观众厅、舞台、堆垛等。灭火器应设置在明显和便于取用的地点,且不得影响安全疏散。《建筑灭火器配置设计规范》(GB 50140—2005)对灭火器设置场所的危险等级和灭火器的灭火级别、灭火器的选择、灭火器的具体配置、设置要求和保护距离及灭火器配置的设计计算均有详尽的规定。

3.4.2　大空间智能型主动喷水灭火系统

大空间智能型主动喷水灭火系统是我国科技人员独自研制开发的一种全新的喷水灭火系统。该系统由大空间灭火装置(大空间智能灭火装置、自动扫描射水灭火装置、自动扫描射水高空水炮灭火装置)、信号阀组、水流指示器等组件及管道、供水设施等组成,采用自动探测及判定火源、启动系统、定位主动喷水灭火的灭火方式。其与传统的采用由感温元件控制的被动灭火方式的闭式自动喷水灭火系统及手动或人工喷水灭火系统相比,具有以下特点:具有人工智能,可主动探测寻找并早期发现判定火源;可对火源的位置进行定点定位并报警;可主动开启系统定点定位喷水灭火;可迅速扑灭早期火灾;可持续喷水、主动停止喷水并可多次重复启闭;适用空间高度范围广;安装方式灵活,不需贴顶安装,不需设置集热板及挡水板;射水型灭火装置(自动扫描射水灭火装置及自动扫描射水高空水炮灭火装置)的射水量集中,扑灭早期火灾效果好;洒水型灭火装置(大空间智能灭火装置)的喷头洒水水滴颗粒大、对火场穿透能力强、不易雾化;可对保护区域实施全方位连续监视。

该系统尤其适用于空间高度高、容积大、火场温度升温较慢,难以设置传统闭式自动喷水灭火系统的高大空间场所,如大剧院、音乐厅、会展中心、候机楼、体育馆、宾馆、写字楼、博物馆、大卖场、图书馆、科技馆、车站等。

大空间智能型主动喷水灭火系统基本组成示意如图3-33所示。

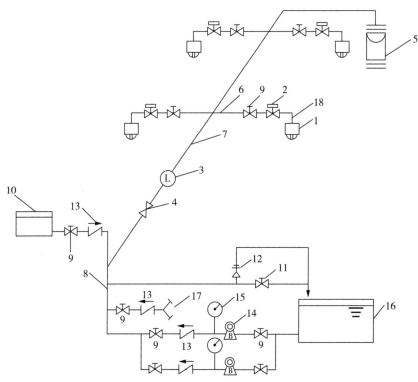

1—扫描射水喷头(水炮)智能型探测组件;2—电磁阀;3—水流指示器;4—信号阀;5—模拟末端试水装置;
6—配水支管;7—配水管;8—配水干管;9—手动闸阀;10—高位水箱;11—试水放水阀;12—安全泄压阀;
13—止回阀;14—加压水泵;15—压力表;16—消防水池;17—水泵接合器;18—短立管。

图3-33 大空间智能型主动喷水灭火系统基本组成示意

3.4.3 固定消防炮灭火系统

消防水炮最初是用于石油化工、码头、航站等处的消防灭火设施,近年来被越来越多地应用于室内大空间建筑内,如火车站、机场、体育馆、剧院、会堂会展、文化场馆等民用建筑及工业仓储等。

消防炮根据灭火材料,可分为自动消防水炮、自动消防泡沫炮、自动消防干粉炮;根据安装方式,可分为移动式自动消防炮、固定式自动消防炮;根据控制方式,可分为自动灭火消防炮、遥控式灭火消防炮。

自动消防水炮由探测器、控制器、自动消防炮和联动装置等组成(见图3-34)。自动消防水炮是电气控制喷射灭火设备,可以进行水平、竖直方向转动,通过红外定位器和图像定位器自动定位火源点,快速准确灭火。当前端探测设备报警后,主机向自动消防炮发出灭火指令,自动消防炮首先通过消防炮定位器自动进行扫描直至搜索到着火点并锁定着火点,然后自动打开电磁阀和消防泵进行喷水灭火。图 3 - 35 为红外线自动消防水炮的控制流程图。

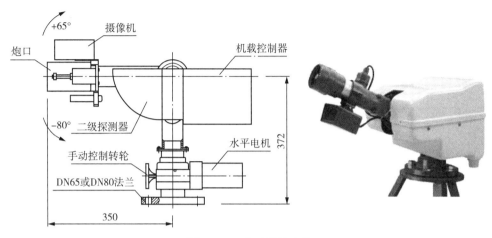

图 3 - 34　自动消防水炮

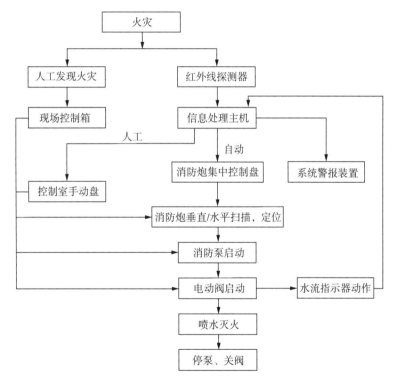

图 3 - 35　红外线自动消防水炮控制流程图

3.4.4　气体灭火系统

气体灭火系统主要用于扑救电气火灾、液体火灾、可熔化的固体火灾和固体表面火灾、灭火前可切断气源的气体火灾。

常用的气体灭火系统有二氧化碳灭火系统、卤代烷灭火系统。随着 1301 型和 1211 型卤代烷灭火剂逐渐被淘汰,各种洁净的灭火剂相继出现,而二氧化碳作为传统的灭火剂,因高效、价廉仍一直被广泛使用。七氟丙烷灭火剂因高效而安全的灭火效能,曾在气体灭火应用中占有较大的市场份额,但因其会增加大气层的温室效应,2016 年 10 月的蒙特利尔协议中约定,从 2024 年起,中国不再增加七氟丙烷灭火剂的生产和使用。除二氧化碳灭火系统外还可采用惰性气体混合物(IG541)、氮气(IG100)和三氟甲烷(HFC - 23)等气体灭火系统。

气体灭火系统主要由灭火剂贮瓶、喷头(嘴)、驱动瓶、启动器、选择阀、单向阀、低压泄漏阀、压力开关、集流管、高压软管、安全阀、管路系统、控制系统等组成。气体灭火系统示意如图 3 - 36 所示。

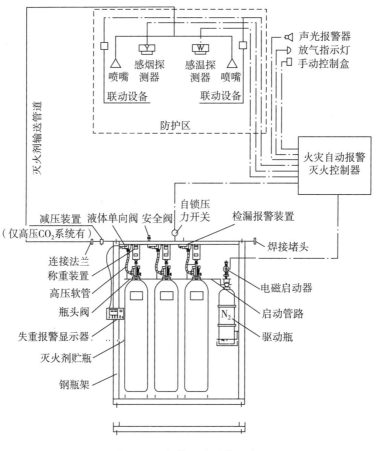

图 3 - 36　气体灭火系统示意

3.4.5　泡沫灭火系统

泡沫灭火系统的原理是通过泡沫层的冷却、隔绝氧气和抑制燃料蒸发等作用,达到扑灭火灾的目的。空气泡沫灭火是泡沫液与水通过特制的比例混合器混合而成泡沫混合液,经泡沫产生器与空气混合产生泡沫,通过不同的方式最后覆盖在燃烧物质的表面或者充满发生火灾的整个空间,致使火灾扑灭。泡沫灭火剂有化学泡沫灭火剂和空气泡沫灭火剂两类。目前,化学泡沫灭火剂主要是充装于 100 L 以下的小型灭火器内,扑救小型初期火灾;大型的泡沫灭火系统主要是采用空气泡沫灭火剂。

根据扑灭灭火剂的发泡性能不同,泡沫灭火系统又可分为低倍数泡沫灭火系统、中倍数泡沫灭火系统和高倍数泡沫灭火系统三类。这三类又根据喷射方式不同(液上、液下),设备和管道的安装不同(固定式、半固定式、移动式)及灭火范围(全淹没式、局部应用式)组成各种形式的泡沫灭火系统。

泡沫灭火系统由泡沫消防泵、泡沫比例混合器、泡沫液压力储罐、泡沫产生器、阀门、管道等组成。

3.4.6　厨房设备自动灭火装置

厨房设备在烹饪期间,食用油在锅内持续加热达到其闪点,自燃后燃烧,会引发火灾;厨房灶台的燃料泄漏及焦油烟罩、排油烟管道内积累的油烟垢遇明火,也会引发火灾。《建筑设计防火规范》(GB 50016—2014)(2018 年版)中规定:餐厅建筑面积大于 1000 m² 的餐馆或食堂,其烹饪操作间的排油烟罩及烹饪部位应设置自动灭火装置,并应在燃气或燃油管道上设置与自动灭火装置联动的自动切断装置;食品工业加工场所内有明火作业或高温食用油的食品加工部位宜设置自动灭火装置。泡沫、干粉、细水雾和专用灭火剂等都能有效扑灭食用油表面燃烧的火焰,针对食用油火灾的特点还要进一步将其冷却到自燃温度以下防止复燃。

1. 厨房设备细水雾灭火装置

厨房设备细水雾灭火装置由火灾探测系统、管网系统、灭火装置三部分组成(见图 3-37)。厨房设备细水雾灭火装置动作后,通过雾化喷头将气液两相灭火剂雾化喷射到防

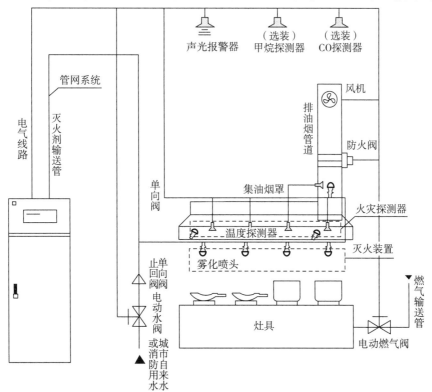

图 3-37　厨房设备细水雾灭火装置示意

护对象上,由于细水雾雾滴直径很小,相对同样体积的水,其表面积剧增,从而加强了热交换的效能,起到了非常好的降温效果。细水雾吸收热后迅速被汽化,使得体积急剧膨胀,从而降低了空气中氧气的浓度,抑制了燃烧中氧化反应的速度,起到了窒息作用。此外,细水雾具有非常优越的阻断热辐射传递的效能,能有效地阻断强烈的热辐射。防止食用油复燃是通过喷放冷却水使油温降至新的自燃点温度之下而达到目的的。

2. 食用油专用灭火剂的厨房设备灭火装置

采用食用油专用灭火剂的厨房设备灭火装置,一般采用壁挂式,喷嘴为特制喷头,喷嘴的数量可根据保护炉具大小、灶眼多少、油锅数量及排油烟管道长度等确定。食用油专用灭火剂具有高效、无毒、无味、无污染、环保、容易清洗等特点。厨房灶台发生火情时,感温探测器探测火灾,通过控制器使驱动瓶电磁铁启动。贮气瓶膜片被扎破,气体通过减压装置减压后瞬间驱动灭火剂,通过灭火剂输送管网和特制喷头将食用油专用灭火剂喷出,瞬间覆盖在被保护对象的表面。灭火剂与高温油发生化学反应,使高温油由可燃物质变为难燃物质,同时在可燃油的表面产生一层厚厚的泡沫,使其与空气隔绝,不再燃烧。待食用油专用灭火剂喷射完成后,水流电磁阀自动切换成继续喷放冷却水,使油温降至新的自燃点温度之下,从而达到灭火的目的。

采用食用油专用灭火剂的厨房设备灭火装置(壁挂式)由火灾探测系统、管网系统、灭火装置及控制器四部分组成。

思 考 题

1. 哪些建筑物必须设置室内消火栓系统?
2. 室内消火栓系统由哪几部分组成?
3. 消防给水系统设置水泵接合器的目的是什么,其设置方式和要求有哪些?
4. 哪些建筑物必须设置自动喷水灭火系统?
5. 什么是自动喷水灭火系统? 它由哪几部分组成?
6. 自动喷水灭火系统主要有哪些类型?
7. 闭式自动喷水灭火系统的工作原理是什么?

第4章 建筑排水系统

4.1 建筑排水系统的分类和组成

4.1.1 建筑排水系统的分类

建筑排水系统的功能是将人们在日常生活和工业生产过程中使用过的、受到污染的水及降落到屋面的雨水和雪水收集起来,及时排到室外。按所排除的污水性质,建筑排水系统可分为生活排水系统、生产污(废)水排水系统和雨水排水系统。

1. 生活排水系统

生活排水系统主要用于排除居住建筑、公共建筑及工业企业生活间的污水与废水。因污废水处理、卫生条件或杂用水水源的需要,生活排水系统可分为以下几种。

(1)生活污水排水系统:排除建筑物内日常生活中排泄的粪便污水。

(2)生活废水排水系统:排除建筑物内日常生活中排放的洗涤水(洗脸、洗澡、洗衣和厨房产生的废水等)。生活废水经过处理后,可作为杂用水,用来冲洗厕所、浇洒道路和绿地、冲洗汽车等。

2. 生产污(废)水排水系统

生产污(废)水排水系统主要用于排除生产过程中产生的污(废)水。因生产工艺种类繁多,生产污(废)水的成分复杂。有些生产污(废)水被有机物污染,并带有大量细菌;有些含有大量固体杂质或油脂;有些含有强的酸、碱性;有些含有氰、铬等有毒元素。对于仅含少量无机杂质而不含有毒物质或是仅升高了水温的(如一般冷却用水)生产污(废)水,经简单处理即可循环或重复使用。

3. 雨水排水系统

雨水排水系统主要用于收集排除降落到屋面的雨水和融化的雪水。

4.1.2 建筑排水系统的组成

建筑排水系统一般由卫生器具(或生产设备受水器)、排水管道、通气系统和清通设备等组成,如图4-1所示。有些建筑物的排水系统中,根据需要还设有污(废)水的提升设备和局部处理构筑物。

1. 卫生器具(或生产设备受水器)

卫生器具是建筑排水系统的起点,其用于接纳各种污(废)水,并排入管网系统。污(废)水从器具排出口经过存水弯和器具排水管流入横支管。生产设备受水器是接纳、排出生产设备在生产过程中产生的污(废)水的容器或装置。

卫生器具的类型如下。

(1)盥洗用卫生器具:供人们洗漱、化妆用的洗浴用卫生器具。盥洗用卫生器具包括洗脸盆、洗手盆、盥洗槽等。

(2)沐浴用卫生器具:供人们清洗身体用的洗浴卫生器具。常用的沐浴用卫生器具有浴

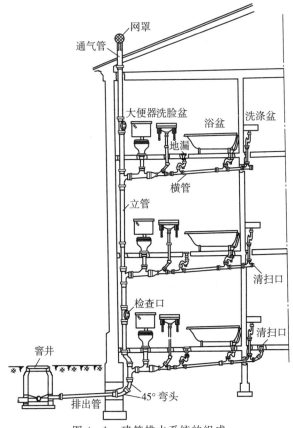

图 4-1 建筑排水系统的组成

盆、淋浴器、淋浴盆和净身盆等。

(3)洗涤用卫生器具:用来洗涤食物、衣物、器皿等物品的卫生器具。常用的洗涤用卫生器具有洗涤盆(池)、化验盆、污水盆(池)、洗碗机等。

(4)便溺用卫生器具:设置在卫生间和公共厕所内,用来收集排除粪便、尿液用的卫生器具。便溺用卫生器具包括便器和冲洗设备两部分,主要有大便器、大便槽、小便器、小便槽和倒便器五种类型。

(5)其他卫生器具:其他卫生器具主要有吐漱类卫生器具(包括漱口盆和呕吐盆)和饮水器等。

各种卫生器具的安装可参考现行国家标准图集《卫生设备安装》(09S304)。

2. 排水管道

排水管道的作用是将各个用水点产生的污废水及时、迅速地输送到室外。排水管道包括器具排水管(含存水弯)、横管、立管和排出管。

横管是指呈水平或与水平线夹角小于 45°的管道,其中连接器具排水管至排水立管的横管段称横支管,连接若干根排水立管至排出管的横管段称为横干管。立管是指呈垂直或与垂线夹角小于 45°的管道。排出管是从建筑物内至室外检查井的排水横管段。

建筑物内排水管道的管材有建筑排水塑料管和机制排水铸铁管。

3. 通气系统

建筑排水管道内是水气两相流。为使排水管道系统内空气流通,压力稳定,避免因管内压力波动使有毒有害气体进入室内,需要设置与大气相通的通气系统。通气系统有排水立管延伸到屋面上的伸顶通气管、专用通气管及专用附件等形式。

4. 清通设备

污(废)水中含有固体杂物和油脂,容易在管内沉积、黏附,减小通水能力甚至堵塞管道。为疏通管道保障排水畅通,需设清通设备。清通设备包括设在横支管顶端的清扫口、设在立管或较长横干管上的检查口及设在室内较长的埋地横干管上的检查井。

5. 提升设备和局部处理构筑物

有些建筑物的污(废)水排水系统中,根据需要还设有污(废)水的提升设备和局部处理构筑物。

工业与民用建筑的地下室、人防建筑、高层建筑的地下技术层和地铁等处标高较低,在这些场所产生、收集的污(废)水不能自流排至室外的检查井,须设污(废)水提升设备,将污(废)水提升到室外排水管道中去,以保证生产的正常进行和保护环境卫生。

当建筑内部污水未经处理不允许直接排入市政排水管网或水体时,须设污水局部处理构筑物,使污水水质得到初步改善后再排入市政排水管网。根据污水性质的不同,可以采用不同的污水局部处理设备,如处理民用建筑生活污水的化粪池,降低锅炉、加热设备所排污水水温的降温池,去除含油污水的隔油池,以消毒为主要目的的医院污水处理构筑物等。本章 4.4.2 节对部分局部处理构筑物有相关介绍。

4.2　排水系统的划分与选择

4.2.1　排水系统的划分

1. 建筑物内生活排水系统按排水水质分类

建筑物内生活排水系统按排水水质可分为污废合流和污废分流两种。

(1)污废合流:建筑物内生活污水与生活废水合流后排至建筑局部处理构筑物或建筑物外排水管道。

(2)污废分流:建筑物内生活污水与生活废水分别排至建筑物内处理构筑物或建筑物外。

2. 建筑物内生活排水系统按通气方式分类

建筑物内生活排水系统按通气方式可分为不通气的排水系统、设有通气管的排水系统、特殊单立管排水系统、室内真空排水系统和压力流排水系统等。

1)不通气的排水系统

不通气的排水系统的立管顶部不与大气连通,适用于立管短、卫生器具少、排水量小、立管顶端不便伸出屋面的情况。

2)设有通气管的排水系统

设有通气管的排水系统有仅设伸顶通气排水系统、专用通气立管排水系统、环形通气排水系统、器具通气排水系统及自循环通气排水系统等形式。

(1)仅设伸顶通气排水系统:排水管道采用普通排水管材及其配件,仅设伸顶通气管。

(2)专用通气立管排水系统:排水管道设有伸顶通气管和专用通气立管。

(3)环形通气排水系统:排水管道设有伸顶通气管、环形通气管、主通气立管或副通气立管。

(4)器具通气排水系统:排水管道设有伸顶通气管、器具通气管、环形通气管、主通气立管。

(5)自循环通气排水系统:排水管道不设伸顶通气管,但设有专用通气立管或主通气立管、环形通气管。通气立管在顶端、层间与排水立管相连,在底端与排出管连接,通过相连的通气管道迂回补气平衡排水时管道内产生的正负压。

设有通气管的排水系统模式如图 4-2 所示。

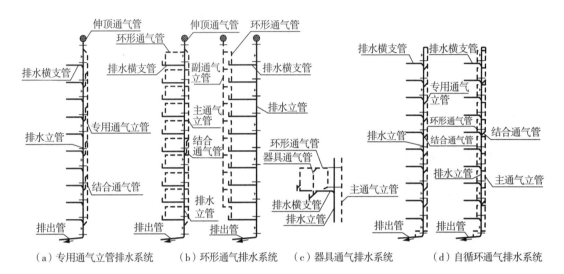

（a）专用通气立管排水系统　（b）环形通气排水系统　（c）器具通气排水系统　（d）自循环通气排水系统

图 4-2　设有通气管的排水系统模式

3)特殊单立管排水系统

特殊单立管排水系统是指管件特殊和(或)管材特殊的单根排水立管排水系统。国内已有应用的特殊单立管排水系统有苏维托单立管排水系统、AD 型特殊单立管排水系统、普通型内螺旋管单立管排水系统、中空壁内螺旋管单立管排水系统、漩流降噪单立管排水系统和 CHT 型单立管排水系统等。

特殊单立管排水系统适用于以下情况:排水立管排水设计流量大于普通单立管排水系统排水立管的最大排水能力;多层和高层住宅、宾馆等每层接入的卫生器具数较少的建筑;卫生间或管道井面积较小的建筑;难以设置通气立管(专用通气立管、主通气立管或副通气立管)的建筑;要求降低排水水流噪声和改善排水水力工况的场所。同层接入排水立管的横支管数较多的排水系统宜采用苏维托单立管排水系统和 AD 型单立管排水系统。本节仅对苏维托单立管排水系统、AD 型特殊单立管排水系统、普通型内螺旋管单立管排水系统进行介绍。

(1)苏维托单立管排水系统:排水横支管与排水立管采用苏维托特制配件相连接的单立管排水系统。上部管件应采用苏维托特制配件,下部宜采用泄压管装置(见图 4-3)。

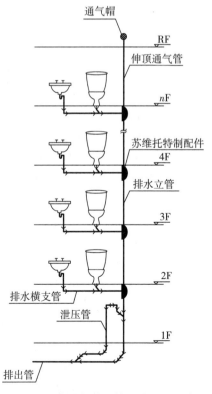

图 4-3　苏维托单立管排水组成示意

（2）AD 型特殊单立管排水系统：排水立管采用加强型内螺旋管，管件采用 AD 型接头。排水横支管与排水立管连接的上部特殊管件采用旋转进水型管件的特殊单立管排水系统。加强型内螺旋管的螺旋肋数量是普通型的 1.0～1.5 倍，螺距缩小 1/2 以上，旋流器有扩容且有导流叶片。

（3）普通型内螺旋管单立管排水系统：排水立管采用 PVC‐U 内螺旋管，排水横支管与排水立管连接的上部特殊管件采用旋转进水型管件的特殊单立管排水系统。普通型内螺旋管单立管排水系统的螺旋管内壁有 6 条凸状螺旋肋，螺距约 2 m，上部旋转进水的管件（旋流器）无扩容。

4）室内真空排水系统

室内真空排水系统是指利用真空泵维持真空排水管道内的负压，将卫生器具和地漏的排水收集传输至真空罐，通过排水泵排至室外管网的全封闭排水系统。

室内真空排水系统通常由真空泵站（其中包括真空泵、真空罐、排水泵、控制柜等）、真空管网、真空便器（包括真空坐便器、真空蹲便器）、真空地漏、真空污水收集传输装置（用于洗手盆、小便器、洗涤盆、浴盆、净身盆等器具排水的收集和传输）及伸顶通气管或通气滤池等组成。图 4‐4 为室内真空排水系统组成示意。

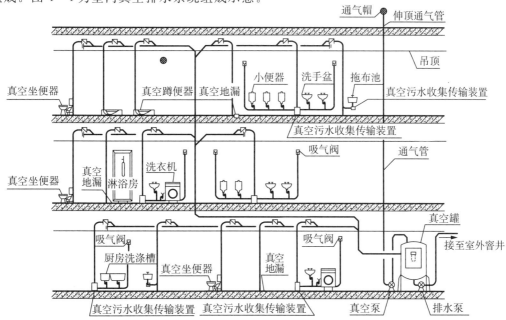

图 4‐4　室内真空排水系统组成示意

5）压力流排水系统

压力流排水系统的卫生器具排水口下装设有微型污水泵，当卫生器具排水时，微型污水泵启动加压排水，使排水管内的水流状态由重力非满流变为压力满流。压力流排水系统具有排水管径小，管配件少，占用空间小，横管无须坡度，流速大，自净能力较强，卫生器具出口可不设水封，室内环境卫生条件好等优点。

3. 建筑物内生活排水系统按立管数量分类

建筑物内生活排水系统按立管数量可分为单立管排水系统、双立管排水系统和三立管排水系统。图4‐5为按立管数量分类的排水系统类型。

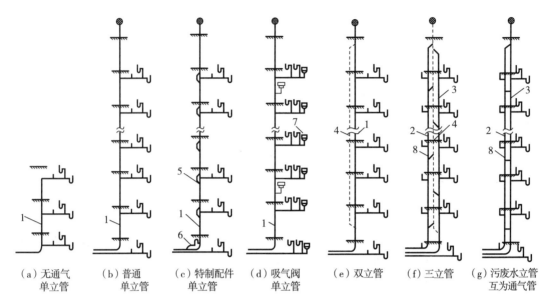

（a）无通气 单立管　（b）普通 单立管　（c）特制配件 单立管　（d）吸气阀 单立管　（e）双立管　（f）三立管　（g）污废水立管 互为通气管

1—排水立管；2—污水立管；3—废水立管；4—通气立管；5—上部特制配件；

6—下部特制配件；7—吸气阀；8—结合通气管。

图 4 - 5　按立管数量分类的排水系统类型

1）单立管排水系统

单立管排水系统是指只有一根排水立管，没有专门通气立管的系统。单立管排水系统利用排水立管本身及其连接的横支管和附件进行气流交换，这种通气方式称为内通气。上述无通气管系统、仅设伸顶通气排水系统及特殊单立管排水系统均为单立管排水系统。

2）双立管排水系统

双立管排水系统也叫作两管制，其由一根排水立管和一根通气立管组成。双立管排水系统是利用排水立管与另一根立管之间进行气流交换，所以这种通气方式称为外通气。因为通气主管不排水，所以双立管排水系统的通气方式又叫作干式通气。其适用于污废水合流的各类多层和高层建筑。

3）三立管排水系统

三立管排水系统也叫作三管制，其由三根立管组成，分别为生活污水立管、生活废水立管和通气立管。两根排水立管共用一根通气立管。三立管排水系统的通气方式也是干式外通气。其适用于生活污水和生活废水需分别排出室外的各类多层、高层建筑。

4．建筑小区室外排水分类

建筑小区室外排水分为分流制和合流制两种体制。分流制是指用不同管渠分别收纳小区内生活排水和雨水的排水方式；合流制是用同一管渠收纳小区内生活排水和雨水的排水方式。新建小区应采用生活排水和雨水分流制排水。

4.2.2　排水系统的选择

建筑物内生活排水系统的选择，应根据排水性质及污染程度，结合室外排水体制和有利于综合利用与处理要求确定。一般按照以下原则进行选择。

（1）当政府有关部门要求污水、废水分流且生活污水需经化粪池处理后才能排入城镇排水管道或者生活废水需回收利用时，应采用生活污水与生活废水分流的排水系统。

（2）下列情况下的建筑排水应单独排至水处理或回收构筑物：

① 职工食堂、营业餐厅的厨房排水及含有大量油脂的生活废水；

② 含有致病菌、放射性元素等超过排放标准的医疗、科研机构的污水；

③ 实验室有害有毒废水；

④ 应急防疫隔离区及医疗保健站的排水；

⑤ 洗车冲洗水；

⑥ 水温超过 40 ℃ 的锅炉排污水；

⑦ 用作中水水源的生活排水。

（3）公共餐饮业厨房废水不宜与生活污水合用室内排水管道。如需合用时，厨房废水必须先经过隔油处理。

（4）当卫生间的器具排水管及排水支管要求不穿越本层结构楼板到下层空间时，应采用建筑同层排水系统。

（5）建筑物内生活排水一般采用重力排水。当无条件重力自流排出时，可利用水泵提升压力排水。在特殊情况下，经技术、经济比较合理时，可采用真空排水的方式。

4.3　排水系统的布置敷设

建筑内部排水系统布置敷设直接影响人们的日常生活和生产活动，在设计过程中首先应保证排水畅通和室内良好的生活环境，再根据建筑类型、标准、投资等因素，在兼顾其他管道、线路和设备的情况下，进行系统布置。

4.3.1　卫生器具和卫生间布置

1. 卫生器具布置

在卫生间和公共厕所布置卫生器具时，既要考虑所选用的卫生器具类型、尺寸和方便使用，又要考虑管线短，排水通畅，便于维护管理。为使卫生器具使用方便，使其功能正常发挥，卫生器具的安装高度应满足表 4-1 的要求。

表 4-1　卫生器具的安装高度

序号	卫生器具名称	卫生器具边缘离地面距离/mm	
		居住和公共建筑	幼儿园
1	架空式污水盆（池）（至上边缘）	800	800
2	落地式污水盆（池）（至上边缘）	500	500
3	洗涤盆（池）（至上边缘）	800	800
4	洗手盆（至上边缘）	800	500
5	洗脸盆（至上边缘）	800	500
	残障人用洗脸盆（至上边缘）	800	—
6	盥洗槽（至上边缘）	800	500

（续表）

序号	卫生器具名称	卫生器具边缘离地面距离/mm	
		居住和公共建筑	幼儿园
7	浴盆(至上边缘)	480	—
	残障人用浴盆(至上边缘)	450	—
	按摩浴盆(至上边缘)	450	—
	淋浴盆(至上边缘)	100	—
8	蹲、坐式大便器(从台阶面至高水箱底)	1800	1800
9	蹲式大便器(从台阶面至低水箱底)	900	900
10	坐式大便器(至低水箱底)		
	外露排出管式	510	—
	虹吸喷射式	470	—
	冲落式	510	270
	旋涡连体式	250	—
11	坐式大便器(至上边缘)		
	外露排出管式	400	—
	旋涡连体式	360	—
	残障人用	450	—
12	蹲便器(至上边缘)		
	2 踏步	320	—
	1 踏步	200～270	—
13	大便槽(从台阶面至冲洗水箱底)	≥2000	—
14	立式小便器(至受水部分上边缘)	100	—
15	挂式小便器(至受水部分上边缘)	600	450
16	小便槽(至台阶面)	200	150
17	化验盆(至上边缘)	800	—
18	净身器(至上边缘)	360	—
19	饮水器(至上边缘)	1000	—

注:(1)老年人居住建筑的坐便器安装高度不应低于 0.4 m,浴盆外缘距地高度宜小于 0.45 m。

(2)建筑物无障碍设计的坐便器高应为 0.45 m,小便器下口距地面不应大于 0.5 m。

2. 卫生间装置

卫生间的布置应满足以下要求。

(1)建筑物的厕所、盥洗室、浴室不应直接布置在餐厅、食品加工、食品贮存、医药、医疗、变配电室、发电机房、电梯机房、生活饮用水池、游泳池等有严格卫生要求或防水、防潮要求用房的上层。

(2)住宅卫生间不应直接布置在下层住户的卧室、起居室(厅)、厨房和餐厅的上层,且不宜布置在本套内的卧室、起居室(厅)、厨房和餐厅的上层。如必须布置时,均应有防水、隔声和便于检修的措施。

(3)卫生间应根据设置场所、使用对象、建筑标准和排水系统形式,选用卫生器具的类型、数量,合理布置,并应符合现行的有关设计标准、规范或规定的要求。

(4)卫生间布置应考虑给排水立管的位置。排水立管明装或在管道井、管窿内暗敷时,均应便于清通。

（5）当采用同层排水时，卫生器具及卫生间应符合下列要求。

① 同层排水的敷设方式、结构形式、降板区域、管井设置、卫生器具布置等应与建筑设计各相关专业协调后确定。

② 当采用沿墙敷设方式时，大便器、小便器和净身盆应选用后排式或壁挂式，宜采用配套的支架或隐蔽式支架；浴盆及淋浴房宜采用内置水封的排水附件；地漏宜采用内置水封的直埋式地漏；水封深度不得小于 50 mm；卫生器具布置应便于排水管道的连接，接入同一排水横支管的卫生器具宜沿同一墙面或相邻墙面依次布置；大便器宜靠近立管布置，地漏（如需设置）宜靠近排水立管布置，并单独接入立管；卫生间楼板应采用现浇钢筋混凝土，并设防水层。

③ 当采用地面敷设方式时，大便器宜选用下排式或后排式；排水汇集器断面应保证汇集器内的水流不会回流到汇集器上游管道内；卫生器具布置在满足管道敷设和施工维修等要求的前提下宜尽量缩小降板的区域；降板区域应采用现浇钢筋混凝土楼板，降板区域的结构楼板面和完成地面均应采取有效的防水措施。

（6）当采用室内真空排水系统时，应根据系统使用必须安全、卫生、可靠、便于维护的原则选择设备和配套产品。卫生间内的卫生器具及附件应符合下列要求。

① 大便器应采用配有真空阀、冲水阀和控制按钮等的专用真空坐便器或真空蹲便器。

② 地漏应采用设有污水收集室、真空传输装置等的专用真空地漏。

③ 洗脸盆、小便器、洗涤盆、浴盆、净身盆等应采用重力排水的卫生器具，需在接入真空管道系统的排水支管上配设带收集室、真空阀、感应及通气装置的真空污水收集传输装置。

4.3.2　排水管道的布置与敷设

建筑内部污废水排水管道布置与敷设，应满足以下基本要求：迅速畅通地将污废水排到室外；排水管道系统内的气压稳定，有毒有害气体不进入室内，保持室内良好的环境卫生；管线布置简短顺直、安全可靠；兼顾经济、施工、管理及美观等因素。

为满足上述要求，建筑物内排水管布置应符合下列要求。

1. 排水立管

排水立管宜靠近外墙，排出管能以最短的距离排出室外，尽量避免在室内转弯；宜设在排水量最大，靠近最脏、杂质最多的排水点处。

生活污水立管不应安装在与书库、档案库相邻的内墙上；居住建筑的厨房间和卫生间的排水立管应分别设置，不宜靠近与卧室相邻的内墙。

塑料排水立管应避免布置在易受机械撞击处，当不能避免时，应采取保护措施；塑料排水立管不应布置在热源附近，当不能避免并导致管道表面受热温度大于 60 ℃时，应采取隔热措施；塑料排水立管与家用灶具边净距不得小于 0.4 m。

2. 排水横支管

排水横支管的布置，应符合下列要求。

（1）排水横支管不得布置在遇水会引起燃烧、爆炸或损坏的原料、产品和设备的上面。

（2）排水横支管不得敷设在生产工艺或卫生有特殊要求的生产厂房内，不得敷设在食品和贵重商品库、通风小室、电气机房和电梯机房内。

（3）排水横支管不得布置在食堂、饮食业厨房的主副食操作、烹调、备餐部位，浴池、游泳池的上方。当受条件限制不能避免时,应采取防护措施,如可在排水横支管下方设托板,托板横向应有翘起的边缘(横断面呈槽形),纵向应与排水横支管有一致的坡度,末端有管道引至地漏或排水沟。

(4)排水横支管不得穿过沉降缝、伸缩缝、抗震缝、烟道和风道。当受条件限制必须穿过沉降缝、变形缝时,应采取相应的防护措施。对不得不穿越沉降缝处,应预留沉降量、设置不锈钢软管柔性连接,并在主要结构沉降已基本完成后再进行安装;对不得不穿越伸缩缝处,应安装伸缩器。

(5)楼层排水横支管不应埋设在结构层内。当必须在地下室底板埋设时,不得穿越沉降缝,宜采用耐腐蚀的金属排水管道,坡度不应小于通用坡度,最小管径不应小于 75 mm,并应在适当位置加设清扫口。

(6)排水横支管不应穿过图书馆的书库、档案室、音像库房,不得穿越档案馆库区。

(7)生活饮用水池(水箱)的上方,不得有排水管道穿越,且在周围 2 m 内不应有污水管线。

(8)排水横支管不宜穿越橱窗、壁柜。

(9)居住建筑内排水横支管的设置,应符合下列要求。

① 排水横支管不得穿越卧室。

② 排水横支管不得穿越住宅客厅、餐厅,并不宜靠近与卧室相邻的内墙。

③ 卫生间污水排水横支管宜设于本套内,可采用同层排水。当必须敷设于下一层的套内空间时,其清扫口应设于本层,并应进行夏季管道外壁结露验算,采取相应的防止结露的措施。

④ 卫生间排水横支管不得布置在住户厨房间烹调灶位上方。

⑤ 地下室、半地下室中卫生器具和地漏的排水横支管,不应与上部排水管连接。

(10)排水横支管采用同层排水时,应符合下列要求。

① 当采用沿墙敷设方式时,接入同一排水立管的排水横支管宜沿同一墙面或相邻墙面敷设,排水横支管可采用暗敷或明敷,暗敷时可埋设在非承重墙内或利用装饰墙隐藏管道。隐蔽式支架应安装在非承重墙或装饰墙内,并固定在楼板或墙体等承重结构上。

② 当采用地面敷设方式时,若地漏接入排水横支管,则接入位置沿水流方向宜在大便器、浴盆排水管接入口的上游。排水横支管宜敷设在填充层或架空层内。排水横支管可采用通用配件连接或排水汇集器连接。如采用排水汇集器连接,各卫生器具和地漏的排水横支管应单独与排水汇集器相连。排水汇集器应有专用清扫口,并应设置在便于清洗或疏通的位置。

(11)靠近排水立管底部的排水横支管的连接,应符合下列要求。

① 最低排水横支管与立管连接处距排水立管管底的垂直距离 h_1(见图 4-6),不得小于表 4-2 的规定。

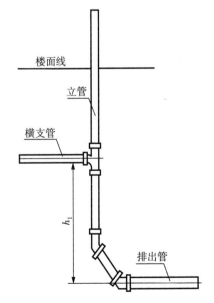

图 4-6 最低横支管与立管连接处至排出管管底垂直距离

楼面线

立管

横支管

h_1

排出管

表 4-2　最低排水横支管与立管连接处距排水立管管底的最小垂直距离

立管连接卫生器具的层数/层	最小垂直距离/m	
	仅设伸顶通气	设通气立管
≤4	0.45	按配件最小安装尺寸确定
5~6	0.75	
7~12	1.2	
13~19	底层单独排水	0.75
≥20		1.2

注:单根排水立管的排出管宜与排水立管相同管径。

② 排水支管连接至排出管或排水横干管上时,连接点距立管底部下游水平距离 L 不得小于 1.5 m;排水支管接入排水横干管竖直转向管段时,连接点距转向以下距离 h_2 不得小于 0.6 m。排水支管、排水立管与排水横干管连接如图 4-7 所示。

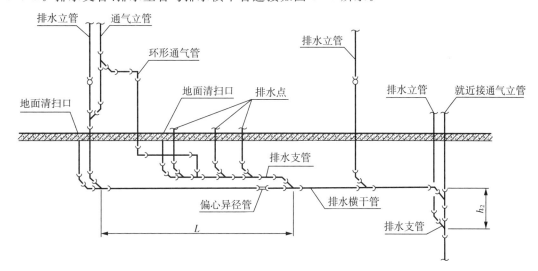

图 4-7　排水支管、排水立管与横干管连接

③ 当靠近排水立管底部的排水支管的连接不能满足上述要求,或在距排水立管底部 1.5 m 范围内的排出管、排水横管有 90°水平转弯时,底层排水支管应单独排出,楼层排水支管宜单独汇合排出或采取有效的防反压措施。防反压措施有放大排出管坡度减少立管底部局部阻力;将专用通气管的底部与排出管相连释放正压。

3. 排出管

排出管可埋在建筑底层地面以下或悬吊在地下室的顶板下面。排水埋地管道,不得穿越生产设备基础或布置在可能受重物压坏处,在特殊情况下,应与有关专业协商处理。例如,保证一定的埋深和做金属防护套管,并应采用柔性接口。

4. 通气管

通气管(包括伸顶通气管、通气立管、环形通气管及器具通气管等)布置应遵循以下原则。

(1)生活排水管道的立管顶端应设置伸顶通气管,其顶端应装设风帽或网罩,避免杂物落入排水立管。伸顶通气管的设置高度与周围环境、当地的气象条件、屋面使用情况有关,伸顶通气管高出屋面不小于 0.3 m,但应大于该地区最大积雪厚度;屋顶有人停留时,高度应大于 2.0 m;通气管口周围 4 m 以内有门窗时,通气管口应高处窗顶 0.6 m 或引向无门窗一侧;通气管口不宜设在建筑物挑出部分(如屋檐檐口、阳台和雨篷等)的下面。

(2)特殊情况下,当伸顶通气管无法伸出屋面时,可采用以下通气方式:

① 设置侧墙通气管;

② 通过设置汇合通气管后在侧墙伸出延伸至屋面以上;

③ 当上述方法无法实施时,可设置自循环通气管道系统。

(3)下列情况下应设通气立管:

① 当排水立管所承担的卫生器具排水设计流量超过仅设伸顶通气管的排水立管最大设计排水能力时;

② 建筑标准要求较高的多层住宅和公共建筑。

(4)下列排水管段应设环形通气管:

① 连接 4 个及 4 个以上卫生器具且长度大于 12 m 的排水横支管;

② 连接 6 个及 6 个以上大便器的污水横支管;

③ 不超过上述规定,但建筑物性质重要、使用要求较高或设置器具通气管时。

(5)对卫生、安静要求较高的建筑物内,生活排水管道宜设置器具通气管。

(6)建筑物内各层的排水管道设有环形通气管时,应设置连接各层环形通气管的主通气立管或副通气立管。

(7)通气立管不得接纳器具污水、废水和雨水,不得与风道和烟道连接。

5. 排水管道敷设

排水管道明敷或暗敷布置应根据建筑物的性质、使用要求和建筑平面布局确定。一般宜在地下、楼板垫层中埋设或在地面上、楼板下明敷,如建筑或工艺有特殊要求时,可在管槽、管道井、管窿、管沟或吊顶、架空层内暗敷,但应便于安装和检修。在气温较高、全年不结冻的地区,可沿建筑物外墙敷设。

图 4 - 8 为公用卫生间的卫生器具及排水管道布置示意。

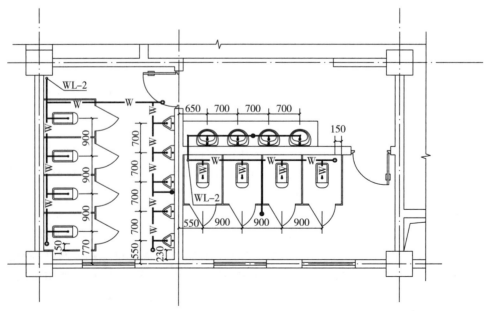

（a）平面图

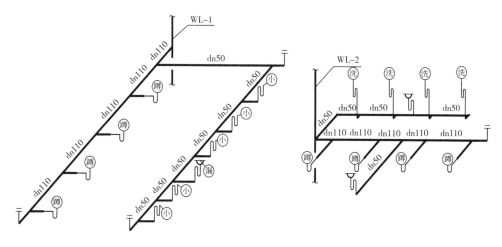

（b）系统示意

图 4 - 8　公用卫生间的卫生器具及排水管道布置示意

4.4　污废水提升设备和局部处理构筑物

4.4.1　污废水提升设备

当室内生活排水系统无条件重力排出时，应设排水泵房压力排水或采用真空排水。地下室排水应设置集水坑和提升装置排至室外。

1. 排水泵房

排水泵房应设在有良好通风的地下室或底层单独的房间内，并靠近集水池。不得设在对卫生环境有特殊要求的生产厂房和公共建筑内，不得设在有安静和防振要求的房间附近和下面。如必须设置时，吸水管、出水管和水泵基础应设置可靠的隔振降噪装置。排水泵房的位置应使室内排水管道和水泵出水管尽量简洁，并考虑维修检测的方便。

2. 集水池

生活污水集水池应与生活给水贮水池保持 10 m 以上的距离。地下室水泵房排水，可就近在泵房内设置集水池，但池壁应采取防渗漏、防腐蚀措施。集水池宜设在地下室最底层卫生间、淋浴间的底板下或邻近位置；收集地下车库坡道处雨水的集水井应尽量靠近坡道尽头处；车库地面排水集水池应设在使排水管、沟尽量居中的地方；地下厨房集水坑应设在厨房邻近位置，但不宜设在细加工和烹炒间内；消防电梯井集水池应设在电梯邻近处，但不应直接设在电梯井内，池底低于电梯井底不小于 0.7 m。

4.4.2　局部处理构筑物

1. 化粪池

化粪池的主要作用是使粪便沉淀并发酵腐化，污水停留一段时间后排走，沉淀在池底的粪便污泥经厌氧发酵后定期清掏，属于初级的过渡性生活污水处理构筑物。

对于没有污水处理厂的城镇，居住小区内的生活污水是否采用化粪池作为分散或过渡性处理设施，应按当地有关规定执行；而新建居住小区若远离城镇，或其他原因污水无法排入城镇污水管道,污水应处理达标后才能向水体排放时,是否选用化粪池作为生活污水处理设施应根据各地区具体情况慎重进行技术经济比较后确定。

　　化粪池多设置于建筑物背向大街一侧靠近卫生间的地方,应尽量隐蔽,不宜设在人们经常活动之处。化粪池宜设置在接户管的下游端,便于机动车清掏的位置。化粪池池外壁距建筑物外墙不宜小于 5 m,并不得影响建筑物基础。当受条件限制化粪池设置于建筑物内时,应采取通气、防臭和防爆措施。因化粪池出水处理不彻底,含有大量细菌,为防止污染水源,化粪池距离地下取水构筑物不得小于 30 m。

　　化粪池的结构有砖砌、钢筋混凝土、钢筋混凝土模块式和玻璃钢成品等形式,图 4-9 为钢筋混凝土化粪池构造图,化粪池可按《室外排水设施设计与施工——钢筋混凝土化粪池》(22S702)等给水排水专业图集选用。

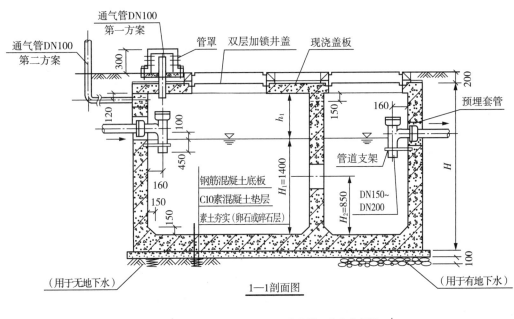

1—1剖面图

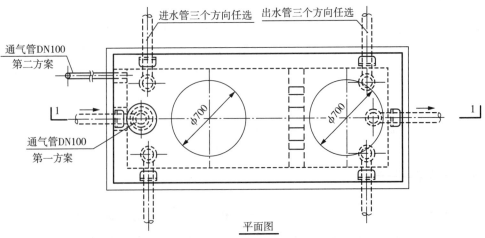

平面图

(a)双格化粪池

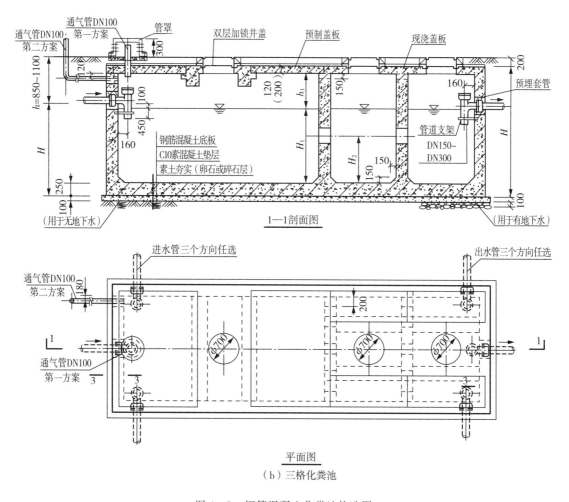

图 4-9　钢筋混凝土化粪池构造图

2. 隔油池

公共食堂和饮食业排放的污水中含有植物油和动物油脂,污水中含油量一般为 50~150 mg/L。厨房洗涤水中含油约 750 mg/L。据调查,含油量超过 400 mg/L 的污水进入排水管道后,随着水温的下降,污水中夹带的油脂颗粒开始凝固,并黏附在管壁上,使管道过水断面减小,最后完全堵塞管道。所以,公共食堂和饮食业的污水在排入城市排水管网前,应去除污水中的可浮油(占总含油量的 65%~70%),目前一般采用隔油池。图 4-10 为隔油池构造图。

近年来,随着城市大型综合体的大量出现,综合体中大量餐饮店排出的污废水中含有大量油脂,由于排水管道较长,时有堵塞管道的情况出现,这些情况需要在建筑设计中给予关注。

汽车洗车台、汽车库及其他类似场所排放的污水中含有汽油、煤油、柴油等矿物油。汽油等轻油进入管道后挥发并聚集于检查井,达到一定浓度后会发生爆炸引起火灾,破坏管道,所以也应设隔油池进行处理。

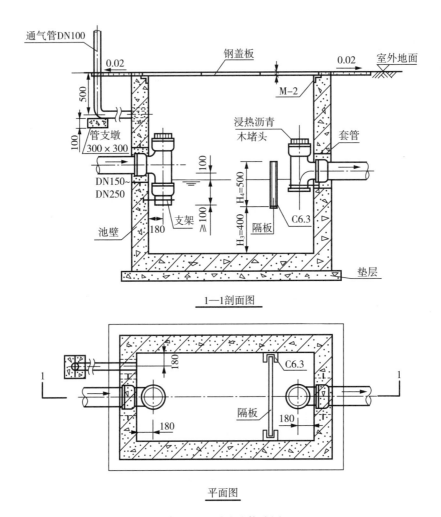

图 4 - 10 隔油池构造图

隔油设施应优先选用成品隔油装置。成品隔油器除油效果好,可设置于室内,适用于处理水量不大于 55 m³/h、油脂含量不大于 500 mg/L 的水质,水温及环境温度不大于 5 ℃ 的餐饮废水。隔油池可根据《小型排水构筑物》(23S519)选用。

3. 降温池

温度高于 40 ℃ 的废水在排入城镇排水管道之前应采取降温处理,否则,会影响维护管理人员身体健康和管材的使用寿命,一般采用设于室外的降温池处理。降温池降温的方法主要有二次蒸发、水面散热和加冷水降温。

4. 医院污水处理

医院污水处理包括医院污水消毒处理、放射性污水处理、重金属污水处理、废弃药物污水处理和污泥处理。其中,消毒处理是最基本的处理,也是最低要求的处理。需要消毒处理的医院污水是指医院(包括综合医院、传染病医院、专科医院、疗养病院)和医疗卫生的教学及科研机构排放的被病毒、病菌、螺旋体和原虫等病原体污染了的水。这些水如不进行消毒处理,排入水体后会污染水源,导致传染病流行,危害很大。

医院污水一般按下列规定处理：

（1）医院污水处理工程必须按国家颁布的有关标准、规范、规程进行设计和施工；

（2）医院排放污水按照医院级别分别执行《医疗机构水污染物排放标准》（GB 18466—2005）中的相应规定；

（3）县级以下或 20 张床位以下的医院和其他所有医疗机构污水经消毒处理后方可排放；

（4）医院污水处理设施必须与主体工程同时设计、同时施工、同时使用。

4.5　排水管道水力计算

4.5.1　排水量标准

每人每日排出的生活污水量和用水量一样，与气候、建筑物卫生设备完善程度及生活习惯等因素有关。生活排水量和时变化系数，一般采用生活用水量标准和时变化系数。生产污废水排水流量和时变化系数应按工艺要求确定。

各种卫生器具排水流量、当量、排水管管径见表 4-3 所列。

表 4-3　各种卫生器具排水流量、当量和排水管管径

序号	卫生器具名称	排水流量/(L/s)	当量	排水管管径/mm
1	洗涤盆、污水盆（池）	0.33	1.00	50
2	餐厅、厨房洗菜盆（池）			
	单格洗涤盆（池）	0.67	2.00	50
	双格洗涤盆（池）	1.00	3.00	50
3	盥洗槽（每个水嘴）	0.33	1.00	50～75
4	洗手盆	0.10	0.30	32～50
5	洗脸盆	0.25	0.75	32～50
6	浴盆	1.00	3.00	50
7	淋浴器	0.15	0.45	50
8	大便器			
	冲洗水箱	1.50	4.50	100
	自闭式冲水阀	1.20	3.60	100
9	医用倒便器	1.50	4.50	100
10	小便器			
	自闭式冲洗阀	0.10	0.30	40～50
	感应式冲洗阀	0.10	0.30	40～50
11	大便槽			
	≤4 个蹲位	2.50	7.50	100
	>4 个蹲位	3.00	9.00	150

序号	卫生器具名称	排水流量/(L/s)	当量	排水管管径/mm
12	小便槽(每米长)			
	自动冲洗水箱	0.17	0.50	—
13	化验盆(无塞)	0.20	0.60	40~50
14	净身器	0.10	0.30	40~50
15	饮水器	0.05	0.15	25~50
16	家用洗衣机	0.50	1.50	50

注:家用洗衣机下排水软管直径为30 mm,上排水软管内径为19 mm。

4.5.2 排水设计流量

为确定排水管的管径及坡度,要计算各管段中的排水设计流量。为保证最不利时刻的最大排水量能迅速、安全地排放,某管段的排水设计流量应为该管段的瞬时最大排水流量(又称为排水设计秒流量)。

根据建筑物的使用性质不同,生活排水设计秒流量可按下面公式计算。

(1)住宅、宿舍(居室内设卫生间)、旅馆、宾馆、酒店式公寓、医院、疗养院、幼儿园、养老院、办公楼、商场、图书馆、书店、客运中心、航站楼、会展中心、中小学教学楼、食堂或营业餐厅等建筑生活排水管道设计秒流量,应按下式计算:

$$q_p = 0.12\alpha\sqrt{N_p} + q_{max} \tag{4-1}$$

式中:q_p—— 计算管段排水设计秒流量,L/s;

N_p—— 计算管段的卫生器具排水当量总数;

α—— 根据建筑物用途而定的系数:宿舍(居室内设卫生间)、住宅、宾馆、酒店式公寓、医院、疗养院、幼儿园、养老院的卫生间采用1.5;旅馆和其他公共建筑的盥洗室和厕所间采用2.0~2.5;

q_{max}—— 计算管段上最大一个卫生器具的排水流量,L/s,按表4-3选用。

用式(4-1)计算排水管网起端的管段时,因连接的卫生器具较少,计算所得结果有时会大于该管段上所有卫生器具排水流量的总和,这时应以该管段所有卫生器具排水流量的累加值为排水设计秒流量。

(2)宿舍(设公用盥洗卫生间)、工业企业生活间、公共浴室、洗衣房、职工食堂或营业餐厅的厨房、实验室、影剧院、体育场馆等建筑的生活管道排水设计秒流量,应按下式计算:

$$q_p = \sum q_0 n_0 b \tag{4-2}$$

式中:q_0—— 同类型的一个卫生器具排水流量,L/s;

n_0—— 同类型卫生器具数;

b—— 卫生器具的同时排水百分数,冲洗水箱大便器的同时排水百分数应按12%计算,其他卫生器具的同时排水百分数同给水。

对于有大便器接入的排水管段起端,因卫生器具较少,大便器的同时排水百分数较小

（如冲洗水箱大便器仅定为 12%），按式（4-2）计算的排水设计秒流量可能会小于一个大便器的排水流量，这时应以一个大便器的排水流量为该管段的设计秒流量。

4.5.3　水力计算

排水管道水力计算的目的是确定立管管径、横管管径和坡度。

1. 横管水力计算

（1）排水横管的水力应按下列公式计算：

$$q_p = A \cdot v \tag{4-3}$$

$$v = \frac{1}{n} R^{2/3} I^{1/2} \tag{4-4}$$

式中：A—— 管道在设计充满度的过水断面，m^2；

　　　v—— 流速，m/s；

　　　R—— 水力半径，m；

　　　I—— 水力坡度，采用排水管的坡度；

　　　n—— 粗糙系数，铸铁管为 0.013，钢管为 0.012，塑料管为 0.009。

（2）为保证排水系统有良好的水力条件，排水横管应满足下述规定：

① 最大设计充满度和最小坡度。管道充满度表示管道内的水深与其管径的比值。建筑内部排水横管应按非满流设计，以便使污废水释放的气体自由流动排入大气，调节排水管道系统内的压力，接纳意外的高峰流量。

污水中含有固体杂质，如果管道坡度过小，污水的流速慢，那么固体杂物会在管内沉淀淤积，减小过水断面积，造成排水不畅或堵塞管道，为此《建筑给水排水设计标准》（GB 50015—2019）对管道坡度作了规定。建筑内部生活排水管道的坡度有通用坡度和最小坡度两种。通用坡度是指正常条件下应保证的坡度。最小坡度为必须保证的坡度。一般情况下应采用通用坡度，当横管过长或建筑空间受限制时，可采用最小坡度。

建筑内生活排水铸铁管道的最小坡度、通用坡度和的最大设计充满度见表 4-4 所列。

表 4-4　建筑内生活排水铸铁管道的最小坡度、通用坡度和最大设计充满度

管径/mm	通用坡度	最小坡度	最大设计充满度
50	0.035	0.025	0.5
75	0.025	0.015	0.5
100	0.020	0.012	0.5
125	0.015	0.010	0.5
150	0.010	0.007	0.6
200	0.008	0.005	0.6

建筑物内建筑排水塑料管采用黏接、熔接连接的排水横支管的标准坡度应为 0.026，胶圈密封连接的排水横管的坡度可按表 4-5 调整。

表 4-5　建筑排水塑料管排水横管的最小坡度、通用坡度和最大设计充满度

外径/mm	通用坡度	最小坡度	最大设计充满度
110	0.012	0.0040	0.5
125	0.010	0.0035	0.5
160	0.007	0.0030	0.6
200	0.005	0.0030	0.6
250	0.005	0.0030	0.6
315	0.005	0.0030	0.6

注:胶圈密封连接的塑料排水横管可调整为通用坡度。

② 最小管径。为了避免管道堵塞,保障室内环境卫生,《建筑给水排水设计标准》(GB 50015—2019)规定了排水管道的最小管径。大便器排水管最小管径不得小于 100 mm;建筑物内排出管最小管径不得小于 50 mm;多层住宅厨房间的排水立管管径不宜小于 75 mm;公共餐饮业厨房内的排水采用管道排除时,其管径应比计算管径大一级,且干管管径不得小于 100 mm,支管管径不得小于 75 mm;医院污物洗涤盆(池)和污水盆(池)的排水管管径,不得小于 75 mm;小便槽或连接 3 个及 3 个以上的小便器,其污水支管管径不宜小于 75 mm;浴池的泄水管宜采用 100 mm;公共洗衣房洗衣机排水宜设排水沟排出,排水沟的有效断面尺寸应保证洗衣机泄水不溢出,且排水沟的排水管管径不应小于 100 mm。

2. 立管水力计算

按照式(4-1)或式(4-2)计算出排水立管的设计秒流量后,再按表 4-6 确定立管管径。当采用苏维托、旋流器、加强型旋流器等特殊配件单立管排水系统时,排水能力需经过测试确定其最大通水能力。立管管径不得小于所连接的横支管管径。

表 4-6　生活排水立管最大设计排水能力

排水立管系统类型				排水管管径/mm		
				75	100(110)	150(160)
伸顶通气			厨房	1.00	4.00	6.40
			卫生间	2.00		
专用通气	专用通气管 75 mm	结合通气管每层连接		—	6.30	—
		结合通气管隔层连接		—	5.20	—
	专用通气管 100 mm	结合通气管每层连接		—	10.00	—
		结合通气管隔层连接		—	8.00	—
	主通气立管＋环形通气管			—	8.00	—
自循环通气	专用通气形式			—	4.40	—
	环形通气形式			—	5.90	—

3. 通气管水力计算

通气管的管径,应根据排水管排水能力、管道长度及排水系统通气形式确定,其最小管径不宜小于排水管管径的 1/2,可按表 4-7 确定。

表 4-7　通气管最小管径

通气管名称	排水管管径/mm				
	50	75	100	125	150
器具通气管	32	—	50	50	—
环形通气管	32	40	50	50	—
通气立管	40	50	75	100	100

注:(1)表中通气立管系指专用通气立管、主通气立管、副通气立管。

(2)自循环通气排水系统的通气立管管径应与排水立管管径相同。

(3)表中排水管管径 100 mm、150 mm 的塑料排水管公称外径分别为 110 mm、160 mm。

通气立管长度大于 50 m 时,其管径应与排水立管管径相同。通气立管长度不大于 50 m,且两根及两根以上排水立管同时与一根通气立管相连时,应以最大一根排水立管按表 4-7确定通气立管管径,且管径不宜小于其余任何一根排水立管管径,伸顶通气部分管径应与最大一根排水立管管径相同。

当两根或两根以上排水立管的通气管汇合连接时,汇合通气管的断面积应为最大一根通气管的断面积与其余通气管断面积之和的 25%。

伸顶通气管管径不应小于排水立管管径。在最冷月平均气温低于 -13 ℃的地区,伸顶通气管应在室内平顶或吊顶下 0.3 m 处将管径放大一级,通气管顶端应采用伞形通气帽。当采用塑料管材时,伸顶通气管最小管径不宜小于 110 mm,且应设清扫口。

4.6　建筑雨水排水系统

4.6.1　建筑雨水排水系统分类

1. 按雨水管道位置分类

(1)外排水:外排水的管道均设于室外(连接管有时在室内),适用于檐沟排水、承雨斗排水的建筑和建筑高度 50 m 以内的住宅。

(2)内排水:内排水又分为仅悬吊管在室内和全部管道都在室内两种情况。仅在室内设悬吊管的情况适用于室内无立管设置位置、外墙立管不影响美观的建筑。全部管道都在室内的情况适用于玻璃幕墙建筑、超高层建筑和室外不方便维修立管或不方便设立管的建筑。

2. 按雨水汇水方式分类

(1)檐沟外排水:雨水斗设于檐沟内,适用于屋面面积较小的单多层住宅或体量与之相似的一般民用建筑、瓦屋面建筑或坡屋面建筑、雨水管不允许进入室内的建筑。

(2)天沟排水:雨水斗设于天沟内,适用于大型厂房、轻质屋面、大型复杂屋面和绿化屋面。

(3)屋面雨水斗排水:雨水斗设于屋面、无天沟,适用于住宅、常规公共建筑。

(4)承雨斗排水:承雨斗设于侧墙,适用于屋面设有女儿墙的多层或 7~9 层住宅、屋面设有女儿墙且雨水管不允许进入室内的建筑。

3. 按雨水斗分类

按雨水斗分类及适用场所见表 4-8 所列。

表 4-8 按雨水斗分类及适用场所

排水系统类型	87 型雨水斗排水系统	虹吸式雨水斗排水系	重力流排水系统
雨水斗	65 型、87 型雨水斗或性能相似的雨水斗	虹吸式雨水斗或性能相似的雨水斗	承雨斗、成品檐沟、阳台地漏
适用场所	(1)多层建筑; (2)高层及超高层建筑; (3)无法设溢流的建筑	(1)大型、复杂屋面建筑; (2)屋面板下悬吊管难以设置坡度的建筑	(1)多层建筑; (2)高层建筑外排水; (3)能实现超标雨水不进入系统的建筑
设计排水能力	居中	大	小
超标雨水	自排	溢流	溢流

4.6.2 建筑雨水排水系统组成

1. 檐沟外排水

檐沟外排水由檐沟、雨水斗和敷设在建筑物外墙的立管等组成(见图 4-11)。檐沟外排水的原理:降落到屋面的雨水沿屋面集流到檐沟,经雨水斗收集后进入立管排至室外的地面或雨水管道。

根据降雨量和管道系统(雨水斗和立管)的通水能力确定一根立管服务的屋面面积,再根据屋面形状和面积确定立管的数量。

2. 天沟外排水

天沟外排水由天沟、雨水斗和排水立管组成。天沟设置在两跨中间并坡向端墙,雨水斗设在伸出山墙的天沟末端,也可设在紧靠山墙的层面(见图 4-12)。立管连接雨水斗并沿外墙布置。降落到屋面的雨水沿坡向天沟的屋面汇集到天

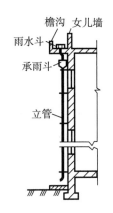

图 4-11 檐沟外排水

沟,再沿天沟流至建筑物两端,流入雨水斗,经立管排至地面或雨水井。天沟外排水系统适用于长度小于等于 100 m 的多跨工业厂房。

天沟的排水断面形式应根据屋面情况而定,一般多为矩形和梯形。天沟坡度一般为 0.003~0.006。应以建筑物伸缩缝、沉降缝和变形缝为屋面分水线,在分水线两侧分别设置

天沟。天沟的长度应根据本地区的暴雨强度、建筑物跨度、天沟断面形式等进行水力计算确定,天沟长度一般不超过 50 m。为了排水安全,防止天沟末端集水太深,在天沟末端宜设置溢流口,溢流口比天沟上檐低 50～100 mm。

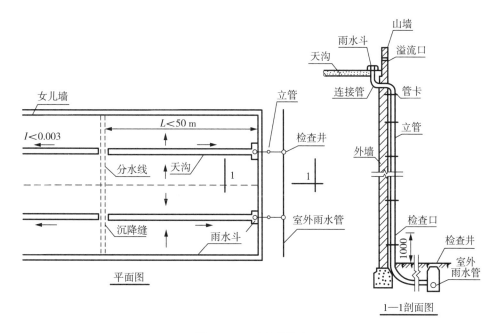

图 4-12　天沟外排水

3. 内排水

内排水系统一般由雨水斗、雨水管道(包括连接管、悬吊管、立管、排出管和埋地干管等)和附属构筑物等组成(见图 4-13)。降落到屋面上的雨水,沿屋面流入雨水斗,经连接管、悬吊管、流入立管,再经排出管流入雨水检查井,或经埋地干管排至室外雨水管道。对于某些建筑物,因受建筑结构形式、屋面面积、生产生活的特殊要求及当地气候条件的影响,内排水系统可能只有其中的部分组成。

内排水系统适用于跨度大、特别长的多跨建筑,在屋面设天沟有困难的锯齿形、壳形屋面建筑,屋面有天窗的建筑,建筑立面要求高的建筑,大屋面建筑及寒冷地区的建筑,在墙外设置雨水排水立管有困难时,也可考虑采用内排水形式。

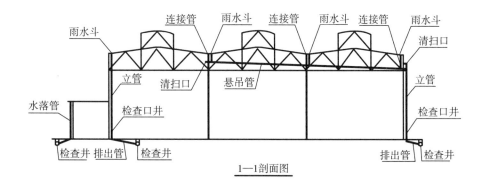

1—1剖面图

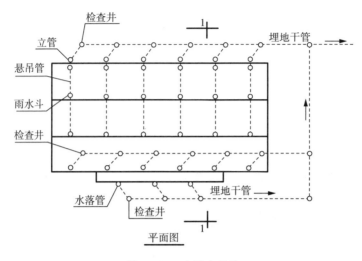

图 4 - 13　内排水系统

1)雨水斗

　　雨水斗设在屋面雨水管道的入口处。雨水斗有整流格栅装置,能迅速排除屋面雨水,格栅有整流、避免形成过大的旋涡、稳定斗前水位、减少掺气等作用,能迅速排除屋面雨水、雪水,并能有效阻挡较大杂物。雨水斗有重力式、虹吸式和 87 型(见图 4 - 14)。图 4 - 15 为 87 型屋面雨水斗安装图。

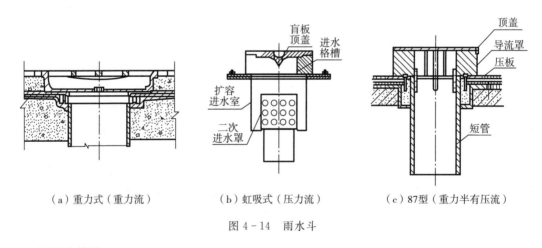

（a）重力式（重力流）　　　　（b）虹吸式（压力流）　　　　（c）87型（重力半有压流）

图 4 - 14　雨水斗

2)雨水管道

　　内排水雨水管道包括连接管、悬吊管、立管、排出管和埋地干管等。连接管是连接雨水斗和悬吊管的一段竖向短管。悬吊管是悬吊在屋架、楼板和梁下或架空在柱上的雨水横管。雨水排水立管承接悬吊管或雨水斗流来的雨水,一根立管连接的悬吊管根数不多于两根。排出管是立管和检查井间的一段有较大坡度的横向管道。埋地干管敷设于室内地下,承接立管的雨水,并将其排至室外雨水管道。

3)附属构筑物

　　附属构筑物用于埋地雨水管道的检修、清扫和排气,主要有检查井、检查口井和排气井。

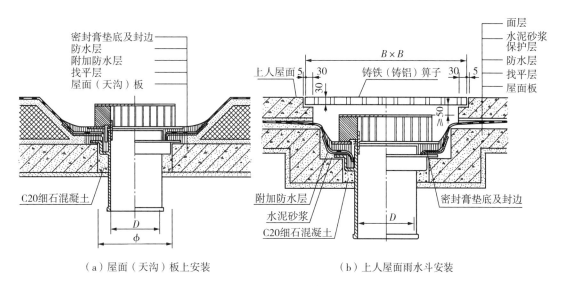

（a）屋面（天沟）板上安装　　　　　　（b）上人屋面雨水斗安装

图 4-15　87 型屋面雨水斗安装图

4.6.3　建筑雨水系统选择与设计

1. 建筑雨水系统选择

（1）建筑雨水系统的选择原则如下：

① 屋面雨水排除应优先选用既安全又经济的雨水系统；

② 雨水系统应迅速及时、有组织地将屋面雨水排至室外地面或管渠，屋面天沟不向室内溢水或泛水，室内地面不冒水，管道能承受正压和负压的作用，不变形、不漏水，屋面溢流现象应尽量减少或避免；

③ 雨水系统在满足安全排水的前提下，系统的工程造价低、投资费用少，额外占用空间高度少，系统寿命长。

（2）建筑雨水系统的选用原则如下。

① 建筑屋面一般应采用 65 型、87 型屋面雨水斗雨水系统，长天沟外排水应采用 65 型、87 型屋面雨水斗雨水系统，其经济性优于其他系统。

② 对于厂房、库房或公共建筑的大型屋面，当雨水悬吊管受室内空间的限制难以布置时，宜采用虹吸式雨水系统。该系统价格高但节省空间高度，此条件下具有一定的优势。

③ 当溢流设施的最低溢流水位高于雨水斗进水面 10 cm 及以上时，不应采用重力流雨水斗内排水系统。

④ 当雨水斗面和排出口地面的几何高差小于 3 m 时，不得采用虹吸式雨水系统。

⑤ 不允许室内地面冒水的建筑应采用密闭系统或外排水系统，不得采用敞开式内排水雨水系统。

⑥ 屋面集水优先考虑天沟形式，雨水斗置于天沟内。

⑦ 雨水管道系统优先考虑外排水，安全性好；寒冷地区尽量采用内排水系统。

⑧ 阳台雨水应自成系统排到室外散水面或明沟，不得与屋面雨水系统相连接。

⑨ 当汽车坡道、窗井等处的雨水口低于室外地面标高时，收集的雨水应排入室内雨水

集水池,采用水泵提升方式排除,不得由重力流直接排入室外雨水检查井;当室外地面不会积雨水时,可由重力流直接排入室外雨水检查井。

⑩ 严禁屋面雨水接入室内生活污废水系统或室内生活污废水管道直接与屋面雨水系统相连。

2. 建筑物雨水系统设计

建筑雨水系统设计的一般要求如下。

(1)87 型屋面雨水斗雨水系统,可将不同高度的雨水斗接入同一立管,但最低雨水斗距立管底端的高度应大于立管高度的 2/3。具有 1 个以上立管的 87 型屋面雨水斗雨水系统承接不同高度屋面上的雨水斗时,最低斗的几何高度应不小于最高斗几何高度的 2/3,几何高度以系统的排出横管在建筑外墙处的标高为基准。接入同一排出管的管网为一个系统。

(2)虹吸式屋面雨水系统的雨水斗宜在同一水平面上。各雨水立管宜单独排出室外。当受建筑条件限制,一个以上的立管必须接入同一排出横管时,各立管宜设置过渡段,其下游与排出横管连接。

(3)重力流雨水系统可承接不同高度的雨水斗,但高层建筑裙房屋面的雨水应自成系统排放。

(4)雨水系统若承接屋面冷却塔的排水,则应间接排入,并宜排至室外雨水检查井,不可排至室外路面上。

(5)阳台雨水系统接纳洗衣等生活废水时,应排入室外生活污水系统。

(6)高跨雨水流至低跨屋面,当高差在一层及以上时,宜采用管道引流。

(7)管道位置应方便安装、维修,不宜设置在结构柱等承重结构内;管道不宜穿越卧室等对安静有较高要求的房间。其余限制雨水管道敷设的空间和场所与生活排水管道部分相同。

(8)寒冷地区的雨水斗和天沟可考虑电热丝融雪化冰措施。

(9)当雨水斗及溢流口不能避免设计标准以外的超量雨水进入雨水系统时,系统设计必须考虑压力的作用,不可按无压流态设计。

4.6.4 建筑雨水排水系统的计算

屋面及小区雨水系统计算的目的是确定雨水斗的数量,然后选定管道的管径和坡度。雨水设计流量按下式计算:

$$q_y = \frac{q_j \psi F_w}{10000} \tag{4-5}$$

式中:q_y—— 设计雨水流量,L/s;

q_j—— 5 min 设计暴雨强度,L/s·hm²,按当地或相邻地区暴雨强度公式计算确定,当采用天沟集水,且沟沿溢水会流入室内时,降雨强度应乘以 1.5 的系数;

ψ—— 径流系数,屋面取 0.9～1.0;

F_w—— 汇水面积,m²。

计算暴雨强度时,一般性建筑屋面设计重现期取 2～5 年,重要公共建筑屋面设计重现期取大于等于 10 年。工业厂房屋面雨水设计重现期应根据生产工艺、重要程度等因素确定。

根据工程实践经验总结,为了能及时、安全排放设计雨水量,《建筑给水排水设计标准》(GB 50015—2019)对雨水汇水面积计算方法、雨水斗要求、横管及立管最大排水能力等均作了相应规定,可供查阅。

4.6.5　雨水控制利用

我国淡水资源严重匮乏,人均淡水资源拥有量仅为世界平均值的 1/4,雨水和污水等非常规水源已成为重要的水资源。雨水控制利用是生态文明建设的重要环节,是支撑生态文明建设的核心要素之一。雨水收集利用是节约用水的重要途径之一,其既能把雨水直接转化为水资源,又能起到控制雨水径流总量、径流峰值和径流污染的作用。

雨水控制利用的技术主要有渗、滞、蓄、净、用、排。根据雨水径流的去向雨水控制回用系统可分为三类:雨水(土壤)入渗、雨水收集回用、雨水调蓄排放。雨水入渗和雨水收集回用是把雨水转化为水资源由小区就地利用;雨水调蓄排放是把雨水储存后向建筑小区外缓慢地排出,甚至全部在雨后排出,具有控制径流峰值的功能,但不能使雨水资源化。

雨水收集回用优先作为景观水体的补充水源,其次作为绿化用水、循环冷却水、汽车冲洗用水、路面及地面冲洗用水、冲厕用水、消防用水等。

思 考 题

1. 排水系统的组成有哪些,各有什么作用?
2. 建筑物内生活排水系统按通气类型划分为哪几种类型,各有什么特点?
3. 建筑卫生间的布置要满足哪些要求?
4. 建筑雨水系统如何选用?

第5章 建筑热水系统

5.1 建筑热水供应系统及其供水方式

建筑热水供应是热水加热、储存和输配的总称。热水供应也属于给水系统范畴,其与冷水供应的主要区别是水温,因此热水系统除了给水的系统组成部分外,还有"热"的供应,如热源、加热系统等。

5.1.1 热水供应系统分类

建筑内的热水供应系统按照热水供应范围的大小,可分为局部热水供应系统、集中热水供应系统和区域热水供应系统。

1. 局部热水供应系统

采用小型加热器在用水场所就地加热,供局部范围内一个或几个配水点使用的热水系统称为局部热水供应系统。例如,采用小型燃气热水器、电热水器、太阳能热水器等,供给单个厨房、浴室、生活间等用水。对于大型建筑,也可采用很多局部热水供应系统分别对各个用水场所供应热水。

局部热水供应系统加热设备直接置于用水点,仅热媒需专门敷设管道输送,配水管距离不长。该系统的优点:热水输送管道短,热损失小;设备、系统简单,造价低;维护管理方便、灵活;改建、增设较容易。局部热水供应系统适用于热水用量较小且较分散的建筑,如一般单元式居住建筑,小型饮食店、理发馆、医院、诊所等公共建筑和车间卫生间布置较分散的工业建筑。

2. 集中热水供应系统

在锅炉房、热交换站或加热间将水集中加热后,通过热水管网输送到整幢或几幢建筑的热水系统称为集中热水供应系统。集中热水供应系统适用于热水用量较大、用水点比较集中的建筑,如标准较高的居住建筑、旅馆、公共浴室、医院、疗养院、体育馆、游泳池、大型饭店等公共建筑,布置较集中的工业企业建筑等。

集中热水供应系统的优点:加热和其他设备集中设置,便于集中维护管理;加热设备热效率较高,热水成本较低;各热水使用场所不必设置加热装置,占用总建筑面积较少;使用较为方便舒适。集中热水供应系统的缺点:设备、系统较复杂,建筑投资较大;需要有专门维护管理人员;管网较长,热损失较大;一旦建成后,改建、扩建较困难。

3. 区域热水供应系统

在热电厂、区域性锅炉房或热交换站将水集中加热后,通过市政热力管网输送至整个建筑群、居民区、城市街坊或整个工业企业的热水系统称为区域热水供应系统。区域热水供应系统适用于建筑布置较集中、热水用量较大的城市和工业企业,目前在国外特别是发达国家中应用较多。

区域热水供应系统的优点:便于集中统一维护管理和热能的综合利用;有利于减少环境污染;设备热效率和自动化程度较高;热水成本低,设备总容量小,占用总面积少;使用方便舒适,保证率高。

5.1.2 热水供应系统组成

热水供应系统的组成因建筑类型和规模、热源情况、用水要求、加热和贮存设备的供应情况、建筑对美观和安静的要求等不同情况而异。

比较完整的热水供应系统,通常由下列几部分组成:

(1)加热设备——燃油(气)锅炉、太阳能热水器、热泵机组、燃气热水器、电热水器及各种热交换器等;

(2)热媒管网——蒸汽管或过热水管、凝结水管等;

(3)热水输配水管网与循环管网;

(4)其他设备和附件——循环水泵、各种器材和仪表、管道伸缩器等。

1. 局部热水供应系统组成

图 5-1(a)为炉灶加热。这种加热方式适用于单户或单个房(如卫生所得手术室)需用热水的建筑。它的基本组成有加热套管或盘管、储水箱和配水管三部分。选用这种方案要求卫生间尽量靠近设有炉灶的房间(如设有炉灶的厨房、开水间等),这样可使装置及管道紧凑、热效率高。

图 5-1(b)和图 5-1(c)分别为小型单管快速加热和汽-水直接混合加热。在室外有蒸汽管道、室内仅有少量卫生器具使用热水时可以选用这两种方式。小型单管快速加热的蒸汽可利用高压蒸汽亦可利用低压蒸汽。当采用高压蒸汽时,蒸汽表的表压不宜超过0.25 MPa,以免发生意外的烫伤人体事故。汽-水直接混合加热一定要使用低于 0.07 MPa的低压锅炉。这两种局部热水代应系统的缺点是调节水温困难。

图 5-1(d)为管式太阳能热水器。它是利用太阳照向地球时的辐射热,把保温箱内盘管(排管)中的低温水加热后送到储水箱以供使用。这是一种节约燃料、不污染环境的热水供应方式。但这种方式在冬日照射时间短或阴雨天气时效果较差,需要备有其他热源和设备使水加热。太阳能热水器的管式加热器和热水箱可分别设置在屋顶上或屋顶下,亦可设在地面上[见图 5-1(e)～图 5-1(h)]。

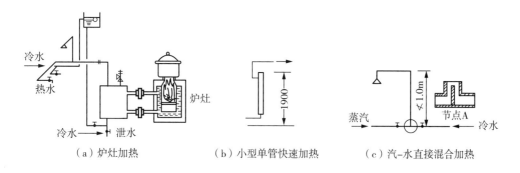

(a)炉灶加热　　　　　　(b)小型单管快速加热　　　　(c)汽-水直接混合加热

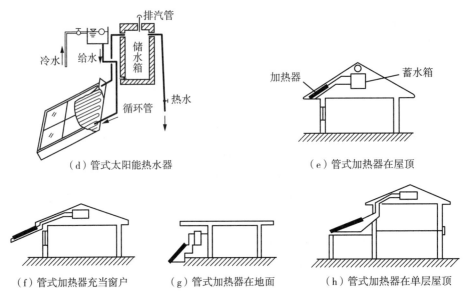

（d）管式太阳能热水器　　　　　　　　（e）管式加热器在屋顶

（f）管式加热器充当窗户　　（g）管式加热器在地面　　（h）管式加热器在单层屋顶

图 5-1　局部热水供应系统

2. 集中热水供应系统组成

集中热水供应系统主要由热媒系统(第一循环系统)、热水供应系统(第二循环系统)和附件三部分组成(见图 5-2)。

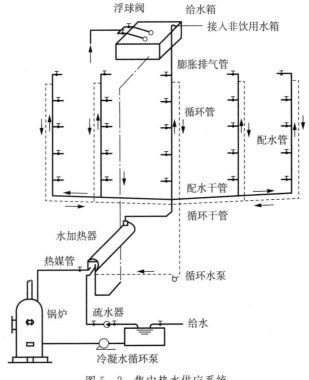

图 5-2　集中热水供应系统

1)热媒系统(第一循环系统)

热媒系统由热源、水加热器和热媒管等组成。由锅炉生产的蒸汽(或高温热水)通过热媒管送到水加热器加热冷水,经过热交换蒸汽变成冷凝水,靠余压经疏水器流到冷凝水池,冷凝水和新补充的软化水经冷凝水循环泵再送回锅炉加热为蒸汽,如此循环完成热的传递作用。第一循环系统的锅炉和加热器在有条件时,最好放在供暖锅炉房内,以便集中管理。

2)热水供应系统(第二循环系统)

热水供应系统由配水管道、循环管道、循环水泵等组成,也称为第二循环系统。被加热到一定温度的热水,从水加热器输出经配水管网送至各个热水配水点,而水加热器的冷水由高位水箱或给水管网补给。

为保证各用水点随时都有规定水温的热水,在立管和水平干管甚至支管处设置回水管,使一定量的热水经过循环水泵流回水加热器,以补充管网所散失的热量。

3)附件

附件是指蒸汽、热水的控制附件及管道的连接附件,主要包括温度自动调节器、疏水器、减压阀、安全阀、自动排气阀、膨胀罐、管道伸缩器、闸阀、水嘴等。

5.1.3　热水供应系统的供水方式

1. 按热水加热方式

按热水加热方式,热水供应系统可分为直接加热和间接加热两种。直接加热也称为一次换热,是利用加热设备(热水锅炉蒸汽、空气能热泵等),把冷水直接加热到所需热水温度,或者是将蒸汽或高温水通过穿孔管或喷射器直接通入冷水混合制备热水(见图 5 - 3)。

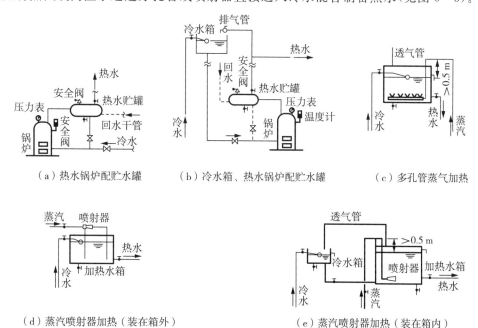

(a)热水锅炉配贮水罐　　(b)冷水箱、热水锅炉配贮水罐　　(c)多孔管蒸气加热

(d)蒸汽喷射器加热(装在箱外)　　　　(e)蒸汽喷射器加热(装在箱内)

图 5 - 3　热源或热媒直接加热冷水方式

间接加热也称为二次换热,是将热媒通过水加热器把热量传递给冷水达到加热冷水的目的,在加热过程中热媒(如蒸汽)与被加热水不直接接触(见图 5 - 4)。间接加热适用于要

求供水稳定、安全,噪声要求低的旅馆、住宅、医院、办公楼等建筑。

2. 按热水管网的压力工况

按热水管网的压力工况,热水供应系统可分为开式热水供应方式和闭式热水供应方式两种。开式热水供水方式,即在所有配水点关闭后,系统内的水仍与大气相通。该方式一般在管网顶部设有高位冷水箱和膨胀管或高位开式加热水箱,系统内的水压仅取决于水箱的设置高度,而不受室外给水管网水压波动的影响,可保证系统水压稳定和供水安全可靠。

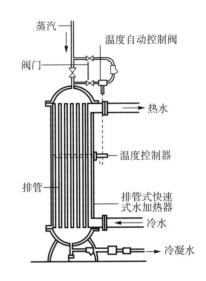

图 5-4 汽-水加热器间接加热

闭式热水供水方式,即在所有配水点关闭后,整个系统与大气隔绝,形成密闭系统。该方式中应采用设有安全阀的承压水加热器,有条件时还应考虑设置压力膨胀罐,以确保系统安全运转。该方式具有管路简单、水质不易受外界污染的优点,但供水水压稳定性较差,安全可靠性较差,适用于不宜设置高位水箱的热水供应系统。

3. 按热水管网设置循环管网的方式

按热水管网设置循环管网的方式,热水供应系统可分为全循环供水方式、半循环供水方式和无循环供水方式三种(见图 5-5)。

全循环供水方式是指热水干管、热水立管和热水支管都设置相应循环管道,保持热水循环,各配水嘴随时打开均能提供符合设计水温要求的热水。该方式用于对热水供应要求比较高的建筑中,如高级宾馆、饭店、高级住宅等。

半循环供水方式有立管循环和干管循环之分。立管循环方式是指热水干管和热水立管均设置循环管道,保持热水循环,打开配水嘴时只需放掉热水支管中少量的存水,就能获得规定水温的热水。该方式多用于设有全日供应热水的建筑和设有定时供应热水的高层建筑中。干管循环方式是指仅设热水干管循环管道,保持热水循环,多用于定时供应的热水建筑中。在热水供应前,选用循环泵把干管中已冷却的存水循环加热,当打开配水嘴时只需放掉立管和支管内的冷水就可以流出符合要求的热水。

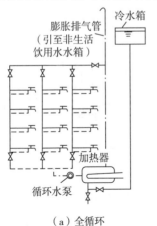

(a)全循环

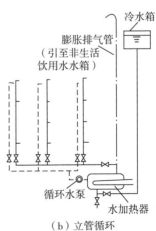

(b)立管循环

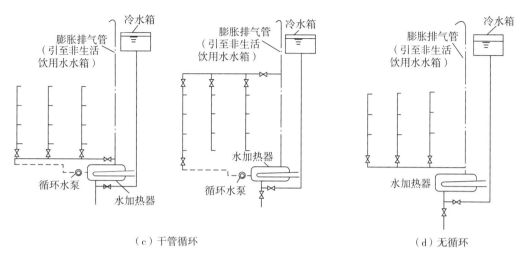

（c）干管循环　　　　　　　　　　　　　　（d）无循环

图 5-5　循环方式

无循环供水方式是指在热水管网中不设任何循环管道。对于热水供应系统较小、使用要求不高的定时热水供应系统，如公共浴室、洗衣房等可采用此方式。

4. 按热水管网采用的循环动力

按热水管网采用的循环动力，热水供应系统可分为自然循环方式和机械循环方式。

自然循环方式，即利用热水管网中配水管和回水管内的温度差所形成的自然循环水头（自然压力），使管网内维持一定的循环流量，以补偿管道热损失，保持一定的供水温度。因为一般配水管与回水管内的水温差仅为 5～10 ℃，自然循环作用水头很小，所以实际使用自然循环的很少，尤其对于大、中型建筑采用自然循环有一定的难度。

机械循环方式，即利用水泵强制水在热水管网内循环，造成一定的循环流量，以补偿管道热损失，保持一定的水温。目前，实际运行的热水供应系统，多数采用这种循环方式。

5. 按热水配水管网水平干管位置

按热水配水管网水平干管位置不同，可分为上行下给供水方式（见图 5-6）和下行上给供水方式（见图 5-7）。

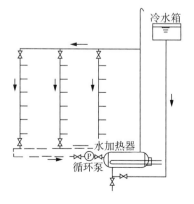

图 5-6　上行下给供水方式

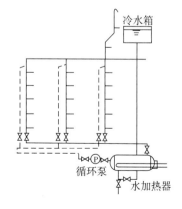

图 5-7　下行上给供水方式

5.2　热水供应水量、水温和水质

5.2.1　热水供应水量

建筑热水供应主要是供给生产、生活用户洗涤及盥洗用热水,保证用户随时可以得到符合设计要求的水量、水温和水质。

热水用水量标准有两种:一种是按热水用水单位所消耗的热水用水量及其所需水温而制定的(见表5-1),如每人每日的热水消耗量及所需要的水温,洗涤每公斤干衣所需要的水量及水温等;另一种是按照卫生器具一次或一小时热水用水量及其所需水温而制定的(见表5-2)。

表5-1　热水用水定额

序号	建筑物名称		单位	用水定额/L		使用时数/h
				最高日	平均日	
1	普通住宅	有热水器和沐浴设备	每人每日	40~80	20~60	24
		有集中热水供应(或家用热水机组)和沐浴设备		60~100	25~70	
2	别墅		每人每日	70~110	30~80	24
3	酒店式公寓		每人每日	80~100	65~80	24
4	宿舍	居室内设卫生间	每人每日	70~100	40~55	24 或定时供应
		设公用盥洗卫生间		40~80	35~45	
5	招待所、培训中心、普通旅馆	设公用盥洗室	每人每日	25~40	20~30	24 或定时供应
		设公用盥洗室、淋浴室		40~60	35~45	
		设公用盥洗室、淋浴室、洗衣室		50~80	45~55	
		设单独卫生间、公用洗衣室		60~100	50~70	
6	宾馆客房	旅客	每床位每日	120~160	110~140	24
		员工	每人每日	40~50	35~40	8~10
7	医院住院部	设公用盥洗室	每床位每日	60~100	40~70	24
		设公用盥洗室、淋浴室		70~130	65~90	
		设单独卫生间		110~200	110~140	
		医务人员	每人每班	70~130	65~90	8
	门诊部、诊疗所	病人	每病人每次	7~13	3~5	8~12
		医务人员	每人每班	40~60	30~50	8
		疗养院、休养所住房部	每床每位每日	100~160	90~110	24
8	养老院、托老所	全托	每床位每日	50~70	45~55	24
		日托		25~40	15~20	10

（续表）

序号	建筑物名称		单位	用水定额/L		使用时数/h
				最高日	平均日	
9	幼儿园、托儿所	有住宿	每儿童每日	25～50	20～40	24
		无住宿		20～30	15～20	10
10	公共浴室	淋浴	每顾客每次	40～60	35～40	12
		淋浴、浴盆		60～80	55～70	
		桑拿浴（淋浴、按摩池）		70～100	60～70	
11	理发室、美容院		每顾客每次	20～45	20～35	12
12	洗衣房		每千克干衣	15～30	15～30	8
13	餐饮厅	中餐酒楼	每顾客每次	15～20	8～12	10～12
		快餐店、职工及学生食堂		10～12	7～10	12～16
		酒吧、咖啡厅、茶座、卡拉 OK 房		3～8	3～5	8～18
14	办公楼		每人每班	5～10		8
15	体育场（馆）	运动员淋浴	每人每次	17～26		4

注:(1)热水温度按 60 ℃ 计。

(2)本表以 60 ℃ 热水水温为计算温度,卫生器具的使用水温见表 5-2 所列。

(3)学生宿舍使用 IC 卡计费用热水时,可按每人每日最高日用水定额 25～30 L、平均热用水定额 20～25 L。

(4)表中平均日用水定额仅用于计算太阳能热水系统集热器面积和计算节水用水量。

表 5-2　卫生器具一次和小时热水用水量及使用水温

序号	卫生器具名称	一次用水量/L	小时用水量/L	使用水温/℃
1	住宅、旅馆、别墅、宾馆			
	带有淋浴器的浴盆	150	300	40
	无沐浴器的浴盆	125	250	40
	淋浴器	70～100	140～200	37～40
	洗脸盆、盥洗槽水嘴	3	30	30
	洗涤盆（池）	—	180	50
2	宿舍、招待所、培训中心淋浴器			
	有淋浴小间	70～100	210～300	37～40
	无淋浴小间	—	450	37～40
	盥洗槽水嘴	3～5	50～80	30
3	餐饮业			
	洗涤盆（池）	—	250	50
	洗脸盆:工作人员用	3	60	30
	顾客用	—	120	30
	淋浴器	40	400	37～40

（续表）

序号	卫生器具名称	一次用水量/L	小时用水量/L	使用水温/℃
4	**幼儿园、托儿所**			
	浴 盆:幼儿园	100	400	35
	托儿所	30	120	35
	淋浴器:幼儿园	30	180	35
	托儿所	15	90	35
	盥洗槽水嘴	15	25	30
	洗涤盆(池)	—	180	50
5	**医院、疗养院、休养所**			
	洗手盆	—	15～25	35
	洗涤盆(池)	—	300	50
	浴盆	125～150	250～300	40
6	**公共浴室**			
	浴盆	125	250	40
	淋浴器:有淋浴小间	100～150	200～300	37～40
	无淋浴小间	—	450～540	37～40
	洗脸盆	5	50～80	35
7	**办公楼**			
	洗手盆	—	50～100	35
8	**理发室、美容院**			
	洗脸盆	—	35	35
9	**实验室**			
	洗脸盆	—	60	50
	洗手盆	—	15～25	30
10	**剧场**			
	淋浴器	60	200～400	37～40
	演员用洗脸盆	5	80	35
11	**体育场馆**			
	沐浴器	30	300	35
12	**工业企业生活间**			
	淋浴器:一般车间	40	360～540	37～40
	脏车间	60	180～480	40
	洗脸盆或盥洗槽水嘴:一般车间	3	90～120	30
	脏车间	5	100～150	35
13	净身器	10～15	120～180	30

注:(1)一般车间是指现行《工业企业设计卫生标准》中规定的 3、4 级卫生特征的车间,脏车间是指该标准中规定的 1、2 级卫生特征的车间。

(2)学生宿舍等建筑的淋浴间,当使用 IC 卡计费用水时,其一次用水量和小时用水量可按表中数值的 25%～40% 取值。

5.2.2　热水供应水温

集中热水供应系统的水加热设备出水温度应根据原水水质、使用要求、系统大小及消毒设施灭菌效果等确定,并应符合下列规定。

(1)当进入水加热设备的冷水总硬度(以碳酸钙计)小于 120 mg/L 时,水加热设备最高出水温度应小于或等于 70 ℃;当进入水加热设备的冷水总硬度(以碳酸钙计)大于或等于 120 mg/L 时,水加热设备最高出水温度应小于或等于 60 ℃。

(2)当系统不设灭菌消毒设施时,医院、疗养所等建筑的水加热设备出水温度应为 60～65 ℃,其他建筑的水加热设备出水温度应为 55～60 ℃;当系统设灭菌消毒设施时,水加热设备出水温度均宜相应降低 5 ℃。

(3)配水点水温不应低于 45 ℃。

5.2.3　水质

生活用热水水质,除应符合国家标准《生活饮用水卫生标准》(GB 5749—2022)的要求外,集中热水供应系统的原水的水处理,应根据水质、水量、水温、水加热设备的构造和使用要求等因素通过技术经济比较后确定。

(1)当洗衣房日用热水量(按 60 ℃计)大于或等于 10 m³ 且原水总硬度(以碳酸钙计)大于 300 mg/L 时,应进行水质软化处理;当洗衣房日用热水量(按 60 ℃计)大于或等于 10 m³原水总硬度(以碳酸钙计)为 150～300 mg/L 时,宜进行水质软化处理。

(2)当其他生活日用热水量(按 60 ℃计)大于或等于 10 m³ 且原水总硬度(以碳酸钙计)大于 300 mg/L 时,宜进行水质软化或阻垢缓侵蚀处理。

(3)经软化处理后的水质总硬度宜为洗衣房用水 50～100 mg/L,其他用水 75～150 mg/L。

(4)水质阻垢缓蚀处理应根据水的硬度、温度、适用流速、作用时间或有效管道长度及工作电压等,选择合适的物理处理或化学稳定剂处理方法。

(5)当系统对溶解氧控制要求较高时,宜采取除氧措施。

5.3　热水加热和贮热

5.3.1　热源选择

加热设备是热水供应系统的核心组成部分,加热设备的选择是热水供应系统能否满足用户使用要求和保证系统长期正常运转的关键。

集中热水供应系统的热源应通过技术经济比较,并应按以下顺序选择:

(1)采用具有稳定、可靠的余热、废热、地热,当以地热为热源时,应按地热水的水温、水质和水压,采取相应的技术措施处理满足使用要求;

(2)日照时数大于 1400 h/d 且年太阳辐射量大于 4200 MJ/m² 及年极端最低气温不低于−45 ℃的地区,采用太阳能;

(3)在夏热冬暖、夏热冬冷地区采用空气源热泵;

（4）在地下水源充沛、水文地质条件适宜,并能保证回灌的地区,采用地下水源热泵;

（5）在沿江、沿海、沿湖,地表水源充足、水文地质条件适宜,以及有条件利用城市污水、再生水的地区,采用地表水源热泵;当采用地下水源和地表水源时,应经当地水务、交通航运等部门审批,必要时应进行生态环境、水质卫生方面的评估;

（6）采用能保证全年供热的热力管网热水;

（7）采用区域性锅炉房或附近的锅炉房供给蒸汽或高温水;

（8）采用燃油、燃气热水机组、低谷电蓄热设备制备的热水。

局部热水供应系统的热源宜按下列顺序选择:

（1）日照时数大于 1400 h/d 且年太阳辐射量大于 4200 MJ/m² 及年极端最低气温不低于−45 ℃的地区,采用太阳能;

（2）在夏热冬暖、夏热冬冷地区采用空气源热泵;

（3）采用燃气、电能作为热源或作为辅助热源;

（4）在有蒸汽供给的地方,可采用蒸汽作为热源。

5.3.2 加热设备与贮热设备

水加热设备的选用应根据使用特点、耗热量、热源、维护管理及卫生防菌等因素选择,并应符合下列要求:

（1）热效率高、换热效果好、节能、节省设备用房;

（2）生活热水侧阻力损失小,有利于整个系统冷、热水压力的平衡;

（3）安全可靠、构造简单、操作维修方便。

采用自备热源时,优先采用可再生能源,如采用太阳能热水器加辅助热源(燃气)、空气源热泵、地源热泵等加热设备。当热源为太阳能时,宜采用热管或真空管等热效率高的太阳能热水器;在具有可利用水资源的地区,可采用水源热泵;在非寒冷地区,经技术经济比较可采用空气源热泵,寒冷地区可采用太阳能与地源热泵相结合的方式等。

当采用蒸汽、高温热水等热媒时,应结合用水均匀性、给水水质硬度、热媒供应能力系统对冷热水压力平衡稳定的要求及设备所带温控安全装置的灵敏度、可靠性等经综合技术经济比较后选择间接水加热设备。

下面介绍几种常用的加热设备与贮热设备。

1. 常压热水锅炉

常压热水锅炉使用的燃料有煤、液化石油气、天然气和轻柴油等。常压热水锅炉分为立式和卧式两种。由于其用炉膛直接加热水,因此要求冷水硬度低,否则会产生结垢现象。在供水不均匀的情况下,应设置热水罐调节用水量。常压热水锅炉的优点:设备及管道系统简单,投资少、热效率高、运行费用低,采用开式系统时无危险。常压热水锅炉适用于用水均匀、耗热量不大(一般小于 920 kJ/h 的连续用户或小于 20 个淋浴器定时用水的浴室)的高层建筑。

2. 燃气加热器

燃气加热器是一种直接加热的热水器,其有快速式和容积式两种形式。

（1）快速式燃气加热器。水在热水器本体内流动时,主燃烧器点火,利用燃气燃烧将通过的水快速加热。它一般安装在用水点前,就地加热,可随时获取热水,无贮水容积。

（2）容积式燃气加热器。它具有一定的贮水容积,在使用前需要预先加热,因此功率比快速式容积式燃气加热器小,多用于住宅、公共建筑物的局部热水供应。

燃气加热器因管道设备简单、使用灵活方便、可由用户自己管理、热效率较高、噪声低、成本低、比较清洁,在住宅、食堂等场所中普遍应用。设计时,应注意设置排烟位置,并预留有关孔洞。为确保使用安全,一般设置在厨房或走廊等处。

3. 电热水器

电热水器是一种用电力直接加热的设备,具有安装方便、易于维护管理、造型美观、使用安全、环保等优点。近年来,电热水器发展较快,特别是在欧洲的一些国家使用比较普遍,其种类可归纳为以下两种。

（1）快速式电加热器。如图 5-8 所示,这种电加热器贮水容积很小,冷水通过加热器可立即被加热使用,重量轻,安装简单,出水温度容易调节,使用方便,热损失小,但耗电功率较大,一般用于单个淋浴器或单个用水点的热水供应。

（2）容积式电加热器。如图 5-9 所示,这种电加热器具有一定的热水贮水容积,体型较大,使用前需预先加热,耗热损失较大,但可以同时满足多个用水点的热水供应,便于设备的集中管理,且耗电功率较小。容积式电加热器具有电蓄热功能,能在一定程度上起到削峰填谷、节省运行费用的效果。设计时应注意确定蓄热和供热方式(谷加平或全谷用电方式),计算蓄热罐体积,确定优化的系统方式和运行模式。

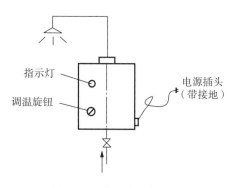

图 5-8　快速式电加热器

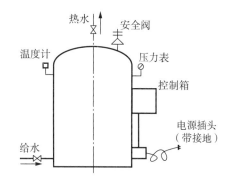

图 5-9　容积式电加热器

4. 太阳能热水器

太阳能热水器是利用阳光辐射加热冷水的一种光热转换器,通常由太阳能集效器、保温水罐(箱)、连接管道、支架、控制器和其他配件组合而成。其基本原理是将阳光释放的热源经太阳能集热器(吸收太阳辐射能并向水传递热量的装置)的高效吸热使水温升高,并利用冷水密度大于热水密度的特点,形成冷热水自然对流、上下循环,从而使保温水罐(箱)的水温不断升高,完成加热冷水的目的。

因气候原因,某些日照不足的地区需配套辅助热源。辅助热源可采用全自动智能控制的电辅助加热装置、燃气常压热水锅炉装置。一般情况下,电辅助加热装置直接装于太阳能水箱内,燃气常压热水锅炉亦可对太阳能水箱进行循环加热,辅助加热设备与太阳能水箱可装于同一位置。

5. 热泵热水器

热泵热水器主要由蒸发器、压缩机、冷凝器和膨胀阀等组成。其通过让工质不断完成蒸发(吸取环境中的热量)、压缩、冷凝(放出热量)、节流、再蒸发的热力循环过程,从而将环境里热量转移到水中。热泵热水器加热原理示意如图 5-10 所示。

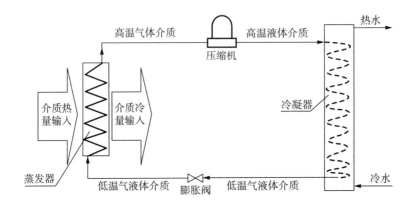

图 5-10　热泵热水器加热原理示意

热泵热水器工作时,把环境介质中贮存的能量 Q_A 在蒸发器中加以吸收;其本身消耗一部分能量,即压缩机耗电 Q_B;通过工质循环系统在冷凝器中进行放热 Q_C 加热热水,$Q_C = Q_A t Q_B$。由此可以看出,热泵输出的能量为压缩机做的功 Q_B 和热泵从环境中吸收的热量 Q_A。因此,采用热泵热水器可以节约大量的电能,其工作实质是将热量从温度较低的介质"泵"送到温度较高的介质的过程。

6. 容积式水加热器

容积式水加热器是一种间接加热设备,其可分立式和卧式(见图 5-11)两种。其工作原理是蒸汽通过热水罐内的盘管,与冷水进行热交换,从而加热冷水。这种加热器供水温度稳定,噪声低,能承受一定的水压,凝结水可以回收,水质不受热媒影响,并有一定的调节容量,但热效率较低、占地面积大、维修管理复杂。这种热水器较广泛地用于高层宾馆、医院、耗热量较大的公共浴室、洗衣房等。一般容积式热交换器上设有冷热水进出水管、自动温度调节器、温度计、压力表、安全阀、排气阀、入孔等。

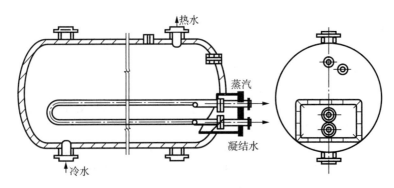

图 5-11　卧式容积式水加热器

容积式水加热器的盘管一般采用不锈钢管或铜管。要求较高的宾馆热水管网通常采用薄壁铜管,且加热器的内壁采用不锈钢的复合板材制作。

5.3.3　水加热设备的布置

对于容积式、导流型容积式、半容积式水加热器,加热器的一侧应有净宽不小于 0.7 m 的通道,前端应留有抽出加热盘管的位置;水加热器上部附件的最高点至建筑结构最低点的净距,应满足检修的要求,并不得小于 0.2 m,房间净高不得低于 2.2 m。

对于水源热泵机组,其机房应合理布置设备和运输通道,并预留安装孔、洞;机组距墙的净距不宜小于 1.0 m,机组之间及机组与其他设备之间的净距不宜小于 1.2 m;机组与配电柜之间的净距不宜小于 1.5 m;机组与其上方管道、烟道或电缆桥架的净距不宜小于 1.0 m;机组应按产品要求在其一端留有不小于蒸发器、冷凝器长度的检修位置。

对于空气源热泵机组,其机组不得布置在通风条件差、环境噪声控制严及人员密集的场所;机组进风面距遮挡物宜大于 1.5 m,控制面距墙宜大于 1.2 m;顶部出风的机组,其上部净空宜大于 4.5 m;机组进风面相对布置时,其间距宜大于 3.0 m。

对于燃油(气)热水机组,其机房宜与其他建筑物分离独立设置。当机房设在建筑物内时,不应设置在人员密集场所的上、下或贴邻,并应设对外的安全出口;机房的布置应预留设备的安装、运行和检修空间,其前方应留不少于机组长度 2/3 的空间,后方应留 0.8～1.5 m 的空间,两侧通道宽度应为机组宽度,且不应小于 1.0 m。机组最上部部件(烟囱除外)至机房顶板梁底净距不宜小于 0.8 m;机房与燃油(气)机组配套的日用油箱、贮油罐等的布置和供油、供气管道的敷设均应符合有关消防、安全的要求。设置锅炉、燃油(气)热水机组、水加热器、贮热器的房间,应便于泄水、防止污水倒灌,并应有良好的通风和照明。

5.4　热水管网管材、附件和管道敷设

5.4.1　热水管网管材

热水管网采用的管材和配件应满足管道工作压力、温度及使用年限的要求,同时应符合现行产品质量标准要求。热水管网应选用耐腐蚀、安装连接方便可靠、符合饮用水卫生要求的管材及相应的配件,可采用薄壁铜管、薄壁不锈钢管、铝塑复合管、交联聚乙烯管(PE－X 管)、无规共聚聚丙烯管(PP－R 管)等。当采用 PE－X、PP－R 塑料热水管或铝塑复合热水管时,应按管材生产厂家提供的管材允许温度、允许工作压力检测报告,选用满足使用要求的管材。在设备机房内不应采用塑料热水管。在建筑标准要求高的宾馆、饭店,可采用不锈钢管或铜管及其配件。

5.4.2　热水管网附件

热水供应系统除需要装置检修和调节阀门外,还需根据热水供应方式装置若干附件控制系统的水温、热膨胀、排气、管道伸缩等问题,保证系统安全可靠的运行。

热水供应系统中的附件主要有自动温度调节装置、疏水器、膨胀水箱、排气装置和管道补偿器等。关于疏水器、膨胀水箱及排气装置将在 6.4.5 节中论述。

1. 自动温度调节装置

热水供应系统中为实现节能节水、安全供水,在水加热设备的热媒管道上应装设自动温度调节装置来控制出水温度。自动温度调节装置有直接式和电动式两种类型。

1)直接式自动温度调节装置

图5-12为直接式自动温度调节装置,由温包、感温元件和调节阀组成。温包放置在水加热器热水出口处或出水管道内感受温度的变化,并通过毛细导管传导到装设在蒸汽管道上的调节阀,自动调节进入水加热器的蒸汽量,从而达到控制温度的目的。这种装置结构简单,控制精度为±4%~5%。

2)间接式自动温度调节装置

间接式自动温度调节装置由电触点压力式温度计、阀门、齿轮减速箱和电气设备等组成(见图5-13)。电触点压力式温度计内设有所需温度控制范围的上、下触点,当水加热器出口水温过高,压力表指针与上触点接通,电动机正转,通过齿轮减速箱把蒸汽阀门关小;当水温降低时,压力表指针与下触点接通,电动机反转,通过齿轮减速箱把蒸汽阀门开大。如果水温符合规定要求,压力表指针处于上、下触点之间,电动机停止动作。这种温控方法,工作可靠,控制精度在±2%以内,大小规模都适用。

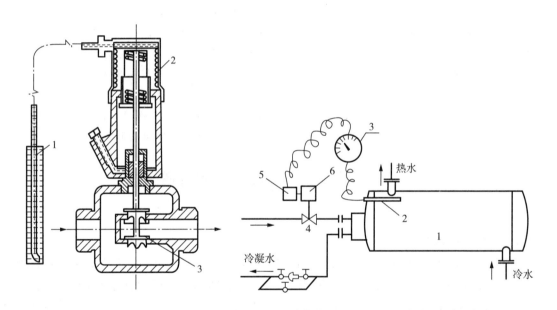

1—温包;2—感温元件;3—调压阀。

图5-12 直接式自动温度调节装置

1—水加热器;2—温包;3—电触点压力式温度计;

4—阀门;5—电动机;6—齿轮减速箱。

图5-13 间接式自动温度调节装置

2. 管路补偿器

在热水或蒸汽管道中,金属管路随热水温度的升高会发生热伸长现象,如果伸长量不能得到补偿,管道将承受很大的压力,从而产生挠曲、位移,使接头开裂漏水。因此,在热水管路上应设置补偿装置,以吸收管道因温度变化而产生的伸缩变化。

吸收管道伸缩变化的措施主要有以下四种。

1)自然补偿

利用管路布置敷设的自然转向弯曲吸收管道的伸缩变化称为自然补偿。在管网布置时出现的转折或在管路中有意识布置成90°转向的"L"形、"Z"形,可形成自然补偿(见图5-14)。在转弯直线段上适当位置设置固定支撑,以补偿固定支撑间管段热伸长量。

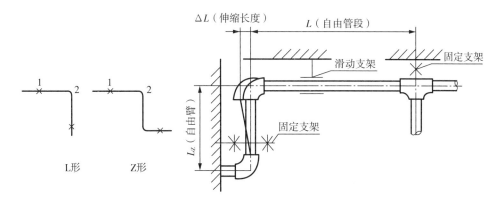

1—固定支撑；2—煨弯管。

图 5-14　自然补偿管道确定自由臂长度示意

2）π 形补偿器

π 形补偿器由整根钢管煨弯而成。其优点是不漏水、安全可靠，缺点是需要较大的安装空间，一个 π 形补偿器约可以承受 50 mm 左右的伸缩量（见图 5-15）。

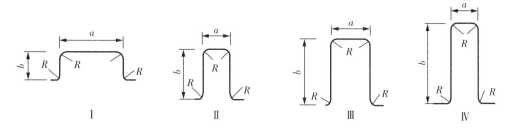

图 5-15　π 形补偿器

3）球形补偿器

球形补偿器的主要优点是伸长量大，因而在相同长度的管路中，其比 π 形补偿器所占建筑物的空间要少，并且节约管材。球形补偿器如图 5-16 所示。

4）套管补偿器

套管补偿器（见图 5-17），适用于管径大于等于 DN100 的直线管段。其优点是占地小，缺点是因轴向推力大，容易漏水，且造价高。这种补偿器的伸长量一般可达 250～400 mm。

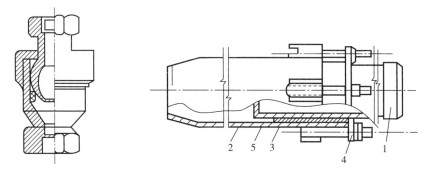

1—芯管；2—壳体；3—填料圈；4—前压盘；5—后压盘。

图 5-16　球形补偿器　　　　图 5-17　套管补偿器

此外,还有不锈钢波纹管、多球橡胶软管等补偿器,它们适用于空间小、伸缩量小的地方。

3. 热水系统其他附件

水加热设备的上部、热媒进出口管上应装设温度计、压力表。热水循环的进水管上应装设温度计及控制循环泵开停的温度传感器。热水箱应装设温度计、水位计。压力容器设备应装设安全阀,安全阀的接管直径应经计算确定,并应符合锅炉及压力容器的有关规定。

5.4.3 管道敷设与保温

室内热水管网布置的原则:在满足水温、水量、水压和便于维修管理的条件下使管线最短。

水平干管应根据所选定的热水供应方式,敷设在室内地沟、地下室顶部、建筑物最高层或专用设备技术层内。热水管可以明敷、沿墙敷设,也可以暗敷在管道竖井内、预留沟槽内。管道穿越建筑物、顶棚、楼板、基础及墙壁处应设套管,穿越屋面及地下室外墙时应加防水套管。整个热水循环管道宜采用同程循环布置方式。塑料类热水管宜暗敷,明敷时应布置在不受撞击处、不被阳光直晒的地方,否则应采取保护措施。管道上、下平行敷设时,热水管应在冷水管的上方;管道垂直平行敷设时,热水管应在冷水管的右侧。塑料给水管不得与水加热器或热水锅炉直接连接,应有不小于 0.4 m 的金属管段过渡。

为防止热水管道输送过程中发生倒流或串流,应在水加热器或贮水罐的冷水供水管上,机械循环的第二循环回水管上,冷热水混合器的冷、热水进水管道上装设止回阀。当水加热器或贮水罐的冷水供水管上安装倒流防止器时,应采取保证系统冷热水供水压力平衡的措施。

在上行下给式的配水横干管的最高点,应设置排气装置(自动排气阀或排气管),管网的最低点还应设置口径为管道直径 1/10~1/5 的泄水阀或丝堵,以便泄空管网存水。对于下行上给式全循环管网,为了防止配水管网中分离出来的气体被带回循环管,应将回水立管始端接到各配水立管最高配水点以下 0.5 m 处利用最高配水点放气,系统最低点应设泄水装置。

所有横管应有与水流相反的坡度,便于排气和泄水,坡度一般不小于 0.003。

横干管直线段应设置伸缩器以补偿管道热胀冷缩。为了避免管道热伸长所产生的应力破坏管道,立管与横管应按图 5-18 的方式连接。

在水加热设备的上部、热媒进出口管上、蓄热水罐和冷热水混合器上,应装设温度计、压力表。在热水循环管的进水管上,应装温度计及控制循环泵启停的温度传感器。热水箱应装设温度计、水位计。压力容器设备应装设安全阀,安全阀的泄水管应引至安全处且在泄水管上不得装设阀门。蒸汽立管最低处、蒸汽管下凹处的下部宜装设疏水器。

为了减少散热,防止引起烫伤,热水供应系统的输(配)水、循环回水干(立)管、热水锅炉、热水机组、水加热设备、贮水罐、分(集)水器、热媒管道及阀门等附件应采取保温技术措施。也就是说,设备、管道及其附件的外表面温度高于 50 ℃、工艺生产中需要减少介质的温度降或延迟介质凝结的部位、外表面温度超过 60 ℃并需要经常操作维护而又无法采用其他措施的部位都必须保温。保温材料应当选用导热系数小、密度小、耐热性高,具有一定机械强度,不腐蚀管道、金属,重量轻,吸水率小,施工简便和价格低廉的材料。

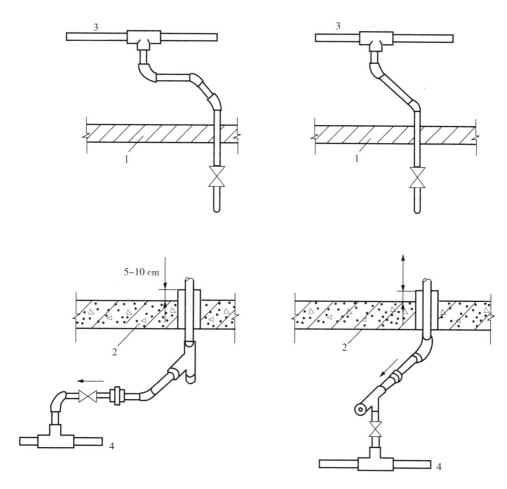

1—吊顶;2—地板或沟盖板;3—配水横管;4—回水管。

图 5-18　热水立管与水平干管的连接方式

　　热水供应系统要求保温材料及其制品的导热系数值不得大于 0.080 W/(m·K)、密度不大于 220 kg/m³,除软质、半硬质、散状材料外,硬质无机成型制品的抗压强度不应小于 0.3 MPa,有机成型制品的抗压强度不应小于 0.2 MPa。保温材料应有最高安全使用温度要求,必要时尚需注明不燃性和自熄性、含水率、吸湿率、热膨胀系数、收缩率、抗折强度、耐腐蚀性等性能。常用的保温材料有岩棉、超细玻璃棉、硬聚氨酯、橡塑泡沫等材料,采用时其保温层厚度可参照相关手册采用,也可通过热计算获得。

5.5　热水管网计算简述

　　热水系统计算包括第一循环系统计算和第二循环系统计算。前者的内容包括选择热源、确定加热设备类型和热媒管道的管径;后者的内容包括确定配水及回水管道的管径、选择附件和管材等。现就第二循环系统管道计算要点作一介绍。

(1)确定配水干管、立管及支管的管径,其计算方法与室内给水管道计算方法完全相同。仅在选择卫生器具给水额定流量和给水当量时,按表 2-1 有热水供应时、单独计算热水时括号里的数值选择。使用热水管网水力计算表计算管道沿程水头损失,管道的计算内径 d_j 应考虑结垢和腐蚀引起的过水断面缩小的因素。热水管道的流速宜按表 5-3 选用。

表 5-3 热水管道的流速

公称直径/mm	15~20	25~40	≥50
流速/(m/s)	≤0.8	≤1.0	≤1.2

(2)循环回水管管径,应按管路的循环流量经水力计算确定。初步设计时,可参考表 5-4选用。

表 5-4 热水管网回水管管径选用表

热水管网、配水管段管径 DN/mm	20~25	32	40	50	65	80	100	125	150	200
热水管网、回水管段管径 DN/mm	20	20	25	32	40	40	50	65	80	100

5.6 高层建筑热水供应系统

高层建筑的集中(小区、区域)热水供应系统与冷水供应系统一样,应竖向分区,其分区原则、方法和要求也与冷水供应系统相同。其在管网布置和形式上一般也是相对应的,各区水加热器、贮水罐的进水均应由同区的给水系统专管供应,以便保证任一用水点冷热水压力相平衡。高层建筑中热水供应系统的设备、组成、管网布置与敷设等与一般建筑的热水供应系统相同,热水供应系统的分区供水主要有下列两种方式。

1. 集中加热分区供热水系统

集中加热分区供热水系统是指把高层建筑内各区热水系统的加热设备,集中设置在地下室或其他附属建筑内,加热后的热水分别送往各区用户使用的系统,如图 5-19 所示。

该系统具有维护管理方便,热媒管道短等优点。但由于高、中区的水加热器与各区冷水源高位水箱的高差很大,以及高、中区热水系统中的供水和回水立管高度很大,加热器将承受很大的压力,钢材耗量大。因此,这种系统适宜三个分区以下的高层建筑中采用,不适用于超高层建筑。

当高层建筑热水供应系统采用减压阀分区时,应采取措施保证各分区热水的正常循环,减压阀的组成与设置同冷水给水系统。

2. 分散加热分区供热水系统

分散加热分区供热水系统是指按分区将加热器分别设置在本区的上部或下部,加热后热水沿本区管网系统送至各用水点的系统。如图 5-20 所示,该系统由于各区加热器均设于本区内,因此加热设备承受的压力较低,造价也较低;其缺点是设备分散,管理不便,热媒管道长。该系统适用于超高层建筑。

高层建筑底层的洗衣房、厨房等大用水量设备,因工作制度与客房有差异,应设单独的热水供应系统供水,以便维护管理。

除此之外,对于一般单元式高层住宅、公寓及一些高层建筑物内部需用热水的用水场所,可以使用局部热水供应系统(如小型燃气加热器、蒸汽加热器、电加热器、炉灶、太阳能加热器、空气能热泵热水器等),供给单个厨房、卫生间等用热水。局部热水供应系统具有系统简单、维护管理容易、灵活、改建容易等特点。

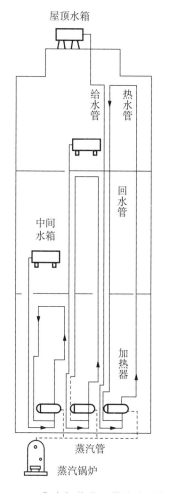

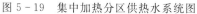

图 5 - 19　集中加热分区供热水系统图

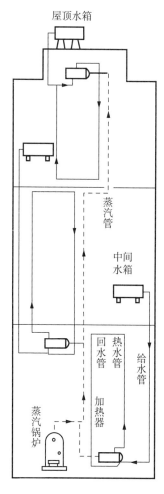

图 5 - 20　分散加热分区供热水系统

高层建筑热水供应系统管网水力计算的方法、设备选择、管网布置与低层建筑的热水供应系统相同。

思 考 题

1. 集中热水供应系统的类型有哪些? 分别介绍每种的组成。

2. 建筑内的热水供应系统按照热水供应范围的大小可分为哪几种形式? 并说明各自的特点及适用情况。

3. 热水供应系统的供水方式有哪几种? 各自适用哪种类型的建筑?

4. 简述建筑内部热水管网布置的原则与敷设方法。

5. 热水供应系统中的附件有哪些? 各自的作用是什么?

6. 热水供水系统中常用的管材有哪些? 热水供水系统中设置回水管道的优缺点。

第二篇

供热、供燃气、通风及空气调节

第6章 供 暖

供暖是用人工方法通过消耗一定能源向室内供给热量,使室内保持生活或工作所需温度的技术、装备、服务的总称,是使室内获得热量并保持一定温度,以达到适宜的生活条件或工作条件的建筑环境控制技术。人类自从懂得用火以来,为了抵御寒冷对生存的威胁,发明了火炕、火炉、火墙、火地等取暖方式,有的至今还在应用。根据考古发现,我国在新石器时代仰韶时期就有了火炕取暖,夏、商、周时代就有了火炉采暖,汉代就有了用烟气做介质的采暖设备。北京故宫至今还完整的保留着以烟气为介质的辐射采暖系统——火地。1951年,我国第一座城市热电站——北京东郊热电站投入使用,1958年北京市开始采用热电联产的方式进行城市集中供暖。1968年,东北地区也开始发展集中供暖。到目前,集中供暖技术已经得到了广泛应用。

公元前27年—395年,古罗马帝国的一些建筑中开始使用炉子加热空气来传导热量,并从安装在墙壁上的管道中流出,这种系统被称为热炕,其实际上就是集中供暖系统的雏形。集中供暖系统在中世纪伊斯兰国家的浴室中得到了广泛应用。大约在1700年,俄罗斯的一些建筑中开始设计基于水力学原理的集中采暖系统。19世纪初期,欧洲出现了以蒸汽或热水为热媒的集中式采暖系统。1877年,美国纽约建成了第一座区域锅炉房,其可以向附近的14家用户供暖。20世纪初期,一些发达国家利用汽轮机的乏汽进行采暖,其后逐步发展成为热电厂。到目前为止,供暖技术已经发生了巨大的变化,取暖设备与系统在对人的舒适度和卫生、美观、灵巧、自动化、多样化和能量利用效率等方面都有了长足的进步,各种新型供暖方式、供暖设备、供暖系统层出不穷,本章将详细讲述供暖系统的基础知识及其与建筑结构、能源环境等方面的关系。

从一个或多个热源通过管网向城镇/区域/建筑中的热用户进行供热的系统即为供暖系统。该系统通常由热媒制备(热源)、热媒输送(供热管网)、热媒利用(散热设备)三个主要部分组成。热源是供暖热媒的来源,泛指能从中吸取热量的任何物质、装置或天然能源,如热电厂、区域锅炉房、生物质供热厂、核能热电厂低温核能供热堆、工业余热、地热、风能、太阳能等。热媒输送是指由热源向热用户输送和分配供热介质的管线系统,即供热管网系统。热媒利用是指通过室内散热设备把热网输送来的热媒以对流或辐射的方式传递给室内空气。最常见的散热设备是散热器。供暖系统的工作流程:热媒在热源处获得热量,然后通过供热管道输送到散热设备,在散热设备中将热量传到室内空间,冷却后的热媒被送回热源再次进行加热,重新开始循环。

6.1 供暖系统的热负荷和围护结构的热工要求

供暖系统的设计热负荷是指在室外温度条件下,为了达到设计要求的室内温度、保持房间热平衡,供暖系统在单位时间内向建筑物供给的热量。根据建筑物热过程,一般建筑中常见的得热和散热途径如下。

(1)民用建筑。围护结构的耗热量;加热由门、窗缝隙渗入室内的冷空气的耗热量;加热由门、孔洞及相邻房间侵入的冷空气的耗热量;通风耗热量;通过其他途径散失或获得的热量。

居住建筑内部的热量来源不一,且大部分炊事、照明、设备的散热是间歇性的,这部分自由散热量可以作为安全量,在负荷计算时不予考虑,但对于公共建筑中此类型的室内得热量如果数量较大且连续,应予以考虑。

(2)工业建筑。工业建筑冬季供暖系统的热负荷应根据建筑物中的各项耗热量和得热量综合确定。不经常发生的散热量可不计算,经常而不稳定的散热量应采用小时平均值。除与民用建筑相同的五种途径以外,工业建筑常见的散失和得热的途径还包括工艺设备散热量;水分蒸发的耗热量;加热由外部运入的冷物料和运输工具的耗热量;热管道及其他热表面的散热量;热物料的散热量。

6.1.1 供暖系统设计参数

1. 室外设计参数

供暖室外计算温度应采用气象资料中历年平均不保证 5 天的日平均温度,若统计年份采用 30 年,则总共有 150 天的实际日平均气温低于所取的室外计算温度。所谓"不保证",是针对室外空气温度状况而言的,"历年",即为每年,"历年平均"是指累年不保证总数的每年平均值。

2. 室内设计参数

室内计算温度一般是指距离地面 2 m 以内、人们活动区域内的空气平均温度,其应满足人们生活和生产工艺的需要。

根据《民用建筑供暖通风与空气调节设计规范》(GB 50736—2012)规定,严寒和寒冷地区主要房间应采用 18～24 ℃,夏热冬冷地区主要房间宜采用 16～22 ℃,设置值班供暖房间不低于 5 ℃。辐射供暖室内设计温度宜降低 2 ℃,室内热舒适性应参照现行《热环境的人类工效学 通过计算 PMV 和 PPD 指数与局部热舒适准则对热舒适进行分析测定与解释》(GB/T 18049—2017)的有关规定执行,不同热环境分类见表 6-1 所列。

表 6-1 不同热环境分类

分类	全身热状态		局部热不适			
	PPD/%	PMV	DR/%	PD/%		
				垂直空气温差	冷热地板	非对称辐射
A	<6	−0.2<PMV<+0.2	<10	<3	<10	<
B	<10	−0.5<PMV<+0.5	<20	<5	<10	<5
C	<15	−0.7<PMV<+0.7	<30	<10	<15	<10

《工业建筑供暖通风与空气调节设计规范》(GB 50019—2015)规定,冬季室内设计温度应根据建筑物的用途确定。

(1)生产厂房、仓库、公用辅助建筑的工作地点应按劳动强度确定设计温度,并应符合下列规定:

① 轻劳动应为 18～21 ℃,中劳动应为 16～18 ℃,重劳动应为 14～16 ℃,极重劳动应为 12～14 ℃;

② 当每名工人占用面积大于 50 m²,轻劳动时工作地点设计温度可降低至 10 ℃,中劳动时可降低至 7 ℃,重劳动时可降低至 5 ℃。

（2）生活、行政辅助建筑物及生产厂房、仓库、公用辅助建筑的辅助用室的室内温度应符合下列规定：

① 浴室、更衣室不应低于 25 ℃；

② 办公室、休息室、食堂不应低于 18 ℃；

③ 盥洗室、厕所不应低于 14 ℃。

（3）生产工艺对厂房有温度、湿度有要求时，应按工艺要求确定室内设计温度。

（4）采用辐射供暖时，室内设计温度值可低于（1）～（3）规定值 2～3 ℃。

（5）严寒、寒冷地区的生产厂房、仓库、公用辅助建筑仅要求室内防冻时，室内防冻设计温度宜为 5 ℃。

（6）设置供暖的建筑物，冬季室内活动区的平均风速应符合下列规定：

① 生产厂房，当室内散热量小于 23 W/m³ 时，不宜大于 0.3 m/s，当室内散热量大于或等于 23 W/m³ 时，不宜大于 0.5 m/s；

② 公用辅助建筑，不宜大于 0.3 m/s。

6.1.2　供暖系统设计热负荷计算

根据《建筑节能与可再生能源利用通用性规范》（GB 55015—2021）规定，除乙类公共建筑外，集中供暖系统的施工图设计必须对设置供暖装置的每一个房间进行热负荷计算。

工业建筑中各种获得或散失热量的途径一般由工艺相关专业提供相关数据，对于一般民用建筑和工艺设备产生或消耗热量很少的工业建筑，可认为建筑物热负荷包括两部分：一部分是围护结构传热耗热量 Q_1，即通过建筑物门、窗、地板、屋顶等围护结构由室内向室外散失的热量；另一部分是加热进入室内的冷空气的耗热量 Q_2，即加热由门、窗缝隙渗入室内的冷空气的冷风渗透耗热量和加热因门、窗开启而进入室内的冷空气的冷风侵入耗热量。故供暖设计热负荷计算公式为

$$Q = Q_1 + Q_2 \qquad (6-1)$$

1. 围护结构耗热量

工程设计中，围护结构耗热量应包括基本耗热量和附加耗热量两部分。

基本耗热量是按一维稳定传热过程进行计算的，即在设计条件下（假设在计算时间内，室内外空气温度和其他传热过程参数都不随时间变化），通过房间各部分围护结构从室内传到室外稳定的传热量的总和，其按式（6-2）计算：

$$Q_1 = \sum \alpha F K (t_n - t_{wn}) \qquad (6-2)$$

式中：α—— 围护结构温差修正系数，考虑所计算围护结构外侧非室外而进行的修正；

　　K—— 围护结构传热系数，W/m² · ℃；

　　F—— 围护结构的面积，m²；

　　t_n—— 室内设计温度，℃；

　　t_{wn}—— 供暖室外计算温度，℃。

附加耗热量是指因围护结构的传热状况发生变化而对基本耗热量进行修正的耗热量，其包括考虑由朝向不同、风力大小不同及房间过高所引起的朝向、风力和房间高度修正，附

加耗热量按占基本耗热量的百分率确定,具体数值参见相关规范。

2. 加热进入室内的冷空气的耗热量

冷风渗透和冷风侵入耗热量均可用下列公式计算:

$$Q_2 = LC\rho_w(t_n - t_{wn}) \tag{6-3}$$

式中:L——冷空气进入量,m^3/s;

ρ_w——供暖室外计算温度下的空气密度,kg/m^3;

C——空气的定压比热,其值为 $1\,kJ/(kg \cdot ℃)$

经门、窗缝隙渗入室内的冷空气量与冷空气流进缝隙的压力差、门窗类型及其缝隙的密封性能和缝隙的长度等因素有关;在开启外门时进入的冷空气量与外门内外压差及外门面积等因素有关。这些因素不仅涉及室外风向和风速、室内通道状况、建筑物高度和形状,而且也涉及门窗的构造和朝向,在实际计算中可根据规范进行详细计算或按建筑种类进行估算。

6.1.3 供暖系统设计热负荷概算

供暖热负荷是城市集中供热系统主要的热负荷,在建筑工程方案设计和扩初设计阶段,供暖系统可能尚未进行具体设计计算,此时可按建筑的使用功能采用指标进行热负荷的估算。热指标法是在调查了同一类型建筑物的供暖热负荷后,所得出的该种类型建筑物每平方米建筑面积或在室内外温差为 1 ℃时每立方米建筑物体积的平均供暖热负荷,即面积热指标法、体积热指标法。常见民用建筑单位面积供暖热指标见表 6-2、表 6-3 所列。

表 6-2　民用建筑单位面积供暖热指标　　　　　　　　(单位:W/m²)

建筑物类型	住宅	住区综合	办公学校	医院托幼	宾馆	商业	食堂餐厅	影剧院礼堂	大礼堂体育馆
未采取节能措施	58~64	60~67	60~80	65~80	60~70	65~80	115~140	95~115	115~165
采取节能措施	40~45	45~55	50~70	55~70	50~60	55~70	100~130	80~105	100~150

注:(1)表中数值适用于我国东北、华北、西北地区;

　　(2)热指标中已包括约 5% 的管网热损失。

表 6-3　工业车间供暖体积热指标

建筑物名称	建筑物体积 1000 m³	供暖体积热指标/[W/(m³·℃)]	建筑物名称	建筑物体积 1000 m³	供暖体积热指标/[W/(m³·℃)]
金工装配车间	10~50	0.52~0.47	油漆车间	50 以下	0.64~0.58
	50~100	0.47~0.44		50~100	0.58~0.52
	100~150	0.44~0.41	木工车间	5 以下	0.70~0.64
	150~200	0.41~0.38		5~10	0.64~0.52
	200 以上	0.38~0.29		10~50	0.52~0.47
				50 以上	0.47~0.41

（续表）

建筑物名称	建筑物体积 1000 m³	供暖体积热指标/ [W/(m³·℃)]	建筑物名称	建筑物体积 1000 m³	供暖体积热指标/ [W/(m³·℃)]
焊接车间	50～100 100～150 150～250 250 以上	0.44～0.41 0.41～0.35 0.35～0.33 0.33～0.29	工具机修间	10～50 50～100	0.50～0.44 0.44～0.41
中央实验室	5 以下 5～10 10 以上	0.81～0.70 0.70～0.58 0.58～0.47	生活间及 办公室	0.5～1 1～2 2～5 5～10 10～20	1.16～0.76 0.93～0.52 0.87～0.47 0.76～0.41 0.64～0.35

一般来说，建筑总面积大、外围护结构热工性能好、窗户面积小采用较小的体积热指标，反之采用较大的体积热指标。

供暖体积热指标的大小主要与建筑物的围护结构及形状有关，当建筑物围护结构的传热系数愈大、采光率愈大、外部体积相对于建筑面积之比愈小或建筑物的长宽比愈大时，单位体积的热损失愈大。

6.1.4 建筑热湿传递过程

建筑热湿传递过程是室外气象条件和室内热源、湿源等随机扰动作用在建筑物上的响应，分析和营造室内热湿环境必须对建筑热湿传递过程进行研究。

1. 透明围护结构的传热

最常见的透明围护结构是玻璃窗，玻璃窗的传热过程主要由通过玻璃窗的传热过程和透过玻璃的太阳辐射两部分组成。通过玻璃窗的传热是指当玻璃两侧存在温差时，热量会通过玻璃窗在室内和室外之间进行传递。虽然玻璃本身具有一定的热容量，对传热过程会产生一定的衰减和延迟，但是因玻璃本身厚度通常较低、导热系数较大，其热惰性相对墙体等非透光围护结构要小得多。太阳辐射到达玻璃的外表面后，一部分被反射，不会使房间得热，一部分直接透射进入室内，还有一部分被吸收。玻璃吸收太阳辐射能后温度升高，其中一部分以对流和辐射的方式进入室内，剩余部分以同样的方式散发到室外。照射到玻璃上的太阳辐射如图 6-1 所示。

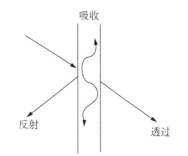

图 6-1 照射到玻璃上的太阳辐射

2. 非透明围护结构传热

地上建筑通过墙体、屋面等非透明围护结构进行的热量交换通常包括室外空气与围护结构外表面之间的对流换热和太阳辐射通过非透明围护结构传热（见图 6-2）。地下建筑不受太阳辐射的影响，且地下建筑围护结构及其相邻的土壤岩层是一个很大的蓄热体，使得地下建筑与地上建筑的传热之间存在很大的差别。浅埋地下建筑构造形式如图6-3所示。地表面的周期性温度波动对深埋地下建筑(覆盖层大于6~7 m)的围护结构传热影响可以忽略,其围护结构的传热量主要受室内温度变化的影响;浅埋地下建筑围护结构的传热除受室内空气温度的变化影响外,还受地表温度年周期性变化的影响。

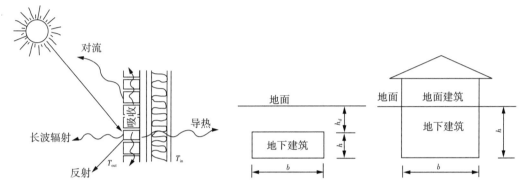

图6-2 照射到墙体上的太阳辐射   图6-3 浅埋地下建筑构造形式

3. 非透明围护结构传湿

当室内外空气中的水蒸气含量不同,水蒸气分压力不相等时,水蒸气会从分压力高的一侧通过围护结构向分压力低的一侧转移。围护结构的湿传递过程较为复杂。在稳态情况下,单位时间内通过单位面积的围护结构的水蒸气转移量与围护结构两侧的水蒸气分压力成正比,与围护结构的蒸汽渗透阻成反比。如果围护结构设计不当,水蒸气会在围护结构表面和内部孔隙中凝结或冻结,影响室内卫生和工作条件,降低围护结构保温性能,甚至破坏保温材料。

6.1.5 建筑热工设计

建筑的作用是创造一个可控的微环境(空间),以满足人们日常生活、工作、生产等各种活动对环境的要求,包括热湿环境、空气品质、声环境、光环境等。建筑热工(Building Thermal Engineering)是研究建筑室外气候通过建筑围护结构对室内热环境的影响、室内外热湿作用对围护结构的影响、通过建筑设计改善室内热环境方法的学科,是建筑物理中声、光、热三个基本研究领域之一。从理论层面上讲,主要研究室外气候通过建筑围护结构对室内热环境的影响,以及室内外热、湿共同作用对建筑围护结构的影响。从技术层面上讲,主要研究如何通过合理的建筑设计和采用合适的建筑围护结构来削弱室外气候对室内热环境的不利影响,以及如何通过采用合适的材料和构造来削弱室内外热湿共同作用对建筑围护结构的不利影响。

建筑与当地气候相适应是建筑设计应当遵循的基本原则,创造良好的室内热环境是建筑的基本功能。建筑热工设计的主要目的就在于与地区气候相适应,保证室内基本的热环境要求,主要包括建筑物及其围护结构的保温、防热和防潮设计。

1. 围护结构的传热系数

围护结构的传热系数计算公式为

$$K = \frac{1}{\frac{1}{\alpha_n} + \sum \frac{\delta}{\alpha_\lambda \lambda} + R_K + \frac{1}{\alpha_w}} \quad\quad (6-4)$$

式中：α_n—— 围护结构内表面换热系数，W/(m² · K)；

α_w—— 围护结构外表面换热系数，W/(m² · K)；

δ—— 围护结构各层材料厚度，m；

λ—— 围护结构各层材料导热系数，W/(m · K)；

α_λ—— 材料导热系数修正系数，考虑施工条件对材料保温性能的影响，按表 6-4 采用；

R_K—— 封闭空气间层的热阻，m² · K/W。

其中，表面换热系数是指围护结构表面和与之接触的空气之间通过对流和辐射换热，在单位温差作用下，单位时间内通过单位面积的热量。导热系数是指在稳态条件和单位温差作用下，通过单位厚度、单位面积均质材料的热流量，其数值与材料种类相关，导热系数小于 0.12 W/(m · K) 的材料可以作为保温材料。

表 6-4　材料导热系数修正系数 α_λ

材料、构造、施工、地区及说明	α_λ
作为夹心层浇筑在混凝土墙体及屋面构件中的块状多孔保温材料（如加气混凝土、泡沫混凝土及水泥膨胀珍珠岩），因干燥缓慢及灰缝影响	1.60
铺设在密闭屋面中的多孔保温材料（如加气混凝土、泡沫混凝土、水泥膨胀珍珠岩、石灰炉渣等），因干燥缓慢	1.50
铺设在密闭屋面中及作为夹心层浇筑在混凝土构件中的半硬质矿棉、岩棉、玻璃棉板等，因压缩及吸湿	1.20
作为夹心层浇筑在混凝土构件中的泡沫塑料等，因压缩	1.20
开孔型保温材料（如水泥刨花板、木丝板、稻草板等），表面抹灰或混凝土浇筑在一起，因灰浆渗入	1.30
加气混凝土、泡沫混凝土砌块墙体及加气混凝土条板墙体、层面，因灰缝影响	1.25
填充在空心墙及屋面构件中的松散保温材料（如稻壳、木、矿棉、岩棉等），因下沉	1.20
矿渣混凝土、炉渣混凝土、浮石混凝土、粉煤灰陶粒混凝土、加气混凝土等实心墙体及屋面构件，在严寒地区，且在室内平均相对湿度超过 65% 的供暖房间内使用，因干燥缓慢	1.15

　　围护结构的传热系数对供暖耗热量影响巨大，在建筑物方案设计阶段，就应充分考虑围护结构构造形式、热桥形式、体形系数、窗墙比等，正确地选择计算传热系数，并对应满足相关规范中的规定条文。表 6-5 为严寒 A、B 区甲类公共建筑围护结构热工性能限值。

表6-5 严寒A、B区甲类公共建筑围护结构热工性能限值

围护结构部位		体形系数≤0.30	0.30<体形系数≤0.50
		传热系数 $K/[W/(m^2 \cdot K)]$	
屋面		≤0.25	≤0.20
外墙(包括非透明幕墙)		≤0.35	≤0.30
底面接触室外空气的架空或外挑楼板		≤0.35	≤0.30
地下车库与供暖房间之间的楼板		≤0.50	≤0.50
非供暖楼梯间与供暖房间之间的隔墙		≤0.80	≤0.80
单一立面外窗 (包括透光幕墙)	窗墙面积比≤0.20	≤2.50	≤2.20
	0.20<窗墙面积比≤0.30	≤2.30	≤2.00
	0.30<窗墙面积比≤0.40	≤2.00	≤1.60
	0.40<窗墙面积比≤0.50	≤1.70	≤1.50
	0.50<窗墙面积比≤0.60	≤1.40	≤1.30
	0.60<窗墙面积比≤0.70	≤1.40	≤1.30
	0.70<窗墙面积比≤0.80	≤1.30	≤1.20
	窗墙面积比>0.80	≤1.20	≤1.10
屋顶透光部分(屋顶透光部分面积≤20%)		≤1.80	
围护结构部位		保温材料层热阻 $R/[(m^2 \cdot K)/W]$	
周边地面		≥1.10	
供暖地下室与土壤接触的外墙		≥1.50	
变形缝(两侧墙内保温时)		≥1.20	

注:建筑物体形系数即建筑物与室外大气接触的外表面积与其所包围的体积的比值。

2. 围护结构的保温

当室外空气温度持续低于室内气温时,围护结构中热流始终从室内流向室外,其大小随室内外温差的变化也会产生一定的波动。除受室内气温的影响外,围护结构内表面的冷辐射对人体热舒适影响也很大。为了降低采暖负荷并将人体的热舒适度维持在一定的水平,在寒冷季节建筑围护结构应当尽量减少由内向外的热传递,且当室外温度急剧波动时,减小室内和围护结构内表面温度的波动,保证人体的热舒适水平。在建筑设计中,严寒、寒冷地区必须满足冬季保温要求,夏热冬冷地区、温和A区应满足冬季保温要求,夏热冬暖区、温和B区宜满足冬季保温要求。

外墙、屋面、直接接触室外空气的楼板、分隔采暖房间与非采暖房间的内围护结构等非透光围护结构应按相关规范的要求进行保温设计。外窗、透光幕墙、采光顶等透光外围护结构的面积不宜过大,应降低透光围护结构的传热系数值、提高透光部分的遮阳系数值,减少周边缝隙的长度,且应按相关规范要求进行保温设计。

建筑的地面、地下室外墙应进行保温验算,围护结构中的热桥部位应进行表面结露验算,并应采取保温措施,确保热桥内表面温度高于室内空气露点温度。

对于南向辐射温差比(ITR)大于等于 4 $W/(m^2 \cdot K)$,且南向垂直面冬季太阳辐射强度

大于等于 60 W/m² 的地区,可采用"非平衡保温"方法进行围护结构保温设计。"非平衡保温"是一种"等热流"设计方法,即在考虑了各朝向太阳辐射作用下,不同朝向外墙的传热系数不同,其中南向较大、北向较小、东西向居中。

3. 围护结构的防热

围护结构的防热是指建筑外围护结构,包括屋顶、外墙和外窗等应具有抵御夏季室外气温和太阳辐射综合热作用的能力。夏季室内热环境的变化主要是室外气温和太阳辐射综合热作用的结果,外围护结构防热能力越强,室外综合热作用对室内热环境影响越小,越不易造成室内过热。围护结构内表面温度是衡量围护结构隔热水平的重要指标,由于夏季内表面温度太高易造成室内过热,影响人体健康,因此应把围护结构内表面温度与室内空气温度的差值控制在规范允许的范围内,防止室内过热,保持室内舒适度要求。

防热设计是建筑热工设计的主要任务之一,其目的是采取措施提高外围护结构防热能力。例如,对屋面、外墙(特别是西墙)进行隔热处理,从而达到防热所要求的热工指标,减少传进室内的热量和降低围护结构的内表面温度。最理想的围护结构热工设计是白天隔热好而夜间散热又快的构造形式。在设计中可以合理利用自然通风排除房间余热,合理设计围护结构热工参数使之有利于房间的通风散热。

4. 围护结构的防潮

建筑围护结构在使用过程中,当围护结构两侧出现温度与湿度差时,会造成围护结构内部温湿度的重新分布。当围护结构内部某处温度低于空气露点温度时,围护结构内部空气中的水分或渗入围护结构内部的空气中的水分将发生冷凝,导致围护结构内部受潮。

围护结构受潮的另一种情况是水分凝结发生在围护结构表面。建筑无论是在自然通风条件下,还是在采暖或空调条件下,当空气中的水蒸气接触围护结构表面时,只要表面温度低于空气露点温度,便会有水析出凝结,使围护结构受潮。因此,外围护结构内表面温度不应低于室内空气露点温度。外围护结构容易发生内表面结露的地方主要有两种:北方冬季热桥的内表面和南方过渡季节围护结构的内表面。围护结构的热桥部位是指嵌入墙体的混凝土或金属梁、柱,墙体和屋面板中的混凝土肋或金属件,装配式建筑中的板材接缝,以及墙角、屋面檐口、墙体勒脚、楼板与外墙、内隔墙与外墙的连接处等部位。这些部位保温薄弱,热流密集,内表面温度较低,可能产生程度不同的结露和长霉现象,影响室内卫生条件和围护结构的耐久性。设计时,应对这些部位的内表面温度进行验算,以便确定其是否低于室内空气露点温度。南方过渡季节,当室外温度快速升高、湿度接近饱和时,围护结构的内表面温度略低于空气温度,易发生表面结露现象;当室外高温、高湿的空气与围护结构内表面接触时,也会发生表面结露现象。设计时,应当采取合理的措施,避免发生结露。

我国长江中、下游夏热冬冷地区春夏之交,夏热冬暖沿海地区初春季节,因气候受热带气团控制,湿空气吹向大陆且骤然增加,房间在开窗情况下,空气流过围护结构内表面,若围护结构内表面温度低于室内空气露点温度,就会在外墙内表面、地面上产生结露现象,这种现象俗称泛潮。例如,我国长江中、下游以南夏热冬冷地区五六月间的梅雨季节、华南沿海地区初春季节的回南(潮)天应关闭通风口和外窗,减少潮湿空气进入室内,提高建筑围护结构内表面温度,降低室内空气湿度,减少室内表面结露。

建筑使用过程中,防潮设计主要是针对围护结构内部和围护结构表面发生的水分冷凝。从建筑热工角度来讲,围护结构的受潮除了直接被雨(水)浸透外,围护结构内部冷凝、围护结构表面结露和泛潮是建筑防潮设计时应考虑的主要问题。围护结构受潮会降低材料性能、滋生霉菌,进而影响建筑的美观、正常使用,甚至影响使用者的健康。在围护结构防潮设计过程中,为控制和防止围护结构的冷凝、结露和泛潮,必须根据相应建筑的热湿特点,有针对性地采取防冷凝、防结露、防泛潮等综合措施。围护结构防潮设计中应遵循下列基本原则:

(1)室内空气湿度不宜过高;

(2)地面、外墙表面温度不宜过低;

(3)可在围护结构的高温侧设隔汽层;

(4)可采用具有吸湿、解湿等调节空气湿度功能的围护结构材料;

(5)应合理设置保温层,防止围护结构内部冷凝;

(6)与室外雨水或土壤接触的围护结构应设置防水(潮)层。

5. 窗户面积、层数和气密性

窗户对建筑自然采光的重要性不言而喻,但窗户同时又是室内失热的重要途径。一方面,室内会通过窗户向室外传递热量;另一方面,窗缝隙会导致冷风渗透消耗热量。节能标准中规定了窗墙比限值,窗墙比即窗户洞口面积与房间立面单元面积(建筑层高与开间定位线围成的面积)之比;可采用双层、多层窗或增设玻璃间密闭空气层、贴透明膜等增大窗户热阻;生产和安装窗户过程中应加强气密措施,减少冷风渗透。

6. 建筑设计和构造

建筑物位置应尽可能设在避风、向阳地段,以减少冷风渗透,并充分利用太阳能。公共建筑入口应设置转门、门斗、空气幕等避风措施,以减少室外冷空气的入侵和室内热空气的渗出。建筑物设计应遵循节能标准中对建筑物体形系数的相应规定。根据严寒地区的气象条件,建筑物的体形系数在 0.3 的基础上,每增加 0.01,能耗增加 2.4%～2.8%;每减少 0.01,能耗降低 2.3%～3%。因此,从降低建筑物能耗的角度出发,应将建筑的体形系数控制在一个较小的水平上。

6.2 供暖系统的方式、分类

6.2.1 供暖系统的方式

1. 供暖方式

(1)集中供暖与分散供暖。热源和散热设备分别设置,用热媒管道连接,由热源向多个热用户供给热量的供暖系统称为集中供暖系统。各建筑物或各户的热源、热媒输送、散热设备在构造上合为一体、独立供暖的供暖系统称为分散供暖系统。

(2)全面供暖与局部供暖。室内任一区域保持同一温度要求的供暖系统称为全面供暖系统。室内局部区域或局部工作点保持某一温度要求的供暖系统称为局部供暖系统。

(3)连续供暖与间歇供暖。根据建筑物使用功能要求,室内平均温度全天均需达到设计要求的供暖系统称为连续供暖系统。对于仅在使用时间内使室内平均温度达到设计要求,而在非使用时间内可自然降温的供暖系统称为间歇供暖系统。

(4)分区供暖和值班供暖。分区供暖是指在高层建筑物内采取两个或两个以上供暖系统的供暖方式。值班供暖是指在非工作时间或中断使用的时间内,为使建筑物保持最低室温要求而设置的供暖方式。值班供暖的室内控制温度一般为 5 ℃。

2. 供暖方式的选择

供暖方式应根据建筑物规模、生产工艺要求、所在地区气象条件、能源状况及政策、节能环保和生活习惯等,通过技术经济比较确定。

(1)累年日平均温度稳定低于或等于 5 ℃的日数大于或等于 90 天的地区,宜采用集中供暖。

(2)累年日平均温度稳定低于或等于 5 ℃的日数为 60~89 天的地区,或累年日平均温度稳定低于或等于 5 ℃的天数不足 60 天,但累年日平均温度稳定低于或等于 8 ℃的天数大于或等于 75 天的地区,宜设置供暖设施。其中,幼儿园、养老院、中小学校、医疗机构等建筑宜采用集中供暖。

(3)居住建筑的集中供暖系统应按连续供暖进行设计。办公楼、教学楼等公共建筑的使用时间段基本固定,可以采用间歇供暖。

(4)严寒或寒冷地区设置供暖的公共建筑和工业建筑,在非使用时间内,室内温度应保持在 0 ℃以上,当利用房间蓄热量不能满足要求时,应按保证室内温度 5 ℃设置值班供暖。当工艺有特殊要求时,应根据工艺要求确定值班供暖温度。

(5)设置供暖的工业建筑,当工艺对室内温度无特殊要求,且每名工人占用的建筑面积超过 100 m² 时,不宜设置全面供暖,应在固定工作地点设置局部供暖。当工作地点不固定时,应设置取暖室。

6.2.2 供暖系统的分类

1. 按热媒不同分类

按热媒不同,供暖系统可分为热水供暖系统、蒸汽供暖系统和热风供暖系统。热媒为热水的供暖系统称为热水供暖系统;热媒为蒸汽的供暖系统称为蒸汽供暖系统;以空气为带热体,提供室内热量的供暖系统称为热风供暖系统。

集中供暖常用的热媒是热水和蒸汽。民用建筑应采用热水作为热媒。工业建筑,当厂区只有供暖用热或以供暖用热为主时,宜采用高温水作为热媒;当厂区以工艺用蒸汽为主时,在不违反卫生、技术和节能要求的条件下,可采用蒸汽作为热媒。当利用余热或天然热源供暖时,供暖热媒及其参数可根据具体情况确定。

2. 按散热设备分类

按散热设备,供暖系统可分为散热器供暖、暖风机供暖和盘管供暖。

3. 按散热设备传热方式分类

按散热设备传热方式,供暖系统可分为对流供暖和辐射供暖。对流供暖是(全部或主要)靠散热设备以对流方式将热量传递给室内空气,使室温升高的供暖系统。辐射供暖是(全部或主要)靠散热设备先以辐射传热方式将热量传递给周围壁面和人体,壁面温度升高后,再以对流换热方式提高室温。

散热器供暖以自然对流为主要换热方式,但也存在一定比例的辐射换热。辐射供暖提高了辐射换热所占的比例,但也存在着一定比例的对流换热。两者的主要区别可以用供暖房间的温度环境来表征,若采取辐射供暖方式,则房间的围护结构内表面或供暖部件表面的平均温度 τ_n 高于室内的空气温度 t_n,即 $\tau_n > t_n$;若采用对流供暖,则 $\tau_n < t_n$。

辐射供暖因有辐射强度和温度的双重作用,造成了真正符合人体散热要求的热环境,并且由于室内表面温度提高,减少了四周表面对人体的冷辐射,因此其较之于散热器供暖有较好的舒适感。

6.3 热水供暖系统

6.3.1 热水供暖系统

1. 热水供暖系统分类

从卫生条件和节能等因素考虑,民用建筑应采用热水作为热媒。热水供暖系统也用于生产厂房及辅助建筑中。根据多年实际运行统计结果,综合考虑供暖系统的初投资和年运行费用,对于采用散热器的集中供暖系统,以往常用的供回水设计温度 95 ℃/70 ℃并不合适,而民用建筑中散热器集中供暖系统的供回水温度按照 75 ℃/50 ℃连续供暖设计时方案最优,其次是取 85 ℃/60 ℃。高温水供暖系统一般宜在生产厂房中采用,设计水温大多采用(110~130 ℃)/(70~90 ℃)。

根据观察与思考问题的角度不同,可按下述方法对热水供暖系统进行分类。

(1)按系统循环动力不同,热水供暖系统可分为重力(自然)循环热水供暖系统和机械循环热水供暖系统。

(2)按系统管道敷设方式不同,热水供暖系统可分为垂直式热水供暖系统和水平式热水供暖系统。垂直式热水供暖系统是指不同楼层的各散热器用垂直立管连接的系统;水平式热水供暖系统是指同一楼层的散热器用水平管线连接的系统。

(3)按散热器供回水方式不同,热水供暖系统可分为单管系统和双管系统。热水经立管或水平供水管顺序流过多组散热器,并顺序地在各散热器中冷却的系统称为单管系统;热水经供水立管或水平供水管平行地分配给多组散热器,冷却后的回水自每个散热器直接沿回水立管或水平回水管流回热源的系统称为双管系统。相对于双管系统,单管系统节省管材、系统简单、安装方便,上下层房间之间的温差较小,但无法进行个体调节。

(4)按热媒在管路中循环路程的异同,热水供暖系统可分为同程式系统和异程式系统。循环环路是指热水从锅炉中流出,经过供水管到达散热器,再由回水管流回锅炉的环路。若一个热水供暖系统中各个循环环路的热水流程基本相同,则称为同程式系统,反之则称为异程式系统。一般来讲,规模较大的建筑物内宜采用同程式系统。

1)自然循环热水供暖系统

以供水、回水的密度差为动力进行循环的供暖系统称为自然循环热水供暖系统。系统工作之前,先将系统中充满冷水,冷水被加热后密度减小,受到回水管中密度较大的回水驱动,热水沿着总立管上升,经过供水干管和供水立管进入散热器,在散热器内被冷却后,再沿着回水立管和回水干管流回锅炉被再次加热。自然循环热水供暖系统的循环作用压力大小取决于供水、回水的密度差及散热器和热源间的高差。当供回水温度为 95 ℃/70 ℃时,由加热中心至冷却中心每米垂直距离所产生的作用压力约为 156 Pa。

自然循环热水供暖系统按管道的布置方式可分为单管式、双管式,上供下回式、下供下回式等(见图 6-4)。自然循环热水供暖系统适用于服务半径小于 50 m 且有地下室或半地下室的建筑物,并使最底层的散热器与热源入口有 2.5～3 m 的高差。系统的最高处即主立管的顶部设膨胀水箱(用于容纳水受热后的膨胀体积),供水干管设有向膨胀水箱方向上升的坡度(便于系统顺利排气)。自然循环热水供暖系统的特点:服务半径小、管径大、系统简单、不消耗电能。

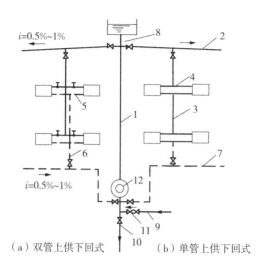

1—总立管;2—供水干管;3—供水立管;4—散热器供水支管;5—散热器回水支管;6—回水立管;
7—回水干管;8—膨胀水箱连接管;9—充水管;10—泄水管;11—止回阀;12—热水锅炉。

图 6 - 4 自然循环热水供暖系统常用形式

2)机械循环热水供暖系统

机械循环热水供暖系统依靠循环水泵的机械能使水在系统中强制循环。其与自然循环热水供暖系统的主要区别是增加了循环水泵和排气装置。循环水泵为水在管路中的流动提供动力。因水的流速超过了气泡自水中分离出来的浮升速度,为了使气泡不致被带入立管,在供水干管内应使气泡随水流方向流动,并按照水流方向设置上升坡度,在最高点处通过排气装置排至系统以外。

机械循环热水供暖系统适用于面积较大的单栋建筑或建筑群。根据建筑规模进行供暖系统负荷计算和水力计算,选择满足系统流量和扬程要求的循环水泵作为动力源,故服务半径不受限制,但增加了系统的运行成本和维护工作量。

3)垂直式热水供暖系统

垂直式热水供暖系统有上供下回式、下供下回式、中供式、下供上回式、混合式等热水供暖系统。垂直式热水供暖系统适用于政府办公楼、写字楼、小型招待所等多层或小高层建筑。

(1)上供下回式:供水干管布置在建筑物上部,回水干管布置在建筑物下部。上供下回式双管供暖系统如图 6 - 5(a)所示,其可供四层及四层以下多层公共建筑;上供下回式单管供暖系统如图 6 - 5(b)所示,其可供四层以上的多层和小高层公共建筑。上供下回式供暖系统管道布置简单合理,是最常用的一种供暖系统。其供水干管布置在所有散热器的上方,而回水干管布置在所有散热器的下方,因此称为上供下回式。在这种系统中,水在系统内循环的动力主要来自水泵运转所产生的压头,但同时也存在自然压头,这使得流过上层散热器的热水多于实际用量,流过下层散热器的热水少于实际用量,从而出现上层房间温度偏高、下层房间温度偏低的"垂直失调"现象。

(2)下供下回式:供水和回水干管均布置在底层的地沟内或直埋,如图 6-6 所示。下供下回式热水供暖系统缓和了上供下回式热水供暖系统垂直失调的现象。当平顶建筑顶棚下难以布置供水干管时,常采用下供下回式热水供暖系统。该系统无效散热损失较小,且便于设置临时供暖,但排气较为困难。

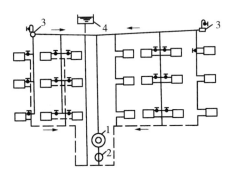
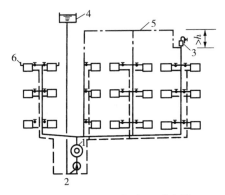

(a)上供下回式双管　　(b)上供下回式单管

1—热水锅炉;2—循环水泵;

3—集气罐;4—膨胀水箱。

图 6-5　机械循环上供下回式

热水供暖系统示意

1—热水锅炉;2—循环水泵;3—集气罐;

4—膨胀水箱;5—空气管;6—放气阀。

图 6-6　机械循环下供下回式双管

热水供暖系统示意

(3)中供式:水平供水干管敷设在系统中部,上部为下供下回式双管热水供暖系统,下部为上供下回式双管热水供暖系统,如图 6-7(a)所示;上、下部均为上供下回单管供暖系统,如图 6-7(b)所示。中供式热水供暖系统一般是根据建筑物的特殊功能或特殊建筑造

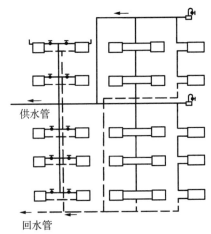

供水管

回水管

(a)上部为下供下回式双管热水供暖系统,　　(b)上、下部均为上供下回式

下部为上供下回式双管热水供暖系统　　单管热水供暖系统

图 6-7　机械循环中供式热水供暖系统示意

型而设置的,可避免由顶层梁底过低导致的供水干管挡住顶层窗户的不合理布置,并降低因上供下回楼层过多而出现垂直失调的概率,但上部系统要增加排气装置。中供式热水供暖系统可应用在原有建筑加盖楼层或上部建筑面积小于下部建筑面积的建筑中。

(4)下供上回式(倒流式):供水干管设在下部,回水干管设在上部,顶部设有顺流式膨胀水箱(见图 6-8)。下供上回式热水供暖系统适用于热媒为高温水的多层建筑,供水干管设在底层,可降低防止高温水气化所需的膨胀水箱的标高。水流自下而上流动,与气体排出方向一致,可以通过顺流式膨胀水箱排出空气,无须设置单独的排气装置。因供水干管布置在底层,无效热损失小,还可以减少底层散热器的面积、减小高架水箱的布置难度。此系统的缺点在于散热器的换热系数比上供下回式低,散热器的平均温度几乎等于散热器的出口温度,因此需要增加散热器的面积。但该系统用于高温水供暖时有利于降低散热器表面温度。

(5)混合式:由下供上回式和上供下回式两个系统串联组合而成(见图 6-9)。由于两组系统串联,系统压力损失大。该系统一般只宜用于高温热水管路上卫生条件要求不高的民用建筑或生产厂房中。

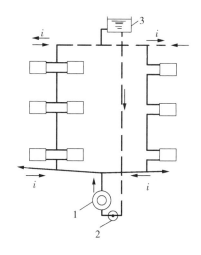

1—热水锅炉;2—循环水泵;3—集气罐。

图 6-8 机械循环下供上回式
热水供暖系统示意

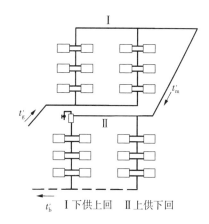

图 6-9 机械循环混合式热水
供暖系统示意

4)水平式热水供暖系统

按供水管与散热器的连接方式,水平式热水供暖系统可分为串联式(见图 6-10)和跨越式(见图 6-11)两种。水平式热水供暖系统的排气方式要比垂直式热水供暖系统复杂,需在散热器上设置排气阀分散放气,或在同一层散热器上部串联一根空气管集中排气。水平式热水供暖系统的管路简单,在每一水平管的起始端可安装总阀门进行调节和启闭控制,施工方便,膨胀水箱可设在最高层的辅助间(如楼梯间等),总造价一般要比垂直式热水供暖系统低。

水平式热水供暖系统适用于单层大空间建筑(如会展中心、家具城等),也适用于每个房间不能布置立管的多层建筑,以及对各层有不同使用功能或不同温度要求的建筑物(如旅游区的娱乐场所、宾馆、招待所可以进行淡季和旺季的分层控制)。

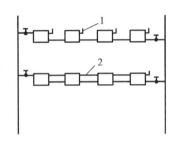 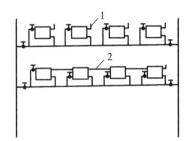

1—放气阀;2—空气管。　　　　　　　　　　1—放气阀;2—空气管。

图 6-10　单管水平串联式热水供暖系统示意　　图 6-11　单管水平跨越式热水供暖系统示意

5)分户热水供暖系统

分户热水供暖系统以具有独立产权的用户为服务对象,使该用户的供暖系统具备分户调节、控制与关断的功能。分户供暖工作包含两方面的内容:一是既有建筑供暖系统的分户改造;二是新建住宅的分户供暖设计。

既有供暖系统改造主要是对既有供暖系统进行分户计量,即在既有供暖系统的基础上增设热计量功能。实践表明,若改造为分户独立循环系统,则室内管道需重新布置,投资较大,且实施困难,影响居民。因此,推荐改造为垂直双管或垂直单管跨越式,同时在每组散热器上加装热量分配表、在建筑单元热力入口处加装总热量表进行热计量,如图 6-12、图 6-13 所示。

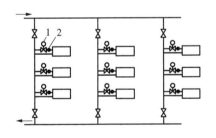 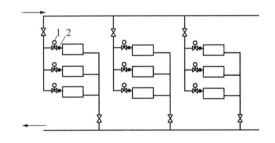

1—温控阀;2—热量分配表。　　　　　　　　1—温控阀;2—热量分配表。

图 6-12　楼内改造为垂直单管　　　　　　　图 6-13　楼内改造为垂直双管

跨越式热水供暖系统示意　　　　　　　　　　热水供暖系统示意

类似于自来水和城市燃气系统的计量功能,分户热水供暖系统通过热量表分户计量。分户热水供暖系统由三部分组成:室外管网系统(外网)、楼内管道系统(垂直立管)和户内管网系统(连接各房间散热设备的水平管)。相应的室内供暖系统由户内管网系统和楼内管道系统两部分组成,其常见布置形式如图 6-14~图 6-16 所示。

(1)户内管网的布置。为满足在一幢建筑物内向每一热用户单独供暖,应在每一热用户的入口具有单独的供回水管路,用户内形成单独环路,户内管路适合采用水平式安装。

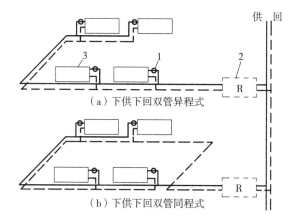

1—温控阀;2—户内系统热力入口;3—散热器。

图 6-14　楼内垂直双管异程式与户内水平双管下分式热水供暖系统示意

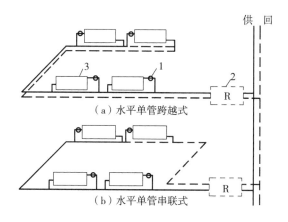

1—温控阀;2—户内系统热力入口;3—散热器。

图 6-15　楼内垂直双管异程式与户内水平单管式热水供暖系统示意

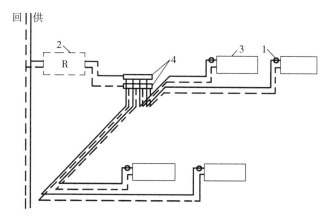

1—温控阀;2—户内系统热力入口;3—散热器;4—分集水器。

图 6-16　楼内垂直双管异程式与户内水平放射式热水供暖系统示意

　　户内管网可以布置为单管水平串联式、单管水平跨越式、双管水平上供下回（上供上回、下供下回）同程式、双管水平上供下回（上供上回、下供下回）异程式，放射式（章鱼式）等。户内放射式系统因其在室内设有分、集水器，散热器的供、回水管与分、集水器的供、回水管一一对应，各散热器并联连接、独立控制；而且埋地管网可以做到无接头，终身安全使用。新建住宅应推广这种户内管网布置方式。

　　（2）楼内单元立管的布置。为减少垂直失调，楼内立管宜采用垂直双管下供下回异程式系统。

　　2. 高层建筑热水供暖系统简介

　　与建筑给水系统类似，高层建筑热水供暖系统水静压力大，应根据散热器的承压能力、外网的压力状况等因素来确定系统形式和室内外管网的连接方式。高层建筑内的散热器热水供暖系统宜按照50 m进行分区设置。

　　1）隔绝式

　　如图6-17所示，隔绝式热水供暖系统是常见的高层建筑热水供暖系统形式。其是通过热交换器将室外热网与高层建筑的高区供暖系统隔绝开来的连接方式。这种连接方式的特点是将高层建筑的供暖系统分成若干区，低区系统与室外热网直接相连，其水力工况直接受室外管网的影响；高区系统则通过水-水热交换器和外网连接，从而使高区部分的供暖系统和外网的水力工况互不影响。这种连接方式可以降低高区系统压力，防止散热器、阀件被压坏，并有利于改善高层建筑供暖系统的垂直失调状况。

　　2）双水箱直连供式

　　当高层建筑供暖系统的压力高于散热器的承压能力，且室外热网的供水温度太低，装设水-水热交换器时，技术与经济比

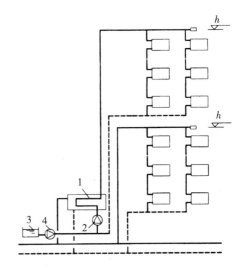

1—换热器；2—高层循环水泵；

3—软化水箱；4—定压补水泵。

图6-17　隔绝式热水供暖系统示意

较不合理，可设置双水箱系统。低区系统与室外热网直接相连，高区系统则采用双水箱系统。如图6-18所示，在高区系统的顶部设置一个回水箱，在屋顶水箱间内设置一个供水箱，在用户入口处增设加压水泵，将外网供水加压后送到供水箱中。高区系统利用回水箱溢流回水管（非满流管流动）与热网回水管的压力相隔绝。双水箱系统实质上就是用两个水箱代替热交换器起到"减压"作用。但其可以简化引入口设备，降低系统造价。因为高、低水箱均为开式水箱且溢流回水管呈无序流动状态，所以气体容易进入系统。积气严重时，常常造成大面积供暖建筑不热。此外，两个水箱设在楼顶存在建筑布局，结构承重等问题。供水箱与回水箱在高区供暖系统中是流通水箱，而不是蓄水箱，其作用在于保持一定水位，并对供、回水量暂时不平衡起一定的缓冲水位变化的作用。供水箱与回水箱的容积，按大于10 min循环水量计算确定。

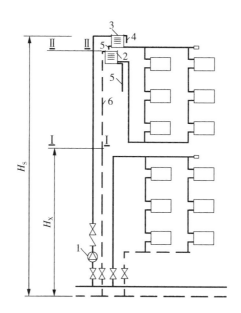

1—加压水泵;2—回水箱;3—供水箱;4—进水箱管;5—信号管;6—回水箱溢流回水管。

图 6-18　分区双水箱式热水供暖系统示意

3)单、双管混合式

单、双管混合式热水供暖系统用于无计量系统,其将散热器沿垂直方向分成若干组,每组内采用双管系统形式,而组与组之间则采用单管连接,如图 6-19 所示。这种系统的特点:既避免了双管系统在楼层数过多时出现的严重竖向失调现象,又避免了单管系统不能进行局部调节的问题,同时解决了散热器立管管径和支管管径过大的缺点。

3. 热水供暖系统的管路敷设

1)传统热水供暖系统的管路敷设

室内热水供暖系统的管路应根据设计选用的供暖方式和建筑物的造型进行合理敷设,要节省管材、便于调节、利于排气、易于平衡。热水供暖系统的引入口宜设置在建筑物热负荷对称分配的位置;条件许可时,热水供暖系统宜采用南北分向设置环路,这样可以解决"南热北冷"的问题。图 6-20 为两种常见的供、回水干管的敷设形式。

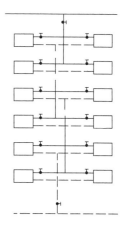

图 6-19　垂直单、双管混合式热水供暖系统示意

供回水干管与立管连接要考虑热胀冷缩热应力变化的影响。常见的供、回水干管与立管的连接方式如图 6-21 所示。

室内热水供暖系统的管路宜明敷,尽可能将立管敷设在房间的角落或隐蔽处。穿越建筑基础、变形缝的供暖管道,应采取预防因建筑物下沉而损坏管道的措施,可设局部管沟或套管,并设置柔性连接。供暖水平干管应避免穿越防火墙;必须穿越防火墙时,应预留带止回圈的套管,在穿越处设置固定支架,使管道可向墙的两侧伸缩,并将管道与套管之间的余隙用防火封堵材料严密封堵。供暖管道不得与输送可燃液体和可燃气体、腐蚀性气体的管道在同一条管沟内平行或交叉敷设。

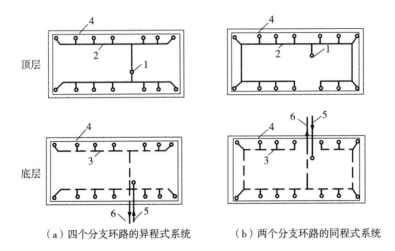

（a）四个分支环路的异程式系统　　　（b）两个分支环路的同程式系统

1—供水总立管；2—供水干管；3—回水干管；4—立管；5—供水入口；6—回水出口。

图 6-20　两种常见的供、回水干管的敷设形式

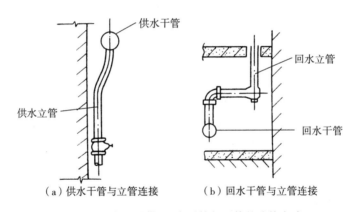

（a）供水干管与立管连接　　　（b）回水干管与立管连接

图 6-21　常见的供、回水干管与立管的连接方式

　　供暖系统水平管道的敷设应有一定的坡度，坡向应有利于排气和泄水。供回水支、干管的坡度宜采用 0.003，不得小于 0.002；立管与散热器连接的支管，坡度不得小于 0.01。当受条件限制，供回水干管（包括水平单管串联系统与散热器连接管）无法保持必要的坡度时，局部可以无坡辐射，但该段管路内的水流速度不得小于 0.25 m/s。

　　2）分户热水供暖系统的管路敷设

　　分户热水供暖系统应采用楼内立管共用、户内管道各户独立的敷设方式。建筑设计应考虑楼内系统供回水立管的敷设位置。楼内立管和入户计量装置、阀门、仪表、除污器等宜设在单独的管道井内。为便于安装维修和抄表，管道井应布置在楼梯间、电梯间等户外空间（见图 6-22）。分户安装热量表的入户水平管、过门处的过门管道在设计与施工中应预先埋设在地面以下（见图 6-23）。分户热计量供暖系统的户内管道应首选暗敷，在找平层开沟槽敷设，槽深 30～40 mm；沟槽内铺垫绝热层，减少户间传热。暗敷管不应有连接口，且管道外露与散热器连接部分宜外加塑料套管。

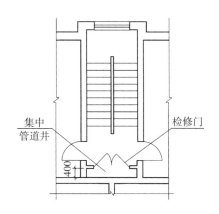
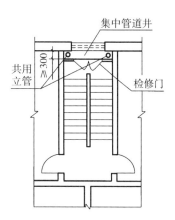

图 6-22　管道井布置示意

分户热水供暖系统,应在建筑物热力入口处设置热量表、平衡阀、除污器、锁闭阀和过滤器等。设有单体建筑热量总表的户内分户热水供暖建筑,如有地下室,其热力入口装置宜设在该建筑物地下室专用小室内;如无地下室,其热力入口装置可设在建筑物单元入口楼梯下部(见图6-24)或室外热力入口小室等处。

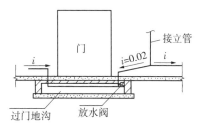

图 6-23　热水管道过门沟槽示意

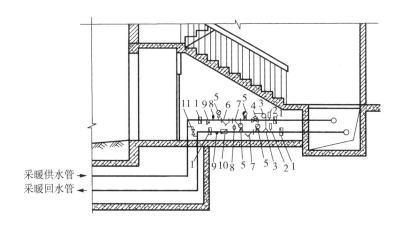

1—碟阀;2—温度计;3—导压管;4—压差控制阀;5—压力表;6—水过滤器;
7—水过滤器;8—温度传感器;9—泄水球阀;10—热量表;11—闸阀。
图 6-24　建筑物单元热力入口装置示意

4. 集中供暖系统热量计量

根据《中华人民共和国节约能源法》的规定,新建建筑和既有建筑节能改造应当按规定安装热计量装置。计量的目的是促进用户自主节能。《民用建筑节能条例》规定,实行集中供热的建筑应当安装供热系统调控装置、用热计量装置和室内温度调控装置。

集中供暖系统的锅炉房和换热机房供暖总管上应设置计量总供热量的热量计量装置;

建筑物热力入口处,必须设置热量表作为该建筑物供热量结算点;居住建筑室内供暖系统应根据设备形式和使用条件设置热量调控和分配装置;用于热量结算的热量计量必须采用热量表。

热量表是实现热计量的重要器具,其准确性关系到热计量的正确实施和使用效果。供热企业和终端用户间的热量结算,应以热量表为结算依据。用于结算的热量表应符合相关国家产品标准,且计量检定证书应在检定的有效期内。楼前热量表是该栋楼与供热单位进行用热量结算的依据,而楼内住户则进行按户热量分摊,所以每户应该有相应的装置作为对整栋楼的耗热量进行户间分摊的依据。人体热舒适感存在显著差异,提供分室调节手段可以在保证居室热环境、提高热舒适度的同时,精确控制能量的消耗。

6.3.2 蒸汽供暖系统

蒸汽供暖系统工作原理:水在锅炉中被加热成具有一定压力和温度的蒸汽,蒸汽靠自身压力作用通过管道流入散热器,在散热器内释放热量后变成冷凝水,冷凝水经过疏水器后返回凝结水箱,再依靠重力或水泵动力回到锅炉中重新被加热成蒸汽。相对于热水供暖系统,蒸汽供暖系统具有如下特点。

(1)靠水蒸气凝结释放热量,相态发生变化,单位质量流量释热量大。

(2)蒸汽和凝水流动过程中,状态参数变化大,容易引起系统中出现所谓"跑、冒、滴、漏"现象,解决不当会降低系统经济性和适用性。

(3)蒸汽散热设备表面温度为对应压力下的饱和温度,对于同样的热负荷,比热水供暖系统节约散热面积,但散热表面温度高,易烧烤积聚灰尘、产生异味,卫生条件差,同时有安全隐患。

(4)蒸汽比容大、密度小。用于高层供暖,不会产生很大水静压力;可采用较高流速,减轻前后加热滞后现象。

(5)蒸汽热惰性小,供汽时热得快、停汽时冷得快,适用于间歇供热。

(6)在工厂应用广泛。蒸汽压力和温度供应范围大,可满足大多数工厂生产工艺用热要求,甚至可作为动力使用(如用在蒸汽锻锤上)。

鉴于其跑、冒、滴、漏影响能耗及卫生条件等原因,在民用建筑中,不宜使用蒸汽供暖系统。

按供气压力,蒸汽供暖系统可分为低压蒸汽供暖系统(供气表压力≤70 kPa,但高于当地大气压)、高压蒸汽供暖系统(供气表压力>70 kPa)和真空蒸汽供暖系统(系统中的压力低于大气压)。按回水动力,蒸汽供暖系统可分为重力回水式蒸汽供暖系统和机械回水式蒸汽供暖系统。

1. 低压蒸汽供暖系统

低压蒸汽供暖系统工作原理:在锅炉压力的作用下,蒸汽克服阻力,沿室内管网输入散热器,在散热器内冷凝放热,加热周围空气,变成冷凝水后,经过疏水器(起阻汽排水作用),依靠重力或动力(机械)回至锅炉重新加热(见图 6-25、图 6-26)。

低压蒸汽重力回水供暖系统形式简单,无须设置凝结水泵,运行时不消耗电能,适用于小型供暖系统。低压蒸汽机械回水供暖系统供热范围大,应用广泛,适用于作用半径较长的大型供暖系统。

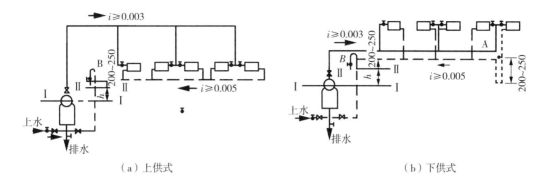

（a）上供式 （b）下供式

图 6-25 低压蒸汽重力回水供暖系统示意

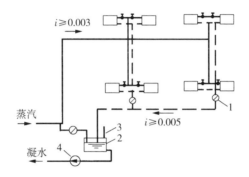

1—低压恒温疏水器；2—凝结水箱；3—空气管；4—凝水管。

图 6-26 低压蒸汽机械回水中供式供暖系统示意

2. 高压蒸汽供暖系统

在工厂中，生产工艺用热往往需要使用较高压力蒸汽，因此需要以高压蒸汽为热媒向工厂车间及其辅助建筑物各种不同用途的热用户供热。

图 6-27 为高压蒸汽供暖系统示意。高压蒸汽供暖系统工作原理：高压蒸汽通过室外

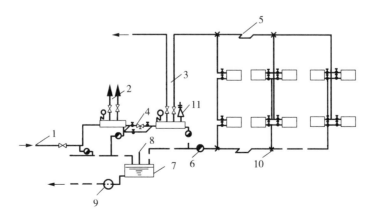

1—室外蒸汽管；2—室内工艺供汽管；3—室内供暖供汽管；4—减压装置；5—补偿器；6—疏水器；

7—开式凝结水箱；8—空气管；9—凝结水泵；10—固定支架；11—安全阀。

图 6-27 高压蒸汽供暖系统示意

蒸汽管网进入高压分汽缸,根据不同热用户的使用功能分别输送至各处,通常供暖用汽压力小于工艺用汽压力,须减压后送至专用分汽缸,由分汽缸通过室内管网将蒸汽输送至散热器,在散热器内冷凝放热,加热周围的空气,冷凝水经疏水器回至凝结水箱通过凝结水泵压送至锅炉重新加热。高压蒸汽供暖系统冷凝水均采用机械回水方式。

6.3.3 热风供暖系统

热风供暖系统的热媒宜采用 $0.1\sim0.3$ MPa 的高压蒸汽或不低于 90 ℃的热水,也可以采用燃气、燃油或电加热暖风机。热风供暖具有热惯性小、升温快、室内温度分布均匀、温度梯度小、设备简单和投资省等优点,因而适用于耗热量大的高大空间建筑和间歇供暖的建筑,以及由于防火防爆和卫生要求必须采用全新风的车间。

符合下列条件之一时,应采用热风供暖系统:

(1)能与机械送风系统合并时;

(2)利用循环空气供暖,技术、经济合理时;

(3)由于防火、防爆和卫生要求,必须采用全新风时。

属于下列情况之一时,不得采用空气再循环的热风供暖系统:

(1)空气中含有病原体(如毛类、破烂布等分选车间)、极难闻气味的物质(如熬胶等)及有害物浓度可能突然增高的车间;

(2)生产过程中散发的可燃气体、蒸汽、粉尘与供暖管道或加热器表面接触能引起燃烧的车间;

(3)生产过程中散发的粉尘受到水、水蒸气的作用能引起自燃,以及受到水、水蒸气的作用能产生爆炸性气体的车间;

(4)产生粉尘和有害气体的车间,如铸造车间的落砂、浇筑、砂处理工部、喷漆车间及电镀车间等。

根据送风方式的不同,热风供暖系统主要有集中送风和暖风机送风。

1. 集中送风

集中送风热风供暖系统由空气加热器、送风机、风道、喷口(孔口)等组成。集中送风热风供暖系统是以大风量、高风速对室内送热风,大型孔口以高速喷射出的热射流带动室内空气按照一定的气流组织混合流动,因此温度场均匀,能大大降低室内的温度梯度,减少房屋上部的无效热损失。该系统风道布置简单,风口布置稀疏。集中送风热风供暖系统适用于对噪声要求不高,室内空气允许再循环的车间或有局部排风需要补入加热新风的车间。对于散发大量有害气体或粉尘的车间,一般不宜采用集中送风热风供暖系统。

2. 暖风机送风

暖风机送风热风供暖系统属于分散式供暖。暖风机是一种集空气加热器、通风机、电动机、送风口为一体的供暖通风联合机组。暖风机(见图 6-28、图 6-29)具有加热空气和输送空气两种功能,其省去了敷设大型风管的空间。暖风机送风热风供暖系统可用于对噪声没有严格要求的车间,也可以用于单层地下汽车库。当空气中含有粉尘和易燃易爆气体时,只能加热新风供暖。另外,在房间比较大需散热器数量多而难以布置,同时对噪声无严格要求的情况下,可用暖风机来补充散热器不足部分的热负荷,也可利用散热器作为值班供暖,其余热负荷均由暖风机来承担。

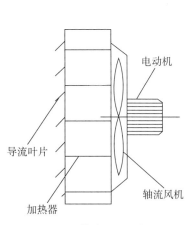

图 6-28 轴流(NC)暖风机

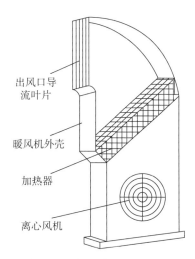

图 6-29 离心式(NBL)暖风机

6.3.4 散热器的分类、选择和布置

散热器是目前国内外应用最多、最广泛的供暖系统末端设备。散热器内部流通的热水流经散热器后温度降低、蒸汽流经散热器后冷凝将自身所携带的热量传递给掠过散热器外表面的室内空气,并以对流传热的方式将热量传递到室内其他位置。

1. 对散热器的要求

(1)良好的热工性能和机械性能。良好的热工性能是指散热器要具有较高的传热系数,可以通过增加肋(翼)片、优化散热器外形和空气流通通道、提高散热器周围空气流动速度、减少散热器各部件间的接触热阻、外表面涂饰高辐射系数的涂料等方式提高散热器的传热效率。良好的机械性能是指散热器应具有一定的机械强度和承压能力,在安装和使用过程中不易损坏,能承受系统最高工作压力。

(2)经济性指标高。描述散热器经济性指标的参数是金属热强度(1 kg 质量的散热器、每 1 ℃温差下的散热量)或单位散热量成本(元/W)。金属热强度高或单位散热量成本低的散热器经济性指标高。相同条件下,材质不同的散热器传热系数差别较大,相同材质的散热器可采用金属热强度作为衡量经济性的指标,不同材质的散热器可采用单位散热量成本作为衡量经济性的指标。

(3)便于安装和制造。制造工艺简单,适于批量生产,生产过程中对人员和环境的不利影响要小,安装组合方便,便于与建筑尺寸配合,占用建筑空间要小。

(4)外形美观、便于清扫。便于与房间装饰协调,有利于保持房间卫生。

2. 散热器分类

散热器按材质可分为金属材料散热器和非金属材料散热器。金属材料散热器又可分为铸铁散热器、钢制散热器、铝制散热器、钢(铜)铝复合散热器及全铜水道散热器等;非金属散热器又可分为塑料散热器、陶瓷散热器等,非金属散热器散热效果并不理想。散热器按结构形式分为柱形、翼形、钢串片形、钢制板形等。

1)铸铁散热器

铸铁散热器具有结构简单、防腐性好、使用寿命长、热稳定性好等优点,但金属耗量大,热强度低,运输、组装工作量大,承压能力低。其不宜用于高层建筑供暖系统,广泛用于多层建筑热水供暖及低压蒸汽供暖系统。常用的铸铁散热器有四柱型、M－132 型、长方翼型、圆翼型等(见图 6－30)。

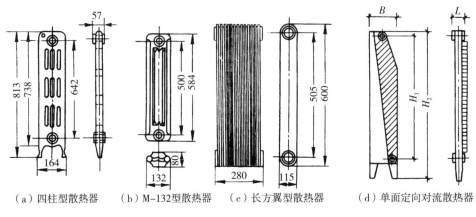

| (a)四柱型散热器 | (b)M–132型散热器 | (c)长方翼型散热器 | (d)单面定向对流散热器 |

图 6－30 常用铸铁散热器示意

2)钢制散热器

钢制散热器存在易腐蚀、使用寿命短等缺点,因此其应用范围有一定的限制。但它具有制造工艺简单,外形美观,金属耗量小,重量轻,运输、组装工作量小,承压能力高等特点。钢制散热器的金属强度比铸铁散热器的高,除钢制柱形散热器外,钢制散热器的水容量较少,热稳定性较差,耐腐蚀性差,在热水供暖系统中对热媒水质要求高,非供暖期仍须充满水保养,而且不适用于蒸汽供暖系统。常用的钢制散热器有钢制柱形、钢制板式、钢制扁管形、钢串片式、钢制光排管式等(见图 6－31)。目前,新建多层或高层住宅多选用钢制板式散热器,其外形美观,易于与家装匹配。钢制扁管形、钢制光排管式散热器的外形一般,多用于工厂

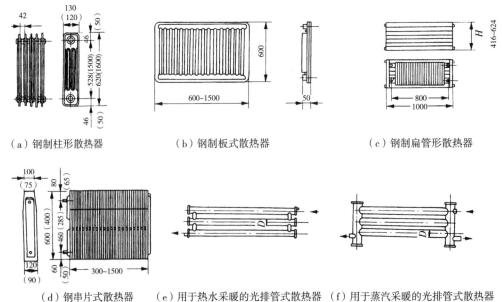

(a)钢制柱形散热器　　　(b)钢制板式散热器　　　(c)钢制扁管形散热器

(d)钢串片式散热器　(e)用于热水采暖的光排管式散热器　(f)用于蒸汽采暖的光排管式散热器

图 6－31 常用钢制散热器示意

车间和辅助用房,这两种散热器可以根据散热量确定散热面积,并进行非标制作。

3)铝制及钢(铜)铝复合散热器

铝制散热器采用铝及铝合金型材挤压成型,有柱翼型、管翼型、板翼型等形式,管柱与上、下水道采用焊接或钢拉杆连接。铝制的散热器外形增加肋片以提高其对流散热量。铝制散热器结构紧凑、重量轻、造型美观、装饰性强、热工性能好、承压高。铝氧化后形成一层氧化铝薄膜,能避免进一步氧化,故其可用于开式系统及卫生间、公共浴室等潮湿场所。铝制散热器的热媒应为热水,不能采用蒸汽。以钢管、不锈钢管、铜管等为内芯,以铝合金翼片为散热元件的钢铝、铜铝复合散热器,结合了钢管、铜管承压高、耐腐蚀、外表美观、散热效果好等优点,是未来住宅建设理想的散热器,但其价格高于其他散热器。复合类散热器采用热水为热媒,工作压力可达到 1.0 MPa。

4)全铜水道散热器

全铜水道散热器是指过水部件全为金属铜的散热器,其具有耐腐蚀、导热性好、高效节能、强度好、承压高、不污染水质、加工容易、易做成各种美观的形式等优点。全铜水道散热器采用热水为热媒,工作压力为 1.0 MPa,这种散热器在工程中因价格贵应用不多。

5)塑料散热器

塑料散热器重量轻,在金属资源匮乏的现阶段,是很有发展前途的一种散热器。塑料散热器的基本构造有竖式(水道竖直设置)和横式两大类。其单位散热面积的散热量比同类型钢制散热器低 20% 左右,因此其占用室内面积大于同类型的钢制散热器,可以用塑料制作成各种颜色、各种造型的散热器。塑料散热器适用于低温热水供暖。

6)卫生间专用散热器

目前市场上的卫生间专用散热器种类繁多,除散热外,兼顾装饰及烘干毛巾等功能。材质有钢管、不锈钢管、铝合金等多种类型,其适用于低温热水供暖系统。安装时应注意高度和温度适中,避免烫伤。

3. 散热器选择

散热器应根据供暖系统热媒参数、建筑物使用要求、建筑物高度,从热工性能、经济、机械性能(机械强度、承压能力等)、卫生、美观、使用寿命等方面综合比较而选择。为了便于施工、备料和管理,一个供暖系统尽量选择一种类型的散热器,最好不超过两种,在兼顾使用要求的情况下结合实际情况进行选择。

(1)散热器的工作压力应满足系统的工作压力和实验压力要求,并符合国家现行机械行业有关产品标准的规定。

(2)民用建筑宜采用外形美观、易于清扫的钢制板式散热器;有腐蚀性气体的工业建筑和相对湿度较大的卫生间、洗衣房、厨房等应采用耐腐蚀的铸铁散热器;放散粉尘或防尘要求高的工业建筑应采用易于清扫的光排管式散热器。

(3)闭式热水供暖系统宜采用钢制散热器,水质要满足产品的要求,在非供暖期要充水保养;蒸汽供暖系统应选用铸铁散热器、光排管式散热器,避免采用承压能力差的钢制柱形散热器、钢制板式和铜制扁管形散热器等。

(4)散热器的散热面积应根据室内的耗热量与散热器的散热量相平衡来选择计算。不同材质的散热器其传热系数不同,每平方米(或每片)的散热量不同,因此应根据建筑物的功能和要求首先确定选用何种类型、材质的散热器,再进行散热器面积计算,并根据其连接方式、安装形式、组装片数等进行散热器散热量的修正计算。

(5)只有水处理后水质指标(含氧量、pH、Cl^- 含量、SO_4^{2-} 含量等)达到相应要求的系统才可以采用钢制散热器、铝制散热器、铜制散热器。一般钢制散热器要求 pH 为 $10\sim12$,O_2 含量不大于 0.1 mg/L;铝制散热器 pH 为 $5\sim5.8$;铜制散热器 pH 为 $7.5\sim10$;铜制散热器、不锈钢制散热器 Cl^-、SO_4^{2-} 含量均不应大于 100 mg/L。

4. 散热器布置

散热器布置时应符合下列规定。

(1)散热器宜安装在外墙的窗台下,散热器中心线与窗台中心线重合,散热器上升的热气流先加热窗台渗透冷空气,然后与室内空气对流换热,保持室内人的热舒适。受条件影响散热器也可安装在人流频繁、对流散热较好的内门附近。公共建筑中,当安装和布置管道困难时,散热器也可靠内墙布置。常见散热器布置示意如图 6-32 所示,不同散热器布置方案下室内空气循环示意如图 6-33 所示。

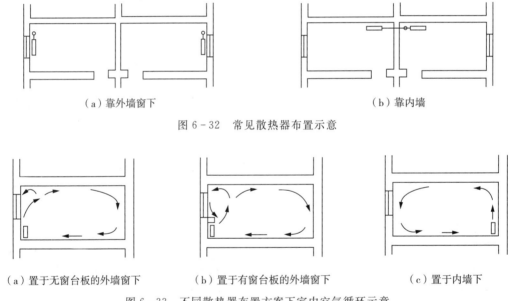

（a）靠外墙窗下　　　　　　　　　　　　　　　　　　　　　（b）靠内墙

图 6-32　常见散热器布置示意

（a）置于无窗台板的外墙窗下　　　（b）置于有窗台板的外墙窗下　　　（c）置于内墙下

图 6-33　不同散热器布置方案下室内空气循环示意

(2)双层门的外室及两道外门之间的门斗不应设置散热器,以免冻裂影响整个供暖系统的运行。在楼梯间或其他有冻结危险的场所,散热器应有独立的供热立管和支管,且不得装设调节阀或关断阀。

(3)楼梯、扶梯、跑马廊等贯通的空间,容易形成烟囱效应,因此散热器应尽量布置在底层;当散热器过多,底层无法布置时,可按比例分布在下部各层。

(4)散热器应尽量明装,但对内部装修要求高的房间和幼儿园的散热器必须暗装或加防护罩。暗装时,装饰罩应有合理的气流通道、足够的流通面积,并方便维修。

(5)住宅建筑散热器布置时要避免暗装。分户热计量供暖系统的散热器布置时还要考虑在保证室内温度均匀的情况下,尽可能地缩短户内管线。因此,与散热器配套的温度传感器必须安装在能正确地反映室内温度的地方。

(6)当房间的供暖负荷较大时,房间内可以布置多组散热器,每一组散热器的片数不宜大于相关类型散热器的规定值,以免片与片之间的对丝在搬运时因为受力过大发生变形导致泄露。

6.3.5 供暖系统的主要附件

1. 膨胀水箱

膨胀水箱的作用是吸纳和补偿温度变化时管道系统中的水容量及恒定供暖系统的压力。在重力循环上供下回式系统中,它还有排气的作用。膨胀水箱是应用最早也是最广泛的补水装置,需要占据一定的建筑空间,结构设计中需要考虑水箱和水的荷载。

膨胀水箱用钢板或玻璃钢板制成圆柱体或长方体,配有膨胀管、循环管、溢流管、信号管、排水管和补水管。膨胀管上严禁安装阀门,以便膨胀水能顺利地进入水箱,防止系统超压;循环管严禁安装阀门,防止水箱中的水冻结;溢流管上严禁安装阀门,防止水位过高从水箱人孔溢出。膨胀水箱的构造示意如图 6-34 所示。

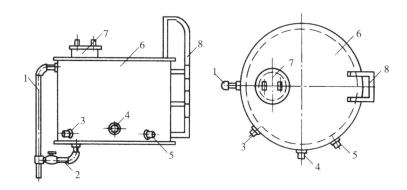

1—溢流管;2—排水管;3—循环管;4—膨胀管;5—信号管;6—箱体;7—人孔;8—人梯。

图 6-34 膨胀水箱的构造示意

2. 排气装置

与生活热水系统不同的是热水供暖系统属于闭式系统,因此在系统设计和运行管理过程中需要重视系统的排气问题。水被加热时,会分离出空气,在系统运行时,连接不严密处会渗入空气,充水后也会有空气残留在系统内,系统中如果积存空气,就会形成气塞,使水系统不能正常循环,导致供暖系统达不到设计要求。因此,系统中必须设置排除空气的装置。常见的排气装置有集气罐、自动排气阀和冷风阀等。集气罐、自动排气阀通常设置在管路系统的最顶端(见图 6-35),立式自动排气阀和卧式自动排气阀的构造示意如图 6-36、图 6-37所示。

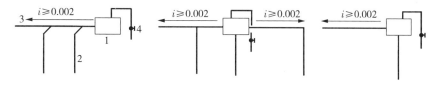

1—集气罐;2—立管;3—干管;4—排气阀。

图 6-35 集气罐安装方式

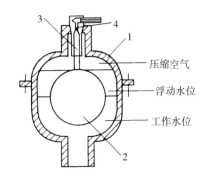
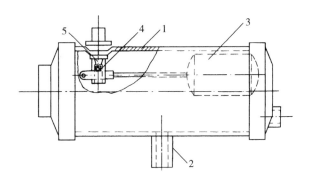

压缩空气

浮动水位

工作水位

1—阀体;2—浮球;3—导向套管;4—排气孔。

图 6-36 立式自动排气阀的构造示意

1—外壳;2—接管;3—浮筒;4—阀座;5—排气孔。

图 6-37 卧式自动排气阀的构造示意

自动排气阀的工作原理:依靠水对阀体的浮力和杠杆机构的传动,使排气孔自动启闭,实现自动阻水排气的功能。

3. 温控阀和热量表

散热器温控阀是一种自动控制散热器散热量的设备,它由两部分组成:一部分为阀体部分,另一部分为感温元件控制部分。当室内温度高于给定的温度值时,感温元件受热,体积膨胀使顶杆压缩阀杆,将阀口关小,进入散热器的热媒流量减小,散热器散热量减小,室温下降。当室内温度下降到低于设定值时,感温元件开始收缩,其阀杆靠弹簧的作用,将阀杆抬起,阀孔开大,热媒流量增大,散热器散热量增加,室内温度开始升高,从而保证室温处在设定的温度上。温控阀控温范围为 13~28 ℃,控制精度为±1 ℃。

分户热计量系统中常选用热量表进行热量的计量。热量表通过测量水流量及供、回水温度并经运算和累计得出某一系统使用的热量。热量表由流量传感器即流量计,供、回水温度传感器,热表计量器(也称为积分仪)等部分组成。图 6-38 为温控阀和热量表。

图 6-38 温控阀和热量表

4. 疏水器

疏水器的作用是自动阻止蒸汽逸漏，并能迅速地排出用热设备及管道中的凝结水，同时能排除系统中积存的空气和其他不凝性气体。疏水器根据工作原理可以分为浮筒式疏水器、热动力式疏水器、温调式疏水器(见图6-39)。浮筒式疏水器是利用浮筒重力和水对浮筒的浮力达到平衡时进行

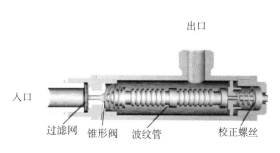

图6-39 温调式疏水器

阻汽排水，通过改变浮筒的重力能适应不同凝结水压力和压差的工作要求。热动力式疏水器是利用水和蒸气比容的不同进行阻汽排水，热动力式疏水器有止回阀的功能，排水能力大，但有周期性漏汽现象。热动力式疏水器适用于前后压差较大的系统，当疏水器前后压差 $P_1-P_2<0.5P_1$ 时会发生连续漏气。温调式疏水器是利用弹性元件内的膨胀液受热后压力发生变化使弹性元件的长度发生变化来进行阻汽排水，常用于低压蒸汽系统。

6.4 辐射供暖系统

利用建筑物内部的顶面、墙面、地面或其他表面进行的以辐射传热为主的供暖方式为辐射供暖。

根据辐射散热设备(板)的表面温度不同，辐射供暖可分为低温辐射供暖系统、中温辐射供暖系统和高温辐射供暖系统。

(1)低温辐射供暖系统(≤60 ℃)，热媒一般为低温热水，散热设备多为塑料加热盘管，现已广泛用于住宅、办公建筑供暖。

(2)中温辐射供暖系统(80～200 ℃)，热媒为高压蒸汽(≥200 kPa)或高温热水(≥110 ℃)，以钢制辐射板为辐射表面，主要应用于厂房与车间。

(3)高温辐射供暖系统(≥200 ℃)，采用电力或燃油、燃气、红外线供暖，主要应用于厂房与野外作业。

6.4.1 低温辐射供暖系统

1. 分类和构造

如图6-40所示，低温辐射供暖系统是把加热管(或其他发热体)直接埋设在建筑构件内而形成辐射散热面与建筑构件合为一体，其根据安装位置可分为顶棚式、墙壁式、地板式、踢脚板式等。低温辐射供暖系统分类及特点见表6-6所列。

与对流供暖相比，地板辐射供暖有如下优点。(1)舒适度高、节能。人离散热器较近时没有因热空气上升而引起的窒息感，室内温度场均匀，温度梯度合理，减少了人体的辐射热量，使人比较舒适，室内温度的设计标准可

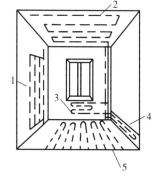

1—墙面式；2—顶棚式；3—窗下式；
4—踢脚板式；5—地板式。
图6-40 与建筑结构相
结合的辐射板形式

适当降低,辐射供暖的热负荷可在对流供暖热负荷计算基础上乘以 0.9~0.95 的修正系数,或将室内计算温度取值降低 2 ℃。设计水温低,可采用电厂余热等低品位热源供暖。(2)节约建筑面积,无散热器片与外露的管道;不会导致室内空气的急剧流动,减少了尘埃飞扬的可能,有利于改善卫生条件。

表 6-6　低温辐射供暖系统分类及特点

分类根据	类别	特点
辐射板位置	顶棚式	以顶棚为辐射表面,辐射热占 70% 左右
	墙壁式	以墙壁为辐射表面,辐射热占 65% 左右
	地板式	以地面为辐射表面,辐射热占 55% 左右
	踢脚板式	以窗下或脚踢处墙面为辐射表面,辐射热占 65% 左右
辐射板构造	埋管式	直径为 15~32 mm 的管道埋设于建筑表面内构成辐射表面
	风道式	利用建筑构件的空腔使热空气循环流动构成辐射表面
	组合式	利用金属构建焊接金属板再焊金属管组成辐射板

图 6-41 为低温热水辐射供暖地面构造示意,鉴于加热盘管位于建筑构件内,其施工工艺与土木建筑专业联系紧密,具体构造要求如下。

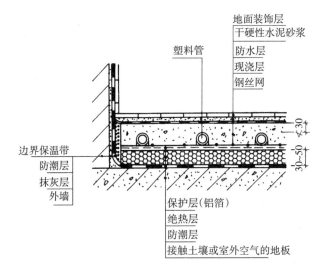

图 6-41　低温热水辐射供暖地面构造示意

(1)绝热层。采用聚苯乙烯泡沫塑料板时,密度不宜小于 20 kg/m³,厚度不小于表 6-7 的规定值,可按热阻相当原则计算替代材料厚度;若允许地面双向散热,则各楼层楼板可不设绝热层;若在潮湿房间,则现浇填充层上应设置防水层进行隔离。

表 6-7　聚苯乙烯泡沫塑料板绝热层厚度

绝热层	厚度/mm
楼层之间楼板上的绝热层	20
与土壤或不采暖房间相邻的地板上的绝热层	30
与室外空气相邻的地板上的绝热层	40

（2）铝箔反射层。用来反射来自热源侧的辐射,增强隔热效果,若允许双向散热则可不设。

（3）现浇(填充)层。地热盘管敷设、固定后,由土建专业人员协助填充浇筑完成。宜采用粒径 5～12 mm 的 C15 豆石混凝土,厚度不宜小于 50 mm。当地面载荷较大时,可在填充层内设置钢丝网加强;当地面采用带龙骨的架空木地板时,盘管可设置于木地板与龙骨层间的绝热层上,可不设置豆石混凝土现浇层。

（4）防水层一般设置于卫生间、厨房等潮湿房间。

（5）找平层采用较细的 10～20 mm 厚的干硬性水泥砂浆进行处理,目的是使地表面层坚固,避免扬尘,为地面装饰层的敷设做准备。

（6）面层可采用地板、瓷砖、地毯及塑料类砖装饰面材。

（7）墙边需设置边界保温带。

（8）各房间四周、房间面积超过 30 m² 或边长超过 6 m 时,为防止混凝土开裂,填充层宜设置宽度不小于 8 mm 的伸缩缝,缝中填充弹性膨胀材料,上面用密封膏密封。

（9）当盘管超过一定的长度应设伸缩节和固定管卡,防止热膨胀导致盘管位移胀裂地面;当管间距小于 100 mm 时,管路应外包塑料波纹管,防止密集管路胀裂地面。

由以上地面构造可以看出,低温热水地板辐射供暖需占用一定层高,增加结构荷载与土建费用。

2. 管路布置与敷设

根据实际工程需要,低温热水地板辐射供暖加热盘管的敷设方式多种多样,敷设原则有两个:一是尽可能使室内温度场分布均匀;二是简单、便于施工。图 6 - 42 为低温热水地板辐射供暖环路布置示意。

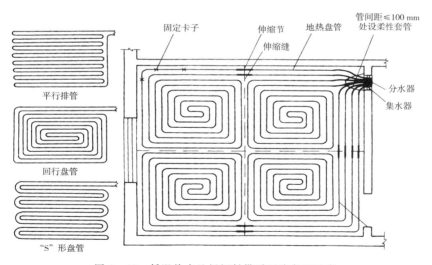

图 6 - 42　低温热水地板辐射供暖环路布置示意

直径为 15～28 mm 的管道埋设在地面内,构成辐射表面。户内每个房间均应设分支管,视房间面积的大小布置一个或多个环路,一般采取 20～30 m² 为一个环路或者一个房间为一个环路,大房间、客厅视具体情况可布置多个环路。每个分支环路的盘管长度宜尽量接近,一般为 60～80 m,最长不宜超过 120 m,每个环路的阻力不宜超过 30 kPa。埋地热盘管的每个环路应采用整根管道,中间不应有接头。热管的间距不宜大于 300 mm。塑料管转弯半径不应小于 8 倍管外径,铝塑复合管不应小于 6 倍管外径,以保证水路畅通。

早期的地板辐射供暖均采用钢管或铜管,现在地板辐射供暖采用改性共聚聚丙烯管(PP-C)、氯化聚氯乙烯管(CPVC)、PE-X、乙烯-丁烯共聚耐高温聚乙烯管(PE-RT)等塑料管。这些塑料管均具有耐老化、耐腐蚀、不结垢、能承受一定的压力、无污染、沿程阻力小、容易弯曲、埋管部分无接头、易于施工等优点。

图6-43为低温热水地板辐射供暖系统示意。其构造形式与前述的分户热计量户内放射式系统基本相同。

低温热水地板辐射供暖系统的楼内立管通过设置在户内的集水器、分水器与户内管路系统连接。分水器、集水器常组装在一个箱体内(见图6-44),每套分水器、集水器宜接3~5个回路,最多不超过8个回路。分水器、集水器宜布置在厨房、盥洗室、走廊两头等既不占用主要使用面积,又

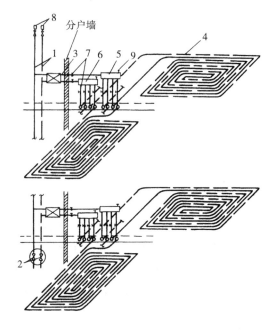

1—楼内立管;2—立管调节装置;3—入户装置;4—加热盘管;
5—分水器;6—集水器;7—球阀;8—自动排气阀;9—跑风门。

图6-43 低温热水地板辐射供暖系统示意

便于操作的部位,同时距任一环路距离为最短,这样可以节省管材和减少损失。在分水器、集水器周围留有一定的检修空间,且每层安装位置应相同。

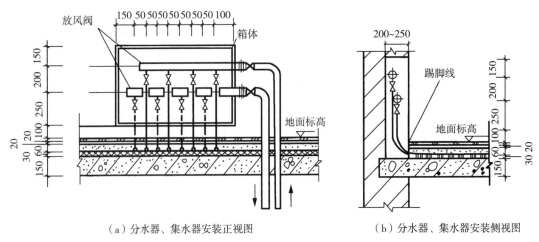

(a)分水器、集水器安装正视图   (b)分水器、集水器安装侧视图

图6-44 低温热水地板辐射供暖系统分水器、集水器安装示意

6.4.2 中温辐射供暖系统

中温辐射供暖系统中的散热设备通常是钢制辐射板,其是由钢板和小管径的钢管制成的矩形块状或带状辐射散热板。块状辐射板通常由DN15~DN25与DN40的水煤气钢管

焊成的排管构成,把排管嵌在带槽的辐射板内,辐射板为长方形或正方形,厚度为 0.5～1 mm。辐射板的背面加设保温层以减少无效热损失。保温层外侧可用 0.5 mm 厚钢板或纤维板包裹起来。块状辐射板的长度一般为 1～2 m,以不超过钢板的自然长度为原则。带状辐射板的结构与块状辐射板完全相同,只是在长度方向上由几张钢板组装成形,也可将多块块状辐射板在长度方向上串联连接成形。钢制辐射板构造简单,制作维修方便,比普通散热器节省金属 30%～70%。钢制辐射板供暖系统适用于高大的工业厂房、大空间的公共建筑,如商场、展厅、车站等建筑物的全面采暖或局部采暖。辐射板水平安装系统如图 6-45～图 6-47 所示。

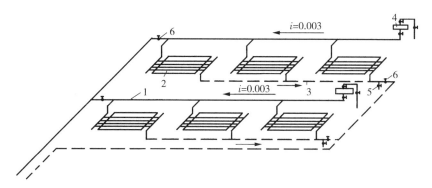

1—供水管;2—辐射板;3—回水管;4—集气罐;5—放水阀;6—调节阀。

图 6-45　辐射板水平安装同程系统

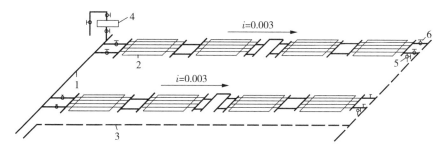

1—供水管;2—辐射板;3—回水管;4—集气罐;5—放水阀;6—调节阀。

图 6-46　辐射板水平安装双管系统

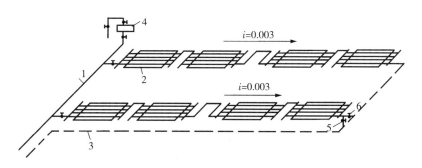

1—供水管;2—辐射板;3—回水管;4—集气罐;5—放水阀;6—调节阀。

图 6-47　辐射板水平安装单管系统

6.4.3 高温辐射供暖系统

当辐射板表面的温度为 $500\sim900\ ^\circ\!\text{C}$ 或更高时的供暖系统称为高温辐射供暖系统。燃气红外辐射器、电红外线辐射器属于高温辐射散热设备。电气红外线辐射供暖设备多采用石英管或辐射器。石英管红外线辐射器的辐射温度可达 $990\ ^\circ\!\text{C}$，其中辐射热占总散热量的 78%。石英灯辐射器的辐射温度可达 $2232\ ^\circ\!\text{C}$，其中辐射热占总散热量的 80%。燃气红外线辐射供暖是利用可燃气体或液体通过特殊的燃烧装置进行无焰燃烧，形成 $800\sim900\ ^\circ\!\text{C}$ 的高温，并向外界发射出波长为 $2.7\sim2.47\ \mu\text{m}$ 的红外线，在供暖空间或工作地点产生良好的热效应。其工作原理：具有一定压力的燃气经喷嘴喷出，高速形成的负压将周围空气从侧面吸入，燃气和空气在渐缩管形的混合室内混合，再经扩压管使混合物的部分动力能转化为压力能，然后通过燃烧板的细孔流出，在燃烧板表面均匀燃烧，从而向外界放射出大量的辐射热。燃气红外线辐射器(见图 6-48)适用于燃气丰富而廉价的地方。它具有构造简单、辐射强度高、外形尺寸小、操作简单等优点。如果条件允许，可用于工业厂房或一些局部工作地点的供暖。但使用中应注意采取相应的防火、防爆和通风换气等措施。

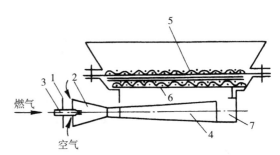

1—调节板；2—混合室；3—喷嘴；4—扩压管；
5—多孔陶瓷板；6—气流分配板；7—外壳。

图 6-48　燃气红外线辐射器构造示意

由于高温辐射供暖表面温度过高、室内空气干燥，因此只适用于工艺性供暖，不适用于舒适性供暖。

6.5　热　源

供暖热媒的来源即热源，它可以是热电厂、区域锅炉房、分散锅炉房，也可以是核能、地热、太阳能等。凡能从中吸取热量的任何物质、天然能源都可以通过系统设计作为供暖热源。最常见的热源是锅炉。热源按服务区域分为分户独立供暖热源和集中供暖热源两大类。

6.5.1　分户独立供暖热源

分户独立供暖热源属于分散式供热，可根据户内系统要求单独设定供水温度，且系统工作压力低，水质易保证。

1. 分户式热水炉

家用燃气炉按燃料不同可分为燃气型和燃油型，按加热方式不同可分为快速式和容积式。快速式燃气炉也称为壁挂式燃气炉，图 6-49 为家用壁挂式燃气炉原理示意。该设备具有供暖和供应卫生热水两种功能。机内装有水泵，可作为单户供暖系统热水循环的动力，气压罐在供暖系统中起定压作用。生活热水由供暖系统中的热水进行加热。供暖系统中的热水并不与生活热水相混,互为独立。供暖系统中的热水在铜翅片管换热器中由燃气燃烧的烟气加热。燃气经燃气调节阀进入燃烧器,由脉冲电子点火电极点火燃烧。燃烧后的烟气由风机强制排到室外,在燃烧室中产生一定的负压,从而吸入燃烧所需的空气。其采用套筒结构的平衡式排烟/进气口,即烟气直接排到室外,而空气也由室外吸入,不消耗室内空气,空气吸取烟气热量而被预热,从而改善燃烧过程。因此,该设备可以在密闭的房间中使用。供暖系统的供、回水管之间设有自动旁通阀,以防止在供暖系统运行时因外部阀门关闭或关小而导致水流停止或流量过小,换热器内局部过热。

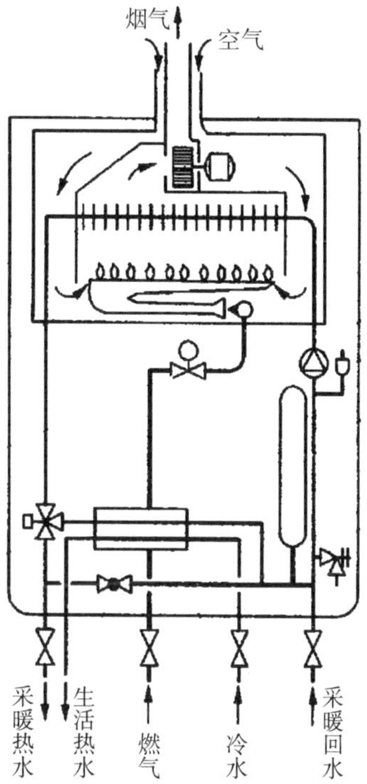

　　这种燃气炉,自动化程度很高,且有多重保护,如水泵电机过载保护、防冻保护、漏气保护等;可使用燃气或液化气;热效率一般在 85%～93%,冷凝式的可达 96%;大部分产品的最大供热量在 40 kW 以下,可满足建筑面积 300 m² 以上家庭的供暖与热水供应使用。

图 6-49　家用壁挂式燃气炉原理示意

　　2. 电热供暖炉

　　民用建筑不提倡电热供暖。模块式电热炉以一个建筑单元为单位,一栋建筑或者数栋性质相同的建筑共用一个供暖热源。利用模块式电热炉产生的热水供一栋建筑或性质相同的数栋建筑进行供暖。家用电热炉是以户为供热单位,利用电热炉产生的热水供散热器或低温热水地板辐射供暖,同时可以兼供生活热水。公共建筑中可以利用电极式电热炉与蓄热系统结合使用,从而达到更好的经济效益和节能效果。

　　对于严寒和寒冷地区居住建筑,当符合下列条件之一时,应允许采用电直接加热设备作为供暖热源:

　　(1)无城市或区域集中供热,采用燃气、煤、油等燃料受到环保或消防限制,且无法利用热泵供暖的建筑;

　　(2)利用可再生能源发电,其发电量能满足自身电加热用电量需求的建筑;

　　(3)利用蓄热式电热设备在夜间低谷电进行供暖或蓄热,且不在用电高峰和平段时间启用的建筑;

　　(4)电力供应充足,且当地电力政策鼓励用电供暖时。

　　对于公共建筑,当符合下列条件之一时,应允许采用电直接加热设备作为供暖热源:

　　(1)无城市或区域集中供热,采用燃气、煤、油等燃料受到环保或消防限制,且无法利用热泵供暖的建筑;

　　(2)利用可再生能源发电,其发电量能满足自身电加热用电量需求的建筑;

　　(3)以供冷为主、供暖负荷非常小,且无法利用热泵或其他方式提供供暖热源的建筑;

　　(4)以供冷为主、供暖负荷小,无法利用热泵或其他方式提供供暖热源,但可以利用低谷电进行蓄热且电锅炉不在用电高峰和平段时间启用的空调系统;

(5)室内或工作区的温度控制精度小于0.5℃,或相对湿度控制精度小于5%的工艺空调系统;

(6)电力供应充足,且当地电力政策鼓励用电供暖时。

6.5.2 集中供暖热源

集中供暖热源的核心设备主要是锅炉。锅炉是一种利用能源(燃料)所储藏的化学能及工业生产中的余热或其他热源,将水转化为一定温度和压力的水或蒸汽的设备。锅炉根据工作介质可分为蒸汽锅炉和热水锅炉;根据燃料不同可分为燃煤锅炉、燃油锅炉、燃气锅炉、生物质锅炉等。

1. 蒸汽锅炉

顾名思义,锅炉最根本的组成是汽锅和炉子两大部分,其加上蒸汽过热器、省煤器、空气预热器等选配附加受热面后统称为锅炉本体。汽锅是一个封闭的汽水系统,炉子即燃烧设备。图6-50为经典的双锅筒横置式链条炉(SHL)锅炉。为保证锅炉房能源源不断地持续运行,达到安全可靠、经济有效地供热,还需设置辅助设备,如燃料供应及排渣除尘设备、通风设备、给水供汽设备、监测仪表和自动控制设备等。锅炉本体和辅助设备总称为锅炉房设备。图6-51为锅炉房设备简图。

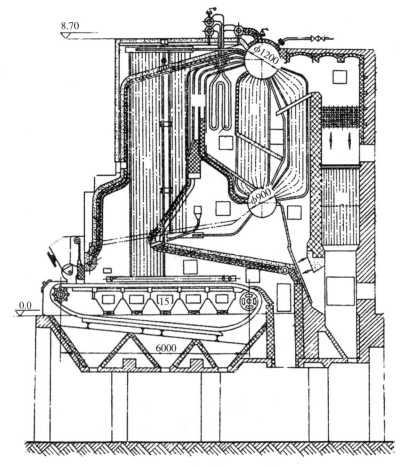

图6-50 经典的双锅筒横置式链条炉(SHL)锅炉

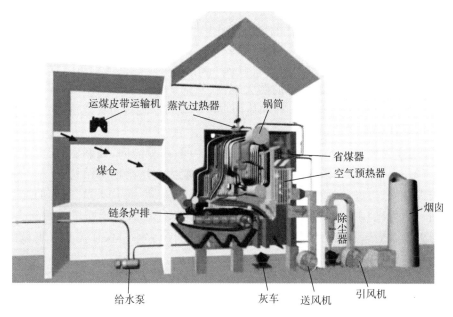

图 6-51 锅炉房设备简图

蒸汽锅炉的工作过程包括三个同时进行着的过程:燃料的燃烧过程、烟气向水(汽等工质)的传热过程及水的受热和汽化过程。热水锅炉中没有水的汽化过程,第三个过程为水的受热过程(组织水循环)。燃料在炉子里燃烧,燃料的化学能转化为热能,高温的燃烧产物(火焰和烟气)以辐射和对流两种方式将热量传递给蒸汽锅炉里的水,水被加热,达到沸腾汽化,生成蒸汽。蒸汽锅炉提供的蒸汽除直接用于需要蒸汽的场合,也可以通过换热设备将蒸汽转化为热水使用。

蒸汽锅炉的容量以蒸发量表征。蒸发量是指蒸汽锅炉每小时所产生的额定蒸汽量,即锅炉在额定参数(压力、温度)、额定给水温度和使用设计燃料,并保证一定效率下的最大连续蒸发量。

2. 热水锅炉

与蒸汽锅炉相比,热水锅炉的最大特点是锅内介质不发生相变,始终都是水。为防止汽化,保证运行安全,其出口水温通常控制在比工作压力下的饱和温度低 25 ℃左右。正因如此,热水锅炉无须蒸发受热面和汽水分离装置,有的连锅筒也没有,结构相对简单,其结构形式与蒸汽锅炉基本相同。

3. 锅炉房规划设计要点

1)锅炉房的位置

锅炉房位置不当,会使占地面积大、室外管网长、影响环境卫生、不便维护运行等,因此在设计时应配合建筑总图在总体规划中合理安排,力求满足下列要求:应靠近热负荷比较集中的地区,并应使引出热力管道和室外管网的布置在技术、经济上合理;应便于燃料贮运和灰渣的排送,并且使人流和燃料、灰渣运输的物流分开;扩建端宜留有扩建余地;应有利于自然通风和采光;应位于地质条件较好的地区;应有利于减少烟尘、有害气体、噪声和灰渣对居民区和主要环境保护区的影响,全年运行的锅炉房应设置于总体最小频率风向的上风侧,季节性运行的锅炉房应设置于该季节最大频率风向的下风侧,并应符合环境影响评价报告提出的各项要求;燃煤锅炉房和煤气发生站宜布置在同一区域内;应有利于凝结水的回收;区域锅炉房尚应符合城市总体规划、区域供热规划的要求;易燃、易爆物品生产企业锅炉房的位置,除应满足本条上述要求外,还应符合有关专业规范的规定;锅炉房宜设置在地上独立建筑物内,和其他建筑物应考虑一定的防火距离;当锅炉房单独设置困难时,才考虑与其他建筑物相连或设置在地下室,但其设计和使用参数必须符合现行防火规范等。

2)锅炉房设计要点

(1)锅炉房作为独立建筑物,内部应布置有锅炉间、水处理间、控制室、配电室、更衣室、化验室、值班室、卫生间和维修间等。大型锅炉房一般为三层全框架结构,底框结构。底层布置为出灰设备间、出渣设备间、水处理间、热交换间、值班室、维修人员工作间;二层为锅炉本体设备间、锅炉控制室、化验室、管理人员办公室、会议室等;三层布置运煤设备和煤仓。锅炉房应留置设备搬运和检修安装孔或门,安装孔或门的大小应保证需检修更换的最大设备出入。锅炉房设备间的门应向外开。

(2)锅炉房区域内各建筑物、构筑物及燃料、灰渣场地的布置,应按工艺流程和规范的要求合理安排。

(3)锅炉房的柱距、跨度和室内地坪至柱顶的高度,在满足工艺要求的前提下,应尽量符合现行国家标准规定的模数。

(4)每个新建锅炉房只能设一根烟囱,烟囱的高度应根据锅炉房装机容量,按表6-8的规定执行。当锅炉房装机容量大于28 MW(40 t/h)时,其烟囱高度应按批准的环境影响报告书(表)的要求确定,但不得低于45 m;当新建锅炉房烟囱周围半径200 m距离内有建筑物时,其烟囱应高出最高建筑物3 m以上;燃气及燃轻柴油、燃油锅炉烟囱高度应按批准的环境影响报告书(表)的要求确定,但不得低于8 m。

表6-8 燃煤、燃油(燃轻柴油、煤油除外)锅炉烟囱允许高度

锅炉房装机 总容量	MW	<0.7	0.7~1.4	1.4~2.8	2.8~7	7~14	14~28
	t/h	<1	1~2	2~4	4~10	10~20	20~40
烟囱最低 允许高度	m	20	25	30	35	40	45

(5)锅炉房地面宜有坡度或采取措施保证管道或设备排出的水引向排水系统。当排水不能直接排入室外管道时,应设集水坑和排水泵,并应有必要的起重设施和良好的照明与通风。锅炉房内应设集中检修场地,其面积应根据需检修设备的要求确定,并在周围留有宽度不小于0.7 m的通道。

锅炉房为多层布置时,锅炉基础与楼板地面接缝处应采用能适应沉降的处理措施。

(6)按建筑功能估计锅炉房面积指标:旅馆、办公楼等公共建筑以建筑面积为10000~30000 m² 为例,燃煤锅炉房面积为建筑面积的0.5%~1%,燃油燃气锅炉房占建筑面积的0.2%~0.6%;居住建筑以建筑面积为100000~300000 m² 为例,燃煤锅炉房面积为建筑面积的0.2%~0.6%,燃油燃气锅炉房占建筑面积的0.1%~0.3%。

锅炉房楼板、地面、屋面荷载,应根据工艺设备安装和检修的荷载要求确定,也可参照表

6-9 选用。

表 6-9　锅炉房楼板、地面、屋面荷载

名称	活荷载/(kN/m²)	备注
锅炉间楼面 辅助间楼面 运煤层楼面 除氧间楼面 锅炉间及辅助间屋面 锅炉间地面	6～12 4～8 4 4 0.5～1 10	1. 表中未列的其他荷载,按现行国家标准《建筑结构荷载规范》GB 50009—2012 的规定选用 2. 表中不包括集中荷载 3. 运煤层楼面在有皮带机头装置的部分,应由工艺提供荷载或按 10 kN/m² 计算 4. 锅炉间地面考虑运输通道时,通道部分地坪和地沟盖板可按 20 kN/m² 计算

6.5.3　北方城镇供暖能耗概况

建筑物的基本功能是创造一个可控的微环境,为人们提供安全、舒适、健康的室内环境及便捷、高效的生活和工作条件,其中既包括对室内空气的温度、相对湿度、声环境、光环境和空气品质等物理环境方面的要求,也包括对安全、便捷、高效的工作、生活环境方面的要求。为了满足这些要求,必须依靠围护结构和建筑设备等多个系统的协同工作,在此过程中不可避免地会消耗大量的能源,对外界环境产生影响。

建筑的能源和资源消耗涉及建筑生命周期的不同阶段,包括建筑的建造、运行、维护和拆除等。其中,运行阶段的能源消耗占建筑生命周期用能的绝大部分。建筑运行阶段用能指的是在住宅、办公建筑、学校、商场、宾馆、交通枢纽、文体娱乐设施等建筑内,为居住者或使用者提供供暖、通风、空气调节、照明、炊事、生活热水及其他为了实现建筑的各项服务功能所产生的能源消耗。根据我国建筑和人民生活习惯等特点,建筑运行阶段用能可分为城市住宅用能(不包括北方地区的供暖)、公共建筑用能(不包括北方地区的供暖)、农村住宅用能和北方城镇供暖用能这四部分。

北方地区因特殊的地理位置和气候条件,冬季寒冷且漫长,供暖成为居民生活的重要组成部分。据统计,北方城镇供暖能耗占全国总能耗的近 30%,其中燃煤供暖占比最大。这种高能耗的供暖方式不仅加剧了能源短缺的问题,也对环境造成了严重污染。然而,随着城市化进程的加快,供暖能耗问题日益突出,其对环境和经济都带来了不小的压力。北方城镇供暖用能指的是冬季采用集中供暖方式的省、自治区和直辖市的供暖能耗,地域覆盖大部分严寒地区和寒冷地区。西藏、川西及贵州部分区域等冬季寒冷地区也需要供暖,但由于当地的能源状况与北方地区完全不同,问题和特点也不尽相同,因此需要特别研究。北方城镇供暖多为集中供暖,包括大量城市级别热网与区域级别热网。与其他建筑用能以楼栋或者以户为单位不同,这部分供暖用能在很大程度上与供暖系统的结构形式和运行方式有关,并且其实际用能数值也是按照供暖系统来统一统计核算的。

根据数据统计(见表 6-10),北方城镇供暖面积约占总建筑面积的四分之一。北方城镇供暖用能情况很大程度上与供暖系统结构形式和运行方式相关,包括热源和热力站的转换损失、管网的热损失和输配能耗及终端用户的得热量。2020 年,北方城镇供暖能耗为 2.14 亿 tce,占全国总能耗的 20%。2001—2020 年,北方城镇供暖面积从 50 亿 m² 增加到

156亿 m²,增加了2倍,而能耗总量增加不到1倍,其原因在于建筑围护结构保温水平的提高、高效热源供暖方式占比提高和运行管理水平的提升,其中涉及建筑部分节能主要是末端节能。北方城镇供暖能耗问题是一个复杂的系统工程,需要政府、企业和居民共同努力,通过提高能源利用效率、优化能源结构、建立节能型供暖系统、加强政策引导和监管等措施,实现供暖的可持续发展。

表6-10 2020年中国建筑运行能耗

用能分类	宏观参数	用电量/(亿 kW·h)	商品能耗/(亿 tce)	一次能耗强度
北方城镇供暖	156亿 m²	639	2.14	13.7 kgce/m²
城市住宅用能(不含北方地区供暖用能)	292亿 m²	5694	2.67	759 kgce/m²
农村住宅用能	227亿 m²	3446	2.29	1212 kgce/户
公共建筑用能(不含北方地区供暖用能)	140亿 m²	10221	3.46	24.7 kgce/m²
合计	8.15亿 m²	20000	10.56	—

思 考 题

1. 试从建筑结构角度和建筑节能角度综合分析墙体围护结构材料的发展方向。

2. 一般民用建筑供暖热负荷计算的主要内容是什么?并估算自己宿舍的供暖热负荷。

3. 集中供暖系统由哪几部分组成?建筑物选择集中供暖的必要条件是什么?

4. 供暖系统的热媒有哪几类?如何确定供暖系统的热媒?

5. 谈谈你对传统供暖系统和分户供暖系统的认识,如何从技术上及观念上实现供暖节能?

6. 机械循环热水供暖系统主要布置方式有哪几种?分别适用于何类建筑?

7. 简述散热器的布置原则。

8. 简述低温热水地板辐射供暖系统的构造要求。

9. 供暖热源有哪几类?在区域规划中确定热源类型、位置应注意什么问题?

10. 谈谈你对南方供暖的看法及可以采用的系统形式。

11. 曾经有传言辐射供暖会致癌,请你根据所学知识对此进行批驳。

第7章 供燃气

7.1 燃气种类及特性

城镇燃气是由几种气体组成的混合气体,其中含有可燃气体和不可燃气体。可燃气体有碳氢化合物、氢气和一氧化碳,不可燃气体有二氧化碳、氮气和氧气等。燃气的种类很多,主要有天然气、人工煤气、液化石油气等。

7.1.1 天然气

天然气是蕴藏在地层中的可燃性气体,主要是以甲烷为主的低分子量烷烃类混合物,还含有少量的二氧化碳、硫化氢、氮和微量的氦、氖、氩等气体。天然气的低热值为 $33494\sim41868\ kJ/Nm^3$,是一种高热量、低污染的优质清洁能源,是城镇燃气的理想气源。

7.1.2 人工煤气

人工煤气是将矿物燃料(如煤、重油等)通过热加工而得到的。通常使用的有干馏煤气(如焦炉煤气)和重油裂解气。

将煤放在专用的工业炉中,隔绝空气,从外部加热,分解出来的气体经过处理后,可分别得到煤焦油、氨、粗萘、粗苯和干馏煤气,剩余的固体残渣即为焦炭。

重油在压力、温度和催化剂的作用下,分子裂变即可形成可燃气体。这种气体经过处理后,可分别得到煤气、粗苯和残渣油。重油裂解气也叫作油煤气或油制气。

将煤或焦炭放入煤气发生炉,通入空气、水蒸气或两者的混合物,使其吹过炽热的煤层,在空气供应不足的情况下进行氧化和还原反应,生成以一氧化碳和氢气为主的可燃气体,这种可燃性气体称为发生炉煤气。由于它的热值低,一氧化碳含量高,因此不适合作为民用燃气,多在工业上使用。

此外,从冶金生产或煤矿矿井得到的煤气副产物称为副产煤气或矿井气。

人工煤气具有强烈的气味及毒性,含有硫化氢、萘、苯、氨、焦油等杂质,容易腐蚀及堵塞管道,因此人工煤气需加以净化才能供城市使用。一般焦炉煤气的低热值为 $17585\sim18422\ kJ/Nm^3$,重油裂解气的低热值为 $16747\sim20515\ kJ/Nm^3$。

7.1.3. 液化石油气

液化石油气由丙烷、丙烯、丁烷、丁烯、甲烷等成分组成,其中主要成分是丙烷、丙烯和丁烷。它们在常温常压下呈气态,而常温加压或常压低温时呈液态。液化石油气的低热值为 $83763\sim113044\ kJ/Nm^3$。

液化石油气主要从以下几个方面获取。

(1)从石油伴生气中获取。在石油开采过程中,油田伴生气随着原油一起喷出,通过装在油井的油气分离装置,把油田伴生气分离出来,经加工处理就可获取液化石油气。

(2)从炼油厂中获取。在生产汽油、柴油的同时产生的副产品——石油气。它可分为蒸馏气、热裂化气、催化裂化气、催化重整气等多种气体。这些石油气都含有 C1~C5 组分,通过分离装置把 C3、C4 组分分离提取出来,就可获取液化石油气。

(3)从天然气中获取。天然气可分为干气和湿气两种,甲烷含量 90% 以上的天然气称为干气;甲烷含量低于 90%,乙烷、丙烷、丁烷等超过 10% 的天然气称为湿气。从湿气中把乙烷、丙烷、丁烷等分离出来,就可获取液化石油气。

7.2 燃气供应方式

7.2.1 管道供应

天然气、人工煤气、液化石油气混空气可输入城镇燃气管网供气,城镇燃气输配系统一般由门站、燃气管网、储气设施、调压设施、管理设施、监控系统等组成。城镇燃气输配系统的设计,应符合城镇燃气总体规划,在可行性研究的基础上,做到近、远期结合,以近期为主,经技术经济比较后确定合理的方案。

城镇燃气管道供应应按燃气最高工作压力 P 分为八级,并应符合表 7-1 的要求。

表 7-1 城镇燃气管道最高工作压力分级

名称		最高工作压力/MPa
超高压		$4.0 < P$
高压	A	$2.5 < P \leqslant 4.0$
	B	$1.6 < P \leqslant 2.5$
次高压	A	$0.8 < P \leqslant 1.6$
	B	$0.4 < P \leqslant 0.8$
中压	A	$0.2 < P \leqslant 0.4$
	B	$0.01 < P \leqslant 0.2$
低压		$P \leqslant 0.01$

城镇燃气管网一般采用单级系统、两级系统或三级系统,一般大型城市采用高中低三级系统,中小型城市采用中低压两级或者中压单级系统,各级之间用调压站连接。城镇燃气干管的布置,应根据用户用量及其分布,全面规划,宜按逐步形成环状管网供气进行设计。

中压和低压燃气管道宜采用聚乙烯管、钢管等,高压燃气管道宜采用钢制燃气管道。

地下燃气管道不得从建筑物和大型结构物的下面穿越,埋设的最小覆土厚度(路面至管顶)应符合下列要求:埋设在车行道下时,不得小于 0.9 m;埋设在非车行道(含人行道)下时,不得小于 0.6 m;埋设在庭院(指绿化地及载货汽车不能进入之地)内时,不得小于 0.3 m;埋设在水田下时,不得小于 0.8 m。

7.2.2 非管输供气

液态液化石油气在石油炼厂产生后,可用管道、汽车槽车、火车槽车、槽船运输到灌瓶站后再用管道或钢瓶灌装,经供应站供应给用户。

供应站到用户根据供应范围、户数、燃烧设备的需用量大小等因素可采用单瓶、瓶组和管道系统,其中单瓶供应常用 15 kg 钢瓶供居民用。瓶组供应常采用钢瓶并联来供应公共建筑或小型工业用户。管道供应方式适用于居民小区、大型工厂职工住宅区或锅炉房。

钢瓶内液态液化石油气的饱和蒸汽压按绝对压力计,一般为 $70\sim800$ kPa,其靠室内温度自然汽化。但供燃气燃具燃烧时,还要经过钢瓶上的调压器减压到 2.8 kPa±0.5 kPa。单瓶系统的钢瓶一般置于厨房,而瓶组并联系统的钢瓶、集气管及调压阀等应设置在单独房间。

压缩天然气(CNG)和液化天然气(LNG)供气技术已经非常成熟,CNG 和 LNG 供应城镇燃气方式源自天然气汽车加气的母子站系统。母站为固定式加气站,子站离输气管道有一定的距离,专门敷设管道不经济,用 CNG 或 LNG 瓶组汽车将 CNG 和 LNG 从母站运输到子站,供用户加气。由于母子站系统技术成熟、灵活方便,而且造价比建设独立加气站低,因此借鉴母子站系统的供应方式,采用 CNG 和 LNG 供应城镇燃气是可行的。在小城镇天然气供应系统中,CNG 释放站和 LNG 气化站的建设,在行业得到了大量的应用,尤其在供气系统建设储气,起到了初期代替管输气的作用,在管输气到达城镇后,又可作为调峰气源,保障城镇供气。

7.3　建筑燃气供应系统

建筑燃气供应系统的构成,随城镇燃气系统的供气方式不同而有所变化。常见的供应方式为低压供应,其由用户引入管、立管、水平干管、用户支管、燃气计量表、用户连接管、燃气泄漏报警系统和燃气用具等组成。目前,也有一些城市采用中压至楼栋,再用楼栋调压或者中压进户表前调压的方式供应。

对于中压至楼栋的情况,户内管一般指楼栋阀后的管道及设备;对于区域调压的情况,一般指引入管以后的管道及设备。户内管的设计按管道系统划分,一般包括引入管、调压箱(柜)、楼栋及室内管道几部分。户内管按用户类型划分,一般分为居民住宅户内管、工商业用户户内管。

7.3.1　引入管

引入管是指室外配气支管与用户室内燃气进口管总阀门。当无用户室内进口管总阀门时,引入管指室外配气支管末端到室内地面1 m高处之间的管道。

燃气引入管不得敷设在卧室、卫生间、易燃或易爆品的仓库、有腐蚀性介质的房间、发电间、配电间、变电室、不使用燃气的空调机房、通风机房、计算机房、电缆沟、暖气沟、烟道和进风道、垃圾道等地方。住宅燃气引入管宜设在厨房、走廊、与厨房相连的封闭阳台内(寒冷地区输送湿燃气时阳台应封闭)等便于检修的非居住房间内。当确有困难时,可从楼梯间引入,但应采用金属管道且引入管阀门宜设在室外。

当燃气引入管进入密闭室时,密闭室必须进行改造,并设置换气口,其通风换气次数每小时不得小于 3 次。输送湿燃气的引入管,埋设深度应在土壤冰冻线以下,并宜有不低于0.01 的坡向室外管道的坡度。当燃气引入管穿过建筑物基础、墙或管沟时,均应设置在套管中,并应考虑沉降的影响,必要时采取补偿措施。

燃气引入管最小公称直径,应符合下列要求:输送人工煤气和矿井气不应小于 25 mm;输送天然气不应小于 20 mm;输送气态液化石油气不应小于 15 mm;

燃气引入管总管上应设置阀门和清扫口,阀门应选择快速式切断阀。阀门的设置应符合下列要求:阀门宜设置在室内,对重要用户尚应在室外另设置阀门;地上低压燃气引入管的直径小于或等于 75 mm 时,可在室外设置带丝堵的三通,不另设置阀门;地下室、半地下室(液化石油气除外)地下室、半地下室(液化石油气除外)或地上密闭房间内时,在引入管处应设手动快速切断阀和紧急自动切断阀,紧急自动切断阀停电时必须处于关闭状态。

引入管的安装方法一般可分地下引入法和地上引入法两种。

1. 地下引入法

如图 7-1 所示,室外燃气管道从地下穿过房屋基础或首层厨房地面直接引入室内。在室内的引入管上,离地面 0.5 m 处,安装一个 DN20~DN25 的斜三通作为清扫口。引入管管材采用无缝钢管,套管可采用普通钢管;外墙至室内地面之间的管段采用加强级防腐;若用于高层建筑,燃气管应在穿墙处预留管洞或凿洞,且管洞与燃气管顶的间隙不应小于建筑物的最大沉降量,两侧保留一定间隙,并用沥青油麻堵严。

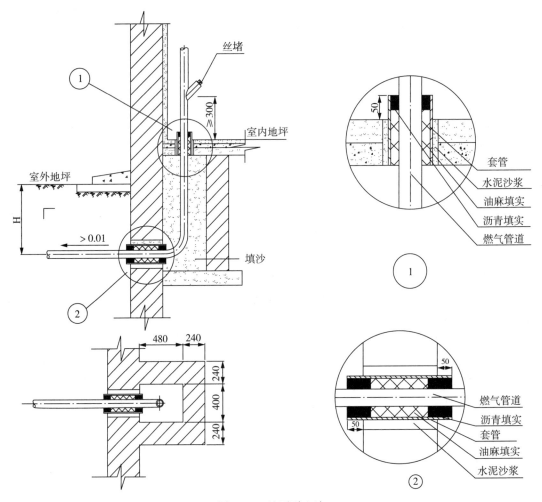

图 7-1　地下引入法

图 7-2 为地下引入管通过暖气沟或地下室的做法大样图,地下管道一律采用无缝钢管煨弯,地上部分亦可采用镀锌钢管管件连接。引入管室外做加强级防腐,并填充膨胀珍珠岩保温和砌砖台保护。砖台内外抹 75 号砂浆,砖台与建筑物外墙应连接严密,不能有裂纹,盖板保持 30°倾斜角。引入管进入地上后应设置快速切断阀。

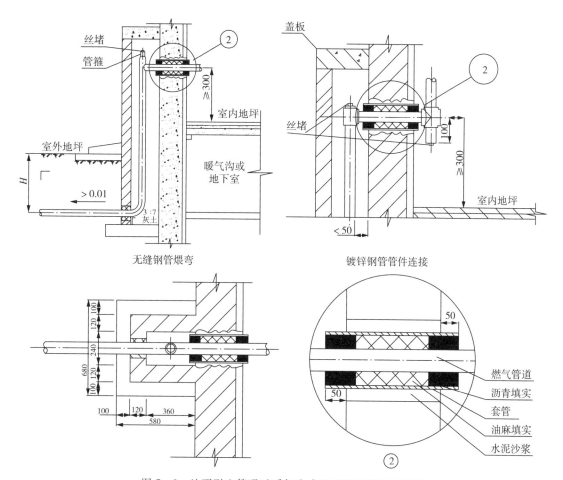

图 7 - 2　地下引入管通过暖气沟或地下室的做法大样图

2. 地上引入法

在我国长江以南没有冰冻期的地方或北方寒冷地区引入管遇到建筑物内的暖气管沟而无法从地下引入时,常用地上引入法。燃气管道穿过室外地面沿外墙敷设到一定高度,然后穿过建筑物外墙进入室内。

图 7 - 3 为地上引入法。地上引入管可以通过低立管和高立管两种方式引入室内。不管采用何种方式,地上部分管道必须具有良好的保护措施,确保安全。

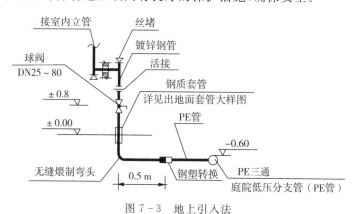

图 7 - 3　地上引入法

3. 引入管的补偿

当建筑物设计沉降量大于 50 mm 时,可对燃气引入管采取如下补偿措施:加大引入管穿墙处的预留洞尺寸;引入管穿墙前水平或垂直弯曲 2 次以上;引入管穿墙前设置金属柔性管或波纹补偿器。

地上引入管的补偿器安装形式如图 7 - 4 所示,设计时应根据所需补偿量确定金属软管的长度、弯曲半径。

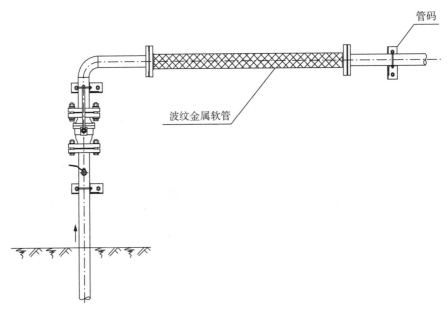

图 7 - 4　地上引入管的补偿器安装形式

7.3.2　室内燃气管道

1. 室内燃气管道选材

室内燃气管道宜选用钢管,也可选用铜管、不锈钢管、铝塑复合管和连接用软管。

(1)室内燃气管道选用钢管时,应符合下列规定。

① 低压燃气管道应选用热镀锌钢管(热浸镀锌),其质量应符合现行国家标准《低压流体输送用焊接钢管》(GB/T 3091—2015)的规定。

② 中压和次高压燃气管道宜选用无缝钢管,其质量应符合现行国家标准《输送流体用无缝钢管》(GB/T 8163—2018)的规定;燃气管道的压力小于或等于 0.4 MPa 时,可选用焊接钢管。

③ 钢管的壁厚应符合下列规定:当选用符合《低压流体输送用焊接钢管》(GB/T 3091—2015)标准的焊接钢管时,低压宜采用普通管,中压应采用加厚管;当选用无缝钢管时,其壁厚不得小于 3 mm,用于引入管时不得小于 3.5 mm;对于避雷保护范围以外的屋面上的燃气管道和高层建筑沿外墙架设的燃气管道,当采用焊接钢管或无缝钢管时,其管道壁厚均不得小于 4 mm。

(2)室内燃气管道选用铜管时,应符合下列规定。

① 铜管的质量应符合国家标准《无缝铜水管和铜气管》(GB/T 18033—2017)的规定。

② 铜管道应采用硬钎焊连接,宜采用不低于 1.8% 的银(铜-磷基)焊料(低银铜磷钎

料)。铜管接头和焊接工艺可按现行国家标准《铜管接头　第 1 部分:钎焊式管件》(GB/T 11618.1—2008)和《铜管接头　第 2 部分:卡压式管件(GB/T 1618.2—2008)》的规定执行;铜管道不得采用对焊、螺纹或软钎焊(熔点小于 500 ℃)连接。

③ 埋入建筑物地板和墙中的铜管应是覆塑铜管或带有专用涂层的铜管,其质量应符合有关标准的规定。

④ 铜管必须有防外部损坏的保护措施。

(3)室内燃气管道选用不锈钢管时,应符合下列规定。

① 薄壁不锈钢管:薄壁不锈钢管的壁厚不得小于 0.6 mm(DN15 及以上),其质量应符合现行国家标准《流体输送用不锈钢焊接钢管》(GB/T 12771—2019)的规定;薄壁不锈钢管的连接方式,应采用承插氩弧焊式管件连接或卡套式管件机械连接,并宜优先选用承插氩弧焊式管件连接。承插氩弧焊式管件和卡套式管件应符合有关标准的规定。薄壁不锈钢管必须有防外部损坏的保护措施。

② 不锈钢波纹管:不锈钢波纹管的壁厚不得小于 0.2 mm,其质量应符合现行行业标准《燃气用具连接用不锈钢波纹软管》(CJ/T 197—2010)的规定;不锈钢波纹管应采用卡套式管件机械连接,卡套式管件应符合有关标准的规定;不锈钢波纹管必须有防外部损坏的保护措施。

(4)室内燃气管道选用铝塑复合管时,应符合下列规定。

① 铝塑复合管的质量应符合现行国家标准《铝塑复合压力管　第 1 部分:铝管搭接焊式铝塑管》(GB/T 18997.1—2020)和《铝塑复合压力管　第 2 部分:铝管对接焊式铝塑管》(GB/T 18997.2—2020)的规定。

② 铝塑复合管应采用卡套式管件或承插式管件机械连接,承插式管件应符合行业标准《承插式管接头》(CJ/T 110—2018)的规定。

③ 卡套式管件应符合行业标准《卡套式铜制管接头》(CJ/T 111—2018)和《铝塑复合管用卡压式管件》(CJ/T 190—2015)的规定。

④ 铝塑复合管安装时必须对铝塑复合管材进行防机械损伤、防紫外线(UV)伤害及防热保护,并应符合下列规定:环境温度不应高于 60 ℃;工作压力应小于 10 kPa;在户内计量装置(燃气表)后安装。

(5)室内燃气管道使用连接软管时,应符合下列规定。

① 燃气用具连接部位、实验室用具或移动式用具等处可采用软管连接。

② 中压燃气管道上应采用符合国家标准《波纹金属软管通用技术条件》(GB/T 14525—2010)、《在 2.5 MPa 及以下压力下输送液态或气态液化石油气(LPG)和天然气的橡胶软管及软管组合件　规范》(GB 10546—2013)或同等性能以上的软管。

③ 低压燃气管道上应采用符合行业标准《家用煤气软管》(HG 2486—1993)或《燃气用具连接用不锈钢波纹软管》(CJ/T 197—2010)规定的软管。

④ 当软管最高允许工作压力不应小于管道设计压力的 4 倍。

⑤ 当软管与家用燃具连接时,其长度不应超过 2 m,并不得有接口。

⑥ 当软管与移动式的工业燃具连接时,其长度不应超过 30 m,接口不应超过 2 个。

⑦ 软管与管道、燃具的连接处应采用压紧螺帽(锁母)或管卡(喉箍)固定。在软管的上游与硬管的连接处应设阀门。

⑧ 橡胶软管不得穿墙、天花板、地面、窗和门。

2. 室内燃气管道布置

室内燃气管道一般敷设于用气空间,避免进入非用气空间。室内燃气管道与电气设备、相邻管道之间的净距不应小于表 7-2 的规定。

表 7-2　室内燃气管道与电气设备、相邻管道之间的净距

管道和设备		与燃气管道的净距/cm	
		平行敷设	交叉敷设
电气设备	明敷的绝缘电线或电缆	25	10(注)
	暗敷或管内绝缘电线	5(从所做的槽或管子的边缘算起)	1
	电压小于 1000 V 的裸露电线	100	100
	配电盘或配电箱、电表	30	不允许
	电插座、电源开关	15	不允许
相邻管道		保证燃气管道和相邻管道的安装和维修	2

注:(1)当明敷电线加绝缘套管且套管的两端各伸出燃气管道 10 cm 时,套管与燃气管道的交叉净距可降至 1 cm。

(2)当布置确有困难时,在采取有效措施后,可适当减小净距。

1)水平干管和立管

燃气水平干管和立管不得穿过易燃易爆品仓库、配电间、变电室、电缆沟、烟道、进风道和电梯井等。

(1)燃气水平干管宜明设,不宜穿过建筑物的沉降缝。当建筑设计有特殊美观要求时,可敷设在能安全操作、通风良好和检修方便的吊顶内;当吊顶内设有可能产生明火的电气设备或空调回风管时,燃气干管宜设在与吊顶底平齐的独立密封"U"形管槽内,管槽底宜采用可卸式活动百叶或带孔板。

(2)燃气立管不得敷设在卧室或卫生间内。立管穿过通风不良的吊顶时,应设在套管内。燃气立管宜明设,当设在便于安装和检修的管道竖井内时,应符合下列要求。

① 燃气立管可与空气、惰性气体、上下水、热力管道等设在一个竖井内,但不得与电线、电气设备或氧气管、进风管、回风管、排气管、排烟管、垃圾道等共用一个竖井。

② 竖井内的燃气管道应符合《城镇燃气设计规范》(GB 50028—2006)(2020 年版)规定的要求,并尽量不设或少设阀门等附件。竖井内燃气管道的最高压力不得大于 0.2 MPa;燃气管道应涂黄色防腐识别漆。

③ 竖井应每隔 2~3 层做相当于楼板耐火极限的不燃烧体进行防火分隔,且应采取设法保证平时竖井内自然通风、火灾时防止产生"烟囱效应"的措施。

④ 每隔 4~5 层设一燃气浓度检测报警器,上、下两个报警器的高度差不应大于 20 m。

⑤ 管道竖井的墙体应为耐火极限不低于 1.0 h 的不燃烧体,井壁上的检查门应采用丙级防火门。

2)燃气支管

燃气支管宜明设,不宜穿过起居室(厅)。敷设在起居室(厅)、走道内的燃气管道不宜有接头。当燃气支管暗埋及暗封时,应分别满足如下要求。

(1)住宅内暗埋的燃气支管暗埋部分不宜有接头,且不应有机械接头。暗埋部分宜有涂层或覆塑等防腐蚀措施;暗埋的管道应与其他金属管道或部件绝缘,暗埋的柔性管道宜采用钢盖板保护;暗埋管道必须在气密性试验合格后覆盖;覆盖层厚度不应小于 10 mm;覆盖层面上应有明显标志,标明管道位置,或采取其他安全保护措施。

(2)住宅内暗封的燃气支管应设在不受外力冲击和暖气烘烤的部位;暗封部位应可拆卸,检修方便,并应通风良好。商业和工业企业室内暗设燃气支管可暗埋在楼层地板内;也可暗封在管沟内,管沟应设活动盖板,并填充干砂;不得暗封在可以渗入腐蚀性介质的管沟中;当暗封燃气管道的管沟与其他管沟相交时,管沟之间应密封,燃气管道应设套管。

(3)地下室、半地下室设备层和地上密闭房间及工业用气要求:地下室、半地下室、设备层和地上密闭房间(包括地上无窗或窗仅用作采光的密闭房间)敷设燃气管道时,用气空间净高不宜小于 2.2 m;应有良好的通风设施,房间换气次数不得小于 3 次/h;应有独立的事故机械通风设施,其换气次数不应小于 6 次/h;应有固定的防爆照明设备;应采用非燃烧体实体墙与电话间、变配电室、修理间、储藏室、卧室、休息室隔开;应设置燃气监控设施;当燃气管道与其他管道平行敷设时,应敷设在其他管道的外侧;地下室内燃气管道末端应设放散管,并应引出地上,放散管的出口位置应保证吹扫放散时的安全和卫生要求。

工业企业用气车间、锅炉房及大中型用气设备的燃气管道上应设放散管,放散管管口应高出屋脊(或平屋顶)1 m 以上或设置在地面上安全处,并应采取防止雨雪进入管道和放散物进入室内的措施。当建筑物位于防雷区之外时,放散管的引线应接地,接地电阻应小于 10 Ω。

3. 室内燃气管道计算

室内燃气管道计算包括确定燃气用气量,确定管道计算流量、管径和管道压力损失。

民用建筑室内燃气管道的计算流量应按同时工作系数法进行计算,即根据燃气用具的种类、数量及其相应的燃气用量标准乘以同时工作系数而得到。其计算公式如下:

$$Q = \sum K Q_n N$$

式中:Q——室内燃气管道计算流量,Nm^3/h;

　　Q_n——同类型燃气用具的额定流量,Nm^3/h;

　　K——燃气用具同时工作系数,其反映燃气集中使用的程度,其值见表 7-3 所列。

表 7-3　居民生活用燃气用具的同时工作系数 K

同类型燃气用具数目 N	燃气双眼灶	燃气双眼灶和快速热水器	同类型燃气用具数目 N	燃气双眼灶	燃气双眼灶和快速热水器
1	1.00	1.00	40	0.39	0.18
2	1.00	0.56	50	0.38	0.178
3	0.85	0.44	60	0.37	0.176
4	0.75	0.38	70	0.36	0.174
5	0.68	0.35	80	0.35	0.172
6	0.64	0.31	90	0.345	0.171

（续表）

同类型燃气用具数目 N	燃气双眼灶	燃气双眼灶和快速热水器	同类型燃气用具数目 N	燃气双眼灶	燃气双眼灶和快速热水器
7	0.60	0.29	100	0.34	0.17
8	0.58	0.27	200	0.31	0.16
9	0.56	0.26	300	0.30	0.15
10	0.54	0.25	400	0.29	0.14
15	0.48	0.22	500	0.28	0.138
20	0.45	0.21	700	0.26	0.134
25	0.43	0.20	1000	0.25	0.13
30	0.40	0.19	2000	0.24	0.12

得到计算流量后,我们可以根据允许压力损失来确定管径,低压燃气管道允许总压降分配见表 7 - 4 所列。

表 7 - 4　低压燃气管道允许总压降分配

燃气种类及灶具额定压力		允许总压降 ΔP_d/Pa	街区	单层建筑		多层建筑	
				庭院	室内	庭院	室内
人工煤气	800 Pa	750	400	200	150	100	250
	1000 Pa	900	550	200	150	100	250
天然气 2000 Pa		1650	1050	350	250	250	350

7.3.3　室内燃气设施

1. 燃气计量表

燃气表应根据燃气的工作压力、温度、流量和允许的压力降等条件选择。住宅内燃气表可安装在厨房内,有条件时也可设置在户门外。在住宅内高位安装燃气表时,表底距地面不宜小于 1.4 m;当燃气表装在燃气灶具上方时,燃气表与燃气灶具的水平净距不得小于 30 cm;在住宅内低位安装燃气表时,表底距地面不得小于 10 cm。商业和工业企业的燃气表宜集中布置在单独房间内,当设有专用调压室时,燃气表与调压器同室布置。

燃气表选型时需满足以下条件:燃气表的额定最小流量 q_{min} 应小于用气设备极端最小用气工况下的流量;燃气表的额定最大流量 q_{max} 应大于用气设备极端最大用气工况下的流量。

燃气表宜安装在不燃或难燃结构的室内通风良好和便于查表、检修的地方,严禁安装在下列场所:卧室、卫生间及更衣室内;有电源、电器开关及其他电器设备的管道井内,或有可能滞留泄漏燃气的隐蔽场所;环境温度高于 45 ℃ 的地方;经常潮湿的地方;堆放易燃易爆、易腐蚀或有放射性物质等危险的地方;有变、配电等电器设备的地方;有明显振动影响的地方;高层建筑中的避难层及安全疏散楼梯间内。

2. 燃气用具

常用的民用灶具有厨房燃气灶具和燃气热水器。常见的燃气灶是双眼燃气灶,其由灶体、工作面及燃烧器组成;燃气热水器是一种局部热水加热设备,其按构造可分为容积式和直流式两类。

燃气灶具应安装在有自然通风和自然采光的厨房内,不得设在地下室或卧室内。安装燃气灶具的房间净高不得低于 2.2 m,燃气灶具与墙面的净距不得低于 10 cm,当墙面有易燃材料时,应加防火隔热板,燃气灶具灶面边缘的烤箱的侧壁距木质家具的净距不得小于 20 cm。燃气热水器应安装在通风良好的非居住房间、过道或阳台内;平衡式热水器可安装在有外墙的浴室或卫生间内,其他类型的热水器严禁安装;装有烟道式热水器的房间,房间门或墙的下部应设有效截面积不小于 0.02 m² 的格栅,或在门与地面之间留有不小于 30 mm 的间隙。

3. 燃气泄漏报警系统

对于居民用户,应选用带有自动熄火保护装置的燃气灶具。当厨房为地上暗厨房(无直通室外的门和窗)时,还应设置燃气浓度检测报警器、自动切断阀和机械通风设施,且燃气浓度检测报警器应与自动切断阀和机械通风设施联锁。

对于商业用户,商业用气设备应安装在通风良好的专用房间内;商业用气设备不得安装在易燃易爆物品的堆存处,亦不应设置在兼做卧室的警卫室、值班室、人防工程等处。商业用气设备设置在地下室、半地下室(液化石油气除外)或地上密闭房间内时,应符合下列要求:燃气引入管应设手动快速切断阀和紧急自动切断阀;紧急自动切断阀停电时必须处于关闭状态(常开型);用气设备应有熄火保护装置;用气房间应设置燃气浓度检测报警器,并由管理室集中监视和控制,宜设烟气一氧化碳浓度检测报警器,应设置独立的机械送排风系统。商业用气设备的通风量应满足下列要求:正常工作时,换气次数不应小于 6 次/h;事故通风时,换气次数不应小于 12 次/h;不工作时换气次数不应小于 3 次/h;当燃烧所需的空气由室内吸取时,应满足燃烧所需的空气量,还应满足排除房间热力设备散失的多余热量所需的空气量。因此,商业用户的厨房若为暗厨房、地下室、半地下室,则需加装燃气泄漏报警系统,且燃气浓度检测报警器应与自动切断阀和机械通风设施联锁。对于通风条件不好的的商业用户厨房,可要求业主增大开窗面积,以改善用气环境的通风条件。

对于工业用户,工业企业生产用气的燃气管道上应安装低压和超压报警及紧急自动切断阀,并且大流量用户应设置燃气报警器和排风系统。

此外,燃气调压间、燃气锅炉间的燃气浓度报警装置,应与燃气供气母管总切断阀和排风扇联动。在引入锅炉房的室外燃气母管上、在安全和便于操作的地点,应装设与锅炉房燃气浓度报警装置联动的总切断阀,阀后应装设气体压力表。

思 考 题

1. 城镇燃气供应方式有哪几种? 分别简单介绍一下。
2. 室内燃气管道由哪几部分组成? 安装时应注意哪些问题?
3. 简述燃气利用环境中,什么情况下需要设置燃气泄漏报警系统?
4. 燃气计量表选择与安装注意事项有哪些?

第8章　建筑通风

8.1　建筑通风概述

建筑通风工程,就是把室内被污染的空气排到室外,同时把室外新鲜的空气输送到室内的换气技术。

8.1.1　空气中有害物质浓度、卫生标准及排放标准

1. 有害物质浓度

有害物质对人体的危害程度,主要取决于有害物质本身的物理化学性质及其在空气中的含量。单位体积空气中有害物质的含量叫作有害物质浓度。有害物质含量可以用质量或体积两种表示方法,故对应浓度为质量浓度或体积浓度。质量浓度是指每立方米空气中所含有害物质的毫克数,以 mg/m^3 表示;体积浓度是指每立方米空气中所含有害物质的毫升数,以 mL/m^3[或 $ppm(\times 10^{-4}\%)$]表示。

空气中的有害气体与蒸气的含量既可用质量浓度表示也可用体积浓度表示。空气中粉尘的含量一般用质量浓度表示;有时也用颗粒浓度表示,即每立方米空气中所含粉尘的颗粒数。在工业通风技术中一般采用质量浓度,颗粒浓度主要用于洁净车间。

2. 卫生标准

卫生标准是为实施国家卫生法律法规和有关卫生政策,保护人体健康,在预防医学和临床医学研究与实践的基础上,对涉及人体健康和医疗卫生服务事项制定的各类技术规定。为了保护工人、居民的安全和健康,必须使工业企业的设计符合卫生要求。我国在总结职业病防治工作经验、开展生产环境和工人健康状况卫生学调查的基础上,结合我国技术和经济发展的实际,制定了《工业企业设计卫生标准》。该标准较旧标准主要增加了工作场所粉尘、防毒的具体卫生设计要求,以及除尘、排毒和空气调节设计的卫生学要求;细化了事故排风的卫生学设计,是工业通风设计和验收的重要依据,对各工业企业车间空气中有害物的最高允许浓度、空气的温度、相对湿度和流速,以及居住区大气中有害物质的最高允许浓度等都做了规定。该标准中,车间空气中有害物质的最高允许浓度,即工人在此浓度下长期进行生产劳动而不会引起急性或慢性职业病的浓度,亦即车间空气中有害物质不应超过的浓度。居住区大气中有害物质的最高允许浓度,一般是根据不引起黏膜刺激和恶臭而制订的;日平均最高允许浓度是根据有害物质不引起慢性中毒而制订的。

3. 排放标准

工业生产中产生的有害物质是造成大气环境恶化的主要原因,因此,从这些生产车间排出的空气不经过净化或净化不够都会对大气造成污染。排放标准是在卫生标准的基础上制定的,《大气污染物综合排放标准》(GB 16297—1996)规定了 33 种大气污染物的排放限值,其指标体系为最高允许排放浓度、最高允许排放速率和无组织排放监控浓度限值。不同行

业的相应标准的要求比《大气污染物综合排放标准》中的规定更为严格。

在实际工作中,对已制定行业标准的生产部门,应以行业标准为准。

8.1.2 通风系统分类

为排风和送风设置的管道及设备等分别称为排风系统和送风系统,统称为通风系统。

1. 按照空气流动的作用动力分类

通风系统按照空气流动的作用动力可分为自然通风和机械通风。

1)自然通风

自然通风是依靠风压、热压的作用使室内外空气通过建筑物围护结构的孔口进行交换的。自然通风按建筑构造的设置情况又分为有组织自然通风和无组织自然通风。有组织自然通风是指具有一定程度调节风量能力的自然通风。无组织自然通风是指经过围护结构缝隙所进行的不可进行风量调节的自然通风。自然通风在一般工业厂房中应采用有组织的自然通风方式用以改善工作区的劳动环境;在民用和公共建筑中多采用窗扇作为有组织或无组织自然通风的设施。

自然通风具有经济、节能、简便易行、不需专人管理、无噪声等优点,在选择通风措施时应优先采用。但因自然通风作用压力有限,除了管道式自然通风尚能对送风进行加热处理外,一般情况下不能进行任何预处理,因此不能保证用户对送风温度、湿度及洁净度等方面的要求;另外,从污染房间排出的污浊空气也不能进行净化处理,由于风压和热压均受自然条件的影响,因此通风量不易控制,通风效果不稳定。

2)机械通风

机械通风是依靠通风机产生的作用力强制室内外空气交换流动。机械通风包括机械送风和机械排风。机械通风与自然通风相比较有很多优点:机械通风作用压力可根据设计计算结果而确定,通风效果不会因此受到影响;可以根据需要对进风和排风进行各种处理,满足通风房间对进风的要求;可以对排风进行净化处理,满足环保部门有关规定和要求;可以通过管道输送,也可以利用风管上的调节装置来改变通风量的大小。但是机械通风系统中需要设置各种空气处理设备、动力设备(通风机)、各类风道、控制附件和器材,故而初投资和日常运行维护管理费用远大于自然通风系统。另外,各种设备需要占用建筑空间和面积,并需要专门人员管理,通风机还会产生噪声。

2. 按照系统作用范围大小分类

通风系统按照系统作用范围大小可分为全面通风和局部通风。

1)全面通风

全面通风是整个房间进行通风换气,使室内有害物浓度降低到最高容许值以下,同时把污浊空气不断排至室外,因此全面通风也称为稀释通风。

全面通风有自然通风、机械通风、自然和机械联合等多种方式。全面通风包括全面送风和全面排风。

全面通风的效果与通风房间的气流组织形式有关。合理的气流组织应该是正确地选择送、排风口的形式、数量及位置,使送风和排风均能以最短的流程进入工作区或排至大气。

2)局部通风

局部通风是利用局部气流改善室内某一污染程度严重或工作人员经常活动的局部空间的空气状态。局部通风包括局部送风和局部排风。

8.2 自然通风

自然通风是指利用建筑物内外空气的密度差引起的热压或室外大气运动引起的风压来引进室外新鲜空气达到通风换气作用的一种通风方式。它既不消耗机械动力,又能在适宜的条件下获得巨大的通风换气量,因此其是一种节能的通风方式。自然通风在一般的居住建筑、普通办公楼、工业厂房(尤其是高温车间)中有广泛的应用,其能经济有效地满足工作人员对室内空气品质的要求及生产工艺的一般要求。

8.2.1 自然通风作用原理

虽然自然通风在大部分情况下是一种经济有效的通风方式,但是它同时又是一种难以进行有效控制的通风方式。我们只有在对自然通风作用原理了解的基础上,才能采取一定的技术措施,使自然通风基本上按预想的模式运行。

如果建筑物外墙上的窗孔两侧存在压差 ΔP,空气就会流过该窗孔,空气流过窗孔时产生的局部阻力为

$$\Delta P = \xi \frac{\rho v^2}{2} \tag{8-1}$$

式中:ΔP—— 窗孔两侧的压差,Pa;

v—— 空气流过窗孔时的流速,m/s;

ρ—— 通过窗孔的空气密度,kg/m^3;

ξ—— 窗孔的局部阻力系数。

式(8-1)也可改写为

$$v = \sqrt{\frac{2\Delta P}{\xi\rho}} = \mu\sqrt{\frac{2\Delta P}{\rho}} \tag{8-2}$$

式中:μ—— 窗孔的流量系数,$\mu = \sqrt{\frac{1}{\xi}}$,$\mu$ 的大小与窗孔的构造有关,一般不大于 1。

通过窗孔的空气量按下式计算:

$$G = L\rho = vF\rho = \mu F\sqrt{2\Delta P\rho} \tag{8-3}$$

式中:G—— 通过窗孔的空气量,kg/s;

L—— 通过窗孔的空气流量,m^3/s;

F—— 窗孔的面积,m^2。

由式(8-3)可以看出,如果窗孔两侧的压力差 ΔP 和窗孔的面积 F 已知,就可以求得通过该窗孔的空气量 G。要实现自然通风,窗孔两侧必须有压力差 ΔP。

下面分析在自然通风条件下,自然通风压差 ΔP 是如何产生的。

1. 热压作用下的自然通风

1) 单层建筑

有一建筑物如图 8-1 所示,在外墙一侧的不同标高处开设窗孔 a 和 b,高差为 h;假设窗孔外的空气静压力分别为 P_a、P_b,窗孔内的空气静压力分别为 P'_a、P'_b。下面用 ΔP_a 和 ΔP_b 分别表示窗孔 a 和 b 的内外压差;室内外空气的密度和温度分别表示为 ρ_n、t_n 和 ρ_w、t_w,且 $t_n > t_w$,$\rho_n < \rho_w$。若先将上窗孔 b 关闭、下窗孔 a 开启,则下窗孔 a 两侧空气在压力差 ΔP_a 作用下流动,最终将使得 P_a 等于 P'_a,即室内外压差 ΔP_a 为零,空气便停止流动。这时上窗孔 b 两侧必然存在压力差 ΔP_b,按流体静压强分布规律可以求得 ΔP_b 为

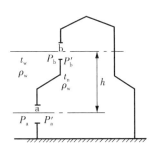

图 8-1　单层建筑热压作用的自然通风工作原理

$$\Delta P_b = P'_b - P_b$$
$$= (P'_a - \rho_n gh) - (P_a - \rho_w gh)$$
$$= (P'_a - P_a) + gh(\rho_w - \rho_n)$$
$$= \Delta P_a + gh(\rho_w - \rho_n) \qquad (8-4)$$

分析上式,当 $\Delta P_a = 0$ 时,$\Delta P_b = gh(\rho_w - \rho_n)$,说明当室内外空气存在温差($t_w < t_n$)时,只要开启窗孔 b 空气便会从内向外排出。随着空气向外流动,室内静压逐渐降低,使得 $P'_a < P_a$,即 $\Delta P_a < 0$。这时室外空气便由下窗孔 a 进入室内,直至窗孔 a 的进风量与窗孔 b 的排风量相等为止,形成正常的自然通风。

把式(8-4)移项整理后可得

$$\Delta P_b + (-\Delta P_a) = \Delta P_b + |\Delta P_a| = gh(\rho_w - \rho_n)$$

$gh(\rho_w - \rho_n)$ 即称为热压。热压的大小与室内外空气的温度差(密度差)和进、排风窗孔之间的高差有关。在室内外温差一定的情况下,提高热压作用动力的唯一途径是增大进、排风窗孔之间的垂直高度。

2) 多层建筑

有一多层建筑物如图 8-2 所示,若室内温度高于室外温度,则室外空气从下层房间的外门窗缝隙或开启的洞口进入室内,经内门窗缝隙或开启的洞口进入楼内的垂直通道(如楼梯间、电梯井、上下连通的中庭等)向上流动,最后经上层的内门窗缝隙或开启的洞口和外墙的窗、阳台门缝排至室外。这就形成了多层建筑物在热压作用下的自然通风(见图 8-2),也就是所谓的"烟囱效应"。

在多层建筑的自然通风中,中和面的位置与上、下流动阻力(包括外门窗和内门窗的阻力)有关,一般情况下,中和面可能在 0.3 ~ 0.7 的建筑高度之间变化。当上、下空气流通面积基本相等时,中和面在建筑物的中间高度附近。图 8-2 表示了楼梯间内的压力线 P_s 与室外的压力线 P_w 之间的关系。每层楼的压差是指室外与楼梯间之间的压力差。

多层建筑"烟囱效应"的强度与建筑物高度和室内外温差有关。一般情况下,建筑物越高,"烟囱效应"越强烈。

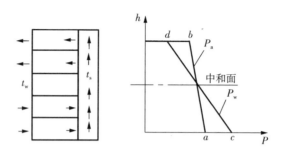

t_s— 楼梯间温度；P_s— 楼梯间内的压力线；P_w— 室外压力线。

图 8-2　多层建筑在热压作用下的自然通风

2. 风压作用下的自然通风

室外气流吹过建筑物时，气流将发生绕流，经过一段距离后气流才能恢复原有的流动状态。建筑物四周的空气静压因受到室外气流的作用而有所变化。风的作用在建筑物表面所形成的空气静压力变化称为风压。建筑物附近的平均风速随建筑物高度的增加而增加。迎风面的风速和风的紊流度对气流的流动状况和建筑物表面及周围的压力分布影响很大。

从图 8-3 可以看出，因气流的撞击作用，迎风面静压力高于大气压力，处于正压状态。在一般情况下，当风向与该平面的夹角大于 30° 时，会形成正压区。

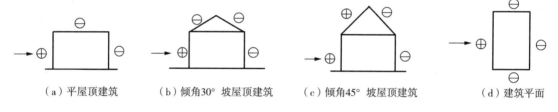

（a）平屋顶建筑　　　（b）倾角30° 坡屋顶建筑　　　（c）倾角45° 坡屋顶建筑　　　（d）建筑平面

⊕ — 附加压力为正；⊖ — 附加压力为负。

图 8-3　建筑物在风力作用下的压力分布

当室外气流发生建筑绕流时，会在建筑物的顶部和后侧形成旋涡。根据流体力学原理，这两个区域的静压力均低于大气压力，从而形成负压区，我们把它们统称为空气动力阴影区。空气动力阴影区覆盖着建筑物下风向各表面，并延伸一定距离，直至恢复到原有的流动状态。

建筑物周围的风压分布与建筑物本身的几何造型和室外风向有关。当风向一定时，建筑物外围护结构上各点的风压值可用下式表示：

$$P_f = K \frac{v_w^2}{2} \rho_w \qquad (8-5)$$

式中：P_f—— 风压，Pa；

　　　K—— 空气动力系数；

　　　v_w—— 室外空气流速，m/s；

　　　ρ_w—— 室外空气密度，kg/m³。

不同形状的建筑物在不同风向作用下，空气动力系数的分布是不相同的。K 值一般是通过模型实验得到的,K 值为正,说明该点的风压为正压,该处的窗孔为进风窗;K 值为负,说明该点的风压为负压,该处的窗孔为排风窗。

3. 热压、风压同时作用下的自然通风

热压、风压同时作用下的自然通风可以认为是热压和风压作用的叠加。也就是说,某一建筑物受到风压、热压同时作用时,外围护结构各窗孔的内、外压差就等于风压、热压单独作用时窗孔内外压差之和。

设有一建筑,室内温度高于室外温度。当只有热压作用时,室内外的压力分布如图 8-4(a) 所示;当只有风压作用时,迎风侧与背风侧室外的压力分布如图 8-4(b) 所示,其中虚线为未考虑温度影响的室内压力线。图 8-4(c) 考虑了风压和热压共同作用的压力分布。由此可以看到,当 $t_n > t_w$ 时,下层迎风侧进风量增加,下层背风侧进风量减少,甚至可能出现排风;上层迎风侧排风量减少,甚至可能出现进风,上层的背风侧排风量加大;在中和面附近迎风面进风,而背风面排风。

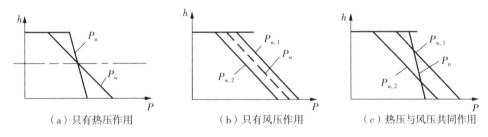

（a）只有热压作用 （b）只有风压作用 （c）热压与风压共同作用

图 8-4 热压、风压作用下建筑内外压力分布

那么,在热压、风压同时作用下的自然通风究竟谁起主导作用呢? 实测和原理分析表明:对于高层建筑,在冬季(室外温度低)时,即使风速很大,上层迎风面房间仍然是排风的,这说明热压起了主导作用;而对于低层建筑,其周围风速通常较小(大气流动边界层的影响使近地面风速降低),且风速受邻近建筑(或其他障碍物)的影响很大,因此影响了风压对建筑物的作用。虽然热压在建筑的自然通风中起主导作用,但是风压的作用不容忽视,所以《民用建筑供暖通风与空气调节设计规范》(GB 50736—2012)规定,采用自然通风的建筑,自然通风量的计算应同时考虑热压和风压的作用。

在计算热压作用下的通风量时,宜按照下列方法确定:

(1)室内发热量较均匀、空间形式较简单的单层大空间建筑,可采用简化计算方法确定;

(2)住宅和办公建筑中,考虑多个房间之间或多个楼层之间的通风,可采用多区域网络法进行计算;

(3)建筑体型复杂或室内发热量明显不均的建筑,可按计算流体动力学(CFD)数值模拟方法确定。

在计算风压作用下的通风量时,宜按照下列方法确定:

(1)分别计算过渡季及夏季的自然通风量,并按其最小值确定;

(2)室外风向按计算季节中的当地室外最多风向确定;

(3)室外风速按基准高度室外最多风向的平均风速确定,当采用计算流体动力学(CFD)数值模拟时,应当考虑当地地形条件及其梯度风、遮挡物的影响;

(4)仅当建筑迎风面计算季节的最多风向成 $45°\sim90°$ 时,该面上的外窗或有效开口利用面积才可作为进风口进行计算。

8.2.2 自然通风的设计原则

如前所述,虽然自然通风在大部分情况下是一种经济有效的通风方式,但是它同时又是一种难以进行有效控制的通风方式。由于它受到气象条件、建筑平面规划、建筑结构形式、室内工艺设备布置、窗户形式与开窗面积、其他机械通风设备等许多因素的影响,因此在确定通风车间的设计方案时,规划、建筑、工艺及其他各专业应密切配合、相互协调、综合考虑、统筹布置。下面介绍一些基本的设计原则和经验,可供设计者在通风方案设计中参考。

1. 建筑总平面规划

建筑群的布局可从平面和空间两个方面考虑。一般建筑群的平面布局可分为行列式、错列式、斜列式及周边式等。从通风的角度来看,错列式和斜列式较行列式和周边式好。当用行列式布置时,建筑群内部气流场因风向不同而有很大变化。错列式和斜列式可使风从斜向导入建筑群内部,有时亦可结合地形采用自由排列的方式。周边式很难将风导入,这种布置方式只适用于冬季寒冷地区。

为了保证建筑的自然通风效果,建筑主要进风面一般应与夏季主导风向成 $60°\sim90°$,且不宜小于 $45°$,同时,应避免大面积外墙和玻璃窗受到西晒。南方炎热地区的冷加工车间应以避免西晒为主。为了保证厂房有足够的进风窗孔,不宜将过多的附属建筑布置在厂房四周,特别是厂房的迎风面。

室外风吹过建筑物时,迎风面的正压区和背风面的负压区都会延伸一定的距离,距离的大小与建筑物的形状和高度有关。在这个距离内,如果有其他较低矮的建筑物存在,就会受到高大建筑所形成的正压区或负压区的影响。为了保证较低矮的建筑物能正常进风和排风,各建筑物之间有关的尺寸应保持适当的比例。

2. 建筑形式的选择

建筑物高度对自然通风有很大的影响。一方面,随着建筑物高度的增加,室外风速随之增大,而门窗两侧的风压差与风速的平方成正比。另一方面,热压与建筑物高度也成正比。因此,自然通风的风压作用和热压作用都随着建筑物的高度的增加而增强。这对高层建筑物的室内通风是有利的。但是,高层建筑能把城市上空的高速风引向地面,产生"楼房风"的危害,这对周边地区自然通风的稳定性和控制是不利的。

当迎风面和背风面的外墙开孔面积占外墙总面积 1/4 以上,且建筑内部阻挡较少时,室外气流就能横贯整个车间,形成所谓的"穿堂风"。穿堂风的风速较大,有利于人体散热。在我国南方,冷加工车间和一般的民用建筑广泛采用穿堂风,有些热车间也把穿堂风作为车间的主要降温措施(见图 8-5)。应用穿堂风时,应将主要热源布置在夏季主导风向的下风侧。

若为多层车间,在工艺条件允许的条件下热源尽量设置在上层,下层用于进风。如图 8-6所示,某铝电解车间,为了降低工作区温度,冲淡有害物质的浓度,厂房采用双层结构。车间的主要放热设备电解槽布置在二层,电解槽两侧的地板上设置四排连续的进风格子板。室外新鲜空气由侧窗和地板的送风格子板直接进入工作区。这种双层建筑自然通风量大,工作区温升小,能较好地改善工作区的劳动条件。

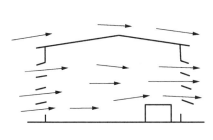

图 8-5　开敞式厂房的自然通风

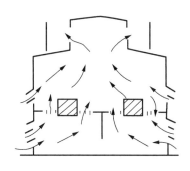

图 8-6　双层厂房的自然通风

为了提高夏季自然通风的降温效果,应尽量降低进风侧窗下缘离地面的高度,一般不宜大于 1.2 m。进风窗采用阻力小的立式中轴窗或对开窗,把气流直接导入工作区。集中采暖地区,冬季自然通风的进风窗下缘应设在 4 m 以上,以便室外气流到达工作区前能和室内空气充分混合,以免影响工作区的温度分布。

利用天窗排风的生产厂房,符合下列情况之一者应采用避风天窗:

(1)炎热地区,室内散热量大于 23 W/m² 时;

(2)其他地区,室内散热量大于 35 W/m² 时;

(3)不允许气流倒灌时。

为了增大进风面积,以自然通风为主的热车间应尽量采用单跨厂房。在多跨厂房中应将冷、热跨间隔布置,尽量避免热跨相邻。

3. 工艺布置

(1)以热压为主进行自然通风的厂房,应将散热设备尽量布置在天窗下方。

(2)散热量大的热源(如加热炉、热料等)应尽量布置在厂房外面,且布置在夏季主导风向的下风侧。布置在室内的热源,应采取有效的隔热降温措施。

(3)当热源靠近生产厂房一侧的外墙布置,且外墙与热源间无工作点时,应尽量将热源布置在该侧外墙的两个进风口之间(见图 8-7),这样可使工作区温度降低。

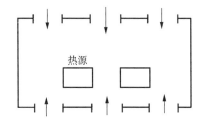

图 8-7　热车间的热源布置

4. 进风窗、避风天窗与风帽

1)进风窗的布置与选择

(1)对于单跨厂房,进风窗应设在外墙上,在集中供暖地区最好设上、下两排。

(2)自然通风进风窗的标高应根据其使用的季节来确定:夏季通常使用房间下部的进风窗,其下缘距室内地坪的高度一般为 0.3~1.2 m,这样可使室外新鲜空气直接进入工作区;冬季通常使用车间上部的进风窗,其下缘距地面不宜小于 4 m,以防止冷风直接吹向工作区。

(3)夏季车间余热量大,因此下部进风窗面积应开设得大一些,宜用门、洞、平开窗或垂直转动窗板等;冬季使用的上部进风窗面积应小一些,宜采用下悬窗扇,向室内开启。

2)避风天窗

因风的作用,普通排风天窗迎风面窗孔会发生倒灌。为了不发生倒灌,可以在天窗上增设如图 8-8 所示的挡风板,保证排风天窗在任何风向下都处于负压区,以利于排风,这种天窗称为避风天窗。

常用的避风天窗有以下几种。

(1)矩形天窗,如图 8-8 所示。这种天窗采光面积大,当热源集中布置在车间中部时,便于热气流迅速排除,这种天窗过去应用较多。其缺点是建筑结构复杂、造价高。

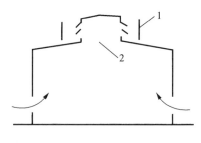

1—挡风板;2—喉口。

图 8-8　矩形天窗

(2)下沉式天窗,如图 8-9 所示。下沉式天窗把部分屋面下移,放在屋架的下弦上,利用屋架本身的高度(上、下弦之间的空间)形成天窗。它不像矩形天窗那样凸出在屋面之上,而是凹入屋盖里面。下沉式天窗又可分为纵向下沉式、横向下沉式和天井式三种。下沉式天窗相比矩形可以天窗可以降低 2~5 m 厂房高度,因而比较经济。其缺点是天窗高度受屋架高度限制,清灰、排水比较困难。

图 8-9　下沉式天窗

(3)曲、折线型天窗是一种新型的轻型天窗,如图 8-10 所示。挡风板的形状为折线型或曲线型。与矩形天窗相比,其排风能力强、阻力小、重量轻、造价低。

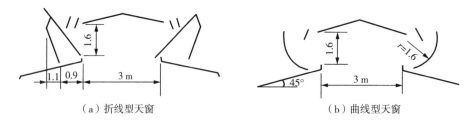

(a)折线型天窗　　　　　　　　　　(b)曲线型天窗

图 8-10　曲、折线型天窗

3)避风风帽

避风风帽就是在普通风帽的外围增设一圈挡风圈。挡风圈的功能同挡风板,即当室外气流经过风帽时,在排风口四周形成负压区。风帽多用于局部自然通风和设有排风天窗的全面自然通风系统中,一般安装在局部自然排风道出口的末端和全面自然通风的建筑物屋顶上,如图 8-11~图 8-13 所示。风帽的作用在于可以使排风口处和风道内产生负压,防止室外风倒灌和防止雨水或污物进入风道或室内。

图 8-11 避风风帽的构造

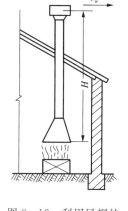
图 8-12 利用风帽的
自然排风系统

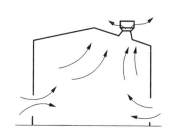
图 8-13 全面自然通风
系统中的避风风帽

5. 绿色建筑的自然通风

自然通风是当今绿色建筑中广泛采用的一项技术措施。我国传统建筑平面布局坐北朝南、讲究穿堂风等,都是通过自然通风节省能源的朴素运用。

采用自然通风方式的根本目的就是取代(或部分取代)传统空调制冷系统的使用,从而减少能耗、降低污染。而这一取代过程在建筑环境方面有以下两个意义。一是实现有效被动式冷却。通常自然通风可以在不消耗不可再生能源的情况下降低室内温度、湿度,使室内环境达到人体热舒适度。这有利于减少能耗、降低污染,符合可持续发展思想。二是可以提供新鲜、清洁的自然空气(新风),有利于人们的生理和心理健康。自然通风避免了因空调所维持的温湿环境造成的人体抵抗力下降而引起的各种"空调病",同时有利于满足人们与大自然交往的心理需求。

(1)利用风压实现自然通风。自然通风最基本的动力是热压和风压。人们常说的"穿堂风"就是利用风压在建筑物内部产生空气流动。如果希望利用风压来实现建筑物自然通风,首先,建筑物要有外部风环境(平均风速一般不小于 4 m/s);其次,建筑应朝向夏季主导风向,房间进深要适宜,以便易于形成穿堂风。在不同季节、不同风速、不同风向的情况下,建筑物应采取相应措施(如适宜的构造形式,可开合的气窗、百叶窗等)来调节室内空气流动状况。

(2)利用热压实现自然通风。自然通风的另一种机理是利用建筑物内部的热压使热空气上升,从建筑物上部风口排出;室外新鲜的冷空气从建筑物底部吸入。一般来说,室内外空气温度差越大、进出风口高度差越大,热压作用越强。因自然风的不稳定性或周围高大建筑、植被的影响,许多情况下在建筑物周围形不成足够的风压,这时就需要利用热压来增强建筑物的自然通风。

(3)风压与热压结合实现自然通风。利用风压和热压结合来进行自然通风往往希望两者能互为补充。由于风压和热压之间可能存在复杂的非线性相互作用,因此到目前为止,在热压和风压综合作用下的自然通风机理还在还断探索中。风压和热压什么时候相互加强、什么时候相互削弱还不能完全预知。一般来说,建筑进深小的部位多利用风压来直接自然通风,而进深较大的部位多利用热压来达到自然通风的效果。

(4)机械辅助式自然通风。对于一些大型体育场馆、展览馆、商场等因通风路径(或管道)较长、流动阻力较大,单纯依靠自然的风压、热压往往不足以实现自然通风。而对于空气和噪声污染比较严重的大城市,直接自然通风会将室外污浊的空气和噪声带入室内,不利于人体健康。在以上情况下,常常采用一种机械辅助式自然通风系统。该系统一般有一套完整的空气循环通道,辅以符合生态思想的空气处理手段,如利用地源、水源进行预冷、预热空气等太阳能诱导通风等,并借助一定的机械方式来加速室内通风。

8.3 机械通风

8.3.1 局部通风

局部通风是利用局部气流,使局部工作地点不受有害物质的污染,保持良好的空气环境。这种通风方法所需的风量小、效果好,是防止工业有害物质污染室内空气和改善作业环境最有效的通风方法,设计时应优先考虑。局部通风分为局部排风和局部送风两大类。

1. 局部排风

局部排风就是在有害物质产生地点直接把它们捕集起来,经过净化处理,排至室外。其指导思想是有害物质在哪里产生,就在哪里排走。

局部排风系统示意如图 8-14 所示,它由以下几部分组成。

(1)局部排风罩。局部排风罩是用来捕集有害物质的。它的性能对局部排风系统的技术经济指标有直接影响。性能好的局部排风罩,如密闭罩,只需较小的风量就可以获得良好的工作效果。因生产设备和操作方式的不同,排风罩的形式多种多样。

(2)风管。风管用来输送含尘气体或有害气体,并把通风系统中的各种设备或部件连成了一个整体。为了提高系统的经济效益,应合理选定风管中的气体流速,管路应力求短、直。

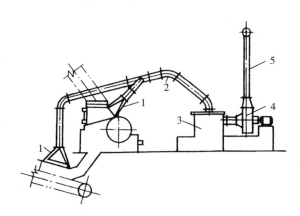

1—局部排风罩;2—风管;3—净化设备;4—风机;5—排气管。

图 8-14 局部排风系统示意

风管通常由表面光滑的材料制作而成,如薄钢板、聚氯乙烯板,有时也用混凝土、砖等材料。

(3)净化设备。净化设备是用来防止大气污染的。当排出的空气中有害物质的量超过排放标准时,必须用除尘或净化设备处理,待达到排放标准后才可排入大气。净化设备可分为除尘器和有害气体净化装置两类。

(4)风机。风机是用来向机械排风系统提供空气流动动力的。为了防止风机的磨损和腐蚀,一般把它放在净化设备的后面。

(5)排气筒或烟囱。排气筒或烟囱是用来将有害物质排入高空稀释扩散的,其可避免在不利地形、气象条件下有害物质对厂区或车间造成二次污染,并保护居住区环境卫生。

局部排风系统各个组成部分虽功能不同,但却互相联系,必须每个组成部分设计合理,才能使局部排风系统发挥应有的作用。

2. 局部送风

对于面积很大、操作人员较少的生产车间,用全面通风的方式改善整个车间的空气环境,既困难又不经济。例如,某些高温车间,没有必要对整个车间进行降温,只需向个别的局部工作地点送风即可。这种在局部地点保证良好的空气环境的通风方法称为局部送风。其指导思想是哪里需要,就送到哪里去。

局部送风系统有系统式和分散式两种。图 8 - 15 为系统式局部送风系统示意。空气经集中处理后送入局部工作区。分散式局部送风系统一般使用轴流风扇或喷雾风扇,空气在室内循环使用。

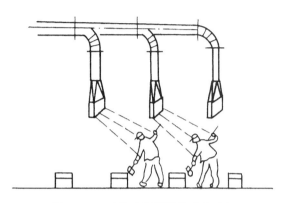

图 8 - 15　系统式局部送风系统示意

8.3.2　全面通风

1. 概述

全面通风是对整个房间进行通风换气,其基本原理:用清洁空气稀释(冲淡)室内空气中有害物质的浓度,同时不断地把污染的空气排至室外,保证室内空气环境达到卫生标准。全面通风又叫作稀释通风。

全面通风可以采用自然通风或机械通风。

全面通风的效果不但与通风量有关,还与通风气流的组织有关。在解决实际问题时,应根据具体情况选择合理的通风方法,有时需要几种方法联合使用才能达到良好的效果。例如,用局部通风措施仍不能有效地控制有害物质,部分有害物质还散发到车间时,应辅助采用全面通风方式。

2. 全面通风量的确定

工业建筑物中的有害物质一般来源于各种生产设备和工艺过程,由于生产过程各不相同且极其复杂,有害物质的散发量难以用理论公式计算,因此大多是通过现场测定或是依照类似生产工艺的调查资料确定。全面通风系统除了承担降低室内有害物质浓度的任务外,还具有消除房间内多余热量和湿量的作用。工业厂房产热源主要有工业炉及其他加热设备散热量、热物料冷却散热量和动力设备运行的散热量等。室内多余的湿量来源于水体表面的水蒸发量、物料的散湿量、生产过程中化学反应散发的水蒸气量等。余热、余湿的数量取决于车间性质、规模和工艺条件。计算方法可参阅有关供热通风设计手册。

在民用和公共建筑物中一般不存在有害物质生产源。全面通风多用于冬季热风供暖和夏季冷风降温。某些建筑或房间在人员密集(如剧场、会议室等)或是电气照明设备及其他动力设备较多时,可能产生过多的热量和湿量,这种情况下也可以采用全面通风来改善室内的空气环境。

(1)消除室内余热、余湿的全面通风量可按下列公式计算：

消除室内余热所需的全面通风量 G_r 的计算公式为

$$G_r = \frac{Q}{c(t_p - t_s)} \tag{8-6}$$

式中：G_r—— 消除室内余热所需的全面通风量，kg/s；

$\quad Q$—— 室内余热量，kJ/s；

$\quad c$—— 空气的质量比热，取为 1.01 kJ/(kg·℃)；

$\quad t_p$—— 排风温度，℃；

$\quad t_s$—— 送风温度，℃。

全面通风量也可以写成体积流量的形式，即

$$L_r = \frac{Q}{c\rho(t_p - t_s)} = \frac{G_r}{\rho} \tag{8-7}$$

式中：ρ—— 送风密度，kg/m³。

消除室内余湿所需的全面通风量 G_s 的计算公式为

$$G_s = \frac{W}{d_p - d_s} \tag{8-8}$$

式中：G_s—— 消除室内余湿所需的全面通风量，kg/s；

$\quad W$—— 室内余湿量，g/s；

$\quad d_p$—— 排出空气的含湿量，g/kg 干空气；

$\quad d_s$—— 进入空气的含湿量，g/kg 干空气。

(2)降低室内有害物浓度并使其达到要求值所需的全面通风量 L_s 的计算公式为

$$L_s = \frac{Kx}{y_o - y_s} \tag{8-9}$$

式中：L_s—— 降低室内有害物浓度并使其达到要求值所需的全面通风量，m³/s；

$\quad x$—— 室内某种有害物质的散发量，g/s；

$\quad y_o$—— 室内卫生标准中规定的最高容许浓度，即排风中含有该种有害物质的浓度，g/m³；

$\quad y_s$—— 送风中含有该种有害物质的浓度，g/m³；

$\quad K$—— 安全系数，一般为 3～10。

当散布在室内的有害物质无法具体计量时，式(8-9)无法应用。这时全面通风量可根据类似房间的实测资料和经验数据，按房间的换气次数确定。计算式为

$$L = nV \tag{8-10}$$

式中：L—— 式(8-9)无法应用时的全面通风量，m³/h；

$\quad n$—— 房间换气次数，次/h；

$\quad V$—— 房间容积，m³。

全面通风量的确定如果仅是消除余热、余湿或有害气体，那么其各个通风量值就是建筑

全面通风量数值。但当室内有多种有机溶剂(如苯及其同系物、醇类、醋酸酯类)的蒸气或是有刺激性有味气体(如三氧化硫、二氧化硫、氟化氢及其盐类)同时存在时,全面通风量应按各类气体分别稀释至容许值时所需要的换气量之和计算。除上述有害物质外,对于其他有害气体同时散发于室内空气中的情况,其全面通风量只需按换气量最大者计算即可。对于室内要求同时消除余热、余湿及有害物质的车间,全面通风量应按其中所需最大的换气量计算,即 $L_f = \max\{L_r, L_s, L\}$,其中 L_f 表示车间的全面通风量。

3. 全面通风气流组织

全面通风量不仅取决于通风量的大小,还与通风气流的组织有关。在不少情况下,尽管通风量相当大,但气流组织不合理,仍然不能全面而有效地把有害物质稀释,局部地点的有害物质因积聚而浓度增加。因此,合理地设计气流组织是通风设计的重要一环,应当重视。

在设计气流组织时,考虑的主要方面有有害物质源的分布、送回风口的位置及其形式等。

1)气流组织和有害物质源的关系

全面通风气流组织设计的最基本原则:将新鲜空气送到作业地带或操作人员经常停留的工作地点,应避免将有害物吹向工作区;同时,有效地从有害物质源附近或者有害物质浓度最大的部位排走污染的空气。

图 8-16 中,"×"表示有害物质源,"○"表示人员的工作位置,箭头表示进、排风方向。方案 1 是将清洁空气先送到人员的工作位置,再经有害物质源排至室外。这个方案中,人员工作地点空气新鲜,显然是合理的。方案 2 的气流组织是不合理的,因为送风空气先经过有害物质源,再到达人员工作位置,人员吸入的空气被污染。同样,方案 3 也是不合理的。

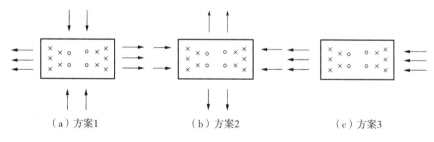

（a）方案1　　　　　（b）方案2　　　　　（c）方案3

图 8-16　气流组织平面示意图

2)送排风方式

通风房间气流组织的主要方式有上送上排、下送上排和中间送上下排等。具体工程中采用哪种方式,应根据操作人员的位置、有害物质源的分布情况、有害物质的性质及其浓度分布、有害物质的运动趋向等因素综合考虑,并按以下原则确定:送风口应接近人员操作的地点,或者送风要沿着最短的线路到达人员作业地带,保证送风先经过人员操作地点,后经过污染区排至室外;排风口应尽可能靠近有害物质源或有害物质浓度高的区域,把有害物质迅速排至室外,必要时应进行净化处理;在整个房间内,应使进风气流均匀分布,尽量减少涡流区。

通风房间内应当避免出现涡流区的原因:空气在涡流区内再循环会使有害物质的浓度不断积聚,造成局部空气环境恶化。如果在涡流区积聚的是易燃烧或易爆炸的有害物质,那么当其浓度达到一定时就会引起燃烧或爆炸。

对于同时散发有害气体和余热的车间，一般采用如图 8-17 所示的下送上排的方式。清洁的空气从车间下部送入，在工作区散开，带着有害气体或余热流至车间上部，最后经设在上部的排风口排出。这样的气流组织有以下特点：新鲜空气能以最短的路线到达人员作业地带，避免在途中受污染；人员首先接触新鲜空气；符合热车间内有害气体、蒸气和热量的分布规律，即一般情况下，上部的有害气体或蒸气浓度高，且上部的空气温度也是高的。

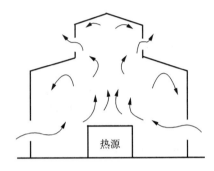

密度较大的有害气体或蒸气并不一定沉积在车间底部，因为它们不是单独存在的，而是和空气混合在一起的，所以决定有害气体在车间内的分布不是它们自身的密度，而是混合气体的密度。在车间的空气中，有害气体的浓度通常是很低的，一般在 $0.5\,g/m^3$ 以下，它所引起空气密度的变化很小。但是，当温度变化 $1\,℃$ 时，如温度由 $15\,℃$ 升高到 $16\,℃$，则空气密度由 $1.226\,kg/m^3$ 减少到 $1.222\,kg/m^3$，即空气密度变化达 $4\,g/m^3$。由此可见，只要室内空气温度分布稍不均匀，有害气体就

图 8-17 热车间的气流组织示意

会随室内空气一起运动。当室内没有对流气流时，密度较大的有害气体才会积聚在车间下部。另外，有些比较轻的挥发物（如汽油、醛等）因蒸发吸热，使周围空气冷却，并随之一起下降。若不看具体情况，只看到有害气体密度大于空气密度一个方面，则会得出有害气体浓度分布的错误结论。

在工程设计中，一般采用以下气流组织方式。

(1)有害物质源散发的有害气体温度比周围空气温度高，或者车间存在上升气流，不论有害气体密度大小，均应采用下送上排的方式。

(2)若没有热气流的影响，当散发的有害气体密度比空气密度小时，应采用下送上排的方式；当散发的有害气体密度比空气密度大时，应采用上下两个部位同时排出的方式，并在中间部位将清洁空气直接送到工作地带。

通风房间内有害气体浓度分布除了受对流气流影响外，还受局部气流影响。局部气流包括经窗孔进入的室外空气流、机械设备引起的局部气流、通风气流等。由此可见，车间内影响有害气体浓度分布的因素是复杂的。对大型的或重要的车间通常先进行模型试验或数值仿真，以确定复杂情况下的气流组织方式。

应当指出，室内通风气流主要受送风口位置和形式的影响，排风口的影响是次要的。

4. 空气量平衡和热平衡

当用通风方法控制有害物质的污染、改善房间空气环境时，必须考虑通风房间的空气量平衡和热平衡，这样才能达到设计要求。

对于任何通风房间，不论采用哪种通风方式，必须保证室内空气质量平衡，使单位时间内进入室内的空气质量等于同一时间内从此房间排走的空气质量，我们称此为空气量平衡。

要使通风房间的温度达到设计要求并保持不变，必须使房间的总得热量等于总失热量，即保持房间热量平衡，我们称此为热平衡。

1)空气量平衡

如前所述，通风方式有机械通风和自然通风两类，因此，空气量平衡的数学表达式为

$$G_{jj} + G_{zj} = G_{jp} + G_{zp} \qquad (8-11)$$

式中：G_{jj}——机械进风量，kg/s；

　　　G_{zj}——自然进风量，kg/s；

　　　G_{jp}——机械排风量，kg/s；

　　　G_{zp}——自然排风量，kg/s。

在没有自然通风的房间中，若机械进、排风量相等（$G_{jj} = G_{jp}$），则室内压力等于室外大气压力，即室内外压差为零。若机械进风量大于机械排风量（$G_{jj} > G_{jp}$），则室内压力升高并大于室外压力，房间处于正压状态；反之房间压力降低，处于负压状态。当通风房间处于正压状态时，室内一部分空气总会通过房间的窗户、门洞或不严密的缝隙流到室外。我们把渗透到室外的这部分空气称为无组织排风量。与之相反，当通风房间处于负压状态时，总会有室外空气渗透到室内，这部分空气量称为无组织进风量。上述分析表明，无论通风房间处于正压还是负压，空气量平衡原理总是适用的。

2）热平衡

对于采用机械通风，又使用再循环空气补偿部分热损失的车间，热平衡的表达式为

$$\sum Q_h + cL_p \rho_n t_n = \sum Q_f + cL_{jj}\rho_{jj}t_{jj} + cL_{zj}\rho_w t_w + cL_{hx}\rho_n(t_s - t_n) \qquad (8-12)$$

式中：$\sum Q_h$——围护结构、材料吸热造成的总失热量，kW；

　　　$\sum Q_f$——车间内的生产设备、产品、半成品、热力管道及采暖散热器等总放热量，kW；

　　　L_P——房间的总排风量，包括局部排风量和全面排风量，m^3/s；

　　　L_{jj}——机械进风量，m^3/s；

　　　L_{zj}——自然通风量，m^3/s；

　　　L_{hx}——再循环空气量，m^3/s；

　　　c——空气质量比热，且 $c = 1.01\ kJ/(kg \cdot ℃)$；

　　　ρ_n——房间空气密度，kg/m^3；

　　　ρ_w——室外空气密度，kg/m^3；

　　　t_{jj}——机械进风温度，℃；

　　　t_n——室内空气温度，℃；

　　　t_w——室外空气计算温度，℃；

　　　t_s——再循环空气温度，℃。

8.3.3　事故通风

工厂中有一些工艺过程，由于操作事故和设备故障而突然散发大量有毒害气体或有燃烧、爆炸危险的气体。为了防止其对工作人员造成伤害和防止其进一步扩大事故，必须设有排风系统——事故通风系统。

事故通风的排风量应根据工艺精确计算确定。当缺乏资料时，应按房间容积每小时 8 次换气量确定。事故排风量可由房间中设置的排风系统和专门的事故通风系统共同承担。

事故通风的吸风口应设在有毒害或者有燃烧、爆炸危险的气体或蒸气散发量可能最大的地点。当气体或蒸气密度比空气大时，吸气口应设在离地 0.3～1.0 m 处；当气体或蒸气

密度小于空气密度时,吸气口应设在上部;如果气体或蒸气有燃烧、爆炸危害,那么吸入口应尽量紧贴顶棚布置,风口上缘与顶棚距离不得大于 0.4 m。

由于事故通风只是在紧急的事故情况下应用,因此可以不经净化处理直接向室外排放。而且也不必设机械补风系统,可由门、窗自然补入空气。但应注意留有空气自然补入的通道。

事故通风的室外排风口应避开人员经常停留或经常通行的地点,以及邻近窗户、天窗、室门等设施的位置。当 20 m 内有机械进风系统的进风口时,排风口应高出进风口并不得小于 6 m。如果排放的是可燃气体或蒸气,排风口应远离火源 30 m 以上,距可能火花溅落地点应大于 20 m。排风口不得朝向室外空气动力阴影区或正压区。事故排风的排风量应由事故排风系统和经常使用的排风系统共同保证。若事故排风的场所不具备自然进风条件,则在该场所应同时设置补风系统,补风量一般取排风量的 80%,且补风风机应与排风风机联锁。

事故排风的排风量一般按房间的换气次数确定。根据《工业企业设计卫生标准》(GBZ 1—2010)、《工业建筑供暖通风与空气调节设计规范》(GB 50019—2015)、《发电厂供暖通风与空气调节设计规范》(DL/T 5035—2016)、《民用建筑供暖通风与空气调节设计规范》(GB 50736—2012)等标准的要求,在生产中可能突然逸出大量有害物质,或有易造成急性中毒,或有易燃易爆的化学物质的作业场所,事故通风的通风换气次数应不小于 12 次/h。同时,事故通风房间体积计算方法遵循《工业建筑供暖通风与空气调节设计规范》(GB 50019—2015)的要求,当房间高度小于或等于 6 m 时,应按照房间实际体积计算;当房间高度大于 6 m 时,应按 6 m 的空间体积来计算。

事故通风的风机可以是离心式或轴流式风机。其开关应分别设在室内外便于操作的位置。如果条件许可,也可直接在墙上或窗上安装轴流式风机。排放有燃烧、爆炸危险气体的风机应选用防爆型风机。

8.3.4 空气幕

空气幕工作原理:利用条状喷口送出一定速度、一定温度和一定厚度的幕状气流来隔断另一气流。空气幕主要用于公共建筑、工厂中经常开启的外门,以阻挡室外空气侵入;用于防止建筑发生火灾时烟气向无烟区侵入;用于阻挡不干净空气、昆虫等进入控制区域。在寒冷的北方地区,大门空气幕使用很普遍。在空调建筑中,大门空气幕可以减少冷量损失。空气幕也简称为风幕。本节主要讨论大门用的空气幕。

空气幕按系统形式可分为吹吸式和单吹式两种。图 8-18(a)为吹吸式空气幕,其余三种均为单吹式空气幕。吹吸式空气幕封闭效果好,人员通过时对它的影响也较少。但系统较复杂,费用较高,在大门空气幕中较少使用。单吹式空气幕按送风口的位置又可分为上送式[见图 8-18(b)]、侧送式[见图 8-18(c)和图 8-18(d)]和下送式三种。上送式送出气流卫生条件好,安装方便,不占建筑面积,也不影响建筑美观,因此在民用建筑中应用很普遍。侧送空气幕隔断效果好,但双侧的效果不如单侧。侧送空气幕占有一定的建筑面积,而且影响建筑美观,因此很少在民用建筑中应用,主要用于工业厂房、车库等的大门。下送式的送风喷口和空气分配管装在地面下,虽然阻挡冷风的效果好,但送风管和喷口易被灰尘和垃圾堵塞,送出空气的卫生条件差,维修困难,因此目前基本上没有应用。

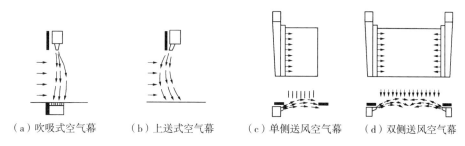

（a）吹吸式空气幕 （b）上送式空气幕 （c）单侧送风空气幕 （d）双侧送风空气幕

图 8-18 各种形式空气幕

空气幕按气流温度不同可分为热空气幕和非热空气幕。热空气幕适用于寒冷地区冬季使用；非热空气幕就地抽取空气，不做加热处理，可用于空调建筑的大门或在餐厅、食品加工厂等门洞阻挡灰尘、蚊蝇等进入。

目前市场上空气幕产品所用的风机有三种类型：离心风机、轴流式风机和贯流风机。其中，贯流风机主要应用于上送式非热空气幕。

8.4 多元通风

多元通风模式是针对传统单一自然通风或机械通风模式而提出来的。为了解决自然通风受环境因素影响大、可控性差，而机械通风能耗过大的问题，人们采取了一种可控制的自然通风和机械通风相结合的通风方式，即多元通风。其可在保持可接受室内环境和热舒适条件下最大限度地减少耗能。多元通风的目的是保证室内空气品质，但同时又起到空气调节的作用，从而保持热舒适性，其控制系统要以尽可能低的能量消耗达到所期望的室内空气流动分布和空气的流动稳定性。

多元通风是在自动控制的基础上，将已有的自然通风和机械通风系统进行组合，在满足室内通风要求的情况下，尽可能地使用自然通风来改善室内空气品质。

1. 太阳能烟囱

太阳能烟囱是多元通风系统中的重要组成部分，其原理是利用太阳能驱动气流流动，将太阳能转换为空气的动能，再通过"烟囱效应"的抽吸作用，诱导气流流出。

图 8-19 为太阳能烟囱示意，太阳辐射通过一侧的透明板将通道内的空气加热，被加热的空气向上运动从烟囱内流出形成负压区域，室内空气通过风阀补入通道，从而形成循环。在多元通风系统中，太阳能烟囱可以独立工作，也可以配合机械通风使用。

太阳能烟囱的形式主要有以下三种：Trombe 墙[见图8-20（a）]、垂直集热屋顶式太阳能烟囱[见图8-20（b）]、倾斜集热板屋顶式太阳能烟囱[见图8-20（c）]。

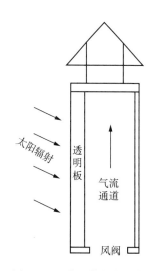

图 8-19 太阳能烟囱示意

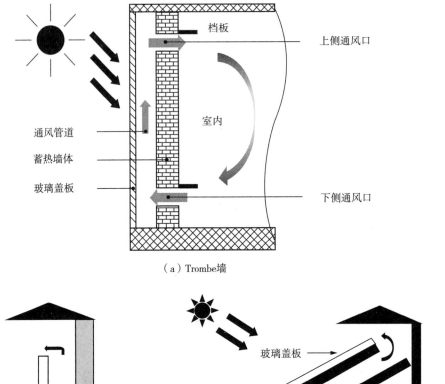

（a）Trombe墙

（b）垂直集热屋顶式太阳能烟囱　　　　　（c）倾斜集热板屋顶式太阳能烟囱

图8-20　几种太阳能烟囱形式

2. 自然通风模式和机械通风模式交替式

自然通风模式和机械通风模式交替运行是多元通风的形式之一,在这种模式下,室内自然通风和机械通风一般是两个独立的系统,自控系统根据不同的实际环境控制两个系统的启停。通常情况下,在一种系统运行时,另一个系统处于停止状态。当室外风环境不佳,室内需要强制通风时,自控系统开启机械通风系统而关闭自然通风系统;当外界条件允许自然通风时,自控系统开启自然通风口,关闭风机。这种交替运行的多元通风具有集成度低、系统简单的特点,故系统的可靠度较高。当一种系统发生故障时,另一个系统仍能运行。图8-21为自然通风和机械通风交替运行的多元通风示意。

3. 自然通风模式和机械通风模式有机结合式

交替式多元通风系统要设计两个系统,系统的初投资较大,且容易造成设备闲置。在交替式多元通风系统的基础上将两个系统综合成一个系统,新的系统集成化程度高,可以充分发挥自然通风和机械通风两者的优点。

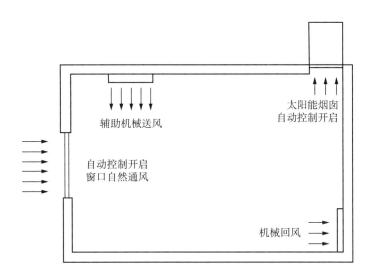

图 8 - 21　自然通风和机械通风交替运行的多元通风示意

1)风机辅助式自然通风

风机辅助式自然通风系统是以自然通风为主,当自然通风无法满足要求时,辅助的风扇将会开启以提高压差,帮助房间进行通风。风机辅助的自然通风充分利用了自然能源,是一种节能的系统形式,但其应用受到建筑室外气象和地理条件限制,在设计和应用时应充分考虑,以保证系统的通风效果。该模式的关键是根据自然驱动力的强弱来控制风机启停的自控系统的设计。图 8 - 22 为风机辅助式自然通风示意。

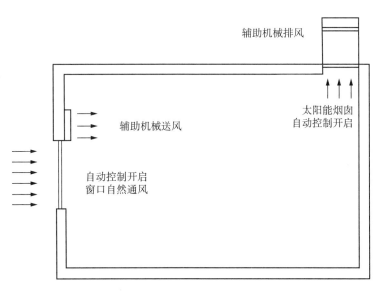

图 8 - 22　风机辅助式自然通风示意

2)热压和风压辅助式机械通风

热压和风压辅助式机械通风系统是以机械通风为主,自然通风起到减少机械通风消耗的辅助作用。这时,机械通风强度大于自然通风,通风房间内的温度场趋于均匀。因此,热压和风压辅助式机械通风的适用范围要大于风机辅助式自然通风,虽然节能性不及后者,但通风效果一般要优于风机辅助式自然通风。热压和风压辅助式机械通风原理与图 8-21 相似,它在形式上与交替式多元通风系统类似,但两者的控制方式和运行情况是截然不同的:平时机械送风系统处于工作状态,当室外自然通风条件良好时,可以降低机械通风的送风强度,并开启自然通风的进风窗口和太阳能烟囱,让自然通风承担一部分通风任务。该模式设计的关键问题是如何依据风压和热压的变化来控制机械通风系统,达到节能的要求。

8.5 通风系统的主要设备和构件

机械通风系统主要包括机械排风系统和机械送风系统两部分。机械排风系统一般由有害污染物收集设施、净化设备、排风管、通风机、排风口及风帽等组成;而机械送风系统一般由进风室、风管、空气处理设备、通风机和进风口等组成。此外,在机械通风系统中还应设置必要的调节通风量和启闭系统运行的各种控制部件,即各种阀门。现将通风系统主要设备及构件简述如下。

8.5.1 通风机

通风机用于为空气流动提供必需的动力,以克服输送过程中的阻力损失。在通风工程中,根据通风机的作用原理可分为离心式、轴流式和贯流式三种类型,实际应用中大量使用的是离心式通风机和轴流式通风机。此外,在特殊场所使用的还有高温通风机、防爆通风机、防腐通风机和耐磨通风机等。

通风机的全称包括有名称、型号、机号、传动方式、旋转方向和风口位置六部分。

1. 离心式通风机

离心式通风机主要由叶轮、机轴、机壳、吸气口、排气口等组成,离心式通风机构造示意如图 8-23 所示。离心式通风机的工作原理:当装在机轴上的叶轮在电动机的带动下做旋转运动时,叶片间的空气在随叶轮旋转所获得的离心力作用下,从叶轮中心高速抛出,压入

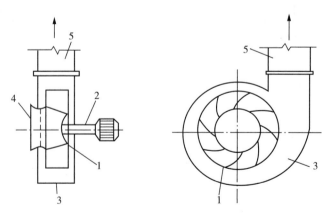

1—叶轮;2—机轴;3—机壳;4—吸气口;5—排气口。

图 8-23 离心式通风机构造示意

螺旋形的机壳中,随着机壳流通断面的逐渐增加,气流的动压减小、静压增大,并以较高的压力从排气口流出。当叶片间的空气在离心力作用下,从叶轮中心高速抛出后,叶轮中心形成负压,把风机外的空气吸入叶轮,形成连续的空气流动。

离心式通风机种类如按风机产生的压力(P)高低来划分主要有以下几种:

(1)高压通风机——$P>3000$ Pa,一般用于气体输送系统;

(2)中压通风机——3000 Pa$>P>1000$ Pa,一般用于除尘排风系统;

(3)低压通风机——$P<1000$ Pa,多用于通风及空气调节系统。

表达离心风机性能的参数主要有以下几个:

(1)风量(L)——风机在单位时间内输送的空气量,m^3/s 或 m^3/h;

(2)全压或风压(P)——每立方米空气通过风机所获得的动压和静压之和,Pa;

(3)轴功率(N)——电动机施加在风机轴上的功率,kW;

(4)有效功率(N_x)——空气通过风机后实际获得的功率,kW;

(5)效率(η)——风机的有效功率与轴功率的比值,$\eta=N_x/N×100\%$;

(6)转数(n)——风机叶轮每分钟的旋转数,r/min。

2. 轴流式通风机

轴流式通风机构造示意如图 8-24 所示,轴流式通风机叶轮安装在圆筒形外壳中,当叶轮由电动机带动旋转时,空气从吸风口进入,在通风机中沿轴向流动经过扩压器时压头增大,从出风口排出。通常电动机就安装在机壳内部。

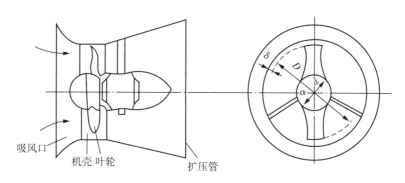

图 8-24　轴流式通风机构造示意

轴流式通风机产生的风压低于离心式通风机,其以 500 Pa 为界分为低压轴流式通风机和高压轴流式通风机。

轴流式通风机的参数和离心式通风机相同。

轴流式通风机与离心式通风机相比较,产生风压较小,单级式轴流式通风机的风压一般低于 300 Pa;自身体积小、占地少;可以在低压下输送大流量空气;噪声大;允许调节范围很小等特点。轴流式通风机多用于无须设置管道和风道阻力较小的通风系统。

3. 通风机的选择

通风机的选择可按下列步骤进行。

(1)根据被输送气体(空气)的成分和性质及阻力损失大小,先选择不同用途和类型的风机。例如,用于输送含有爆炸、腐蚀性气体的空气时,需选用防爆防腐型风机;用于输送含有强酸或强碱类气体的空气时,可选用塑料通式通风机;对于一般工厂、仓库和公共民用建筑的通风换气,可选用离心式通风机;对于通风量大而所需压力小的通风系统及用于车间内防暑散热的通风系统,多选用轴流式通风机。

(2)根据通风系统的通风量和风道系统的阻力损失,按照风机产品样本确定风机型号。一般情况下,应对通风系统计算所得的风量和风压附加安全系数,风量的安全系数为1.05～1.10,风压的安全系数为 1.10～1.15。

通风机选型还应注意使所选通风机正常运行工况处于高效率范围内。另外,样本中所提供的性能选择表或性能曲线是指标准状态下的空气,所以当实际通风系统中空气条件与标准状态相差较大时应进行换算。

4. 通风机的安装

轴流式通风机通常是安装在风道中间或墙洞中。风机可以固定在墙上(见图8-25)、柱上或混凝土楼板下的角钢支架上。小型直联传动离心式通风机可以采用图8-26(a)所示的安装方式;中、大型离心式通风机一般应安装在混凝土基础上[见图8-26(b)]。此外,安装通风机时,应尽量使吸风口和出风口处的气流均匀一致,不要出现流速急剧变化的现象。对隔振有特殊要求的情况,应将风机装置在减振台座上。

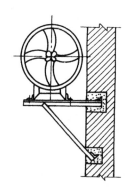
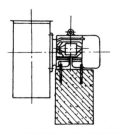
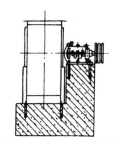

(a)小型直联传动离心机安装　　(b)中、大型离心机安装

图8-25　轴流式通风机在墙上安装　　　　图8-26　离心式通风机的安装

8.5.2 风管

1. 风管布置

风管的合理布置,不仅对通风、空调工程本身具有重要意义,而且对建筑、生产工艺的总体布置也很重要。它与工艺、土建、电气、给排水等专业关系密切,应相互配合,协调一致。在布置风管时,首先要选定进风口、送风口、排风口、空气处理设备、风机的位置,同时对风管安装的可能条件做出估计;其次要求主风道走向短,支风道少,力求少占空间,与室内布置密切配合,不影响工艺操作;还要便于安装、调节和维修。除尘风管应尽可能垂直或倾斜敷设,倾斜敷设时与水平面夹角最好大于45°。如必需水平敷设或倾角小于30°敷设时,应采取措施(如加大流速、设清扫口等),而且支管应从主管的上面或侧面连接,以防管道被积尘堵塞。当输送含有蒸汽、雾滴的气体时,应布设不小于0.005的坡度,以排除积液,并应在风管的最低点和通风机底部装设水封泄液管。当排除有氢气或其他比空气密度小的可燃气体混合物时,排风系统的风管应沿气体流动方向具有上倾的坡度,其值不小于0.005。风管的布置应力求顺直,局部管件避免复杂、突然扩大或突然缩小,扩大角要保持在20°以内,缩小角要保

持在 60°以内。弯头、三通等管件要安排得当,与风管的连接要合理,以减少阻力和噪声。风管穿越火灾危险较大房间的隔墙、楼板处,垂直和水平风管的交接处,均应符合防火设计规范的规定。

2. 风管选型

风管选型包括断面形状的选择和材料的选定。

(1)风管断面形状的选择。风管断面形状主要有圆形和矩形两种。当断面积相同时,圆形风管的阻力小、强度大、材料省、保温方便。一般通风除尘系统宜采用圆形风管。但是圆形风管管件的制作较矩形风管困难,布置时与建筑、结构配合比较困难,明装时不易布置得美观。对于公共、民用建筑,为了充分利用建筑空间,降低建筑高度,使建筑空间既协调美观又有明快之感,通常采用矩形断面。设计风管时,宽高比越接近 1 越好,越节省动力及制造和安装费用。适宜的宽高比为 3.0 以下。

(2)风管材料的选定。风管的管材类型多种多样。按材质来分,风管可分为金属风管、非金属风管和复合风管。金属风管主要材质有镀锌钢板、普通钢板、铝板、不锈钢板等。其优点是易于工业化加工制作,安装方便,能承受较高温度。非金属风管主要材质有玻璃钢、硬聚氯乙烯等;复合风管由不燃材料覆面与绝热材料内板复合而成,主要包括聚氨醋铝管、稻醛铝箔、玻璃纤维复合板风管等。

8.5.3　进、排风装置

进风口、排风口按其使用的场合和作用的不同有室外进、排风装置和室内送、排风装置之分。

1. 室外进、排风装置

1)室外进风装置

室外进风口是通风和空调系统采集新鲜空气的入口。根据进风室的位置不同,室外进风口可采用竖直风道塔式进风口(见图 8-27),也可以采用设在建筑物外围结构上的墙壁式或屋顶式进风口(见图 8-28)。

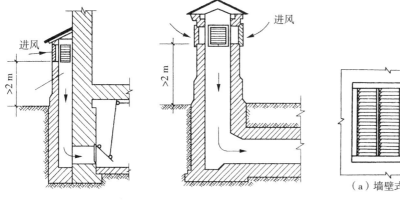
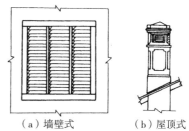

（a）墙壁式　　　（b）屋顶式

图 8-27　塔式进风装置　　　　图 8-28　墙壁式和屋顶式进风装置

室外进风口的位置应满足以下要求。

(1)设置在室外空气较为洁净的地点,在水平和垂直方向上都应远离污染源。

(2)室外进风口下缘距室外地坪的高度不宜小于 2 m,当布置在绿化带时不宜低于 1 m,应装设百叶窗,以免吸入地面上的粉尘和污物,同时可避免雨、雪的侵入。

(3)用于降温的通风系统,其室外进风口宜设在背阴的外墙侧。

(4)室外进风口的标高应低于周围的排风口,且宜设在排风口的上风侧,以防吸入排风口排出的污浊空气。具体地说,当进风口、排风口的水平间距小于 20 m 时,进风口应比排风口至少低 6 m。

(5)屋顶式进风口应高出屋面 0.5～1.0 m,以免吸进屋面上的积灰或被积雪埋没。

2)室外排风装置

室外排风装置的任务是将室内被污染的空气直接排到大气中去。管道式自然排风系统和机械排风系统向室外排风通常是由屋面排出(见图 8-29);也有由侧墙排出的,但排风口应高出屋面。一般地,室外排风应设在屋面以上 1 m 的位置,出口处应设置风帽或百叶风格。

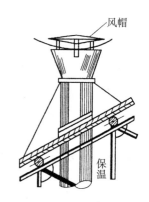

图 8-29　室外排风装置

2. 室内送、排风口

室内送风口是送风系统中风管的末端装置。由送风管输入的空气通过送风口以一定速度均匀地分配到指定的送风地点;室内排风口是排风系统的始端吸入装置,车间内被污染的空气经过排风口进入排风管内。室内送、排风口的位置决定了通风房间的气流组织形式。

室内送风口的形式有多种,最简单的形式是在风管上开设孔口送风,根据孔口开设的位置有侧向送风口、下部送风口之分(见图 8-30),其中图 8-30(a)所示的送风口无任何调节装置,无法调节送风的流量和方向;图 8-30(b)所示的送风口处设置了插板,可以调节送风口截面积的大小,便于调节送风量,但仍不能改变气流的方向。常用的室内送风口还有百叶式送风口。对于布置在墙内或者暗装的风管可采用百叶式送风口,将其安装在风管末端或墙壁上即可。百叶式送风口有单层式、双层式、活动式、固定式之分,双层式不但可以调节风向也可以控制送风速度。为了美观还可以用各种花纹图案式送风口。

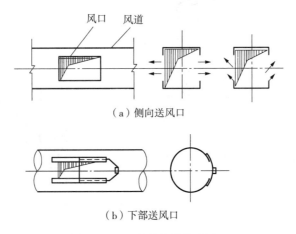

(a)侧向送风口

(b)下部送风口

图 8-30　两种最简单的送风口

在工业车间中往往需要大量的空气从较高的上部风管向工作区送风,为了避免工作地点有"吹风"的感觉,要求送风口附近的风速迅速降低。在这种情况下,常用的室内送风口形式是空气分布器(见图 8-31)。

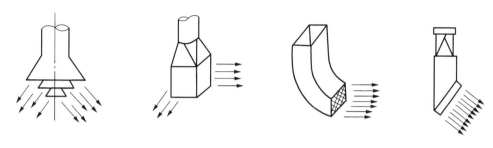

图 8-31 空气分布器

室内排风口一般没有特殊要求,其形式种类也较少。通常多采用单层百叶式排风口,有时也采用在水平排风管上开孔的孔口排风形式。

8.5.4 阀门

通风系统中的阀门主要用于启动通风机,关闭风管、风口,调节管道内空气量,平衡阻力等。阀门安装于通风机出口的风管上、主干风管上、分支风管上或空气分布器之前等位置。常用的阀门有插板阀、蝶阀。

插板阀多用于风机出口或主干风管处。通过拉动手柄来调整插板的位置即可改变风管的空气流量。其调节效果好,但占用空间大。

蝶阀多用于风管分支处或空气分布器前端。转动阀板的角度即可调节空气流量。蝶阀使用较为方便,但严密性较差。

8.6 建筑防排烟

民用建筑的防烟、排烟设计是为了防止火灾发生时,烟气对人员疏散和消防救援的影响。建筑物发生火灾后,烟气在建筑物内不断流动传播,不仅导致火灾蔓延,也会引起人员恐慌,影响疏散与消防人员扑救。引起烟气流动的主要因素有扩散、"烟囱效应"、浮力、热膨胀、风力、通风空调系统等。

火灾发生时,着火区域的房间或疏散通道会迅速充满大量的烟气,烟气的遮光作用会使人员在环境中的可见距离缩短。实际测试表明,在火灾烟气中,对于一般发光型指示灯或窗户透入光的能见距离仅为 0.2~0.4 m,对于反光型指示灯仅为 0.07~0.16 m。如此短的能见距离,不熟悉建筑物内部环境的人根本无法逃生。烟气中 CO、HCN、NH_3 等都是有毒的气体,火灾时人员在浓烟中停留 1~2 min 就可能昏倒,停流 4~5 min 就有死亡的危险。根据国内外火灾事故分析和理论研究结果,烟气是造成火灾中人员死亡的主要原因。CO 中毒窒息死亡或被其他有毒烟气熏死占火灾总死亡人数的 40%~50%,最高达 60% 以上。因此,火灾发生时应当及时对烟气进行控制,并在建筑物内创造无烟(或含烟极低)的水平和垂直的疏散通道或安全区,以保证建筑物内人员安全疏散或临时避难及保证消防人员能及时到达火灾区扑救。

防烟、排烟的主要目的是创造无烟或烟气含量极低的疏散通道或安全区,其实质是控制烟气合理流动,不使烟气流向疏散通道、安全区和非着火区,而向室外流动。防烟、排烟的目标:及时排除有毒有害的烟气,提供室内人员清晰的疏散高度和时间;排烟排热,以便于消防人员进入火场开展对火灾事故的内部处置;在火灾熄灭后,对残余的烟气进行排除,恢复正常的环境。基于以上目标,通常用防烟系统和排烟系统对烟气进行控制。

(1)防烟系统。采用机械加压送风或自然通风的方式,防止烟气进入楼梯间、前室、避难层(间)等空间的系统称为防烟系统。根据系统运行动力其可分为机械加压送风系统或自然通风系统。防烟系统由送风机、送风口及送风管道等机械加压送风设施或可开启外窗等自然通风设施组成。

机械加压送风利用通风机对房间(或空间)进行机械送风,以保证该房间(或空间)的压力高于周围房间,或在开启的门洞处造成一定风速,以免烟气渗入或侵入。送风可直接利用室外空气,不必进行任何处理。

(2)排烟系统。利用自然或机械作为动力将烟气排至室外的系统称为排烟系统。排烟的目的是将火灾产生的烟气及时予以排除,防止烟气向防烟分区以外扩散,以利于人员疏散和进行扑救。火灾发生时,人的疏散方向为着火房间→走廊→楼梯间前室→楼梯间→室外(安全区),排烟系统设计应注意控制烟气的合理流动,考虑烟气的流向与人员疏散方向之间的关系。

排烟按照流动的动力可分为自然排烟和机械排烟。利用火灾时室内热气流的浮力或室外风力的作用排烟的方式称为自然排烟;利用机械(风机)作用力排烟的方式称为机械排烟。排烟系统由排烟风机、排烟口及排风管道等机械排烟设施或可开启外窗等自然排烟设施组成。

对于有些面积较小的房间,若其墙体、楼板耐火性能较好,且采用防火门,密闭性好,则可采取密闭防烟的措施,即关闭房门使火灾房间与周围隔绝,让火灾因缺氧而熄灭。

实际工程中,一般将上述几种防烟、排烟方式进行合理的组合,才能达到满意的防烟、排烟效果。通常的做法是房间和走道排烟,防烟楼梯间及其前室、消防电梯间前室或合用前室加压防烟(若满足自然排烟条件,可优先选择自然排烟),封闭避难层加压防烟,从而使各疏散通道之间形成梯次正压,保证疏散通道不受烟气侵害,使人员安全疏散,同时也为消防人员灭火提供安全保证。

思 考 题

1. 简述建筑通风系统的分类,各种类型通风系统的特点和组成。
2. 简述自然通风设计原则。
3. 简述机械通风系统的组成。
4. 简述全面通风量的计算方法。
5. 简述建筑中火灾烟气的危害性及其控制的基本原则。

第9章 空气调节

9.1 概 述

空气调节(简称空调)是指对室内空气的各种处理和控制过程,使房间或封闭空间的空气温度、湿度、洁净度和气流速度等参数达到给定要求的技术。

空调的目的在于创造一个室内大气环境,使人或其他生物在该环境中感到舒适。为了实现这一目的,须将已经处理过的一定质量的空气送入室内,使它在室内吸热(放热)、吸湿(放湿)后排出,从而使室内空气环境满足要求。空气处理过程包括加热(降温)、加湿(减湿)、净化过滤并使空气具有一定的流动速度。

空气调节根据服务对象的不同,分为舒适性空调和工艺性空调两类。舒适性空调适用于以人为主的空气环境调节,其作用是维持良好的室内空气状态,为人们提供适宜的工作或生活环境,以利于保证工作质量和提高工作效率,以及维持良好的健康水平。工艺性空调主要应用于工业及科学实验过程,其作用是维持生产工艺过程要求的室内空气状态,以保证生产的正常进行和产品的质量。工艺性空调是以满足设备工艺为主、室内人员舒适为辅的具有较高温度、湿度、洁净度等级要求的空调系统。

在舒适性空调中,涉及热舒适标准与卫生要求的室内设计计算参数有六项:风速、空气相对湿度、温度、新风量、噪声声级、含尘量,上述六项参数设计标准的高低,不但从使用功能上体现了该工程的等级,而且是房间冷、热负荷计算和空调设备选择的根据,是估算全年能耗、考核与评价建筑能量管理的基础,同时又是空调管理人员进行节能运行和设备维修的依据。对于各种类型的民用建筑,如居住建筑、办公建筑、科教建筑、医疗卫生、文艺集会等,空调设计参数参见《民用建筑供暖通风与空气调节设计规范》(GB 50736—2012);对于工业建筑则需参照《工业建筑供暖通风与空气调节设计规范》(GB 50019—2015)及各相关行业规范要求。

9.1.1 描述空气的状态参数

我们周围的空气并没有真正的干空气,都是干空气和水蒸气的混合物。存在于大气中的水蒸气由于分压力很小,并大都处于过热状态,比热容很大,因此湿空气可按理想气体处理。

空气中水蒸气含量的变化对空气的干燥和潮湿程度会产生重要影响,从而对人的舒适感及健康、产品产量和质量、生产工艺过程、设备状况、处理空气的能耗等都有极大的影响。基于上述种种原因,平时可以忽略的空气中的水蒸气,在空调范畴里不仅不能忽略而且还要把它放在非常重要的地位来对待。

空气除了组成、性质、状态等定性的描述外,为便于对其进行处理和调控,还需要有对空气进行定量分析和描述的物理量,这些物理量就称为空气状态参数。依据空调的目的,接下来主要从压力、温度、湿度和能量特性等方面来描述空气的状态。

1. 大气压力(B)

地球表面单位面积上所受的空气层的压力叫作大气压力,常用 B 表示,它的单位以帕

(Pa)或千帕(kPa)表示。空气的大气压在海平面为 101325 Pa,其值随海拔高度的变化而变化。

2. 水蒸气分压力(P_q)

湿空气中水蒸气分压力是指在某一温度下,水蒸气独占湿空气的体积时所产生的压力。湿空气温度越高,空气中饱和水蒸气分压力也就越大,该空气能容纳的水汽数量越多,反之亦然。水蒸气分压力是衡量湿空气干燥与潮湿的基本指标,是一个重要的参数。水蒸气分压力的大小直接反映了水蒸气含量的多少;在一定温度下,空气中的水蒸气含量越多,空气就越潮湿,水蒸气分压力也越大;当湿空气中的水蒸气含量达到最大限度时,多余的水蒸气就会凝结成水从空气中析出。

3. 含湿量(d)

含湿量常用 d 表示,它是指对应于 1 kg 干空气的湿空气中所含有的水蒸气量,单位是 kg/kg。含湿量能确切反映空气中所含水蒸气量的多少,但不能反映空气的吸湿能力,不能表示湿空气接近饱和的程度。

4. 相对湿度(Φ)

相对湿度就是在某一温度下,空气的水蒸气分压力与同温度下饱和湿空气的水蒸气分压力的比值,常用 Φ 表示。其值的大小反映了空气的潮湿程度。当 $\Phi=0$ 时,空气为干空气;当 $\Phi=100\%$ 时,空气为饱和湿空气。相对湿度能反映湿空气中水蒸气含量接近饱和的程度,但不能表示水蒸气的含量。

5. 湿空气的比焓(h)

焓又称为比焓,表示空气含有的总热量,常用 h 表示。湿空气的比焓是以 1 kg 干空气为计算基础的。1 kg 干空气的比焓和 d kg 水蒸气的比焓的总和称为$(1+d)$kg 湿空气的比焓。若取 0 ℃的干空气和 0 ℃的水比焓值为零,则湿空气的比焓(kJ/kg)为

$$h=h_g+dh_q \tag{9-1}$$

$$h=1.01t+d(2500+1.84t) \tag{9-2}$$

$$h=(1.01+1.84d)t+2500d \tag{9-3}$$

从式(9-3)可以看出,$(1.01+1.84d)t$ 是与温度有关的热量,称为"显热";而 $2500d$ 是 0 ℃时 d kg 水的汽化热,它仅随含湿量的变化而变化,与温度无关,故称为"潜热"。当温度和含湿量升高时,比焓值增加;反之,比焓值降低。当温度升高,含湿量减少时,由于 2500 比 1.84 和 1.01 大得多,比焓值不一定会增加。

6. 露点温度(t_l)

湿空气的露点温度是指在含湿量不变的条件下,湿空气达到饱和时的温度,常用 t_l 表示。它只取决于空气的含湿量,含湿量不变时,湿空气的露点温度也为定值。湿空气的露点温度是判断空气结露的判据。

空调技术中可以利用露点温度来判断保温材料的选择是否合适,如冬季围护结构的内表面是否结露,夏季送风管道和制冷设备保温材料外表面是否结露;利用低于空气露点温度的水去喷淋热湿空气,或者让热湿空气流过其表面温度低于露点温度的表面冷却器,从而使该空气达到冷却减湿的处理效果。

7. 湿球温度(t_s)

湿球温度是指某一状态的空气,同湿球温度表的湿润温包接触,发生绝热热湿交换,使其达到饱和状态时的温度,常用 t_s 表示。空调技术中可以利用湿球温度来衡量使用喷水室、蒸发冷却器、冷却塔、蒸发式冷凝器等设备的冷却和散热效果,并判断它们的使用范围。

以上介绍了描述几种常用的空气状态参数。空气调节就是采用一定的技术措施,将这些温度、相对湿度等空气状态参数控制在人体舒适的范围内。

9.1.2　空调室内外计算参数

建筑物被自然环境包围,其内部环境必然处于外界大气压力、温度、湿度、日照、风向、风速等气象参数的影响之中。空调设计与运行中所涉及的最密切的基本参数是温度和湿度。这些计算参数的取值大小直接影响设计结果,因而直接影响所涉及的暖通空调系统的造价、运行效果及运行能耗。因此在选取计算参数时,应严格执行有关设计规范和标准。

1. 空调室内计算参数

空调室内计算参数的选择主要取决于建筑房间使用功能对舒适性的要求。其包括室内温湿度基数及其波动范围,室内空气的流速、洁净度、噪声、压力及振动等。民用建筑舒适性空气调节室内计算参数按国家标准《民用建筑供暖通风与空气调节设计规范》(GB 50736—2012)中规定,应符合表 9-1 的要求。

表 9-1　长期逗留区域空调室内计算参数

季节	参数			
	热舒适等级	室内温度 $t/℃$	相对湿度 $\Phi/\%$	室内空气流速 $V/(\text{m/s})$
冬季	Ⅰ 级	22～24	≥30	≤0.2
	Ⅱ 级	18～22	—	≤0.2
夏季	Ⅰ 级	24～26	40～60	≤0.25
	Ⅱ 级	26～28	≤70	≤0.3

注:(1)Ⅰ 级热舒适度较高,Ⅱ 级热舒适度一般;

　　(2)热舒适度等级划分参看暖通规范第 3.0.4 条确定。

在舒适性空调中,一般夏季取上限值,冬季取下限值,以降低能耗。短期逗留区域空调室内计算参数,可在长期逗留区域参数基础上适当放低要求。夏季空调室内计算温度宜在长期逗留区域基础上提高 1～2 ℃,冬季空调室内计算温度宜在长期逗留区域基础上降低 1～2 ℃。工艺性空调室内温湿度基数及其波动范围,应根据工艺需要及卫生要求而定,也可参考《空气调节设计手册》或相关行业规范。温湿度基数是指室内空气所要求的基准温度和基准相对湿度。空调精度是指在空调区域内温度和相对湿度允许的波动范围。例如,$t_N = (26±1)℃$ 和 $\varphi_N = 60\%±5\%$ 中,26 ℃ 和 60% 是空调基数,±1 ℃ 和 ±5% 是空调精度。

2. 空调室外计算参数

我国确定空调室外计算参数的基本原则:按不保证天数法即全年允许有少数时间不保证室内温湿度标准,若必须全年保证时,参数需另行确定。国家标准《民用建筑供暖通风与空气调节设计规范》(GB 50736—2012)中规定,采用下列统计值作为空调室外空气计算参数。

(1)夏季空调室外计算干球温度:应采用室外空气历年平均不保证 50 h 的干球温度。

（2）夏季空调室外计算湿球温度：采用历年平均不保证 50 h 的湿球温度。

（3）夏季空调室外计算日平均温度：应采用历年平均不保证 5 d 的日平均温度。

（4）冬季空调室外计算温度：应采用历年平均不保证 1 d 的日平均温度。

（5）冬季空调室外计算相对湿度：应采用累年最冷月平均相对湿度。

空调系统的设计，室内外计算参数的选取，应严格执行有关设计规范和标准，并遵照可用、可行、经济的原则，在能够保证需要的前提下，尽量降低设计标准。

9.2 空调系统的组成和分类

9.2.1 空调系统的组成

空调系统的组成要素有空调房间、输配系统、空气处理设备、空调冷热源、自动控制和调节装置。

1. 空调房间

空调房间是指在房间或封闭空间中，保持空气参数在给定范围之内的区域。例如，在舒适性空调系统中，通常指距地面 2 m，离墙 0.5 m 以内的空间，在此空间内，应保持所要求的室内空气参数。

2. 输配系统

输配系统主要是风系统和水系统。风系统基本组成部分是风机、风管和风口；水系统基本组成部分是水泵和"水管路"系统。

3. 空气处理设备

空气处理设备由各种对空气进行加热、冷却、加湿、减湿、净化等处理的设备组成。

4. 空调冷热源

空调冷热源是指为空气处理提供冷量和热量的设备，如锅炉、压缩式冷水机组、溴化锂机组、热泵等。

5. 自动控制和调节装置

自动控制和调节装置主要由风阀、水阀、压差控制器和温、湿度控制器等设备组成。

9.2.2 空调系统的分类

随着空调技术的发展和新型空调设备的不断推出，空调系统的种类也在日益增多，设计人员可根据空调对象的性质、用途、室内设计参数要求、运行能耗，以及冷热源和建筑设计等方面的条件合理选用。

1. 按空气处理设备的设置情况分类

1）集中式空气调节系统

集中式空气调节系统的特点是空气处理设备（包括风机、冷却器、加湿器、过滤器等）设置在一个集中的空调机房里，处理后的空气通过送风管道、送风口送入空调房间来维持房间所需要的温度和湿度，室内空气再通过回风口、回风管道（根据需要可再循环），部分排至室外。空气处理需要的冷源、热源可以集中在冷冻机房或锅炉房内，其组成示意如图 9-1 所示。

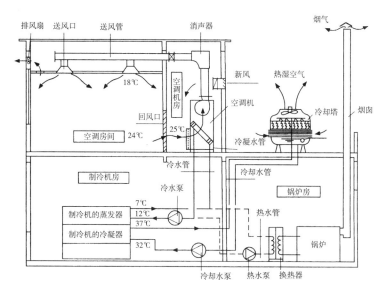

图 9-1　集中式空气调节系统组成示意

集中式空调系统根据送风量是否有变化又可分为定风量系统与变风量(Variable Air Volume,VAV)系统。定风量系统的总风量不随室内热湿负荷的变化而变化,其送风量是根据房间最大热湿负荷确定的。当某个房间的室内负荷减少时,通过调节该房间的空调送风温度来适应空调区的负荷变化。这是出现最早的,到目前为止使用较广泛的空调系统。变风量系统的送风量随室内热湿负荷的变化而变化,热湿负荷大时送风量就大,热湿负荷小时送风量就小。变风量系统的优点是在大多数非高峰负荷期间不仅节约了再热热量与被再热器抵消了的冷量,还因处理风量的减小,降低了风机消耗。

集中式空调系统的优点是主要空气处理设备集中于空调机房,易于维护管理;在室外空气温度接近室内空气控制参数的过渡季(如春季和秋季),可以采用改变送风的百分比或利用全新风来达到降低空气处理能耗的目的,同时还能为室内提供较多的新鲜空气,提高房间的空气品质。

因集中式空调系统管道内能源的输送介质是空气,当负荷较大时,送风量会较大,风道的截面积相应较大,系统所占建筑的空间也相应较大。集中式空调系统适用于处理空气量多、服务面积比较大的建筑,如纺织厂、造纸厂、百货商场、影剧院等工业和民用建筑。

2)半集中式空气调节系统

集中式空气调节系统因风道截面积大、占用建筑面积和空间较多及系统的灵活性较差等缺点,在应用上受到了一定的限制。高层建筑的层高较低,房间数量较多,使用者往往需要选择一种控制灵活且占用空间较小的空调形式。风机盘管或辐射板加独立新风空调系统、空气-水诱导器空调系统即是克服了集中式空调系统不足而发展起来的一种半集中式空调系统。半集中式空调系统对室内空气处理(加热或冷却、去湿)的设备(如风机盘管、辐射板、诱导器等)分设在各个被调节和控制的房间内;而冷、热媒分别由冷源和热源集中供给,冷冻水或热水集中制备或新风集中处理。

半集中式空调系统中既有水,又有空气,因此又称为"空气-水"系统。图 9-2、图 9-3是一种最常见的风机盘管加独立新风系统。

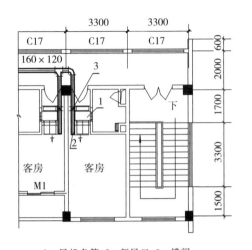

1—风机盘管;2—新风口;3—蝶阀。

图9-2　风机盘管加独立新风系统平面图

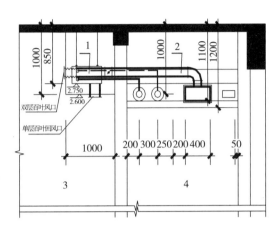

1—风机盘管;2—新风管;3—客房;4—走廊。

图9-3　风机盘管加独立新风系统剖面图

常用的末端设备风机盘管机组由通风机、表面式热交换器(盘管)、过滤器等组成。风机盘管机组采用的电动机多为单向电容调速电机,可通过调节输入电压,改变通风机转速来调节冷、热量。辐射板、诱导器等末端设备不另赘述。风机盘管构造示意如图9-4所示。

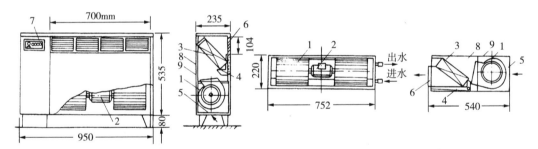

1—双进风多叶离心式风机;2—低噪声电动机;3—盘管;4—凝水盘;
5—空气过滤器;6—出风格栅;7—控制器(电动阀);8—保温材料;9—箱体。

图9-4　风机盘管构造示意

3)分散式空调系统

分散式空调系统是把空气处理所需的冷热源、空气处理和输送设备、控制设备等集中设置在一个箱体内,组成一个紧凑的空调机组。这类系统一般可按照需要,灵活地设置在需要空调的地方。空调房间通常所使用的窗式和柜式空调器就属于这类系统。工程上,把空调机组安装在空调房间的邻室,使用少量风道与空调房间相连的系统称为局部空调系统,即分散式空调系统(见图9-5)。

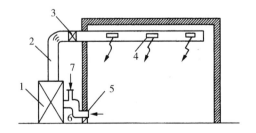

1—空调机组;2—送风管道;3—电加热器;4—送风口;
5—回风口;6—回风管道;7—新风管道。

图9-5　分散式空调系统组成示意

分散式空调系统具有使用方便、灵活,不需要专人管理的特点,因此广泛应用于面积小、房间分散的中小型空调工程中。

2. 按承担建筑环境中的冷(热)负荷和湿负荷的介质分类

1)全空气系统

全空气系统是指以空气为介质,向室内提供冷(热)量的系统。例如,全空气空调系统向室内提供经处理的冷空气以除去室内显热冷负荷和潜热冷负荷。因空气的比热容较小,需要用较多的空气才能达到消除余热、余湿的目的。集中式空调系统、全空气诱导系统都属于全空气系统。

2)全水系统

全水系统是指空调房间的冷(热)负荷全部由水来承担的系统。由于水的比热容比空气大得多,因此在相同负荷下只需较少的水量,即可克服全空气系统因风道占用建筑空间较多的缺点。但因全水系统全部采用室内空气循环,不能保证室内的空气品质,所以一般不采用。

3)空气-水系统

空气-水系统是指空调房间的冷(热)负荷由空气和水共同承担的系统。例如,以水为媒介的风机盘管向室内提供冷、热量,承担室内的部分负荷,同时由新风系统向室内提供经处理的新鲜空气,从而满足室内空气品质的需要。风机盘管加独立新风的空调系统、置换通风加冷辐射板系统及再热系统加诱导器系统均属于这类系统。半集中式空调系统也属于空气-水系统。

4)冷剂系统

冷剂系统是指以制冷剂为介质,直接对室内空气进行冷却、去湿的系统。因为这种系统一般是用带制冷机的空调器来处理室内的负荷,所以又称为机组式系统。家用空调器(分体机)、多联机(一拖多)、直接蒸发式热泵均属于冷剂系统。

3. 按被处理空气的来源分类

1)封闭式系统

封闭式系统是指没有室外新风,仅仅室内空气循环处理的系统。其特点是节能,但空气质量差,主要用于仓库或战备工程。

2)直流式系统(机械通风系统)

直流式系统是指不利用回风而把室内空气全部排到室外的系统。其特点是能耗高,经济性差,可设置热回收设备,主要用于不允许采用回风的场合,如放射性实验室、散发大量有害物质的车间等。

3)混合式系统(回风)

混合式系统是指根据卫生要求补充必要的新风量,再与部分回风混合处理后送入空调房间的系统。其特点是满足卫生要求,较节能,应用较广。

9.3　空调负荷与空调房间

空调负荷既是空气调节系统设计中的最基本依据,也是确定空调系统风量和空调设备装置容量的基本依据,并直接影响空调系统的经济性和建筑节能性。

9.3.1　冷负荷

在空调技术中,为保持房间空气温度恒定,在某一时刻需要除去的热量称为房间冷负

荷。影响房间冷负荷的主要因素如下:

(1)通过围护结构传入的热量;

(2)通过外窗进入的太阳辐射热量;

(3)人体散热量;

(4)照明散热量;

(5)设备、器具、管道及其他内部热源的散热量;

(6)食品或物料的散热量;

(7)渗透空气带入的热量;

(8)伴随各种散湿过程产生的潜热量。

由于建筑的围护结构、室内家具等对热量具有吸收和贮存的能力,因此以上各种途径传入室内房间的热量在转化为房间冷负荷的过程中,存在着衰减和延迟现象(见图9-6)。衰减度和滞后量取决于房间的构造、围护结构的热工特性和热源特性。

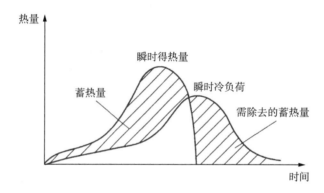

图9-6 瞬时太阳辐射得热量与房间实际冷负荷之间的关系

空调制冷系统冷负荷除了房间冷负荷外,还有新风负荷(制冷系统冷负荷中的主要部分)、制冷量输送过程的传热和输送设备(通风机、泵)的机械能所转变的热量。另外,应考虑某些空调系统在空气处理过程产生冷、热抵消现象所引起的附加冷负荷。空调房间的夏季冷负荷,应按各项逐时冷负荷的综合最大值确定。

9.3.2 热负荷

空调房间的热负荷是指空调系统为了保持室内的空调温度,在某一时刻需要向房间提供的热量。热负荷的计算通常按稳定传热方法计算传热量,其计算方法与供暖耗热量的计算方法相同,它与供暖热负荷不同之处主要有以下两点:

(1)在选取室外计算温度时,热负荷规定采用平均每年不保证1 d的温度值,即应采用冬季空气调节室外计算温度;

(2)当空调区有足够的正压时,热负荷不必计算经由门窗缝隙渗入室内冷空气的耗热量。

9.3.3 湿负荷

为保持空调房间内一定的相对湿度所需要除去或加入的湿量称为空调系统的湿负荷。空调房间夏季计算散湿量,应根据人体、散湿设备、各种潮湿表面、敞开水槽表面、食品或气体物料散湿量、通过围护结构的散湿量等确定。

从上述空调系统的负荷构成可知,空调冷(热)、湿负荷与建筑物外围护结构材料的选用、外窗面积的大小、太阳辐射强度与时间,以及建筑的周围环境、所处的位置、外界的气候条件都有直接的关系,需要逐时逐项详细计算,具体计算方法与过程比较复杂,就不在本文中赘述。

9.3.4　空调负荷估算

在方案设计阶段,由于建筑专业的设计深度有限,对冷负荷计算中的热工计算的基础数据、人体、照明及其他发热设备等没有完整的资料,不能得到精确的参数,无法进行详细计算。因此,为了建筑师预留机房面积及估算设备用电容量和投资费用,一般可采用负荷估算指标来估算系统的冷负荷,而空调热负荷可根据不同地区由相应的冷负荷乘以系数估算。

空调冷负荷估算方法有许多种,下面给出常用的两种。

1. 计算式估算法

把空调冷负荷分为外围护结构和室内人员两部分,把整个建筑物看成一个大空间,按各朝向计算其冷负荷,再加上每个室内人员按 116.3 W 估算的全部人员散热量,然后将结果乘以新风负荷系数 1.5,即为估算建筑物的总冷负荷。

$$Q = (Q_w + 116.3n) \times 1.5 \qquad (9-4)$$

式中:Q——建筑物空调系统总冷负荷,W;

Q_w——整个建筑物围护的总冷负荷;

n——室内总人数。

2. 单位面积冷负荷指标法

根据国内类似工程空调负荷的统计得出的冷负荷指标(按建筑面积的冷负荷指标):以旅馆为基础,对其他建筑物乘以修正系数 β。

旅馆	$70 \sim 80 \text{ W/m}^2$
办公楼	$\beta = 1.2$
图书馆	$\beta = 0.5$
商店	$\beta = 0.8$(仅营业厅空气调节)
	$\beta = 1.5$(全部空气调节)
体育馆	$\beta = 3.0$(按比赛馆面积)
	$\beta = 1.5$(按总建筑面积)
大会堂	$\beta = 2 \sim 2.5$
影剧院	$\beta = 1.2$(电影厅空气调节)
	$\beta = 1.5 \sim 1.6$(大剧院)
商店	$\beta = 0.8 \sim 1.0$

注:(1)建筑物的总建筑面积小于 5000 m² 时,取上限值;大于 10000 m² 时,取下限值。

(2)按上述指标确定的冷负荷,即是制冷机的容量,不必再加系数。

(3)博物馆可参考图书馆,展览馆可参考商店,其他建筑物可参考相近类别的建筑。

9.3.5 空调系统风量的确定

(1)空调系统送风量是确定空气处理设备大小、选择输送设备和气流组织的主要依据。对于舒适性空调和温湿度控制要求不严格的工艺性空调,可以选用较大温差。显然,对于一定的房间负荷,空调送风温差大,可减小系统的送风量,但是风量小会影响室内温湿度分布的均匀性与稳定性。因此,对于温湿度需严格控制的场合,送风温差应小些。对于舒适性的空调,《民用建筑供暖通风与空气调节设计规范》(GB 50736—2012)中规定:当空调房间送风口高度小于或等于 5 m 时,空调送风温差不宜大于 10 ℃;当空调房间送风口高度大于 5 m 时,空调送风温差不宜大于 15 ℃。冬季空调送风量一般可采取与夏季相同风量,也可少于夏季风量。

(2)新风量确定。空调系统除了满足对室内环境的温、湿度控制外,还需给环境提供足够的室外新鲜空气。新风量不足,会导致房间空气质量下降,人长期处于新风量不足的室内易患"室内空调综合征",表现为胸闷、头痛头晕、浑身无力、精神萎靡、睡眠不足、免疫力下降等;但新风量的增加又会带来较大的新风负荷,从而增加空调系统的运行费用,因此也不能无限制增加新风在送风量中的占比。《民用建筑供暖通风与空气调节设计规范》(GB 50736—2012)相关条文对建筑物的主要空间设计新风量,给出了详细的规定值,见表 9 - 2、表 9 - 3 所列。

表 9 - 2　公共建筑主要房间每人所需最小新风量　　［单位:m³/(h·人)］

建筑房间类型	新风量
办公室	30
客房	30
大堂、四季厅	10

表 9 - 3　高密人群建筑每人所需最小新风量　　［单位:m³/(h·人)］

建筑类型	人员密度 P_F(人/m²)		
	$P_F \leqslant 0.4$	$0.4 < P_F \leqslant 1.0$	$P_F > 1.0$
影剧院、音乐厅、大会厅、多功能厅、会议室	14	12	11
商场、超市	19	16	15
博物馆、展览厅	19	16	15
公共交通等候室	19	16	15
歌厅	23	20	19
酒吧、咖啡厅、宴会厅、餐厅	30	25	23
游艺厅、保龄球房	30	25	23
体育馆	19	16	15
健身房	40	38	37
教室	28	24	22
图书馆	20	17	16
幼儿园	30	25	23

9.3.6　空调房间的建筑布置和热工要求

9.3.1 节中论述了建筑的空调室内负荷大小与建筑的围护结构及其蓄热性能有较大的关系。因此,在建筑设计时,必须重视空调房间的建筑布置与围护结构热工性能设计的合理设计。《公共建筑节能设计标准》(GB 50189—2015)中按五个气候对全国城市进行分区,并按照建筑物所属不同的气候分区及公共建筑类别,分别对建筑的热工性能做出了严格的规定,包括对建筑围护结构的传热系数和遮阳系数都给了具体限值,设计时必须严格遵循。建筑设计应遵循被动节能措施优先的原则,结合围护结构保温隔热和遮阳措施,降低建筑的用能需求,建筑总平面设计应合理确定冷热源机房位置(通常宜位于或靠近冷热负荷中心位置)。

为了减少建筑外围护结构的负荷,建筑设计中可采取以下措施。

(1)空调建筑物平面与体形宜规整紧凑,避免狭长、细高和过多的凹凸,建筑外墙宜采用浅色饰面。

(2)外窗的传热量和太阳辐射热占围护结构总传热量的比例很大,这也是室温波动的主要因素之一。《公共建筑节能设计标准(GB 50189—2015)》中对建筑的窗墙比及其对应的传热系数限值,以及外窗的气密性有严格的规定。

(3)空调房间的层高,在满足功能、建筑、气流组织、管道及设备布置和人体舒适等要求的条件下,应尽可能降低。对洁净度或美观要求较高的空调房间,可设技术夹层。

(4)为了减少能量损失和降低空调系统的造价及建筑节能,空调房间应尽量集中布置。室内温、湿度基数,使用班次和消声等要求相近的空调房间,应相邻布置或上、下布置。多房间空调时,宜将其集中在一起,形成区域。同时空调房间应尽量避免布置在有两相邻外墙的转角处、有伸缩缝的地方。

(5)高精度的空调房间设置在低精度的空调房间之内。

(6)空调房间不要靠近产生大量灰尘或腐蚀性气体的房间,也不要靠近振动和噪声大的场所,无有害物质产生的车间要布置在散发有害气体的车间的上风向。

在进行空调建筑热工设计时,还应参考相关的国家标准,如《民用建筑热工设计规范》(GB 50176—2016)等,确保设计的合规性和科学性。

9.4　空调处理设备

9.4.1　基本的空气处理手段

空调对空气的主要处理手段包括热湿处理与净化处理。最简单的空气热湿处理过程可分为四种:加热、冷却、加湿、除湿。所有实际的空气处理过程都是上述几种单过程的组合,如夏季最常用的冷却除湿过程就是冷却与除湿过程的组合,喷水室内的等熔加湿过程就是加湿与冷却过程的组合。在实际空气处理过程中,有些过程往往不能单独实现。例如,降温有时伴随着除湿或加湿。

1. 加热

单纯的加热过程是容易实现的。其主要实现途径是用表面式空气加热器、电加热器加热空气。若用温度高于空气温度的水喷淋空气,则会在加热空气的同时又使空气的湿度升高。

2. 冷却

采用表面式空气冷却器或用温度低于空气温度的水喷淋空气均可使空气温度下降。若表面式空气冷却器的表面温度高于空气的露点温度或喷淋水的水温等于空气的露点温度,则可实现单纯的降温过程。若表面式空气冷却器的表面温度或喷淋水的水温低于空气的露点温度,则空气在被冷却的同时还会被除湿。若喷淋水的水温高于空气的露点温度,则空气在被冷却的同时还会被加湿。

3. 加湿

单纯的加湿过程可通过向空气加入干蒸汽来实现。此外,利用喷水室喷循环水也是常用的加湿方法。通过直接向空气喷入水雾(高压喷雾、超声波雾化)可实现等焓加湿过程。

4. 除湿

除了可用表冷器与喷冷水对空气进行减湿处理外,还可以使用液体或固体吸湿剂来进行除湿。液体吸湿是利用某些盐类水溶液对空气中的水蒸气的强烈吸收作用来对空气进行除湿的。液体吸湿的方法:根据要求的空气处理过程的不同(降温、加热还是等温)用一定浓度和温度的盐水喷淋空气。固体吸湿是利用有大量孔隙的固体吸附剂(如硅胶)对空气中的水蒸气的表面吸附作用来进行除湿的。由于吸附过程近似为等焓过程,因此空气在干燥过程中温度会升高。

5. 空气过滤

空调系统处理的空气来源于室外新风和室内回风的混合物。室外新风中的空气有尘埃的污染,而室内回风中的空气则因人的生活、工作和工艺而污染。空气中所含的灰尘除对人体有危害外,对空气处理设备(如加热器、冷却器等)的传热也不利,所以要在对空气进行热、湿处理前,用过滤器除去空气中的悬浮尘埃。而对于某些生产工艺,如电子生产车间等特殊工艺厂房,会对空气洁净度的要求更高,对空气环境的要求已远远超过从卫生角度出发的尘埃要求,即可谓"洁净室"或"超净车间",有这种要求的生产车间,必须进行过滤效率的计算。

9.4.2 典型的空气处理设备

1. 表面式换热器

表面式换热器是空调工程中最常用的空气处理设备,它的优点是构造简单、占地少、水质要求不高,在空气处理室中所占长度一般不超过 0.6 m。表面式换热器多用肋片管(见图 9-7)的管内流通冷、热水,蒸汽或制冷剂,空气掠过管外与管内介质换热。其制作材料有铜、钢和铝,使用时一般用多排串联,以便同空气进行充分热质交换;如果通过的空气量多,也可以多个并联,以免迎面风速太大。

风机盘管、新风机组中的盘管就是一种表面式换热器、多联式空调机组中的空气冷却器是直接蒸发式空气冷却器。

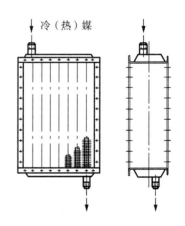

图 9-7 表面式换热器多用肋片管

2. 喷水室

喷水室的空气处理方法是向流过的空气直接喷淋大量的水滴,被处理的空气与水滴接触,进行热湿交换,达到要求的状态。喷水室由喷嘴、水池、喷水管路、挡水板、外壳等组成(见图 9-8)。它的优点是能够实现多种空气处理过程、具有一定的空气净化能力、耗费金属少、容易加工等。它的缺点是占地面积大、对水质要求高、水系统复杂、水泵电耗大,而且要定期更换水池中的水,清洗水池,耗水量比较大。因此,喷水室目前在一般建筑中已不常使用,但在纺织厂、卷烟厂等以调节湿度为主要任务的场合仍大量使用。

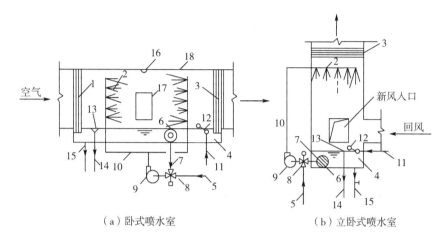

（a）卧式喷水室　　　　（b）立卧式喷水室

1—前挡水板;2—喷嘴与排管;3—后挡水板;4—底池;5—冷水管;6—滤水器;
7—循环水管;8—三通混合阀;9—水泵;10—供水管;11—补水管;12—浮球阀;
13—溢水器;14—溢水管;15—泄水管;16—防水灯;17—检查门;18—外壳。

图 9-8　喷水室构造示意

3. 加湿与除湿设备

1)空气加湿设备

空气加湿的方式有两种:一种是在空气处理室或空调机组中进行,称为"集中加湿";另一种是在房间内直接加湿空气,称为"局部补充加湿"。

用喷水室加湿空气是一种常用的集中加湿法。对于全年运行的空调系统,如夏季用喷水室对空气进行减湿冷却处理,而其他季节需要对空气进行加湿处理时,仍使用该喷水室,只需相应地改变喷水温度或喷淋循环水,而不必变更喷水室的结构。喷蒸汽加湿和水蒸发加湿也是常用的集中加湿法。喷蒸汽加湿是利用蒸汽喷管(多孔管)或干蒸汽加湿器将蒸汽在管网压力作用下由小孔喷出混入空气(见图 9-9)。它的优点是节省动力用电,加湿迅速、稳定,设备简单,运行费低,因此在空调工程中得到了广泛的应用。当无集中热源提供蒸汽时,还可以采用电加湿器加湿方法,由电加湿器加热水以产生蒸汽,使其在常压下蒸发到空气中去。它的缺点是耗电量大,电热元件与电极上易结垢,它的优点是结构紧凑,加湿量易于控制,常用于小型空调系统中。其他加湿方法有电热式或电极式加湿、红外线加湿、PTC蒸汽加湿、离心式加湿等。

2)空气除湿设备

对于空气湿度比较大的场合,往往需对空气进行减湿处理,可以用空气除湿设备降低湿度,使空气干燥。空气的减湿方法有多种,如加热通风法、冷却减湿法、液体吸湿剂减湿和固体吸湿剂减湿等。

冷冻除湿机是民用建筑中常用的空气除湿设备,它由制冷系统与送风装置组成(见图 9-10)。其中,制冷系统的蒸发器能够吸收空气中的热量,并通过压缩机的作用,把所吸收的热量从冷凝器排到外部环境中去。冷冻除湿机的工作原理:由制冷系统的蒸发器将要处理的空气冷却除湿,再由制冷系统的冷凝器把冷却除湿后的空气加热。这样处理后的空气虽然温度较高,但湿度很低,适用于只需要除湿,而不需要降温的场合。

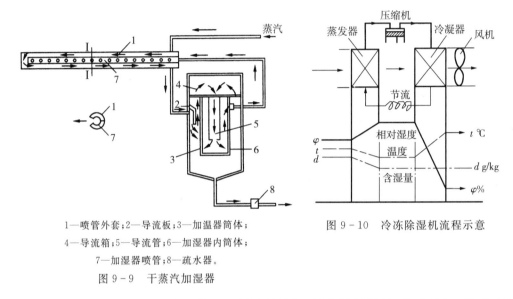

1—喷管外套;2—导流板;3—加温器筒体;
4—导流箱;5—导流管;6—加湿器内筒体;
7—加湿器喷管;8—疏水器。

图 9-9 干蒸汽加湿器

图 9-10 冷冻除湿机流程示意

氯化锂转轮除湿机是一种固体吸湿剂除湿设备,是由除湿转轮、传动机构、外壳、再生风机与再生加热器等组成的(见图 9-11)。这种设备因吸湿能力较强,维护、管理简单,近年来得到了较快地发展。它利用含有氯化锂和氯化锰晶体的石棉纸来吸收空气中的水分。吸湿纸做的转轮缓慢转动,要处理的空气流过 3/4 面积的蜂窝状通道被除湿,再生空气经过滤器与加热器进入另 1/4 面积通道,带走吸湿纸中的水分,并排至室外。

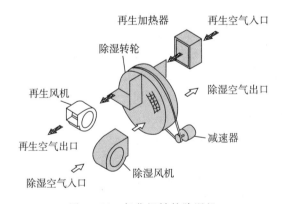

图 9-11 氯化锂转轮除湿机

4. 空气过滤器

空气过滤器通常按过滤灰尘颗粒直径的大小可分为初效过滤器、中效过滤器和高效过滤器三种类型。为了便于更换,空气过滤器一般做成块状(见图 9-12)。

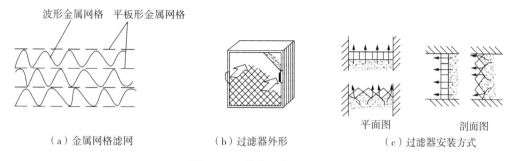

（a）金属网格滤网　　　　　（b）过滤器外形　　　　　（c）过滤器安装方式

图 9-12　块状初效过滤器

初效过滤器主要用于过滤粒径大于 $5.0~\mu m$ 的大颗粒灰尘;中效过滤器主要用于过滤粒径大于 $1.0~\mu m$ 的中等粒子灰尘;高效过滤器主要用于过滤粒径小于 $1.0~\mu m$ 的粒子灰尘。实践表明,过滤器不仅能过滤掉空气中的灰尘,还可以过滤掉细菌。

初效过滤器材料多数采用化纤无纺布滤料,中效过滤器材料多数采用聚丙烯超细纤维滤料,高效过滤器材料采用超细玻璃纤维滤纸。对大多数舒适性空调系统来说,设置一道初效过滤器,将空气中大颗粒灰尘过滤掉即可。对某些空调(有一定的洁净要求,但洁净度指标还达不到最低级别洁净室的洁净度要求)来说,需设置两道过滤器,即第一道为初效过滤器,第二道为中效过滤器。对于空气洁净度要求较高的净化车间,应从工艺的特殊要求出发,除了设置上述两道空气过滤器外,在空调送风口前需再设置第三道过滤器,即高效过滤器。

5. 组合式空调箱

组合式空调箱是把各种空气处理设备、通风机、消声装置、能量回收装置等分别做成箱式的单元,按空气处理过程需要进行选择和组合成的空调器。组合式空调箱的标准分段主要有回风机段、混合段、预热段、过滤段、表冷段、喷水段、蒸汽加湿段、再热段、送风机段、能量回收段、消声器段和中间段等。分段越多,设计选配就越灵活。图 9-13 为组合式空调箱的分段示意。

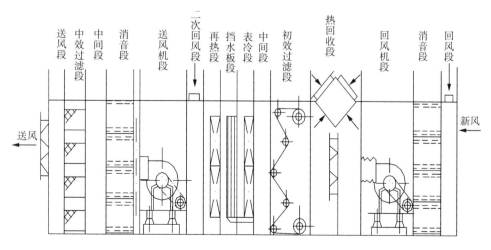

图 9-13　组合式空调箱的分段示意

9.4.3　新型空气处理设备

1. 蒸发冷却器

蒸发冷却器是利用蒸发冷却技术制冷的空调设备。蒸发冷却空调是利用自然环境空气中的干球温度与露点温度差,通过水与空气之间的热湿交换来获取冷量的一种环保、高效、经济的冷却方式。

蒸发冷却原理:水在空气中具有蒸发能力。在没有其他热源的条件下,水与空气间的热湿交换过程是空气将显热传递给水,使空气的温度下降。因水的蒸发,空气的含湿量会增加,而且进入空气的水蒸气会带回一些汽化潜热。只要空气不是饱和的,利用循环水直接(或通过填料层)喷淋空气就可获得降温的效果。在条件允许时,可以将降温后的空气作为送风以降低室温,这种处理空气的方法称为蒸发冷却空调。

显然,干湿球温度之差越大其蒸发冷却空调效果越好,即在炎热干燥的气候地区(如我国西北地区夏季)可获得较好的效果;在高湿度地区,不能直接用蒸发冷却来降温,还需要结合除湿技术先将室外空气处理成干燥空气后,才可以用蒸发冷却空调来实现舒适性调节。蒸发冷却空调系统除了泵、通风机等消耗电能外,还需要消耗再生空气的加热量。

蒸发冷却空调系统的关键设备是蒸发冷却器。蒸发冷却器一般可分为直接蒸发冷却器和间接蒸发冷却器两种形式。直接蒸发冷却器是利用淋水填料层直接与待处理的空气接触来冷却空气的(见图 9-14)。间接蒸发冷却仍然是通过水的蒸发来冷却空气的,但空气与水不接触。间接蒸发冷却器的核心部件是空气-空气换热器。通过空气-空气换热器冷却待

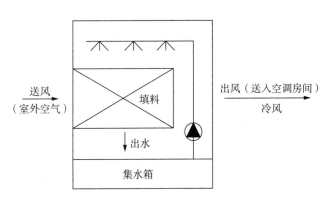

图 9-14　蒸发冷却空调机工作原理示意图

处理空气(准备进入室内的空气),并使之温度降低。间接蒸发冷却器主要有板翅式、管式和热管式三种。

2. 温湿度独立控制设备

温湿度独立控制的空调方式是由我国学者率先倡导,近年来在国内外逐渐发展起来的一种全新的集中空调方式。其不同于传统的集中空调形式,温湿度独立控制空调系统采用两个相互独立的系统(潜热处理系统和显热处理系统)分别对室内的温度和湿度进行调控,如图 9-15 所示。

潜热处理系统包括热泵式溶液调湿机组等。显热处理系统包括高温冷源、毛细管网换热器、辐射板、干式风机盘管等。

因除湿的任务由处理潜热的系统承担,显热系统的冷水温度不再是常规冷凝除湿空调系统中的 7 ℃,而是提高到 18 ℃左右。此温度要求的冷水为很多天然冷源的使用提供了条件,如深井水、通过土壤源换热器获取冷水等。我国很多地区可以直接利用该方式提供 18 ℃冷水,在某些干燥地区(如新疆等)通过直接蒸发或间接蒸发的方式获取 18 ℃冷

水。这个特点有利于能源的广泛利用,特别有利于利用低品位的再生能源,如太阳能、地能、热电厂余热回收等。即使采用机械制冷方式,制冷机的性能系数也有大幅度的提升。

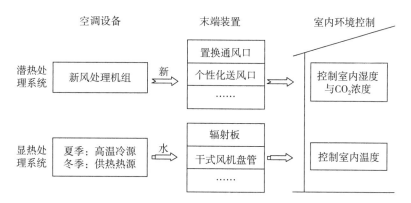

图 9-15　温湿度独立控制空调系统组成示意

潜热处理系统中不一定需要处理温度,因此湿度的处理可能有多种方法,如冷凝除湿、吸附除湿等。目前处理新风多采用溶液除湿法,其溶液采用低温热量(60 ℃)驱动,因此可利用城市热网夏季供应热量驱动空调,也可利用制冷用热泵的热端排热驱动空调。同时,浓溶液还可以高密度蓄存,从而使热量的使用与空调的使用不必同时发生。这对降低空调电耗,改善城市能源供需结构,解决热电联产系统的负荷匹配问题都可起到重要作用。

9.4.4　空调机房

空调机房是用来布置空气处理室、通风机、自动控制屏及其他附属设备,并在其中进行运行管理的专用房间。空调处理机房的布置,应以管理方便、占地面积小、不影响周围房间的使用和管道布置经济等为原则。

1. **空调机房位置的选择**

(1)空调机房应尽量靠近空调房间,尽量设置在负荷中心,这样做的目的是缩短送、回风管道,节省空气输送的能耗,减少风道占据的空间。各层空调机房最好能在同一位置上垂直布置,这样可缩短冷、热水管的长度,减少管道交叉,节省投资和能耗。各层空调机房的位置应考虑风管的作用半径不要太大,一般为 30~40 m。

(2)空调机房应远离要求低噪声的房间。例如,对室内声学要求高的广播、电视、录音棚等建筑物,空调机房最好设置在地下室或采取一定的消声隔震措施;一般的办公楼、宾馆的空调机房可以分散在各楼层设备间。

(3)空调机房的划分应不穿越防火分区。大中型建筑应在每个防火分区内设置空调机房,最好能设置在防火分区的中心地位。

(4)如果在高层建筑中使用带新风的风机盘管等空气-水系统,应在每层或每几层设一个新风机房。当新风量较小,吊顶内可以放置空调机组时,可把新风机组悬挂在走道端头或设备房的吊顶内。

2. **空调机房的内部布置**

空调机房的面积和层高,应根据空调机组的尺寸、通风机的大小、风管及其他附属设备的布置情况,以及保证各种设备、仪表的操作距离和管理、检修所需要的通道等因素来确定。经常操作的操作面宜有不小于 1.0 m 的距离,需要检修的设备面要有不小于 0.7 m 的距离。下面列举一些常用的数据。

(1)带热回收装置组合式空气处理机组:每 1000 m² 服务区域面积,空调机房面积大致为 40~50 m²[长×宽为(8~10)m×5 m]。

(2)常规组合式空气处理机组:每 1000 m² 服务区域面积,空调机房面积大致为 24 m²(6 m 长×4 m 宽)。

(3)吊顶或落地式新风处理机组(≤4000 m³/h):机房面积大致为 15 m²(长×宽为 5 m×3 m)。

(4)落地式新风处理机组(≥5000 m³/h):机房最小长度一般为机组长度加 2 m;机房最小宽度一般为机组宽度加 2~3 m。

空调机房应有单独的出入口,以防止人员、噪声等对空调房间的影响。空调机房的门和装拆设备的通道,应考虑能顺利地运入最大的空调构件;若不能由门搬入,则应预留安装孔洞和通道,并应考虑拆换的可能。如果空调机组设置有自动控制屏,控制屏与各种转动机件(切机、制冷压缩机、水泵等)之间应有适当的距离,以防振动的影响。大型空调机房通常设有单独的管理人员值班室,管理人员值班室应设在便于观察机房的位置。在这种情况下,自动控制屏宜设在专门的值班控制室内。空调机房内应考虑排水和地面防水设施。

3. 空调机房的结构

若空调设备设置在楼板上或屋顶上,则结构的承重应按设备重量和基础尺寸计算,而且应包括设备运行时保温材料的重量等,也可粗略估算。按一般常用的系统,空调机房的荷载为 500~600 kg/m²,而屋顶机组的荷载应根据机组的大小确定。

若空调机房位于地下或大型建筑的内区,则应设置有足够断面的新风竖井或新风通道。

4. 空调机房的防火

附设在建筑内的通风空调机房,应采用耐火极限不低于 2.00 h 的防火隔墙和耐火极限不低于 1.50 h 的楼板与其他部位分隔。通风、空调机房开向建筑内的门应采用甲级防火门。

9.5 空调房间的气流组织

空调房间的气流组织(又称为空气分布)是指合理地布置送风口和回风口,使工作区(也称为空调区)内形成比较均匀而稳定的温湿度、气流速度和洁净度,以满足生产工艺和人体舒适的要求。不同用途的空调工程,对气流的分布形式有不同的要求。例如,恒温恒湿空调要求在工作区内保持均匀、稳定的温、湿度;有高度净化要求的空调工程,则要求工作区内保持符合要求的洁净度和室内正压;对空气流速有严格要求的空调工程(如舞台、乒乓球赛场等),需要保证工作区内的气流流速符合要求。因此,合理组织气流,使气流分布满足空调房间的设计要求是必要的。

空调房间的气流组织是否合理,不仅直接影响房间的空调效果,而且影响空调系统的耗能量。空调房间的气流分布分为两大类:顶(上)部送风系统(又称为混合式)、下部送风系统

(包括置换通风系统、工位送风和地板送风)。决定空调房间气流组织的主要因素有送风口的位置和形式、回风口的位置、房间的几何形状和送风射流的参数等,其中送风口的位置和形式及送风射流的参数对气流组织的影响较为重要。

9.5.1 顶(上)部送风系统

顶(上)部送风系统又称为混合式送风系统。它是将经过热湿处理好的空气以一定速度从房间上部(顶棚或侧墙高处)送出,在送风射流进入人员工作区之前,气流速度和温差减至室内人员舒适性所能接受的范围内,如速度不高于 0.25 m/s,温差不大于 1 ℃。空调房间的送风方式主要有以下几种。

1. 侧向送风

侧向送风是空调房间中最常用的一种气流组织方式,它具有结构简单、布置方便和节省投资等优点,一般以贴附射流形式出现,工作区通常是回流区。

图 9-16 为几种侧向送风方式示意。一般层高的小面积空调房间宜采用单侧送风的方式;当房间长度较长,用单侧送风射程或区域温差不能满足时,可采用双侧送风的方式;当空调房间中部顶棚下安装风管对生产工艺影响不大时,可采用双侧外送的方式;当高大厂房上部有一定余热量时,宜采用中部双侧内送上下回风或下回上排风的方式,将上部热量通过设置在上部的排风口排走。

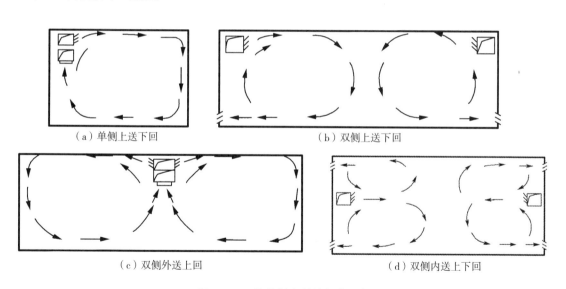

(a) 单侧上送下回　　　　　　　　　　(b) 双侧上送下回

(c) 双侧外送上回　　　　　　　　　　(d) 双侧内送上下回

图 9-16　几种侧向送风方式示意

2. 散流器送风

散流器是设置在顶棚上的一种送风口,它具有诱导室内空气使之与送风射流迅速混合的特性,其可分为平送和下送两种方式。

散流器平送方式,作用范围大,扩散快,工作区处于回流状态,温度和流速场均匀,用于一般空调工程。图 9-17(a)为平送散流器送风口示意;散流器下送方式,气流是下送直流,这种气流方式需要顶棚密集布置散流器,主要适用于房间净高较高(3.5~4.0 m)的净化房间。图 9-17(b)为流线型下送散流器送风口示意。

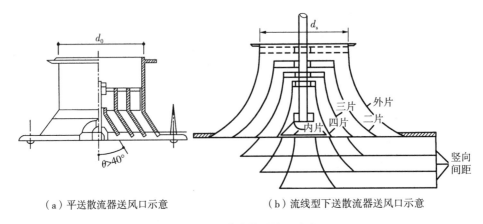

（a）平送散流器送风口示意   （b）流线型下送散流器送风口示意

图9-17　散流器送风口示意

3. 喷口送风

喷口送风是依靠喷口吹出的高速射流实现送风的方式,常用于大型体育馆、礼堂、通用大厅及高大厂房中(见图9-18)。由于这种送风方式具有射程远、系统简单、投资较省的优点,可以满足工作区的一般空调舒适要求,因此在高大空间的舒适性空调系统中,常采用喷口送风方式。

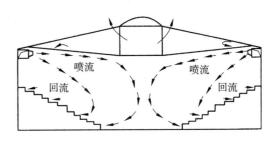

图9-18　喷口送风方式示意

4. 条缝型送风

条缝送风属于扁平射流。其与喷口送风相比,射程较短,温差和速度衰减较快。它适用于工作区允许风速为0.25～1.5 m/s,温度波动范围为1～2 ℃的场所。在办公室、会议室采用这种形式的风口(如沿窗户上部布置)可以起到屏风的作用,并有利于稳定和调节房间内的温湿度参数。如果将条缝型风口与采光带互相配合布置,可使室内显得整洁美观。

9.5.2　下部送风系统

对于传统的顶(上)部送风系统,空调系统处理的新风先与室内空气混合后,再通过送风口送入空调区,因此系统所需的输送动力较高,且空气龄较高。下部送风气流组织形式可以对这种状况加以改善。下部送风气流组织先将经过热湿处理的空气送入人员工作区(呼吸区)。下部送风气流组织具有高通风效率、低运行能耗等优点,但其缺点是风口布置时需要占用一定的建筑空间,且要和建筑装饰紧密配合。

1. 置换通风

置换通风中气流从位于侧墙下部的置换风口水平低速送入室内,在浮升力的作用下上升至工作区,热力分层高度将整个空间分为上下两区,沿高度方向形成明显的温度梯度和污染物浓度梯度。目前,置换通风较多用于层高大于2.7 m、室内冷负荷不大于120 W/m² 的空调系统,如办公室、会议室、计算机机房和剧院等。置换通风的流态如图9-19所示。

由于置换通风热力分层的存在,工作区产生的污浊空气被热羽流及时带入上区,避免形成横向扩散,进入上区的气流也不会再回流到工作区,因此置换通风的热力分层高度应高于工作区高度,从而保证工作区较好的空气洁净度。置换通风的换气效率、通风效率均远远超过混合通风。置换通风空调与常用的混合式空调的不同主要表现在以下几点:

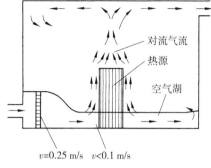

图 9 - 19　置换通风的流态

(1)采取下送上回的送风方式,可使清洁的送风气流先进入室内人员呼吸带和有效活动区,形成有利于改善工作区的空气品质;

(2)采用低速送风,导致气流缓慢扩散上升,形成垂直方向上的温度成层和温升梯度,提高了排风和回风温度,可节省夏季运行能耗;

(3)因是下送风,送风温度相对较高,对于全空气式系统的运行,加大了过渡季利用新风自然供冷的潜力,延长了其节能经济运行的周期,从而可缩短全年机械供冷的时间,进一步增大节能效益。

鉴于上述特点,置换通风空调方式普遍适用于一切以舒适性为目的公共场所,如影响剧院、体育馆等。上海大剧院的观众厅采用的即是座椅下送风的置换空调方式。另外,置换通风空调方式应用于一般被视作难题的中庭空调中,可获得独特的效果。

2. 地板送风

地板送风是将处理后的空气经过地板下的静压箱,由置换风口送入室内,与室内空气混合,如图 9 - 20 所示。其特点是刚处理的洁净空气由下向上经过人员活动区,消除余热余湿,再从房间顶部的排风口排出。地板送风在人员活动区能够达到良好的室内空气品质和舒适的室内环境。近些年,地板送风广泛用于机房、控制中心、办公室和实验室等散热设备多、人员密集的建筑。

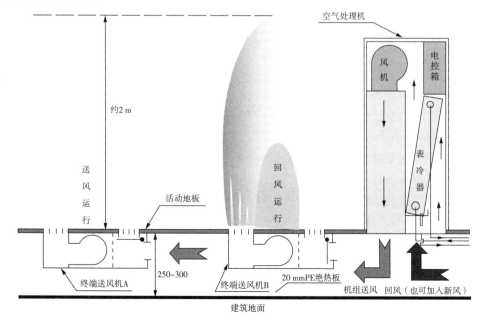

图 9 - 20　地板送风系统示意

3. 工位送风

工位送风是一种集区域通风、设备通风和人员自调节为一体的个性化的送风方式。在核心区域(人的呼吸区)安装送风口,送风口通过软管与地板下的送风装置相连,送风口的位置可以根据室内设施灵活变动。个人可以根据舒适需要调节送风气流的流量、流速、流向及送风温度。而在周边区域(会议厅、休息室、走道等)安装一般的地板送风装置,用于控制室内大环境的热湿负荷。现代办公建筑由于多采用统间式设计,个人对周围空气的冷热需求差异较大,因此更适宜安装工位送风(见图 9-21)。

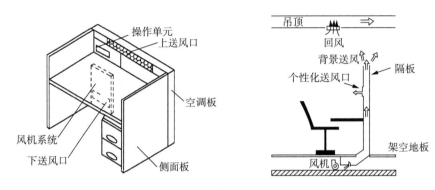

图 9-21 典型的办公空间的工位送风系统示意

9.5.3 回风系统

回风口处的气流速度衰减很快,对气流流型影响很小,对区域温差影响亦小。回风口的构造比较简单,类型也不多。常用的回风口形式有单层百叶风口、固定格栅风口、网板风口、篦孔或孔板风口等,也有与相同效果的过滤器组合在一起的网式回风口。

从室内空气卫生、气流分布及节能等方面考虑一般应符合下列要求:回风口不可设在送风射流区内和人员长期停留的地点;当采用侧送时,为防止送风气流短路,宜设在送风口的同侧下方;当兼作热风供暖、房间净高较高时,宜设在房间的下部;当采用置换通风、地板等方式送风时,应设在人员活动区的上方。

9.5.4 空调风管系统及其设计

空调工程中输送空气的风管包括集中式全空气系统的送(回)风风管、空气-水系统的新风风管。空调风管系统的设计原则如下。

(1)风管子系统划分要考虑室内空气控制参数、空调使用时间等因素,以及防火分区要求,尽量不跨越防火分区。

(2)风管系统要简洁,管路长度尽可能短,分支管和管件要尽可能少,避免使用复杂的管件,便于安装、调节和维修。

(3)风管内风速应综合考虑建筑空间、通风机能耗、噪声及初投资和运行费用等因素。一般空调房间对空调系统限定的噪声允许值为 35~50 dB(A)。满足这一范围内噪声允许值的主管风速通常为 4~7 m/s,支管风速为 2~3 m/s。通风机与消声装置之间的风管,其风速可采用 8~10 m/s。为满足空调房间噪声要求,在空调机组进出口设置软连接,甚至需要设置消声静压箱,以均衡风压,减少噪声。

（4）风管的断面形状要根据建筑空间而设计,应充分利用建筑空间布置风管,应与建筑结构和室内装饰相配合。空调风管所占吊顶内净空高度,一般与空调面积、空调系统形式等有关,通常采用了全空气系统的商场、体育馆等场所的大空间空调系统,风管净空高度可达600～800 mm;客房、办公室等场所的空调系统(风机盘管加新风),新风风管高度通常控制在 200 mm 以内。

9.6　空调冷源与制冷机房

空调工程使用的冷源有天然冷源和人工冷源两种。

天然冷源一般是指深井水、山涧水、温度较低的河水等。这些温度较低的水可直接用泵抽取供空调系统的喷水室、表冷器等空气处理设备使用。此外,还有天然冰、深湖水及地道风(包括地下隧道、人防地道和天然隧洞)等都是天然冷源。由于天然冷源受时间、地区、气候条件、环境保护等条件的限制,因此在实际空调工程中主要采用人工冷源。

人工冷源是利用一种专门装置,消耗一定量的外界能量,使热量从温度较低的被冷却物体或空间转移到温度较高的周围环境中去,从而实现人工制冷。根据制冷设备的工作原理人工冷源可分为蒸汽动压缩式制冷机、吸收式制冷机、蒸汽喷射式制冷机、热泵、太阳能制冷装置、电热制冷装置等几类。

9.6.1　人工冷源及制冷原理

1. 蒸汽压缩式制冷机

蒸汽压缩式制冷机按结构可分为活塞式、旋转式、涡旋式、螺杆式、离心式。蒸汽压缩式制冷机主要由压缩机、冷凝器、膨胀阀和蒸发器等组成,并由管道连接成一个封闭的循环系统。图 9 - 22 为蒸汽压缩式制冷机工作原理示意。制冷压缩机的工作原理:利用液体(制冷剂)变气体时要吸收热量这一物理特性,通过制冷剂的热力循环,以消耗机械能为补偿条件达到制冷目的。

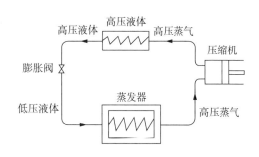

图 9 - 22　蒸汽压缩式制冷机工作原理示意

制冷剂在蒸发器蒸发吸热将冷量释放,通过载冷剂(通常是水)源源不断地输送到空调处理机房或空调房间的空调末端设备,对空调房间进行热湿处理,实现空调房间温湿度的恒定。

2. 吸收式制冷机

吸收式制冷机和蒸气压缩式制冷机工作原理的相同之处:都是利用液态制冷剂在低温、低压条件下,蒸发、汽化吸收载冷剂的热负荷,产生制冷效应。所不同的是,吸收式制冷机是利用二元溶液在不同压力和温度下能够吸收和释放制冷剂的原理来进行循环的。吸收式制冷机以沸点不同而相互溶解的两种物质的溶液为工质,其中高沸点组分为吸收剂,低沸点组分为制冷剂。制冷剂在低压时沸腾产生蒸汽,使自身得到冷却;吸收剂遇冷吸收大量制冷剂所产生的蒸汽,受热时将蒸汽放出,热量由冷却水带走,形成制冷循环。

吸收式制冷机主要由发生器、冷凝器、膨胀阀、蒸发器、吸收器等组成,并用管道连接成一个封闭的循环系统(见图9-23)。

图9-23中点划线外的部分是制冷剂循环,从发生器出来的高温高压的气态制冷剂在冷凝器中放热后凝结为高温高压的液态制冷剂,经节流阀降温降压后进入蒸发器。在蒸发器中,低温低压的液态制冷剂吸收被冷却介质的热量,汽化制冷,汽化后的制冷剂返回吸收器、进入点划线内的吸收剂循环。图中点划线内的部分称为吸收剂循环。在吸收器中,从蒸发器来的低温低压的气态制冷剂被发生器来的浓度较高的液态吸收剂溶液吸收,形成制冷剂-吸收剂混合溶液,通过溶液泵加压后送入发生器。在发生器中,制冷剂-吸收剂混合溶液用外界提供的工作蒸汽加热,升温升压,其中沸点低的制冷剂吸热汽化成高温高压的气态制冷剂,与沸点高的吸收剂溶液分离,进入冷凝器进行制冷剂循环。发生器中剩下的浓度较高的液态吸收剂溶液则经调压阀减压后返回吸收器,再次吸收从蒸发器来的低温低压的气态制冷剂。

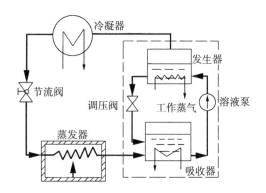

图9-23 吸收式制冷机工作原理示意

蒸汽、热水吸收式制冷机,利用蒸汽或热水作为热源,其最大的优点是可利用低温热源,在有废热或低位热源的场所应用更经济;直燃吸收式制冷机,利用燃烧重油、煤气或天然气等作为热源,既可制冷也可供热,在需要同时供冷、供热的场所可一机两用,节省机房面积。

3. 蒸汽喷射式制冷机

蒸汽喷射式制冷机是直接以热能为动力的制冷机,其用喷射器来代替压缩机,依靠蒸汽喷射器的作用完成制冷循环。它由蒸汽喷射器、蒸发器和冷凝器(凝汽器)等组成,依靠蒸汽喷射器的抽吸作用在蒸发器中保持一定的真空,使水在其中蒸发而制冷。

蒸汽喷射式制冷机以热能为补偿能量形式,具有结构简单、加工方便、没有运动部件、使用寿命长等优点,故具有一定的使用价值(如用于制取空调所需的冷水),但这种制冷机所需的工作蒸汽的压力高、喷射器的流动损失大,因而效率较低。

4. 新型空调冷热源——热泵

热泵是一种将低温热源的热能转移到高温热源的装置。通常,用于热泵装置的低温热源是我们周围的介质,如空气、河水、海水、城市污水、地表水、地下水、中水、消防水池等,或者是从工业生产设备中排出的工质,这些工质常与周围介质具有相接近的温度。

1)热泵的工作原理

热泵装置的工作原理与蒸汽压缩式制冷机是一致的。在小型空调器中,为了充分发挥它的效能,夏季制冷或冬季空调供暖都是用同一套设备来完成的。冬季供暖时,空调中的蒸发器与冷凝器通过一个换向阀来调换工作。热泵工作原理示意如图9-24所示。

由图9-24中可看出,夏季制冷时,由压缩机排出的高压制冷剂蒸汽,经换向阀(又称为四通阀)进入冷凝器,制冷剂蒸汽被冷凝成液体,经节流装置进入蒸发器,并在蒸发器中吸热,将室内空气冷却,蒸发后的制冷剂蒸汽,经四通阀后被压缩机吸入,这样周而复始,实现制冷循环;冬季供暖时,先将四通阀转向热泵工作位置,由压缩机排出的高压制冷剂蒸汽,经四通阀后流入室内蒸发器(作为冷凝器),制冷剂蒸汽冷凝时放出的潜热将室内空气加热,达到室内供暖的目的,冷凝后的液态制冷剂,从反向流过节流装置进入冷凝器(作为蒸发器),吸收外界热量而蒸发,蒸发后的蒸汽经过四通阀后被压缩机吸入,完成制热循环。这样,将外界空气(或循环水)中的热量"泵"入温度较高的室内,故称为"热泵"。

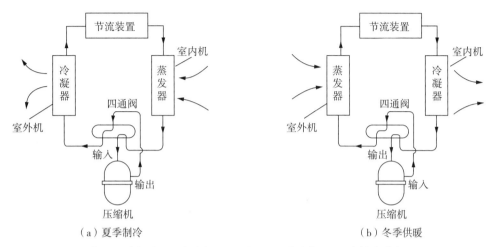

（a）夏季制冷　　　　　　　　　　　（b）冬季供暖

1—蒸发器(冷凝器);2—换向阀;3—压缩机;4—节流装置;5—冷凝器(蒸发器)。

图 9 - 24 热泵工作原理示意

2)几种常用热泵系统简介

(1)空气源热泵。空气源热泵以空气作为"源体",通过冷媒作用进行能量转移。目前空气源热泵的产品主要是家用热泵空调器、商用单元式热泵空调机组和热泵冷热水机组(见图9 - 25)。空气源热泵的容量和制热性能系数受室外空气的状态参数(如温度和相对湿度)影响大,容易造成热泵供热量与建筑物耗热量之间的供需矛盾。当冬季室外温度很低时,室外换热器表面容易结霜,导致热泵制热性能系数和可靠性降低,甚至无法正常供热。

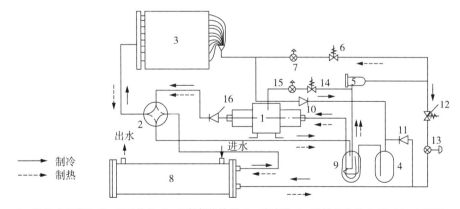

1—螺杆式压缩机;2—四通换向;3—空气侧换热器;4—贮液器;5—干燥过滤器;6、12、14—电磁阀;

7—制热膨胀阀;8—水侧换热器;9—液体分离器;10、11、16—止回阀;13—制冷膨胀阀;15—喷液膨胀阀。

图 9 - 25 空气源热泵冷热水机组工作原理示意

(2)土壤源热泵。土壤源热泵是以大地为热源对建筑进行空调的技术,冬季通过热泵提取大地中的低位热能对建筑供暖,同时蓄存冷量,以备夏用;夏季通过热泵将建筑物内的热量转移到地下对建筑进行降温,同时蓄存热量,以备冬用。其因具有节能、环保、热稳定等特点,在很多空调工程中广泛使用。土壤源热泵根据地埋管方式可分为水平埋管与垂直埋管两种。水平埋管热泵埋深浅,占地面积大,受地表环境影响大,单位长度换热器换热量较垂直埋管小,易于实现土壤全年的热平衡,适用于单季使用或占地面积大、负荷较小的项目。垂直U形埋管热泵施工简单,换热性能好,承压高,管路接头少,适用范围广。

如图9-26所示,在制冷状态下,制冷环路循环与常规制冷系统一样,蒸发器冷量通过载冷剂(水或乙二醇)输送至末端用户;冷凝器的冷凝热由水或其他载体传输至室外地下热交换器环路系统中,将该部分热量携带到地下,把热量释放到大地中;循环往复,实现建筑物的制冷。在制热状态下,通过四通阀将冷媒流动方向换向。垂直埋管热泵蒸发器中的冷媒吸收在室外地下热交换器环路系统中与大地交换的热量而蒸发,在冷凝器中,冷媒所携带的热量传递给室内循环系统,这样冷媒在放出热量后凝结成液体,并流到蒸发器中,而室内循环系统中的循环液体在吸收了冷媒的热量后,将该部分热量携带到建筑物内。这样,各环路不断地循环,地下的热量就不断地被转移到建筑物内,从而实现建筑物的供暖。

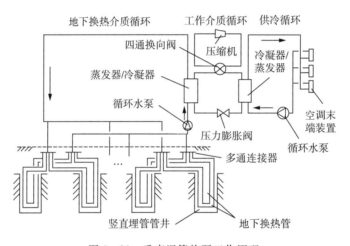

图9-26 垂直埋管热泵工作原理

土壤源热泵具有全年地温波动小、冬季土壤温度比空气温度高、热泵的制热性能系数较高等特点,但在使用中应注意地埋管区域常年排热量和吸热量"岩土体热平衡"等突出问题,可以通过采取复合式地源热泵系统设计来实现地埋管区域常年排热量和吸热量的基本平衡。

(3)水源热泵。水源热泵是以地表水(河水、湖水、海水)、地下水(深井水、泉水、地热水等)、生活废水和工业用水(工业冷却水、生产工艺排放的废温水、污水等)为冷热"源体",在冬季利用热泵吸收其热量向建筑物供暖,在夏季热泵将吸收的热量向其排放实现对建筑物供冷。水源热泵使用时应注意水温(适宜的水温为5~38 ℃,尤其为10~22 ℃)、水质(洁净度、防腐蚀)、水量等关键参数。由于我国地下水超采现象严重,已引起一些地质灾害问题,包括地下水开采中的污染问题,因此对于地下水水源热泵的使用须慎重。

9.6.2 制冷机房

1. 制冷机的选择

制冷机的选择,应根据建筑物的规模、用途,建设地点的能源条件、结构、价格,以及国家节能减排和环保政策的相关规定,通过综合论证确定。

在有合适热源特别有余热或废热时或在电力缺乏的区域,宜选用吸收式制冷机;在技术经济合理的情况下,宜利用浅层地能、太阳能、风能等可再生能源;当不具备前述两条,但建筑所在城市电网夏季供电充足时,宜采用蒸汽压缩式制冷机。

对大型集中空调系统,宜选用结构紧凑,占地面积小,压缩机、电动机、冷凝器、蒸发器和自控元件等都组装在同一框架上的冷水机组。对小型全空气调节系统,宜选用直接蒸发式的压缩冷凝机组。

制冷机组一般不宜少于 2 台。中小型规模的空调系统宜选用 2 台,较大型规模的空调系统宜选用 3 台,特大型则可选用 4 台。机组之间要考虑其互为备用和轮换使用的可能性。同一机房(或站房)内可选用不同类型、不同容量的机组搭配成组合式方案,以节约能耗。

制冷机房的设计应严格遵守安全规定、节约能源、保护环境、改善操作条件、提高自动化水平,采用国内外先进技术,使设计符合安全生产、技术先进和经济合理等要求。

2. 制冷机房位置的选择

在工程设计中,制冷机房位置由建筑设计人员和空调设计人员根据工程项目的具体要求商量确定,并应考虑如下要求。

(1)单独设置制冷机房时,应尽量靠近冷负荷中心,力求缩短冷冻水和冷却水管路,使室外管网布置经济合理。

(2)对于选用压缩式制冷机的制冷机房,一般用电负荷较大,因此应尽量靠近供、配电房间。在环境条件许可的情况下,其往往与压缩空气站、变电站、配电站等组合成综合的动力站,以便节省建筑物的占地面积,便于运行、管理,同时也可以减少管理人员。

(3)单独设置制冷机房时,应防止冷水机组、水泵和冷却塔等设备的噪声影响周围环境。

(4)对于高层建筑,制冷机房宜设置在建筑物的地下室,许多工程都将制冷机房设在地下一层、地下二层甚至地下三层。制冷机房设置在地下室的优点是不占用地面建筑,且防止了设备噪声对周围环境的影响,其缺点是地下室潮湿、通风条件差、大型设备运输吊装比较困难,因此在设计时应考虑周到。燃油、燃气型直燃式机房因消防安全要求,一般不允许设在地下二层或地下二层以下,同时还要设置必要的消防措施。也有的工程将制冷机房设置在高层建筑的设备层或屋顶。对于超高层建筑,制冷机房的位置应综合考虑,如考虑设备及管道的工作压力、噪声及振动影响等。

3. 制冷机房对土建专业的要求

(1)大、中型制冷机房内的制冷主机应与辅助设备及水泵等分开设置,与空调机房亦分开设置。

(2)大、中型制冷机与控制室中间需设玻璃隔断分开,并做好隔声处理。制冷机房的面积应考虑设备数量、型号、安装和操作维修的方便。制冷机房的净高应根据选用的制冷机种类、型号而定。

(3)大、中型设备机房面积及高度要求如下。制冷机房(含换热间)面积一般为建筑面积的 0.5%～1.0%,通常取 0.8%。机房层高要求,一般为梁下净高度:对于离心式制冷机、大中型螺杆机,机房层高为 4.5～5.0 m,在有电动起吊设备时,还应考虑起吊设备的安装和工程高度;对于活塞式制冷机、小型螺杆机,机房层高为 3.6～4.5 m;对于吸收式制冷机,机房层高为 4.5～5 m,且设备最高操作点距梁底应不小于 1.2 m。另外,如果制冷机房设置在地下室,还需要土建专业预留设备吊装孔,孔口大小一般为设备长、宽外形边长加上 0.8 m,即 $(A+0.8) \times (B+0.8)$,其中 A 为长,B 为宽。

(4)制冷机房的地面荷载应根据制冷机具体型号选定,在设计前期专业间配合,可向结构专业提出预留 10~15 kN/m² 楼板荷载。一般来说,冷热站房的设备基础可采用 C20~C25 的混凝土制作。

(5)当采用直燃式溴化锂吸收式制冷机组时,制冷机房应设有燃油或燃气的独立供应系统。对建筑设计的要求可参照燃油或燃气锅炉房设计规范的规定执行。

(6)制冷机房、设备间和水泵房等室内要有冲刷地面的上、下水设施,地面要有便于排水的坡度,设备易漏水的地方应设地漏或排水明沟。

(7)制冷机房所有房间的门、窗必须朝同一方向开。氨制冷机房应设置两个互相尽量远离的出口,其中至少应有一个出口直接通向室外,还应设有为主要设备安装、维修的大门及通道,必要时可设置设备安装孔。

(8)制冷机房和设备间应有良好的通风采光,设置在地下室的制冷机房应设机械通风、人工照明和相应的排水设施。当周围环境对噪声、振动等有特殊要求时,应考虑建筑隔声、消声和隔振等措施。

9.6.3 空调水系统及水泵

1. 空调水系统

空调水系统一般是以水为媒介传递和交换热量的。空调水系统按功能可分为空调冷冻水系统(输送冷量)、空调冷却水系统、空调冷凝水系统等。

空调冷冻水系统:冷水机组的蒸发器、空气处理设备的冷却盘管,以及提供水流动动力的水泵、连接管道和附件组成的一个循环环路,称为冷冻水系统。

空调冷却水系统:冷水机组的冷凝器、冷却泵、冷却水管道及冷却塔组成的一个循环环路,称为冷却水系统。

空调冷凝水系统:收集空气处理设备在空气去湿过程中排出冷凝水的管路系统称为冷凝水系统。

1)空调冷冻水系统的分类

(1)空调冷冻水系统按水压特性可分为开式系统和闭式系统。开式系统是指管路之间设有贮水箱(或水池)且与大气相通,回水靠重力作用集中进入回水箱(或水轴)的系统。当采用喷水室处理空气时,一般为开式系统;闭式系统是指管路不与大气接触,系统设有膨胀水箱或定压装置,并设有排气和泄水装置的系统。当空调系统采用风机盘管、诱导器和水冷式表冷器冷却时,冷冻水系统宜采用闭式系统。在闭式系统中,水泵的扬程只用来克服管网的循环阻力而不需要克服提升水的静水压力。闭式系统的水泵扬程与建筑高度几乎没有关系,因此它比开式系统的水泵扬程小得多,从而减少了水泵电耗和机房面积。对于高层建筑只能采用这种系统。

(2)空调冷冻水系统按冷、热水管道设置方式可分为双管制水系统、三管制水系统和四管制水系统。

两管制水系统是目前我国绝大多数建筑中采用的空调水系统方式,如图 9-27 所示。其特点是由冷冻站来的冷冻水和由热交换站来的热水在空调供水总管上合并后,通过阀门切换,把冷、热水用同一管道不同时地送至空气处理设备,同样,其回水通过总回水管后分别回至冷冻机房和热交换站。这一系统不能同时既供冷又供热,只能按不同时间分别运行,投资较节省,管道、附件及其保温材料的投资较少,占用建筑面积及空间也较少。由于末端设备中,盘管为冷、热两用,其控制较为方便,末端设备的投资及占用机房面积均可减少,但对有内外分区的建筑操作起来比较困难,不可能做到每个末端设备在任何时候都能自由地选择供冷或供热。

在四管制水系统中所有末端设备中的冷、热盘管均独立工作,冷冻水和热水可同时独立送至各个末端设备,如图 9 - 28 所示。末端设备可随时自由选择供热或供冷的运行模式,相互没有干扰。其缺点是投资较大,运行管理相对复杂,适合内区较大或建筑空调使用标准较高且投资允许的建筑。

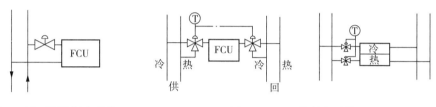

图 9 - 27 两管制水系统   图 9 - 28 四管制水系统

为了克服两管制水系统调节功能不足的缺点,同时不像四管制水系统那样增加很多的投资,出现了一种分区两管制水系统。分区两管制水系统是指按建筑物空调区域的负荷特性将空调水路分为冷冻水和冷热水合用的两种两管制水系统。在此系统中,需全年供冷水区域的末端设备只供应冷水,其余区域末端设备根据季节转换供应冷水或热水(见图9 - 29)。

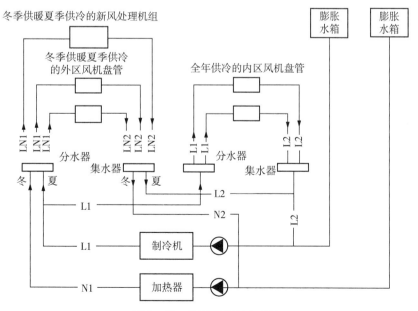

图 9 - 29 分区两管制水系统

(3)空调冷冻水系统按各末端设备的水流程可分为同程系统和异程系统。同程系统是指空调水流通过各末端设备时的路程都是相同(或基本相等)的。这带来的好处是各末端环路的水流阻力较为接近,有利于水力平衡,可以减少系统初调试的工作量。异程系统中,水流经每个末端的流程是不相同的,通常越远离冷、热源机房的末端,环路阻力越大,其优点是节省管道及其占用空间(一般来说它与同程系统相比可节省一条回水总管)。

当采用异程系统时,末端设备应设置自动控制水量的阀门,以解决各支环路间的平衡。

(4)空调冷冻水系统按水量特性可分为定水量系统和变水量系统。定水量系统中的循环水量为定值,或夏季和冬季分别采用不同的定水量,负荷变化时,通过改变供、回水温度来调节制冷量和制热量;或根据负荷变化调节多台冷冻机和水泵的运行台数,形成阶梯式定水量系统。

变水量系统始终保持供水温度在一定范围内,当负荷变化时,随着负荷的减少,供水量减少,水泵能耗降低,一般采用供、回水压差进行流量控制。通过改变水泵转速,实现对水流量的调节。根据室内外环境的变化和用户需求,动态调整水流量,可以提高空调系统的能效比、降低能耗、减少运行成本。

2)空调冷冻水系统的分区

空调冷冻水系统的分区通常有两种方式,即按承压能力分区和按负荷特性分区。

(1)按承压能力分区。在高层建筑中,空调冷冻水系统分区及设备承压问题是超高层空调系统设计中须着重考虑的问题。当高层建筑中设备的承压能力不够时,空调冷冻水系统应采取竖向分区的措施。分区是以设备、管路和附件的承压能力为主要依据。表9-4列出了空调制冷设备、管道及管件承压能力。

表9-4 空调制冷设备、管道及管件承压能力

空调制冷设备		空调制冷设备额定工作压力 P_w/MPa	管道及管件	管材和管件的公称压力 P_n/MPa
冷水机组	普通型	1.0	低压管道	2.5
	加强型	1.7	中压管道	4.0~6.4
	特加强型	2.0	高压管道	10~100
	特定加强型	2.1	低压阀门	1.6
空调处理器、风机盘管机组		1.6	中压阀门	2.5~6.4
板式换热器		1.6~3.0	高压阀门	10~100
水泵壳体		1.0~2.5	无缝钢管	>1.6

当系统水压超过设备承压时,另设独立的闭式系统。通常的做法:冷热源设备均设置在地下室,但高、低分为两个区(见图9-30);冷热源设备设置在设备层(见图9-31);高、低区合用冷热源,低区采用冷水机组直供,同时在设备层设板式换热器,并作为高低区水压的分界设备(见图9-32);高低区冷热源分别设置在地下室和技术设备层(见图9-33)。

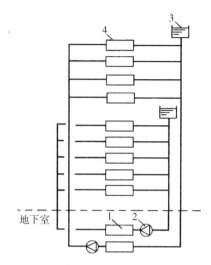

1—冷水机组;2—循环水泵;

3—膨胀水箱;4—用户末端装置。

图9-30 冷热源设备设置在地下室的系统

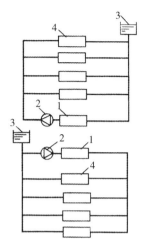

1—冷水机组;2—循环水泵;

3—膨胀水箱;4—用户末端装置。

图9-31 冷热源设备设置在设备层的系统

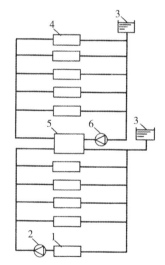

1—冷水机组;2—低区循环水泵;

3—膨胀水箱;4—用户末端装置;

5—板式换热器;6—高区循环水泵。

图9-32 高、低区合用冷热源设置在设备层的系统

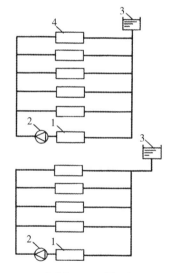

1—冷水机组;2—循环水泵;

3—膨胀水箱;4—用户末端装置。

图9-33 高、低区冷热源分别设置

在地下室和技术设备层的系统

（2）按负荷特性分区。负荷特性包括使用特性和固有特性。按使用特性分区可以各区独立管理,不用时最大限度地节能、灵活方便。负荷的固有特性是指朝向及内、外分区。这些空调冷冻水系统分区应与空调风系统的划分相结合来考虑。

3）空调冷却水系统

空调冷却水系统主要用于供应空调制冷机组冷凝器、压缩机的冷却用水。系统中的水正常工作后仅水温升高,水质不受污染,因此要求水循环重复利用。图9-34为空调冷却水系统示意。

在布置冷空调却水系统时,应注意冷却塔的设置。冷却塔应放在室外通风良好处,在高层民用建筑中,最常见的是放在裙房或主楼屋顶。布置冷却塔时应保证排风口上方无遮拦,进风口进风气流不受影响,进风口不应邻近有大量高热高湿的排风口。当冷却塔布置在裙楼屋顶时,应注意冷却塔的噪声对周围建筑和塔楼的影响。当冷却塔布置在主楼屋顶时,要满足冷水机组承压要求,并应校核结构承压强度。冷却塔的布置还会对结构荷载和建筑立面产生影响。

4)空调冷凝水系统

当空气处理设备的表面温度低于空气的露点温度时,空气中的水分在空气处理设备的冷却过程中凝结成水,并附着在空气处理设备的表面。为了防止水聚集在设备内部而影响设备的正常运行,这些空气处理设备运行过程中产生的冷凝水必须及时排走。冷凝水管的管材宜采用塑料管和热镀锌钢管,当冷凝水管表面可能产生二次凝结水且对房间有可能造成影响时,冷凝水管应采取防结露措施。

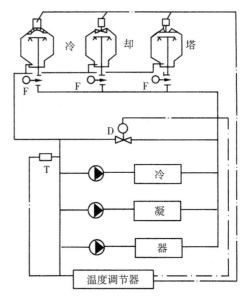

T—测温元件;D—二通调节阀;F—电动蝶阀。
图 9-34 空调冷却水系统示意

由于冷凝水在冷凝水管内依靠位差自流,因此冷凝水管管路布置时,为保证冷凝水能够顺利的排出,冷凝水管必须保证一定的坡度,按照规范的规定,凝水盘的泄水支管沿水流方向坡度不小于 0.010;冷凝水干管坡度宜大于或等于 0.005,最小不应小于 0.003,且不允许有积水部位,水平干管始端应设置扫除口。冷凝水管的管径按照冷量选择,具体参数见表9-5。

表 9-5 冷凝水管管径估算表

冷负荷/kW	<10	11~20	21~100	101~180	181~600
管径 DN/mm	20	25	32	40	50

2. 水泵

1)空调水系统中常用的水泵形式

水泵形式的选择与空调水系统的特点、安装条件、运行调节要求和经济性等有关。就空调水系统而言,使用比转数 A 为 30~150 的离心水泵最为合适,因为它在流量和压头的变化特性上容易满足空调水系统的使用需要。在常用的离心水泵中,根据对流量和压头的不同要求,可以分别选用单级泵或多级泵。除此之外,离心水泵还有单吸和双吸之分。在相同流量和压头的运行条件下,从吸水性能、消除轴向不平衡力和运行效率方面比较,双吸泵均优于单吸泵,且在流量较大时更明显;然而,双吸泵结构复杂,且一次投资较大。空调工程中常用的高效节能型离心水泵见表9-6所列。

表 9-6　空调工程中常用的高效节能型离心水泵

结构形式	系统	流量范围/(m³/h)	扬程范围/m
单吸、单吸、悬臂式	IS	6.3～400	5～125
单吸、双吸、中开式	S	140～2020	10～95
单吸、多级、分段式	TSWA	15～191	16.8～292

2) 水泵的性能曲线

水泵的性能曲线是液体在泵内运动规律的外部表现形式,它反映了一定转速下水泵的流量 L、压头 P、功率 N 及效率 η 间的关系。每一种型号的水泵,制造厂都通过性能试验给出三条基本性能曲线:$L-P$ 曲线、$L-N$ 曲线和 $L-\eta$ 曲线,如图 9-35 所示。

各种型号水泵的 $L-P$ 曲线随水泵压头(扬程 P)和比转数 n 而不同,一般有三种类型:平坦型、陡降型和驼峰型(见图 9-36)。具有平坦型 $L-P$ 曲线的水泵,当流量变化很大时压头变化较小。具有陡降型 $L-P$ 曲线的水泵,当流量稍有变化时压头就有较大变化。具有以上两种性能的水泵可以分别应用于不同调节要求的水系统中。至于具有驼峰型 $L-P$ 曲线的水泵,当流量从零逐渐增加时压头相应上升。当流量达到某一数值时压头会出现最大值,当流量再增加时压头反而逐渐减小,因此 $L-P$ 曲线形成驼峰状。当水泵的工作参数介于驼峰曲线范围时,系统的流量就可能出现忽大忽小的不稳定情况,使用时应注意避免。

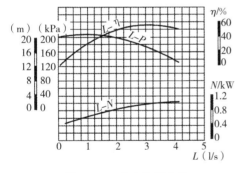

图 9-35　基本性能曲线

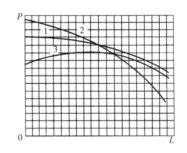

图 9-36　三种不同类型的 $L-P$ 曲线

3) 水泵的选择

根据空调系统管网布置,选择最不利环路进行水力计算,得出系统所需要的流量 L 和压头 P 值后,就可以按水泵特性曲线选择水泵型号,并从生产厂家样本中查其效率、功率和配套电机型号等。

9.7　空调系统的消声减振

空调系统的噪声主要是由通风机、制冷机、机械通风冷却塔等产生,并通过风道或其他结构物传入空调房间。空调噪声的传播方式包括空气声传播与固体声传播,空气声传播包括风管的噪声传播与末端噪声直辐射等,固体声传播主要包括制冷机组、冷却塔、管道等设备振动的传播。对于要求控制噪声和防止振动的空调工程,应采取适当的消声和减振措施。

通风和空调系统的消声和隔振设计应根据房间的功能要求、噪声和振动的频率特性及传播方式通过计算来确定。通风和空调系统产生的噪声传播至使用房间和周围环境的噪声级,应符合国家标准《声环境质量标准》(GB 3096—2008)和《民用建筑隔声设计规范》(GB 50118—2010)中对建筑室内允许噪声级的规定。

9.7.1　消声

消声措施有两个方面:一是减少噪声的产生;二是在系统中设置消声器。在所有降低噪声的措施中,最有效的是削弱噪声源。因此在设计机房时就必须考虑合理安排机房位置,机房墙体采取吸声、隔声措施,选择通风机时尽量选择低噪声通风机,并控制风道的气流流速。

1. 为减少噪声可采取的措施

(1)在选择设备时,应尽量选用高效率、低噪声的设备(如通风机、冷冻机和水泵等),且设备机房的布置不宜靠近对噪声要求严格控制的空调房间。

(2)通风机和电动机的连接应采用直接传动方式,且转速不宜过高;空气箱内的送风机或回风机宜采用三角胶带传动的双进风低噪声通风机。当通风机配用变频调速的电动机时,在特殊情况下,可采用降低运行转速的方法来满足空调房间对噪声的严格要求,如同期录音的电视演播室和录音室,可允许短时间内适当降低风量。

(3)有消声要求的通风和空调系统,其风管内的空气流速和送风口、回风口的空气流速应适当降低。一个系统的总风量和阻力不宜过大,最好是采用分层分区系统,这样既便于降低噪声,又对防火和节能有利。

(4)风管及部件应有足够的强度,其材料厚度不得小于现行的《通风与空调工程施工质量验收规范》(GB 50243—2016)的规定值,调节阀、防火阀、散流器风口、百叶风口等调节的部件应坚固而不颤动,以免产生附加噪声。

(5)在空调机房内可以贴吸声材料,或采用消声通风采光隔声窗,或将空调机房做成隔声室,从而达到消声效果。

(6)在风道上安装消声器,可以有效防止噪声通过风管传播。通常消声器的安装位置应靠近空调机房,并与之隔开,若只能设在机房内,则消声后的风管应做隔声处理,以防出现"声桥"。对于消声要求严格的房间,每个送、回风管上宜增设消声器,送风口上加装消声静压箱等。

2. 消声器的分类

消声器的构造型式很多,按消声的原理可分为如下几类。

1)阻性消声器

阻性消声器是用多孔松散的吸声材料制成的[见图 9 - 37(a)]。当声波传播时,会激发材料孔隙中的分子振动,摩擦力的作用使声能转化为热能而消失,从而起到消声的作用。这种消声器对高频和中频噪声有一定的消声效果,但对低频噪声的消声性能较差。

2)共振性消声器

如图 9 - 37(b)所示,小孔处的空气柱和共振腔内的空气构成一个弹性振动系统。当外界噪声的振动频率与该弹性振动系统的振动频率相同时,引起小孔处的空气柱强烈共振,空气柱与孔壁发生剧烈摩擦,声能就因克服摩擦阻力而消耗。这种消声器有消除低频的性能,但频率范围很窄。

3）抗性消声器

当气流通过截面积突然改变的风管时，会使沿风管传播的声波向声源方向反射回去，从而起到消声的作用。抗性消声器[见图 9 - 34(c)]对消除低频噪声有一定的效果。

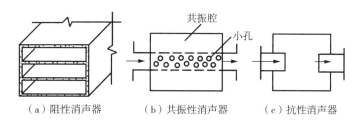

（a）阻性消声器　　（b）共振性消声器　　（c）抗性消声器

图 9 - 37　消声器的构造型式

4）宽频带复合式消声器

宽频带复合式消声器是上述几种消声器的综合体，其能集中上述几种消声器各自的性能特点和弥补单独使用时的不足，如阻、抗复合式消声器和阻、共振式消声器等。这些消声器对于高、中、低频噪声均有较良好的消声性能。

各种消声器的性能和构造尺寸可查阅相关国家标准设计图集。

9.7.2　减振

空调系统中的通风机、水泵、制冷压缩机等设备产生的振动，会传至支承结构（如楼板或基础）或管道，引起后者振动。这些振动有时会影响人的身体健康或者会影响产品的质量，甚至还会危及支承结构的安全。

为减弱通风机等设备运行时产生的振动，可将风机固定在钢筋混凝土板上，下面再安装隔振器；有时也可将通风机固定在型钢支架上，下面再安装隔振器。图 9 - 38 为风机隔振台座示意。

管道振动是由运行设备的振动及输送介质（气体、液体）的振动冲击所造成的。为减少管道振动对周围的影响，除了在管道与运行设备的连接处采用软接头外，每隔一定距离应设置管道隔振吊架或隔振支承，在管道穿墙、楼板（或屋面）时应采用软接头连接。

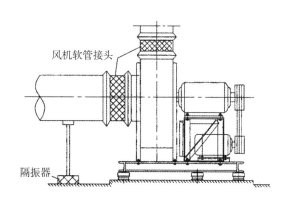

图 9 - 38　风机隔振台座示意

9.8　空调通风系统的防火设计

9.8.1　空调通风系统防火设计要求

平时作为空调通风系统的风管路，如果没有采取一定的防火措施，在火灾时，就可能成为烟气传播的通道。当空调通风系统运行时,空气流动的方向也是烟气可能流动的方向;当空调通风系统不工作时,因烟囱效应、浮力、热膨胀和风压的作用,各房间的压力不同,烟气可通过房间的风口、风道传播,这也将使火势蔓延。因此,空调通风系统应采取如下防火措施。

(1)民用建筑内,空气中含有容易起火或爆炸危险物质的房间,应设置自然通风或独立的机械通风设施,且其空气不应循环使用。

(2)甲、乙类厂房内的空气不应循环使用。丙类厂房内含有燃烧或爆炸危险粉尘、纤维的空气,在循环使用前应经净化处理,并应使空气中的含尘浓度低于其爆炸下限的25%。

(3)为甲、乙类厂房服务的送风设备与排风设备应分别布置在不同通风机房内,且排风设备不应与其他房间的送、排风设备布置在同一通风机房内。

(4)当空气中含有比空气轻的可燃气体时,水平排风管全长应顺气流方向向上坡度敷设。

(5)可燃气体管道和甲、乙、丙类液体管道不应穿过通风机房和通风管道,且不应紧贴通风管道的外壁敷设。

(6)空调通风系统水平方向不应服务于不同防火分区,竖向服务楼层数不宜超过5层。

(7)空调通风系统的风管在下列部位应设置公称动作温度为70℃的防火阀,防火阀应设置在靠近分隔体处:

① 穿越防火分区处(防火墙、防火隔墙);

② 穿越通风、空调机房的房间隔墙和楼板处;

③ 穿越重要或火灾危险性大的场所的房间隔墙和楼板处;

④ 穿越防火分隔处的变形缝/沉降缝两侧;

⑤ 竖向风管与每层水平风管交接处的水平管段上。

(8)公共建筑的浴室、卫生间和厨房的竖向排风管,应采取防止回流措施或在支管上设置公称动作温度为70℃的防火阀。

(9)公共建筑内,厨房的排油烟管道宜按防火分区设置,且在与竖向排风管连接的支管处应设置公称动作温度为150℃的防火阀。

(10)空调通风系统的管道,应采用非燃烧材料制作,但接触腐蚀性介质的风管和柔性接头,可采用难燃烧材料制作。

(11)管道和设备的保温材料、消声材料和胶黏剂应为不燃烧材料。

(12)当风管内设有电加热器时,通风机应与电加热器联锁。

(13)空调冷热水管、通风空调风管穿越防火墙、防火隔墙、楼板处应采用柔性有机堵料、无机堵料泡沫封堵材料等封堵管道与预留孔洞之间的缝隙,塑料管道应采用阻火包带封堵,封堵材料耐火极限应与穿越部位构件耐火极限相同。

9.8.2 空调通风系统设计中常用防火阀的设置

空调通风系统设计中,常用防火阀应根据阀门的功能和使用要求,合理设置和选用。常用防火阀设置要求见表9-7所列。

表 9－7　常用防火阀设置要求

阀门类型	平时状态	安装位置	控制方式	联动控制要求	复位方式	风量调节	备注
防火调节阀	常开	通风空调风管进出通风空调机房的管道上	70 ℃温控关闭	联锁停风机	手动	可	—
		通风空调风管穿越防火墙、防火隔墙处，水平支管与立管连接处	70 ℃温控关闭	无要求	手动	可	—
			70 ℃温控和电动开启与关闭	无要求	手动或电动	可	根据控制需要选用
		厨房排油烟管道穿越防火墙、防火隔墙处	150 ℃温控关闭	联锁停风机	手动	可	—

思 考 题

1. 何谓空气调节? 其通常由哪几部分组成?

2. 表示空气状态的参数有哪些? 室内外气象参数选择的基本原则是什么?

3. 空调系统按处理设备的设置情况可分为哪几种?

4. 空调冷负荷由哪些部分组成? 影响冷负荷主要因素有哪些?

5. 空气处理的基本手段有哪些?

6. 什么是空调房间的气流组织? 影响气流组织主要因素有哪些?

7. 空调机房、制冷机房等在建筑布置和结构设计中应当注意哪些主要问题?

8. 常用的空调人工冷源有哪些? 蒸汽压缩式制冷机由哪几部分组成? 其工作原理是什么?

9. 空调水系统按功能可分为哪几种? 空调冷冻水为何分区?

10. 空调系统的噪声源有哪些? 如何对空调系统的设备和管路进行消声、隔振?

11. 空调通风系统有哪些防火设计要求?

第10章 暖通空调节能技术

10.1 概 述

暖通空调节能技术是指在保证终端用户室内温度、湿度、清洁度和空气流动速度等参数达到标准的前提下,为了最大限度地提高整个系统的能源利用效率所采用的技术手段或技术措施。根据系统分类主要包括供暖系统节能技术、通风系统节能技术、空调系统节能技术、建筑围护结构的节能技术。

为实现"2030年前碳达峰、2060年前碳中和"的目标,建筑应向实现直接排放零碳化目标努力,在工程项目设计过程中,暖通专业在配合建筑围护结构热工、系统设计与设备选择等方面应充分考虑低碳设计,逐步减少建筑内直接化石能源消耗,实现建筑用能电气化。

(1)建筑围护结构的性能提升是降低供暖空调系统能耗的基础,应充分降低建筑供暖空调负荷需求,根据不同建筑气候分区,分清热工性能提升重点,如以供暖为主的严寒和寒冷地区的建筑,建筑热工性能提升重点应放在提高围护结构保温性能上;以供冷为主的夏热冬冷及夏热冬暖地区,建筑热工性能提升以隔热为主要目标,以提升建筑透明围护结构的遮阳为重点等。同时,应该与建筑专业配合,加强自然通风等被动技术的应用。

(2)供暖空调系统的性能提升,应包括选择高性能的暖通空调系统及设备,提高能源利用率。

(3)建筑内应减少以化石能源为冷热源的系统形式,积极推进建筑用能电气化。供暖系统宜减少燃气、燃油锅炉的使用,有条件时积极推进建筑用能电气化,如采用高性能热泵机组替代燃气、燃油锅炉,利用峰谷电价选用蓄能系统等。

(4)空调系统用能经技术经济比较选用符合当地条件的零碳能源,有条件时,应积极推进太阳能、生物质能、空气能、浅层地热能、中深层地热能等能源的合理应用,促进暖通空调低碳设计,力争实现建筑直接排放零碳化。

10.2 供暖系统节能技术

供热的目的是提高冬季室内的舒适性,同时保证供热的安全性。但这种舒适安全的供热不能以无谓的能源浪费为依托。一个舒适、节能、安全的供热系统才是合理的、正确的、高效运行的系统。要达到舒适节能的效果,必须从建筑物的围护结构和供热系统的各个环节着手。

供暖系统节能是实现50%建筑节能目标的主要途径。供暖系统节能的主要措施有水力平衡、管道保温、提高锅炉热效率、提高供暖系统运行管理水平、合理选择供暖方式、合理进行室温控制调节和热量按户计量等,其中合理进行室温控制调节和热量按户计量是系统节能的薄弱环节,也是当前整个建筑节能工作深入过程中要解决的热点和难点问题。本节将重点分析、探讨供暖计量的相关问题。

10.2.1 供暖计量与节能

由于集中供暖和集中空调的广泛应用,供暖和空调的能耗也随之急剧增加。计量供暖在欧盟各国的开展始于 20 世纪八九十年代,它已成为集中供暖进一步节能的有效政策和制度,并已积累了成熟的经验。例如,德国早在 1981 年颁布了《采暖热费结算的规定》,1989 年颁布了基于热耗量进行热费结算的国家标准。其中包括计量供暖概念、蒸发式热分配表的制造、电子式热分配表的制造、热量表的制造、运行费用的分配和结算,以及热计量仪表的检验、注册及许可证制度。同年,德国经济部(BM - WI)还发布了进一步贯彻执行《采暖和热水基于实耗进行收费规定的通知》,大力推行热计量。在我国,供暖范围主要包括淮河和秦岭以北的广大地区,主要是东北、华北及西北的所谓"三北"地区,以及安徽、江苏、四川、云南、贵州的部分地区,其全部面积约占全国陆地总面积的 70%。另外,根据国家规定对部分非供暖地区的幼儿园、养老院、中小学校、医疗机构等建筑宜考虑设置集中供暖。可见在我国宜设和宜考虑设置集中供暖的地区之广大。

1. 供暖计量的意义

1)节约能源

(1)调动用户节能意识,实现节能;

(2)公用和商业建筑无人时实现值班采暖;

(3)低负荷时采用质、量并调,降低循环水泵消耗;

(4)利用恒温阀,充分利用室内自然得热。

2)极大地促进环境保护

能源生产带来的环境污染问题日益加剧,每年因污染而造成的经济损失约占国内生产总值的 9%～10%;我国温室气体排放量呈逐年上升趋势,2010—2019 年年均增长约为 2.3%,高于全球水平。

3)推动供暖行业整体水平的提高

随着市场经济的不断深入,政府、用户和供热企业三者之间的关系已经完全转变。只有实现供暖系统按热量计量收费制度后,才能理顺政府、用户和供热企业三者之间的关系。计量供暖能为供暖这种商品提供公平交易的手段,可以使供暖企业提高供暖服务的质量和水平、提高用户的节能意识、提高运行管理水平和推动技术进步。

2. 我国用户热量计量方法

提高用户节能意识的最好办法就是实行按热量表计费,只有实行热量计量才能最大限度地提高住户的节能意识。推行供暖计量并基于实际能耗进行收费,可以提高集中供暖的节能效果,用户通过计量支付公平合理的供暖费用。既然要热计量,就要安装计量仪表和读表,计算用户付费金额。当每年节约的能量费用不足以抵消为计量而付出的成本时,虽然节能可以获得节能的社会效益,而用户却得不到所期望的经济效益,这就会挫伤用户的节能积极性,给计量供暖的推广造成障碍。只有当每年节约的能量费用大于为热计量和冷计量所付出的成本时,才能取得用户行为节能的效果。因此选用合适的计量方法非常重要。

我国目前用户热量分摊计量方法是在楼栋热力入口处(或换热机房)安装热量表计量总热量,再通过设置在住宅户内的测量记录装置,确定每个独立核算用户的用热量占总热量的比例,实现分户热计量。

热计量常用方法包括楼前热表法、分户热表法、分户热水表法、分配表法、温度法等。

1)楼前热表法

在建筑物的供暖入口处设置楼前热量表,通过该表测量水的流量与供、回水温度,计算出该供暖系统入口处的总供热量,该系统的用户统一按此总供热量并结合各户的建筑面积进行热费分摊。由于建筑物的朝向、楼层数等会有差异,因此入口所负担的建筑(单元)不应过多。这种方法的优点是简单易行、初投资少,容易实现;缺点是计量不够精确,存在一定的平均主义,无法针对每家每户计量,不利于行为节能的充分发挥。

2)分户热表法

除在建筑物供暖入口处设置楼前热量表外,在楼内各户的供暖入口处再设置分户热量表。即使面积相同,保持同样的室温,热表上显示的数字也会因用户所处位置的不同而有所不同,如顶层住户因有屋顶耗热、端头用户因有山墙耗热,在保持同样室温时,散热器必须提供比中间层更多的热量。因此,采用分户用热量表进行分摊时,需将各住户热量表显示的数值,根据最大限度地保持"相同面积的用户,在相同的舒适度的条件下,缴纳相同的热费"的原则,折算为当量热量,并按当量热量进行收费。这种方法是目前国内供暖企业主要的计量方式,优点是计量到户,数据精准。实施中应保证所用热量表须达到国家标准《热量表》(GB/T 32224—2020)的要求。

3)分户热水表法

分户热水表法与分户热表法基本相同,差异仅在于以热水表替代了热量表,这样能节省一定的初投资费用。这种方法的优点是有利于行为节能的发挥与实现;缺点是涉及难以解决的户间传热计算问题,而且供暖系统必须设计成每户一个独立系统的分户循环模式,限制了其他供暖制式的应用与发展。

4)分配表法

分配表法充分利用了"分摊"的概念,抓住了影响散热器散热量的最主要因素——散热器平均温度与室温之差,其以散热器平均温度的高低来近似代表散热器散热量的大小,使问题得到了简化。

采用分配表法的主要优点:计量值基本不受户间传热的影响,可以免去户间传热的修正;初投资低;可适用于任何散热器户内供暖系统形式。

采用分配表法的主要缺点:安装较复杂,且需要厂家进行热费计算;计量值不直观,需要入户安装和抄表,电子式热分配表可以数据传送,但价格较高;每组散热器每年需要更换液管,增加更换费用。

5)温度法

在建筑物的供暖入口处设置楼前热量表,通过测量热媒水的流量与供、回水温度,计算出该供暖入口的供暖总热量。在每个用户户内各室的内门上部安装一个温度传感器,温度传感器中的采集器采集室内的温度,并经通信线路送到热量采集显示器。热量采集显示器接收来自采集器的信号,并将采集器送来的用户室内的温度送至热量计算分配器。热量计算分配器接收热量采集显示器、热量表送来的信号,并按照程序将热量进行分摊。

这种方法的出发点:按照住户等舒适度分摊热费,其认为室温与住户的舒适是一致的,如果供暖期的室温维持较高,那么该住户分摊的热费也应该较多。遵循的分摊原则:同一栋建筑物内的用户,如果供暖面积相同,那么在相同的时间内,相同的舒适度应缴纳相同的热费。它与住户在楼内的位置没有关系,不必对住户位置进行修正。

温度法的主要优点:计量的每户热量,是在实际舒适度下的热用户的折算热量,消除了建筑物的位置差别对计量结果的影响;每户分摊的热量之和等于结算热表计量的结果,不需要考虑管道散热损失的热量;避免了难以解决的户间传热的计算问题,不管用户否采暖,均应根据室温的分摊结果缴纳热费;不需要每户测量流量,避免了小口径机械式接量表易堵塞的问题;设备简单、初投资少、使用可靠,易于管理,既适用于新建建筑,也适用于既有建筑改造。

3. 热计量仪表及温控设备

1)热量计量仪表

进行热量测量预计算,并作为结算依据的计量仪器称为热量计量仪表,简称热量表。热量表由一个热水流量计、一对温度传感器和一个积算仪组成。根据流量传感器的形式,热量表可分为机械式热量表、电磁式热量表和超声波式热量表(见图 10-1)。

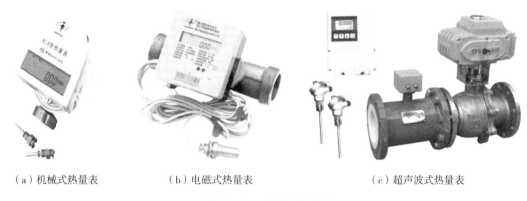

　(a)机械式热量表　　　　　　(b)电磁式热量表　　　　　　(c)超声波式热量表

图 10-1　常见的热量表

热量分配表可以结合热量表测量散热器向房间散发出的热量。在住户的全部散热器上安装热量分配表,结合楼入口的热量总表的总用热量数据,就可以得到全部散热器的散热量。

2)温控设备

(1)恒温控制器。恒温控制器的核心部件是传感器单元,即温包。根据温包位置,恒温控制器主要有温包内置和温包外置(远程式)两种形式。恒温控制器的温包内充有感温介质,能够感应环境温度,当室温升高时,感温介质吸热膨胀,关小阀门开度,减少流入散热器的水量,降低散热量以控制室温;当室温降低时,感温介质放热收缩,阀芯被弹簧推回而使阀门开度变大,增加流经散热器的水量,恢复室温。

(2)流量调节阀。散热器温控阀(见图 10-2)的流量调节阀阀杆采用密封式活塞形式,在恒温控制器的作用下做直线运动,带动阀芯运动以改变阀门开度。流量调节阀应具有良好的调节性能和密封性能。流量调节阀按照连接方式可分

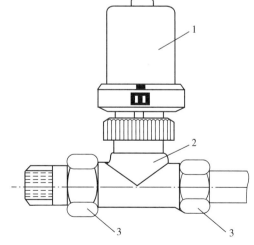

1—恒温控制器;2—流量调节阀;3—连接件。

图 10-2　散热器温控阀

为两通型(直通型、角型)和三通型。

散热器温控阀应安装在每组散热器的进水管上或用户系统的入口进水管上。温包内置不主张垂直安装。另外,应确保温包能感应到室内环流空气的温度,不得被窗帘盒、暖气罩等覆盖。

4. 热计量收费办法

1)热价组成

热是一种特殊的商品。目前,在我国热价的确定不仅仅是个技术经济问题,还涉及诸多社会问题和政策问题。对于供热企业,热价包括生产成本和盈利。生产成本是指生产过程中各种消耗的支出,包括供热设备的投资、折旧,锅炉煤耗,水泵电耗,软化水的药、水耗,人员工资等,而盈利则包括企业利润和税金两部分。我国目前的热价难以确定,其主要原因之一就是我国的供热企业 95% 都为国有,其制热和输配设施的归属与折旧难以确定。对于新建住宅小区的锅炉房,其供热设施都已包括在房屋的配套费中,也就是说这些供热设施都是住户的财产,热价的确定比较容易,不含设备折旧、利息和税收,仅包括消耗的燃料及其运费,系统运行的耗电费,设备的操作、监控和养护费用,由专业人员对设备的运行可靠性、安全性所进行的定期检查和设定所产生的费用,设备和工作间清洁维护环保监测所产生的费用,热费计量装置及使用所产生的费用。

由于供热系统的特殊性,国外供热系统发达的国家一般执行两部热价法。其一为固定热费,也称为容量热费,即仅根据用户的采暖面积收费费用,而不管用户是否用热或者用热多少。其二为实耗热费,也称为热量热费,即根据用户实用热量的多少来分摊计算费用。

固定热费的收取基于以下理由:(1)为用户供热兴建的锅炉房、供热管网等固定资产的年折旧费和投资利息,以及供热企业管理费用等,并不因为使用或停用、用的多少而变化,这部分费用应由用户按建筑面积分摊;(2)建筑物共用面积的耗热量及公共的采暖管道散热未包括在各户热量表的读值内,此部分热量应由各户分摊;(3)因热用户所处楼层、位置不同,外围护结构数量不同,部分用户要多负担屋顶、山墙、地面等围护结构的耗热量,而这些围护结构是为整个建筑、所有用户服务的,应由所有用户分摊;(4)邻室传热的存在,使得某户当关小或关闭室内散热设备时,可以从邻户获得热量,而这部分热量显然未包括在该户的热计量表读值内,需另外收取予以补偿。

固定热费与实耗热费比例的确定与建筑物性质、能源种类、热源形式等有关。固定热费比例高,有利于供热企业的收费,但不利于用户的节能,因此我国应根据各地的情况,摸索一个适合当地气候、能源、建筑围护结构状况、供热企业运行等方面的分配比例。国内一些研究与试点工程在这方面做了一些探索。

2)热价制定

热费分摊的原则是用热公平、公共耗热量共摊。不同楼层、不同建筑位置但户型相同、面积相同的用户维持相同的室温所缴纳的热费相同,不应受到山墙、屋顶、地面等外围护结构及户间传热的影响。无论是分户热量表还是热量分配表的读值,它们仅反映了用户室内用热量的多少。基于上述原则,耗热量与邻户传热耗热量应计入各户的热费中。这部分耗热量是与各户的建筑面积相关联的,与其相关的热费也应与建筑面积相关。因此,用户的热费应为该部分的固定热费与通过各用户热计量表读值实耗热费两部分组成,具体计算方法不再列出。两部分热费的分配比例各地供热主管部门可会同物价部门,根据各供热站提供的年度报表、年度预算等资料,合理制定出本地区的合理收费指标值。

10.2.2　其他节能技术

管网输配系统节能主要从提高管网的平衡效率、提高管网的保温性能、减少管网的补水量、合理选择管网输配系统的热水循环水泵几个方面进行开展。

1. 热网的水力平衡

1)水力平衡的概念和作用

供热管网的水力平衡用水力平衡度来表示,所谓水力平衡度就是供热管网运行时各管段的实际流量与设计流量的比值。该值越接近1,说明供热管网的水力平衡度越好,在《居住建筑节能检验标准》(JGJ/T 132—2009)中规定,室外供热管网各个热力入口处的水力平衡度应为0.9~1.2,否则在供热系统运行时就会出现有的建筑物供给的热量大于设计热负荷,而有的建筑物供给的热量小于设计热负荷,从而出现个别建筑物内温度冷热不均的现象,造成热量浪费或达不到设计的室内温度,降低供热质量。

2)管网水力平衡技术

为确保各环路实际运行的流量符合设计要求,在室外热网各环路及建筑物入口处的采暖供水管或回水管路上应安装平衡阀或其他水力平衡元件,并进行水力平衡调试。目前采用较多的是平衡阀及平衡阀调试时使用的专用智能仪表。实际上平衡阀是一种定量化的可调节流通能力的孔板,专用智能仪表不仅用于显示流量,更重要的是配合调试方法,原则上只需要对每一环路上的平衡阀做一次性的调整,即可使全系统达到水力平衡。这种技术尤其适用于逐年扩建热网的系统平衡,因为只要在每年管网运行前对全部或部分平衡阀重做一次调整,即可使管网系统重新实现水力平衡。

(1)平衡阀的特性。平衡阀属于调节阀范畴,它的工作原理是通过改变阀芯与阀座的间隙(开度)来改变流经阀门的流动阻力,以达到调节流量的目的。从流体力学观点看,平衡阀相当于一个局部阻力可以改变的节流元件。平衡阀通过改变阀芯的行程来改变阀门的阻力系数,而流量因平衡阀阻力系数的变化而变化,从而达到调节流量的目的。图10-3为平衡阀。

平衡阀与普通阀门不同之处在于有开度指示、开度锁定装置及阀体上有两个测压小孔。在管网平衡调试时,用软管将被调试的平衡阀测压小孔与专用智能仪表连接,仪表能显示出流经阀

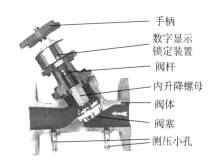

　　　　　　　手柄
　　　　　　　数字显示
　　　　　　　锁定装置
　　　　　　　阀杆
　　　　　　　内升降螺母
　　　　　　　阀体
　　　　　　　阀塞
　　　　　　　测压小孔

图 10-3　平衡阀

门的流量及压降值,经仪表的人机对话向仪表输入该平衡阀处要求的流量值后,仪表经计算分析,可显示出管路系统达到水力平衡时该阀门的开度值。

(2)平衡阀的安装位置。管网系统中所有需要保证设计流量的环路中都应安装平衡阀,每一环路中只需安装一个平衡阀(或安装在供水管路,或安装在回水管路),可代替环路中一个截止阀(或闸阀)。

热力站或集中锅炉房向若干热力站供热水,为使各热力站获得要求的水量,宜在各热力站的一次环路侧回水管上安装平衡阀。为保证各二次环路水量为设计流量,热力站的各二

次环路侧也宜安装平衡阀。

　　小区供热往往是由一个锅炉房（或热力站）向若干栋建筑供热，其供热管网由总管、若干条干管及各干管上与建筑入口相连的支管组成。由于每栋建筑距热源远近不同，一般又无有效设备来消除近环路剩余压头，因此流量分配不符合设计要求，从而导致近端过热、远端过冷。建议在每条干管及每栋建筑入口处安装平衡阀，以保证小区中各干管及各栋建筑间流量的平衡。图10-4为小区供热管网水力平衡示意。

　　为了合理地选择平衡阀的型号，在系统设计时要进行管网水力计算及环

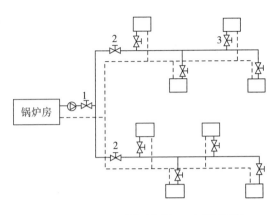

1—总管平衡阀；2—干管平衡阀；3—支管平衡阀。

图10-4　小区供热管网水力平衡示意

路平衡计算，按管径选取平衡阀的口径（型号）。对旧系统进行改造时，因资料不全，为方便施工安装，可按管径尺寸配同样口径的平衡阀，直接以平衡阀取代原有的截止阀或闸阀，但应做压降校核计算，以免原有管径过于富裕使流经平衡阀时产生的压降过小，引起调试时因压降过小而造成较大的误差。

　　2.热网的保温

　　在热量从热源输送到各热用户系统的过程中，由于管道内热媒的温度高于环境温度，热量将不断地散失到周围环境中，从而形成供热管网的散热损失。管道保温的主要目的是减少热媒在输送过程中的热损失，节约燃料、保证温度。热网运行经验表明，即使有良好的保温，热水管网的热损失仍占总输热量的5%～8%，蒸汽管网的热损失占总输热量的8%～12%，而相应的保温结构费用占整个热网管道费用的25%～40%。

　　供热管网的保温是减少供热管网散热损失，提高供热管网输送热效率的重要措施，然而增加保温厚度会带来初投资的增加，因此如何确定保温厚度达到最佳的效果是供热管网节能的重要内容。

　　《设备及管道绝热设计导则》明确规定："为减少保温结构散热损失，保温材料厚度应按'经济厚度'的方法计算"。所谓经济厚度就是指在考虑管道保温结构的基建投资和管道散热损失的年运行费用两者因素后，折算得出在一定年限内其费用为最小值时的保温厚度。年总费用是指保温结构年总投资与保温年运行费之和。当保温层厚度增加时，年热损失费用减少，但保温结构的总投资分摊到每年的费用则相应地增加；反之，当保温层厚度减薄时，年热损失费用增大，保温结构总投资分摊费用减少。年总费用最小时所对应的最佳保温厚度即为经济厚度。在《严寒和寒冷地区居住建筑节能设计标准》(JGJ 26—2018)、《公共建筑节能设计标准》(GB 50189—2015)中均对供热管道的保温厚度做了规定。推荐采用岩棉管壳、矿棉管壳及聚氨酯硬质泡沫塑料保温管（直埋管）等保温管壳，它们都有较好的保温性能。敷设在室外和管沟内的保温管均应切实做好防水防潮层，避免因受潮增加散热损失，并在设计时要考虑管道保温厚度应随管网面积增大而增加等情况。

3. 热水循环水泵的耗电输热比

热水供暖供热系统的一、二次水泵的动力耗电十分可观,一些系统在设计时选用水泵型号偏大,运行时采用大流量小温差的不合理运行方式,造成用电量浪费。因此热水供暖供热系统的一、二次水泵的动力消耗应予以控制。一般情况下,耗电输热比,即设计条件下输送单位热量的耗电量 EHR 值不应大于按下式所得的计算值:

$$\text{EHR} = \frac{\varepsilon}{\sum Q} = \frac{\tau \cdot N}{24q \cdot A} \leqslant \frac{0.0056(14 + \alpha \sum L)}{\Delta t}$$

式中:$\sum Q$——全日系统供热量,kWh;

ε——全日理论水泵输送耗电量,kWh;

τ——全日水泵运行时数,连续运行时 $\tau = 24$ h;

N——水泵铭牌功率,kW;

q——供暖设计热负荷指标,kW/m²;

A——系统供暖面积,m²;

Δt——设计供回水温差,一次网 Δt 为 45 ～ 50 ℃,二次网 Δt 为 25 ℃;

$\sum L$——室外管网主干线(包括供回水管)总长度,m。

α——当 $\sum L \leqslant 500$ m 时,$\alpha = 0.0115$;当 500 m < $\sum L$ < 1000 m 时,$\alpha = 0.0092$;当 $\sum L \geqslant 1000$ m 时,$\alpha = 0.0069$。

10.3　空调系统节能技术

空调能耗在建筑总能耗中占据了很大一部分,尤其是在大型公共建筑中,空调耗电量甚至达到 50% 以上。因此,采取有效的空调系统节能措施对于降低建筑能耗具有重要意义。

当前,空调系统节能的主要研究方向如下。

(1)空调设备低能耗和高效率研究,提高能源利用率。例如,高效节能的压缩机、空气处理设备的节能、高效率水泵与通风机等。目前常采用变频技术、磁悬浮技术、微通道换热、降膜机组、空调设备物联网等,开发高效的新型空调设备、实现智能化运维管理。

(2)能源综合利用技术。例如,地源热泵、太阳能制冷供暖、分布式能源、免费供冷等。

(3)空调方式综合措施研究。例如,蓄冷空调、低温送风、热回收技术等。

(4)空调系统运行的节能。例如,空调部分负荷时,调节机组的工作台数,提高运行效率;春秋季多利用室外空气,以节约能源;利用自动控制进行多工况控制,减少冷热消耗;等等。

10.3.1　新型空调设备——磁悬浮离心式压缩机

磁悬浮制冷机的发展历史可以追溯到 20 世纪 90 年代。最早的研究开始于 1993 年澳大利亚墨尔本 MULTISTACK 公司 R&D 部门,Ron Conry 博士带领 Turbocor 研究小组历时十年研发出世界上第一台磁悬浮离心式压缩机。2006 年,我国第一台磁悬浮中央空调在海尔诞生。

磁悬浮离心机组是一种采用磁悬浮技术的制冷设备,它的主要部分是磁悬浮离心式压缩机。普通的离心压缩机是由电机驱动通过传统的轴承传动工作的,而磁悬浮离心式压缩机是通过永磁电机带动磁悬浮轴承工作的。磁悬浮离心式压缩机利用电磁力控制叶轮的位置和速度,当电机启动时,压缩机的磁轴承即吸引叶轮,使其形成离心运动;在运动过程中,通过调整磁场的大小和方向,可以精确地控制叶轮的位置和速度。由于采用了磁悬浮技术,消除了机械接触和摩擦,因此其制冷运行过程中的机械损耗较低,从而显著提高了运行效率并降低了能耗。图10-5为磁悬浮离心式压缩机。从图中我们可以看到,相较于普通的变频离心机,磁悬浮变频离心机的不同部位和关键就在于磁悬浮离心式压缩机。磁悬浮轴承是一种利用磁场,使转子悬浮起来,从而在旋转时不会产生机械接触,不会产生机械摩擦,不再需要机械轴承及机械轴承所必需的润滑系统。磁悬浮冷水机组中,使用了磁悬浮轴承技术,利用磁场使转子悬浮起来,旋转时与叶轮没有机械接触,不会产生机械磨损,不再需要机械轴承及机械轴承所必需的润滑系统。

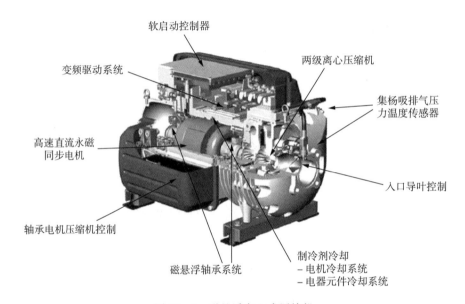

图10-5 磁悬浮离心式压缩机

通过永磁同步电机带动磁悬浮轴承工作的磁悬浮离心式压缩机,主要优势表现在如下几个方面。

(1)节能:机组在部分负荷运行条件下,能效比峰值效率COP高达12。以一般空调系统全年运行统计,比其他冷水机组节电率高达35%。

(2)日常维护费用低:磁悬浮机组系统运动部件少,没有复杂的油路系统、油冷却系统、油过滤器等,无须每年清洗主机,只需做蒸发、冷凝器水垢处理清洗,可节省维护时间,避免因制冷需求高峰清洗机组造成不便。

(3)运行噪声与振动低:磁悬浮机组没有机械摩擦,且有气垫可以阻隔振动,因此机组产生的噪声和振动极低,压缩机噪音低于77 dB,无须减振垫或弹簧减振器和隔音机房。

(4)无摩擦损耗:没有机械轴承和齿轮,没有机械摩擦损失,没有润滑油循环,纯制冷剂压缩循环,无须润滑油的加热或冷却;与传统的离心式轴承的摩擦损失相比,磁悬浮轴承的摩擦损失仅为前者的2%左右。

(5)启动电流低:常规冷水机组的配用电机大,在启动的瞬间会产生高冲击电流(一般可达到 200～600 A），会波及电网的稳定，因此在电网设计时必须考虑防护措施。而磁悬浮机组的启动过程利用压缩机变频软启动的方式，使启动电流低至微不足道的 6 A，因此启动电流对电网的冲击低，电网设计不必进行专门的防护考虑。

（6）系统可持续性高：常规大螺杆式机组系统含油，按每年清洗一次，润滑油残留及累积能效损失将高达 25％，这会导致系统换热效率差、机器负荷大，制冷效果还不好，运行年限越长效率降低将越明显。磁悬浮机组无油运行，不会存在润滑油残留及控制的问题，所以随着运行年限的增加亦不会存在润滑油造成效率损失的问题。

（7）抗喘振：压缩机控制模块中提供了压缩机安全运行的控制曲线，通过实时监测压缩机的运行状态，计算判断后可以对转速进行及时调整，确保压缩机始终运行在安全区域内。

这些优点使磁悬浮制冷机成为目前中央空调技术最前沿、节能效率最高的产品应用之一。但磁悬浮制冷机的缺点是一次性投资相对较大，成本高。最近几年，随着产品的规模化生产，其价格有逐年降低的趋势，并逐步被广大用户接受。在国家节能减排政策的推进力度不断加大的背景下，市场对磁悬浮空调的需求开始井喷。目前产品已广泛应用于各种需要高效节能冷却的场所，如地铁站、酒店、办公楼、医院、学校和工厂等场所的空调制冷系统中。

10.3.2　分布式能源系统

分布式能源系统是一种新型的能源供应方式，它采用分布在用户端的能源（如太阳能、风能、地热能等），进行就地生产、就地消纳，以实现对传统集中式供能模式的优化和补充。这种系统既可以独立运行，也可以并入电网运行，其配置和容量规模的确定是基于资源、环境和经济效益的最优化考虑。

分布式热电联供系统之所以受到广泛的关注，其主要优点在于：实现热电联产，通过余热回收实现蒸汽或热水供应，或使用吸收式制冷机组提供空调或工艺性用冷，可以将能源效率提高到 90％；能源生产设备靠近用户，生产的热量、冷量和电量可直接使用，改进了供能的质量和可靠性，减少了输配电设备的投资和电网的输送损失；装置容量小、占地面积小、初期投资少，用户可以直接投资建设小型的分布式联产电站；分布式能源系统在环境保护、节约能源、减少排放等方面具有显著优势，是未来新型电力系统的重要组成部分。

随着经济的发展和人们生活水平的提高，夏季和冬季的电力需求有着突飞猛进的增长，在大型电站建设周期长、投资高、环境污染严重的情况下，鼓励建设洁净、容量小、现场型的热、电、冷联供装置，无疑是快速改变这种局面的最有力措施。

1. 技术原理及系统设计

1）分布式供能技术

分布式技术目前存在三种不同的概念，即分布式能源资源（Distributed Energy Resources，DER）、分布式电力（Distributed Power，DP）和即分布式供能（Distributed Generation，DG）。

从某种意义上讲，DER、DP、DG 的目的是基本相同的，但技术包容的范围存在区别，三者之间是属于逐级包容的关系。其中，DG 的范畴最小。美国能源部能源效率与可再生能源办公室的网站资料显示，DER 是指各种小型、模块化的发电技术，不管这些技术是否和电网相连接，它都可以与能源管理和储存系统相结合，用于改善输电系统的运行。DER 系统的容量范围可以从几千瓦到 50 MW。而 DG 则定义为集成或单独使用的、靠近用户的小型、模块化发电设备。它完全不同于现有传统的中央发电站和输电模式。它可以位于终端用户附近,建设在工业园区、大楼内、社区里。因此,分布式供能技术是以一些小型发电设备的技术进步为依托,以靠近用户侧建立小型电站为主,并结合热电(冷)联产等应用拓展为前提的整体供能系统的总称。分布式供能系统是采用模块化设计的发电设备或热电(冷)联产设备。

2)技术原理

(1)分布式供能技术按燃料类型的分类如下。

① 利用常规矿物燃料技术。利用常规矿物燃料技术包括燃柴油或天然气的往复式发动机和工业燃气轮发动机,这两种均是已经商业化的技术。未来的任务是如何降低成本和减少污染排放,实现热电联产,提高能源利用率。

② 利用新型矿物燃料技术。利用新型矿物燃料技术主要是微型燃气轮机和燃料电池。这两者目前仍处于研发阶段,一些研究产品目前也投入了商业试运行。随着技术进步,预计其将成为未来能源市场最为活跃的部分。

③ 利用可再生能源技术。利用可再生能源技术主要是光伏电池、太阳能发电机、风力发电机、小水力发电机,以及以生物质为燃料的小型热电联产装置。

(2)分布式热电联产系统类型概况。在分布式供能技术中,能利用热电联产来提高能源利用率的技术类型主要有以往复式发动机发电为主体的热电联产系统、微型燃气轮机热电联产系统、燃料电池热电联产系统。

(3)分布式供能技术的主要技术参数。表 10-1 列举了分布式供能动力设备的主要技术参数及投资和运行维护费用等信息。

表 10-1 主要技术参数及投资和运行维护费用等信息

项目	发动机发电	燃气轮机发电	微型燃气轮机发电	光伏发电	风力发电	燃料电池
可调度性	有	有	有	—	—	有
燃料	柴油或燃气	燃气	气体或液体	太阳	风	燃气
效率/%	35	29～42	27～32	6～19	25	40～57
能量密度/(kW/m²)	50	59	59	0.02	0.01	1～3
投资费用/(美元/kW)	200～350	450～870	1000 500(2005 年)	6600	1000	3000～5000 1000(2005 年)
运行维护费/(美元/kW)	0.01	0.005～0.007	0.005～0.007	0.001～0.004	0.01	0.002
发电投资①/[美元/(kW·h)]	7～9	6～8	6～8	18～20	3～4	6～8
能量储存要求	无	无	无	需要	需要	无
热耗/[MJ/(kW·h)]	10～15	5～10	5～10			5～10
预计运行寿命/(10·h)	4	4	4			1～4

3)系统设计

冷热电联供系统设计需要考虑冷、热、电三种负荷,需要考虑不同设备的热力匹配,需要考虑系统运行的节能性、经济性和环保性。因此,系统的设计是一个复杂的过程,需要遵循一定的思路。

第一,冷热电联供系统的设计需要建立在一个特定的负荷需求上。对于楼宇供能系统改造,负荷可以以历史数据为依据;对于新建楼宇,需要对负荷进行模拟分析和预测,常用的软件有 DeST、TRNSYS、EnergyPlus 等。比较准确的设计方式应该是基于全年逐时的负荷预测,或者基于全年各类型典型天气的逐时冷负荷预测。

第二,冷热电联供系统的设计需要明确系统的运行模式。对于同样的负荷条件,分布式供能系统可以作为辅助系统,也可以作为主要供能系统;对于同样的系统结构,在参数方面可以依循电力负荷需求来设计,也可以依据热力负荷需求来设计,还可以综合权衡各类负荷后进行优化设计。对于低集成的简单系统,往往采用恒定输出模式,用以满足基本的用能需求。关于系统模式,在此主要列举以下几种。

(1)以热定电模式。以热定电模式是指系统的设计和运行以热(冷)负荷为依据进行。这种模式被广泛地应用在大型热电厂的热电联产当中。在建筑冷热电联供系统中,由于冷热、电三种负荷难以独立调节,而电力供应可以自由地由公用电网补充,因此往往采用以热定电进行设计。原动机和供热设备的选型首先考虑热(冷)负荷,而电力负荷则由电网进行实时调节。

(2)以电定热模式。以电定热模式是指系统的设计和运行以电力负荷为依据进行。此时往往是电力供应处于关键地位。在原动机设计选型时,首先需要考虑电力供应,然后分析相应的热力输出,最后采用其他设备,如锅炉、热泵等对热(冷)输出进行实时调节。

(3)冷热电优化模式。冷热电优化模式是指系统的设计和运行不以单一负荷为限制,而是综合考虑冷、热和电供应所能带来的效益。这种情况往往是在原动机的基础上考虑了其他能量来源,或者配置了其他辅助的能量转换设备,使同一种能量供应可能源自多个设备(此时各设备的匹配容量为未知量),再以设备间能量转换和能量供应的守恒方程为主要约束条件,以节能性、经济性或者环境性指标为优化设计目标,通过相应算法求解出最优设计尺寸。

(4)恒定输出模式。恒定输出模式是冷、热、电联供系统推广和示范中较常见的模式。系统的设计选型只立足于满足用户的一部分较为恒定的能量要求,因而避免了实时的调节,最大限度地简化了系统的设计和运行。采用这种设计模式往往是因为用户负荷全年较为稳定。在这种模式中,原动机和辅助设备的选型和设计主要基于经济性和节能性进行优化分析,选择最优设计方案。

2. 燃气冷热电联供分布式能源系统

1)一般规定

(1)燃气冷热电联供分布式能源系统适用于有天然气、煤气等燃气供应的城市、地区。可供这些地区内有冷、热、电需求的厂矿企业、商场、超市、宾馆、车站、机场、医院、体育场、展馆、写字楼、学校等建筑群或独立建筑物使用。

(2)各类建筑或建筑群设置燃气冷热电联供分布式能源系统,应符合下列要求。

① 燃气冷热电联供能源站,应建造在主体建筑邻近处或大楼内,以减少电气线路损耗和供热(冷)管线的热(冷)损失。

② 一次能源梯级利用,能源利用综合效率大于 80%。

③ 应做到环境友好,降低污染物排放量。

④ 适用于中小规模的分布式能源供应系统,发电能力宜大于 25 MW。

⑤ 燃气冷热电联供能源站,宜设置在用户主体建筑或附属建筑内,并按其规模、燃气发电装置类型可设在地上首层或地下层或屋顶。站房应设在建筑物外侧的房间内,并应遵循

现行国家标准《建筑设计防火规范》(GB 50016—2014)等相关规定。

(3)为确保燃气冷热电联供分布式能源系统的节能效益、社会经济效益,宜采用燃气冷热电联供能源站供应范围内"自发自用,不售电"的原则。

2)燃气冷热电联供分布式能源系统设计要点

(1)燃气冷热电联供分布式能源系统的设计,应符合现行国家标准、规范的规定。

(2)燃气冷热电分布式能源系统的燃气供应系统,应符合现行国家标准《城镇燃气设计规范》(GB 50028—2006)(2020 年版)的规定。燃气供应压力应根据项目所在地区的供气条件和燃气发电装置的需求确定。若需增压的燃气供应系统,应设置燃气增压机和缓冲设施。

(3)根据目前国家的现行政策,燃气冷热电联供分布式能源系统生产的电力与城市电网并网,但不售电。燃气冷热电联供能源站应向供冷、供热服务区域供电,优化区域能源配置,提高能源综合利用效率。

(4)在燃煤热电厂的供热范围内,若有燃气供应,则可以建设燃气冷热电联供分布式能源系统,但应进行认真的节能和经济效益分析后确定。

(5)燃气冷热电联供分布式能源系统,应符合下列节能指标要求。

① 全系统年平均能源综合利用率大于 70%。

② 采用内燃机时,全系统年节能率应大于 30%;采用燃气轮机时,全系统年节能率应大于 20%。燃气冷热电联供分布式能源系统的节能率是在产生相同冷量、热量和电量的情况下,联供相当于分供的一、二次能源节约率。

(6)燃气冷热电联供能源站的年运行时间直接影响投资回报、节能效益和经济效益,能源站内各台燃气发电装置的年运行时间宜大于 4000 h。

(7)在冷热电联供分布式能源系统能源站内,各台燃气发电装置的负荷率都应大于 80%。

10.3.3 蓄冷空调

1. 蓄冷技术产生的背景

空调蓄冷技术起源于 20 世纪 70 年代,能源危机的爆发、经济的迅速发展、建筑空调大规模应用推动了其发展。目前空调蓄冷技术在写字楼、商业等大型公共建筑系统及区域供冷方面得到了大量的应用,并且成为一个很重要的建筑节能手段,其还是电力负荷调节的重要手段。

所谓蓄冷空调就是在夜间用电低谷期(同时也是空调负荷低峰时间)用制冷主机制冷,并利用蓄冷材料的显热或潜热将冷量存起来,待白天电网高峰(同时也是空调负荷高峰时间)时,再将冷量释放出来,以满足空调或生产工艺的需要。与常规空调相比,蓄冷空调不仅具有重要的社会效益(削峰填谷平衡电力负荷、实现移峰填谷,缓解电力供需矛盾,提高能源利用水平、提高发电机组效率、减少环境污染等),而且还具有一定的经济效益(减少机组的容量、提高制冷机组运行效率、充分利用电网低谷时段的廉价电能,储存冷量,节省电费及电力设备费等)。因此,在空调的设计、施工和中央空调的改造工程中,蓄冷技术已经得到了广泛的应用。

蓄冷空调有水蓄冷、冰蓄冷、共晶盐蓄冷和气体水合物蓄冷四种方式,在实际运用中使用较多的是水蓄冷、冰蓄冷。水蓄冷技术适用于现有常规制冷系统的扩容或改造,其可以在不增加制冷机组容量的情况下提高供冷能力。由于冰蓄冷和低温送风系统相结合的蓄冷供冷方式,在初期投资上可以和常规空调系统相竞争,且在分时计费的电价结构下,运行费用较低,因此已成为建筑空调技术的发展方向。

2. 蓄冷技术的基本概念原理与分类

所谓蓄冷技术,就是利用某些工程材料(工作介质)的蓄冷特性,储藏冷能并加以合理利用的一种蓄能技术。广义地说,蓄冷即蓄能,蓄冷技术也是蓄能技术的一个重要组成部分。工程材料的蓄能(蓄冷)特性往往伴随着温度变化、物态变化或一些化学反应,据此可以将全部蓄冷介质划分为显热蓄热、潜热蓄热、化学蓄热三大类型。较常见的蓄冷材料是水、冰、共晶盐等,因此蓄冷技术可分为两种:显热蓄冷和相变蓄冷。

显热蓄冷即水蓄冷空调系统的优点:蓄冷工况和主机单独供冷工况对制冷机的要求相差不大,因此不需要设置双工况主机,主机能保持较高的制冷效率。水蓄冷系统的效率主要取决于蓄冷槽供回水温度,以及供回水流体的有效分层间隔。水蓄冷系统的主要缺点:单位体积蓄冷量小,蓄冷槽占用空间大。水蓄冷系统应用的技术难点在于冷温水的有效隔离,即如何避免能量掺混。常用的蓄冷槽结构和配管设计有以下几种方案:自然分层化、迷宫曲径与挡板、隔膜或隔板。

相变蓄冷包括冰蓄冷和其他相变材料(共晶盐)蓄冷。相变蓄冷的优点:单位体积蓄冷量大,蓄冷槽占用空间小,相变过程等温性好。相变蓄冷的缺点:蓄冷工况和主机单独供冷工况对制冷机的要求相差较大,需要设置双工况主机,主机的制冷效率较低。综上所述,蓄冷空调分类总结如图 10 - 6 所示。

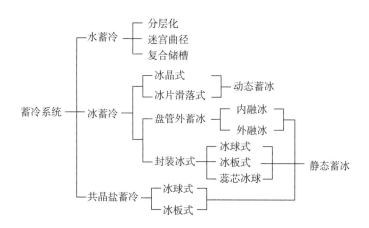

图 10 - 6　蓄冷空调分类总结

蓄冷空调工程中运用最多的是冰蓄冷系统,相比于水蓄冷系统,冰蓄冷系统有其独特的优势:冰的相变潜热量大,蓄冷密度大,蓄冷温度几乎恒定,蓄冷体积只有水的几十分之一,便于存储,对蓄冷槽的要求低,占用空间小,容易做成标准化、系列化的标准设备。同时,蓄冷槽可以就地制造,因此冰蓄冷系统得以广泛地应用。冰蓄冷空调系统分类方法有很多种,按系统循环流程不同可分为并联式冰蓄冷空调系统和串联式冰蓄冷空调系统;按蓄冰形式不同可分为冰盘管外蓄冰、封装冰蓄冰、完全冻结式蓄冰等静态蓄冰方式,以及冰片滑落式、冰晶式等动态蓄冰方式。冰蓄冷系统特性比较见表 10 - 2 所列。

表 10-2　冰蓄冷系统特性比较

系统类型	冰盘管式	封装冰式	完全冻结式	冰片滑落式	冰晶式
制冷方式	制冷剂直接蒸发或载冷剂间接	载冷剂间接	载冷剂间接	制冷剂直接蒸发	制冷剂直接蒸发
制冰方式	静态	静态	静态	动态	动态
结冰、融冰方向	单向结冰、异向融冰	双向结冰、双向融冰	单向结冰、同向融冰	单向结冰、全面融冰	—
选用压缩机	往复式、螺杆式	往复式、螺杆式、离心式、涡旋式	往复式、螺杆式、离心式、涡旋式	往复式、螺杆式	往复式、螺杆式
制冰率(IPF)	20%～40%	50%～60%	50%～70%	40%～50%	45%
蓄冷空间[$m^3/(kW \cdot h)$]	2.8～5.4	1.8～2.3	1.5～2.1	2.1～2.7	3.4
蒸发温度/℃	−9～−4	−10～−8	−9～−7	−7～−4	−9.5
蓄冷槽出水温度/℃	2～4	1～5	1～5	1～2	1～3
释冷速率	中	慢	慢	快	极快

3. 冰蓄冷

1)一般规定

(1)凡执行峰谷电价且峰谷电价差较大的地区,以及空调用电负荷不均匀且空调用电峰谷时段与电网重叠的建筑工程,经技术经济比较,均可采用冰蓄冷空调。

(2)电价结构在冰蓄冷空调系统的技术经济分析中是十分重要的因素,因为冰蓄冷应用效益主要来自降低和节约运行费用,以回收与常规空调系统相比所增加的投资差额。经过工程实践,一般认为,当峰谷时段的电价差较大(最小峰谷电价不低于 3:1)时,回收投资差额的期限不超过 5 年较为合理、可行。

(3)蓄冰装置一般分为静态制冰和动态制冰两类。静态制冰的形式有内、外融冰冰盘管式,封闭式(冰球、冰板式)等;动态制冷的形式有冰片滑落式、冰晶(冰浆)式等。蓄冰装置的选择,应根据工程具体情况和结合空调系统的技术要求而定。目前我国工程中应用最多的是静态制冰的蓄冰装置。

(4)优化蓄冷空调系统的技术方案,综合应用先进的空调技术(如大温差供水、低温送风等),在减少制冷设备的基础上,进一步减小泵、风机、系统管路、保温材料的规格与尺寸,同时也减少相应的变、配电设备和电力增容费,充分利用建筑筏式、箱型基础的空间或室外绿地、停车场等地下空间安置蓄冷罐、槽,尽量少占用建筑有效面积和空间,这些投资的节省可以抵消或降低因增加蓄冰装置而引起的投资费用。

(5)除方案设计或初步设计可使用系数法或平均法对空调冷负荷进行必要的估算外,施工图必须在蓄冷-放冷周期内进行逐项、逐时的冷负荷计算,并求得设计周期的空调总冷负荷。

2)蓄能的两种模式

除某些工业空调系统外,商用建筑空调和一般工业建筑用空调均非全日空调,通常空调系统每天只需运行 10～14 h,而且几乎均在非满负荷下工作。图 10-9 中的 A 部分为某建筑典型设计日空调冷负荷图。如果不采用蓄冷,制冷机组的制冷量应满足瞬时最大负荷的需要,即 q_{max} 应选制冷机组的容量。蓄冷系统的设计思路通常有两种,即全负荷蓄冷和部分负荷蓄冷。

(1)全负荷蓄冷。全负荷蓄冷也称为负荷转移,其策略是将电高峰期的冷负荷全部转移到电力低谷期。如图 10 - 7 所示,全天所需冷量 A 均由用电低谷或平峰时间所蓄存的冷量供给,即蓄冷量 $B+C$ 等于 A,在用电高峰时间制冷机不运行。这样,全负荷蓄冷系统需设置较大的制冷机和蓄冷装置。虽然,它运行费用低,但设备投资高、蓄冷装置占地面积大,除峰值需冷量大且用冷时间短的建筑以外,一般不宜采用。

(2)部分负荷蓄冷。部分负荷蓄冷就是全天所需冷量部分由蓄冷装置供给。如图 10 - 8 所示,夜间用电低谷期利用制冷机蓄存一定冷量,补充电高峰时间所需部分冷量,即蓄冷量 $B+C$ 等于 A_1,而全天需冷量为 A_1+A_2。部分负荷蓄冷系统可以按日制冷机为 24 h 工作设计,这样,制冷机容量最小,蓄冷系统比较经济合理。当然,有些城市地区对高峰用电量有所限制,然后根据峰期可使用的限制电量设计部分负荷蓄冷系统,然后通过经济分析确定最佳蓄冷率,再确定 A_1、A_1 的分配。

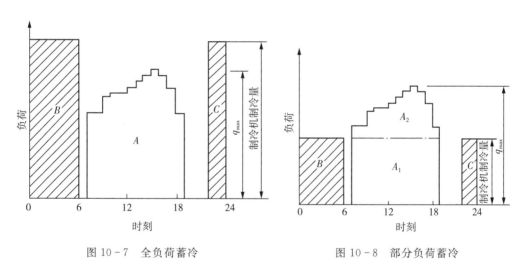

图 10 - 7　全负荷蓄冷　　　　　　　　图 10 - 8　部分负荷蓄冷

3)蓄冷系统的控制

由于冰蓄冷空调系统中存在运行工况间的转换,因此系统控制比一般空调系统复杂:自控系统应根据以往的空调负荷曲线和预报的环境温度,选择当天应采用的运行模式。部分负荷蓄冷系统的控制,除了保证蓄冷工况与供冷工况之间的转换操作及空调供水或回水温度控制以外,主要应解决制冷主机和蓄冷装置之间的供冷负荷分配问题。

常用的蓄冷系统的控制策略有三种,即制冷主机优先、蓄冷槽优先和优化控制。

(1)制冷主机优先。制冷主机优先就是尽量使制冷主机满负荷供冷。只有当空调冷负荷超过制冷主机的供冷能力时,方启用蓄冷槽,使其承担不足部分。这种控制策略实施简单,运行可靠,但是蓄冷槽使用率低,不能有效地削减峰值用电、节约运行费用。

(2)蓄冷槽优先。蓄冷槽优先就是尽量发挥蓄冷槽的供冷能力,只有在蓄冷槽不能完全负担时,方启动制冷主机,以解决不足部分。这种控制策略既要保证弥补最大负荷时制冷主机供冷能力的不足,又要最大限度地利用蓄冷槽。因此,实施颇为复杂,需要对空调供冷负荷进行一定的预测。

(3)优化控制。优化控制就是根据电价政策,最大限度地发挥蓄冷槽作用,使用户支付的电费最少。这种控制策略对于非典型设计日具有较大的经济性。根据分析,相比于采用制冷机优先控制,采用优化控制可以节省运行电费25%以上。

10.3.4 排风热回收

在空调系统中,为了维持室内空气量的平衡,送入室内的新风量和排出室外的排风量要保持相等。由室外进入的新风通过一些空调手段(冷却、除湿、加热等)处理到合适的状态才能被送入室内,并使室内最终达到新风计量的状态点。这样,新风和排风之间就存在一种能耗,一般称这种能耗为新风负荷。新风量越大,需要被处理的空气越多,新风负荷就越大。而对于常规的空调系统,排风都是不经过处理而直接排至室外的,这一部分的能量也就被白白地浪费掉了。如果我们利用排风经过热交换器来处理新风(预冷或预热),从排风中回收一些新风能耗,就可以降低新风负荷,从而降低空调的总能耗。

如图10-9所示,从空调房间出来的空气一部分经过热回收装置与新风进行换热,从而对新风进行预处理,换热后的排风以废气的形式排出;经过预处理的新风与回风混合后,被处理到送风状态送入室内。大多数情况下,仅仅靠回风中回收的能量还不足以将新风处理至送风状态,这时就需要对这一空气进行再处理,图10-9中的辅助加热/冷却盘管就起这个作用。

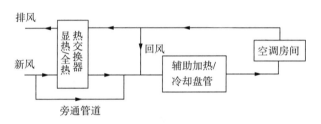

图10-9 带排风热回收装置的空调系统

如果室内外温差较小,就没有必要使用排风热回收。因此,可以在新风的入口处设置一个旁通管道,在过渡季节时将其打开。

1. 排风热交换器的种类

排风热回收装置的核心是其中的热交换器,因为其针对的是空气之间的换热,所以一般称为空气-空气热交换器。热回收装置根据应用范围的不同可分为工艺-工艺型、工艺-舒适型、舒适-舒适型三类。

工艺-工艺型热回收装置主要用于工艺生产过程中的热回收,起到减少能耗的作用,这也是一种典型的工业上的余热回收。其主要进行的是显热的回收,而且因工作环境的关系,在这样的设备中需要考虑冷凝和腐蚀的问题。

工艺-舒适型热回收装置是将工艺中的能量用于暖通空调系统中。它节省的能量较工艺-工艺型热回收装置的要少,其回收的也是显热。

舒适-舒适型热回收装置进行的是排风与新风之间的热回收。它既可以回收显热,也可以回收全热。

我们这里所讨论的是舒适-舒适型热回收装置。舒适-舒适型热回收装置的热回收方式比较多,归纳起来大致可分为两大类:显热回收装置、全热回收装置。显热回收装置只能回收显热,常见的有板式热回收装置、热管式热回收装置和中间热媒式热回收装置;全热回收装置既可回收显热,又能回收潜热,常见的有板翅式热回收装置、转轮式热回收装置和热泵式热回收装置。表 10-3 对典型的热回收装置分别予以介绍。

表 10-3　排风热回收装置示意

种类	图标	特点	注意事项
板式热回收装置		(1)不需要传动设备,不需要消耗电力,设备费用低 (2)结构简单,运行安全可靠,不需要中间热媒,具有无温差损失的优点 (3)由于其设备体积较大需要占用较大的建筑空间,且接管的位置相对固定,因此在实际应用布置时灵活性较差	(1)在新风和排风进入换热器之前,应加设过滤装置,以免污染设备 (2)当新风温度过低时,排风侧会有结霜,因此要有一定的结霜保护措施,如在换热器前安置新风预热装置
热管式热回收装置		(1)传热效率高 (2)管壁温度具有可调性 (3)具有恒温特性 (4)适应性较强	(1)空调工程热回收系统中应用的一般都是重力式热管,对重力式热管热交换器,应保持合适的倾斜度,以免影响工质的回流,从而影响热量回收的效果 (2)新风和排风在热交换器中应保持逆流状态,这样更有利于传热 (3)当空气温差加大时,热管的表面可能出现凝结水,此时要考虑排水问题 (4)若根据季节的不同要调节热管的倾斜度,则热管和风管应用软管连接
板翅式热回收装置		(1)结构紧凑,传热效果好 (2)有较强的适应性,不仅可以用于气体-气体、气体-液体及液体-液体之间的热交换,存在相变的场合如冷凝与蒸发都可以使用,而且在逆流、顺流、错流等流动情况下都可以使用	由于中间换热材质都或多或少地存在新风和排风间的渗透问题,因此在设计时应考虑这一点,并做到使新风通道的静压大于排风通道的静压,防止室内排风污染新风。当排风中含有有害成分时,不宜使用此装置

　　排风热回收中回收的热量还可以当作建筑物热源。空气源热泵是一种具有节能效益和环保效益的空调系统的冷热源。在实际应用中,空气源热泵的制冷(热)性能系数和制冷(热)容量受室外空气参数的影响较大,这使得热泵的应用受到了地理位置的限制,并影响了其与其他冷热源设备的竞争力。在实际应用中,若能将空调系统的排风有组织地引至空气源热泵的室外换热器入口,则可以减少由室外环境对热泵造成的影响,增大空气源热泵在实际运行中的制冷(热)性能系数和制冷(热)容量,并且可以达到回收空调排风的冷(热)量、节能的目的。空气源热泵的低温热源为室外空气,室外空气的状态参数(如温度和湿度)随地区和季节的不同而变化,这对热泵的容量和制热(制冷)性能系数影响很大。在夏季制冷时,随着室外温度的升高,制冷 COP 呈直线下降,制冷容量也呈直线下降;在冬季制热时,随着室外温度的降低,制热 COP 呈直线下降,制热容量也呈直线下降。

　　2. 热回收装置的比较

　　不同的排风热回收装置在热回收效率、设备费用、维护保养、占用空间等方面有不同的性能。表 10-4 为典型排风热回收装置的性能比较。

表 10-4　典型排风热回收装置的性能比较

种类	回收效率	设备费用	维护保养	辅助设备	占用空间	交叉感染	自身耗能	接管灵活	抗冻能力	使用寿命
转轮式热回收装置(全热)	高	高	中	无	大	有	有	差	差	中
板式热回收装置(显热)	低	低	中	无	大	有	无	差	中	中
板翅式热回收装置(全热)	极高	中	中	无	大	有	无	差	中	良

　　3. 空调排风空气中热回收系统的应用

　　当建筑物内设有集中排风系统且符合以下条件之一时,建议设计热回收装置。

　　(1)当直流式空调系统的送风量大于或等于 3000 m³/h,且新、排风之间的设计温差大于 8 ℃时。

　　(2)当一般空调系统的新风量大于或等于 4000 m³/h,且新、排风之间的设计温差大于 8 ℃时。

　　(3)设有独立新风和排风的系统时。

　　(4)过渡季节较长的地区,当新、排风之间实际温差大于 10000 ℃/a 时。

　　(5)使用频率较低的建筑物(如体育馆)宜通过能耗与投资之间的经济分析比较来决定是否设计热回收系统。

　　(6)新风中显热和潜热能耗的比例构成是选择显热回收装置和全热回收装置的关键因素。在严寒地区宜选用显热回收装置;而在其他地区,尤其是夏热冬冷地区,宜选用全热回收装置。

　　(7)当居住建筑设置全年性空调、采暖系统,并对室内空气品质要求较高时,宜在机械通风系统中采用全热或显热回收装置。

　　4. 选用热回收装置的设计要点

　　1)转轮式热回收装置

　　(1)为了保证回收效率,要求新风、排风的风量基本保持相等,最大不超过 1：0.75。如果实际工程中新风量很大,多出的风量可通过旁通管旁通。

（2）转轮两侧气流入口处,宜装设空气过滤器。特别是新风侧,应装设效率不低于 30%的初效过滤器。

（3）在冬季室外温度很低的严寒地区,设计时必须校核转轮上是否会出现结霜、结冰现象,必要时应在新风进风管上设置空气预热器或在热回收装置后设置温度自控装置;当温度到达霜冻点时,发出信号关闭新风阀门或开启预热器。

（4）适用于排风不带有有害物质和有毒物质的情况。一般情况下,宜布置在负压段。

2）板式回收装置

（1）当室外温度较低时,应根据室内空气含湿量来确定排风侧是否会结霜或结露。

（2）一般来讲,新风温度不宜低于 −10 ℃,否则排风侧会结霜。

（3）当排风侧可能结霜或结露时,应在热回收装置之前设置空气预热器。

（4）新风进入热回收装置之前,必须先经过滤净化。排风进入热回收装置之前装设空气过滤器,但当排风较干净时可不装。

3）板翅式回收装置

（1）当排风中含有有毒成分时,不宜选用。

（2）实际使用时,在新风侧和排风侧宜分别设有风机和初效过滤器,以克服全热回收置的阻力并对空气进行过滤。

（3）当过渡季或冬季采用新风供热时,应在新风道和排风道上分别设旁通风道,并装设密闭性好的风阀,使空气绕过热回收装置。

思 考 题

1. 供暖计量的意义与方法。

2. 目前我国热计量收费办法采用的方式?

3. 什么是蓄冷空调? 冰蓄冷有哪几种方式? 常用的控制策略有哪些?

4. 简述分布式热电联供技术的优点及应用场合。

5. 排风热回收装置有哪几种类型? 它们各自特点有哪些?

第三篇

建筑电气

第 11 章 建筑电气概述

随着科技的进步和城市化的发展,建筑电气在建筑行业中的地位日益突出。它不仅关乎建筑的功能性,更直接影响人们的生活质量与安全。

建筑电气的发展可以追溯到 19 世纪末期,当时电力的应用开始逐渐普及。随着技术的不断发展,建筑电气系统不断完善,涵盖了变配电、照明、供暖、空调、安防、防雷和接地等多个方面的应用。如今,随着数字信息技术的快速发展,建筑电气与智能化技术的结合越来越紧密,它为人们提供了更加便捷、舒适和安全的生活环境。因此,了解建筑电气的基本概念和应用,对于专业技术人员来说,是非常重要的。

11.1 建筑电气的构成

建筑电气的目标是为建筑物提供安全、可靠、高效的电力供应和设备监控与集成。建筑电气的主要组成部分包括电源系统、供配电系统、电气照明、防雷和接地、电气防火、建筑智能化、电气节能等。

1. 电源系统

电源系统是电力供应的起点,建筑一般采用外部市政电源,包括建筑外的发电厂、城市变电站、开闭所、环网单元等电力设施。建筑内的电源包括自备发电机组、太阳能光伏装置和电储能装置等。发电机组经常作为应急电源或备用电源,当主电源失效时,发电机组可以提供电力供应,保证建筑物内的电力需求得到满足。建筑光伏太阳能是一种绿色、可再生的能源,通过将太阳能转换为电能,为建筑物提供所需的电力。电储能装置则是将多余的电能储存起来,待到需要时再释放出来,进一步保证电力供应的稳定性,优化系统结构。

2. 供配电系统

供配电系统包括从电源进户到用电设备的输入端,其主要功能是在建筑内接受电能、变换电压分配电能、输送电能。

供配电系统应进行全面的统筹规划:要根据建筑内的电力负荷,因事故中断供电导致的损失或影响程度,区分对供电可靠性的要求;要研究在电源出现故障时,如何保证供电的措施;要根据负荷等级采取相应的供电方式,避免出现能耗大、资金浪费及配置不合理等问题,以提高投资的经济效益和社会效益。

建筑内用电设备是指直接使用电能的设备。其包括水泵、锅炉、空气调节设备、送风和排风机、电梯、电动门、医用设备、舞台设备、厨房设备、充电桩、试验装置及智能化设备等。这些设备及其线路敷设系统、控制电器、保护继电器等组成了配电系统。

3. 电气照明

电气照明系统通过对各种建筑环境的照度、色温、显色指数等进行综合考虑,为建筑内的人们提供安全、健康、舒适、美观的建筑光环境。电气照明以人为本,考虑安全性、实用性和美观性,并通过对照明光源的优化、照度分布的设计及照明时间的控制,处理好人工照明与自然光的关系,既要满足室内亮度上的要求,还要起到烘托环境气氛的作用。

4. 防雷和接地

建筑防雷系统主要由接闪器、引下线和接地装置构成。接闪器是用金属制成的设备,可以将雷电吸到自己身上,再导入大地,以保证周围建筑物的安全。引下线是将接闪器与接地装置连接起来的导线。接地装置可以将雷电流引入地下,使过电流顺利流入地面,从而达到保护建筑物和人员安全的目的。

5. 电气防火

建筑电气防火主要包括消防电源及配电系统、火灾自动报警系统、电气火灾监控系统、消防应急照明和疏散指示系统等。这些系统共同构成了一个全面的防火体系,旨在最有效地预防电气引发的火灾。

在功能上,建筑电气防火主要负责监控建筑物内的环境、电气设备和线路,及时发现电气故障和异常情况,进而采取相应的报警和联动措施,确保建筑物内的人身和财产安全。

6. 建筑智能化

建筑智能化是以建筑物为平台,基于对各类智能化信息的综合应用,集架构、系统、应用、管理及优化组合为一体,具有感知、传输、记忆、推理、判断和决策的综合智慧能力,形成以人、建筑、环境互为协调的整合体,为人们提供安全、高效、便利及可持续发展功能环境的建筑。

建筑智能化的工程架构是以建筑物的应用需求为依据,通过对智能化系统工程的设施、业务及管理等应用功能进行层次化结构规划,从而构成由若干智能化设施组合而成的架构形式。

7. 电气节能

节约用电有助于提高建筑资源的利用率,从而减少碳排放量,降低排放物对环境的污染,符合国家双碳和社会可持续发展的原则;能够缓解能源短缺的状况;有利提高经济增长的质量和取得较好的经济效益和社会效益。

节约电能能够减少不必要的电能损失,减少电费支出,降低成本,提高经济效益,从而使有限的电力发挥更大的社会经济效益。

11.2 建筑电气的基本要求

建筑电气工程如果要为建筑功能、人们的工作和生活服务,保障建筑内人们工作和生活的用电需要,通过智能化系统提升建筑品质,做好节能工作达到双碳目标,就必须达到以下基本要求。

1. 适用性

能满足用电设备对负荷容量、电能质量及供电可靠性的要求,并能保证建筑设备对控制方式的要求,从而使建筑设备的使用功能得到充分的发挥。配电系统高效灵活,稳定易控,智能化系统多样便捷保证通畅。

2. 安全性

电气线路应有足够的绝缘距离、绝缘强度、负荷能力、热稳定与动稳定裕度,确保供电配电与用电设备的安全运行;有可靠的防雷装置及防雷与防电击技术措施;按建筑物的重要性与灾害、潜在的危险程度设置相应必要的火灾自动报警与消防联动设施、保安监控设施;特殊重要的场所,还应考虑采用抗震、防涝技术措施。

3. 经济性

在满足建筑物对使用功能的要求和确保安全的前提下,尽可能减少建设投资,最大限度地减少电能与各种资源的消耗,选用节能设备,均衡负荷补偿,降低运行维护费用,提高利用率,为实现建筑物的经济运行创造有利条件。

4. 美观耐久

建筑的电气设施也是建筑空间中可视环境的一部分,许多电气设备常常兼有装饰作用。就其本质而言,建筑物不仅是物质生产的产品,也是建筑精神创造的成果。建筑电气应当力求使用电气设施的形体色调、安装位置与建筑物及周边的风格环境相适应。

上述基本要求既是建筑电气工程考虑问题的出发点,也是最终应当达到的目的。

11.3　建筑电气的发展展望

建筑电气的发展展望非常广阔,随着科技的不断进步和社会的高质量发展,建筑电气领域将迎来更多的机遇和挑战。以下是建筑电气发展的几个主要方向。

(1)建筑智慧化:随着物联网、大数据、人工智能等技术的不断发展,建筑智慧化将成为未来的趋势,通过数据的融合和智能化处理,实现建筑环境、设备、办公、商务和生活等各种应用的智慧化。建筑电气专业需要掌握智能控制系统的设计和应用,实现对建筑物内部环境的智能管理和优化。

(2)绿色双碳:环保和可持续发展已经成为全球关注的焦点,随着"十四五"规划关于双碳政策的实施,绿色双碳建筑将成为未来的发展方向。建筑电气需要关注能源节约和环境保护,通过采用可再生能源、高效节能设备等手段,降低建筑物的能耗,减少碳排放对环境的影响。

(3)新能源应用:随着新能源技术的快速发展,建筑电气专业需要掌握新能源系统的设计和应用,实现建筑物的自给自足和能源的可持续利用,构建以"光、储、直、柔"为特征的新型建筑电气系统。新型建筑电气系统典型构架示意如图 11-1 所示。

(4)安全与防护:随着社会的发展,人们对建筑物的安全性和防护性要求越来越高。建筑电气需要关注建筑物的安全防护系统设计,包括火灾报警、防盗报警、视频监控、防雷击、电击防护、抗震、防涝和应急响应等,确保建筑的安全运行。

(5)跨学科融合:建筑电气需要与其他相关学科进行深度融合,如结构工程、材料科学、计算机科学等,以实现更高效、更智能的建筑电气系统。

(6)可视化应用:建筑电气的可视化包括通过 BIM 等三维建模和渲染技术实现建筑设计可视化;通过虚拟现实技术和增强现实技术实现施工可视化;通过物联网技术和传感器数据采集实现建筑运维可视化;通过能源管理系统和数据分析技术实现建筑能源可视化等。

总之,建筑电气在未来的发展中将面临许多新的机遇和挑战,需要不断创新和发展,以适应社会的需求和发展趋势。

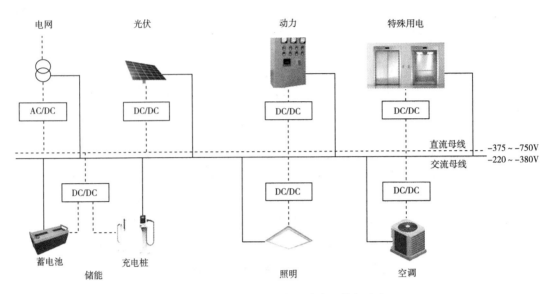

图 11 - 1　新型建筑电气系统典型构架示意

思 考 题

1. 简述建筑电气的主要组成部分。
2. 简述建筑电气发展方向。

第 12 章　电源系统

12.1　电压等级

电源按电流种类可区分为交流电、直流电。建筑电气常见的交流电压等级为 35 kV、20 kV、10 kV、6 kV、380 V 等,220 V/380 V 多用于低压照明用电与设备用电。常见的直流电压等级为 48 V、36 V、24 V、12 V。由于人体安全电压等级为 36 V,因此 48 V 电压等级目前采用的越来越少,建筑内的常用特低电压多采用 24 V、12 V 等安全电压等级。

当用电设备的安装容量在 250 kW 及以上或变压器安装容量在 160 kVA 及以上时,宜采用 10 kV 以上电压供电;当用电设备总容量在 250 kW 以下或变压器安装容量在 160 kVA 以下时,可由低压 380 V/220 V 供电。

用电单位的供电电压应根据其计算容量、供电距离、用电设备特性、回路数量及当地公共电网的现状和发展规划等经济技术因素综合选择。

12.2　常用电源

电源系统是电力供应的起点,建筑供电电源目前大多数采用外部电源,即市政电源。建筑内部电源常见的有自备电厂、自备发电机组、太阳能光伏装置和电储能装置等。

12.2.1　市政电源

市政电源一般是指由政府或其相关部门负责建设、维护和管理的,向城市居民、企事业单位等提供电力服务的电源系统。

市政电源由发电厂、城市变电站、开闭所、环网单元和输配电线路等电力设施组成,是建筑主要的能源供给方式。发电厂是市政电源的重要组成部分,它是电力系统的核心,通过燃烧燃料产生电能。城市变电站是电力系统的关键节点,它的主要功能是调节电压,将发电厂产生的高压电源(如 220 kV 电源)转换为适合城市供电的高压电源(如 10 kV 电源)。开闭所、环网单元等作为市政电源与用户之间的连接桥梁,承担着将电能配送的任务。

随着新能源的广泛应用,以"源、网、荷、储"为特征的新型电力系统得到了广泛应用。市政电网的目标是实现分布式电源的灵活和高效应用,解决大量形式多样的分布式电源并网与优化运行等问题,而建筑作为用户端,则需要加强建设以"光、储、直、柔"为特征的建筑新型电气系统,提高系统运行效率、响应性和可调节性。

12.2.2　自备发电机组

自备发电机组的种类主要包括柴油发电机组、燃气发电机组、沼气发电机组和太阳能发电机组等。其中,柴油发电机组是较常见的一种类型,它由柴油机、三相交流同步发电机和控制屏三部分组成,其特点是功率大、运行成本低,但排放的污染物较多。燃气发电机组是以天然气或液化石油气为燃料,具有效率高、运行成本低、环保性能好等特点。沼气发电机组则是利用农业废弃物产生的沼气作为燃料,其可以有效利用资源,同时减少环境污染。太阳能发电机组则是利用太阳能进行发电,其是可再生能源的一种重要形式,具有环保无污染的优点。

自备发电机组的使用要求因种类不同而有所差异。以柴油发电机组为例,使用过程中要注意定期更换机油、清洗滤清器、调整供油时间等,以保证设备的正常运行和延长其使用寿命。此外,无论使用何种类型的发电机组,都应确保设备的安全性和可靠性,避免发生故障导致生产中断或安全事故。

12.2.3 太阳能光伏装置

光伏太阳能是一种绿色、可再生的能源,太阳能光伏装置通过将太阳能转换为电能,为建筑物提供所需的电力。太阳能光伏装置主要由光伏组件、控制器、逆变器、蓄电池及其他配件组成。其中,控制器用于保护电池避免过充或过放等情况的发生;逆变器则用于将直流电转换为交流电,以便于供电网或负载使用。根据是否依赖公共电网,太阳能光伏装置可分为离网光伏系统和并网光伏系统两种类型。离网光伏系统是独立运行的,不需要依赖电网,适用于无电地区或需要长时间储能的场合。而并网光伏系统则是将发电量直接输送到公共电网中,适用于经常有电力需求并且可以接入公共电网的地区。

此外,光伏建筑一体化(BIPV)也是近年来越来越流行的一种建筑技术,即将太阳能发电产品集成到建筑上,使建筑本身具备能源产生和利用的能力(见图12-1)。这种形式的光伏系统不同于传统附着在建筑上的光伏系统(BAPV),其具有更高的美观度和环保性。

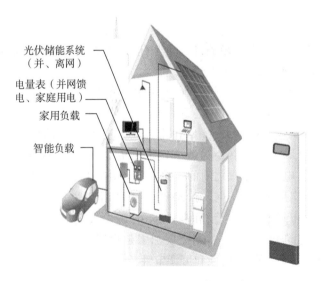

光伏储能系统
(并、离网)

电量表(并网馈电、家庭用电)

家用负载

智能负载

图 12-1　光伏储能一体化示例

当太阳能光伏装置作为电源时,其要点在于太阳能电池板的转换效率和逆变器的性能,以及光伏电站的开发建设和运行管理。

12.2.4　电储能装置

电储能装置是将多余的电能储存起来,待到需要时再释放出来,其可以进一步保证电力供应的稳定性,优化系统结构。其研发要点在于储能技术的成熟度和经济效益,以及如何与新能源装置(如风电、光伏发电等)进行深度融合。电储能装置是电力生产过程"采—发—输—配—用—储"六大环节中的重要组成部分,它的主要功能是实现能量搬移,促进新能源的应用,建立微电网,为无电地区提供电力,以及调峰调频,提高电力系统的运行稳定性。

电储能系统主要由电池、电器元件、机械支撑、加热和冷却系统(热管理系统)、双向储能变流器(PCS)、能源管理系统(EMS)以及电池管理系统(BMS)组成。这些部件共同工作,使得电池充放电效率更高,使用寿命更长,并实现对电池状态的精确控制。

电储能技术主要分为机械储能、化学储能和电化学储能三大类。其中,电化学储能技术主要包括铅蓄电池、锂离子电池、钠硫电池、液流电池和超级电容器等,建筑内常用的电动转向系统(EPS)装置、不间断电源系统(UPS)、应急照明的集中电源和继电保护的电池组等都属于电化学储能的一部分。机械储能技术主要包括抽水蓄能、压缩空气储能、飞轮储能和超导储能。部分储能装置如图 12-2 所示。

图 12-2　部分储能装置

总的来说,不同的电储能装置根据其组成部分和工作原理的不同,各有其特色和应用场所。它们在促进新能源的利用、提高电力系统的稳定性等方面起着至关重要的作用。

12.3　电能质量

电源的电能质量的三要素为电压、波形、频率。其中,电压暂降、电压暂升、三相不平衡谐波、无功补偿等都是电能质量问题。本节主要就常见的电压波动、三相不平衡谐波和无功补偿等问题进行阐述。

12.3.1　电压波动

正常运行情况下，用电设备端子处的电压偏差允许值（以额定电压的百分数表示），宜符合下列规定。

（1）室内场所照明电压偏差允许值为±5％；对于远离变电所的小面积一般工作场所，难以满足上述要求时，照明电压偏差允许值可为（+5％，−10％）；应急照明、景观照明、道路照明和警卫照明等电压偏差允许值为（+5％，−10％）。

（2）一般电动机电压偏差允许值为±5％。

（3）电梯电动机电压偏差允许值为±7％。

（4）其他用电设备，当无特殊规定时，电压偏差允许值为±5％。

当 35 kV、20 kV 或 10 kV 电源电压偏差不能满足用电单位对电压质量的要求，且单独设置调压装置技术经济不合理时，可采用 35 kV、20 kV 或 10 kV 的有载调压变压器。

为了限制电压波动在合理的范围内，对冲击性低压负荷宜采取下列措施：采用专线供电；与其他负荷共用配电线路时，宜降低配电线路阻抗；较大功率的冲击性负荷、冲击性负荷群与对电压波动敏感的负荷，宜由不同变压器供电；采用动态无功补偿装置或动态电压调节装置。

12.3.2　三相不平衡

三相不平衡是电能质量的一个重要指标。负荷的不平衡和系统阻抗的不平衡是造成三相电压不平衡的主要因素，如电力机车、电焊机等单相负荷会导致比较明显的三相电压不平衡。

三相不平衡的发生将导致电流不平衡的程度达到数倍。这将诱导电动机中逆扭矩增加，从而使电动机的温度上升、效率下降、能耗增加，甚至出现震动、输出亏耗等问题。同时，各相之间的不平衡会导致用电设备使用寿命缩短、加速设备部件更换频率、增加设备维护的成本。

为降低三相低压配电系统负荷的不平衡，220 V 单相用电设备接入 220 V/380 V 三相系统时，宜使三相负荷平衡；由地区公共低压电网供电的 220 V 用电负荷，线路电流小于或等于 60 A 时可采用 220 V 单相供电，线路电流大于 60 A 时宜采用 220 V/380 V 三相供电。

12.3.3　谐波

谐波主要由非线性用电设备引起，这些设备产生的谐波电流通过系统网络注入系统电源中，畸变电流经系统阻抗使母线电压发生畸变，从而影响电能质量。此外，电力传输和通信线路的电导率不一致、绝缘材料的不均匀性及线路的接地等因素，也可能会引发谐波。

谐波会使公用电网中的元件产生附加的谐波损耗，降低发电、输电及用电设备的效率，大量的 3 次谐波流过中性线时可能导致线路过热，甚至引发火灾。另外，谐波可能影响各种电气设备的正常工作。

配电系统中的谐波电压和在公共连接点注入的谐波电流允许限值，宜符合国家标准《电能质量公用电网谐波》（GB/T 14549—1993）的规定。

对于谐波电流较大的非线性负荷，宜采用有源滤波器进行谐波治理，并符合下列要求：

当预期非线性负荷容量较大时,应在变电所预留装设滤波器的安装位置;当预期用电设备产生较大谐波时,宜在其配电箱处设置滤波器;当采用树干式配电时,宜在设备安装处设置滤波器;当采用放射式配电时,可在变压器二次母线处设置滤波器。

容量较大、运行较稳定的非线性用电设备、频谱特征较为单一时,宜采用并联无源滤波器,并宜在谐波源处就地装设。

容量较大、频谱特征复杂的谐波源,宜采用无源滤波器与有源滤波器混合装设的方式。谐波含量较高且容量较大的低压用电设备,宜采用单独的配电回路供电。

12.3.4 无功补偿

无功补偿的主要作用是提高功率因数以减少设备容量和功率损耗、稳定电压和提高供电质量。在长距离输电中,它还能提高输电稳定性和输电能力,以及平衡三相负载的有功和无功功率。无功补偿不仅可以根据用电设备的功率因数测算输电线路的电能损失,还可以通过现场技术改造使低于标准要求的功率因数达标,实现节电目的。

思 考 题

1. 常用的电源有哪几种?
2. 建筑电气常用的交流电压等级有哪些?

第13章 供配电系统

电源将高压 20 kV/10 kV 或低压 380 V/220 V 送入建筑物中称为供电。送入建筑物中的电能经配电装置分配给各个用电设备称为配电。选用相应的电气设备(导线、开关等)将电源与用电设备联系在一起便组成建筑供配电系统。市网与建筑供配电系统的分界点是个分界开关。分界开关以前的部分由供电部门管理,分界开关及以后的部分由建筑用电单位管理,应正确确定分界开关的位置。

13.1 用电负荷等级和分类

13.1.1 用电负荷等级

用电负荷是建筑物内动力用电与照明用电的统称。它是进行供配电系统设计的主要依据参数。根据用电负荷的性质和损失的程度,可将用电负荷分成四级。

1. 特级用电负荷

符合下列情况之一,应为特级用电负荷:

(1)中断供电将危害人身安全、造成人身重大伤亡;

(2)中断供电将在经济上造成特别重大损失;

(3)在建筑中具有特别重要作用及重要场所中不允许中断供电的负荷。

特级用电负荷适用建筑物示例:高度 150 m 及以上的一类高层公共建筑。特级用电负荷名称:安全防范系统、航空障碍照明等。

特级用电负荷应由 3 个电源供电,并应符合下列规定:

(1)3 个电源应由满足一级负荷要求的两个电源和一个应急电源组成;

(2)应急电源的容量应满足同时工作最大特级用电负荷的供电要求;

(3)应急电源的切换时间,应满足特级用电负荷允许最短中断供电时间的要求;

(4)应急电源的供电时间,应满足特级用电负荷最长持续运行时间的要求。

2. 一级用电负荷

符合下列情况之一,应为一级用电负荷。

(1)中断供电将会造成人身伤害。

(2)中断供电将在经济上造成重大损失。例如,重大设备损失、重大产品报废、国民经济中重点企业的连续生产过程被打乱需要长时间才能恢复。

(3)中断供电将影响重要用电单位的正常工作,或造成人员密集的公共场所秩序严重混乱。例如,特别重要的交通枢纽、国宾馆、国家级及承担重大国事活动的会堂、国家级大型体育中心,以及经常用于重要国际活动的大量人员集中的公共场所。同时,中断供电将影响计算机网络正常工作、中断供电将会发生爆炸、火灾或严重中毒的情况也是属于此范畴。

一级用电负荷适用建筑示例:一类高层建筑。一级用电负荷名称:安全防范系统、航空障碍照明、值班照明、警卫照明、客梯、排水泵、生活给水泵等。

一级用电负荷应由两个电源供电,当一个电源发生故障时,另一个电源不应同时受到损坏。一级用电负荷中特别重要的负荷,除由两个电源供电外,尚应增设应急电源,并严禁将其他负荷接入应急供电系统。

3. 二级用电负荷

符合下列情况之一,应为二级用电负荷。

(1)中断供电将在经济上造成较大损失;

(2)中断供电将影响较重要用电单位的正常工作或造成公共场所秩序混乱。例如,交通枢纽、通信枢纽等用电单位的重要电力负荷,以及中断供电将会造成大型影剧院、大型商场等较多人员集中的重要的公共场所秩序混乱。

二级用电负荷适用建筑示例:二类高层建筑。二级用电负荷名称:安全防范系统、客梯、排水泵、生活给水泵等。

二级用电负荷的供电系统,应由两回线路供应。在负荷较小或地区供电条件困难时,二级用电负荷可由一回 6 kV 及以上专用的架空线路或电缆供电。

4. 三级用电负荷

不属于一级用电负荷和二级用电负荷者应为三级用电负荷。三级用电负荷对供电无特殊要求。

民用建筑中各类建筑物的主要用电负荷分级见表 13 - 1 所列。

表 13 - 1　民用建筑中各类建筑物的主要用电负荷分级

建筑物名称	电力负荷名称	负荷级别
国家级会堂、国宾馆、国家级国际会议中心	主会场、接见厅、宴会厅照明,电声、录像、计算机系统用电	特级
	客梯、总值班室、会议室、主要办公室、档案室用电	一级
国家及省部级政府办公建筑	客梯、主要办公室、会议室、总值班室、档案室用电	一级
	省部级行政办公建筑主要通道照明用电	二级
国家及省部级数据中心	计算机系统用电	特级
国家及省部级防灾中心、电力调度中心、交通指挥中心	防灾、电力调度及交通指挥计算机系统用电	特级
办公建筑	建筑高度超过 100 m 的高层办公建筑主要通道照明和重要办公室用电	一级
	一类高层办公建筑主要通道照明和重要办公室用电	二级
地、市级及以上气象台	气象业务用计算机系统用电	特级
	气象雷达、电报及传真收发设备、卫星云图接收机及语言广播设备、气象绘图及预报照明用电	一级
电信枢纽、卫星地面站	保证通信不中断的主要设备用电	特级

（续表）

建筑物名称	电力负荷名称	负荷级别
电视台、广播电台	国家及省、自治区、直辖市电视台、广播电台的计算机系统用电,直接播出的电视演播厅、中心机房、录像室、微波设备及发射机房用电	特级
	语音播音室、控制室的电力和照明用电	一级
	洗印室、电视电影室、审听室、通道照明用电	二级
剧场	特大型、大型剧场的舞台照明、贵宾室、演员化妆室、舞台机械设备、电声设备、电视转播、显示屏和字幕系统用电	一级
	特大型、大型剧场的观众厅照明、空调机房用电	二级
电影院	特大型电影院的消防用电和放映用电	一级
	特大型电影院放映厅照明、大型电影院的消防用电、放映用电	二级
会展建筑、博展建筑	特大型会展建筑的应急响应系统用电; 珍贵展品展室照明及安全防范系统用电	特级
	特大型会展建筑的客梯、排污泵、生活水泵用电; 大型会展建筑的客梯用电; 甲等、乙等展厅安全防范系统、备用照明用电	一级
	特大型会展建筑的展厅照明,主要展览、通风机、闸口机用电; 大型及中型会展建筑的展厅照明,主要展览、排污泵、生活水泵、通风机、闸口机用电; 中型会展建筑的客梯用电; 小型会展建筑的主要展览、客梯、排污泵、生活水泵用电; 丙等展厅备用照明及展览用电	二级
图书馆	藏书量超过 100 万册及重要图书馆的安防系统、图书检索用计算机系统用电	一级
	藏书量超过 100 万册的图书馆阅览室及主要通道照明和珍本、善本书库照明及空调系统用电	二级
体育建筑	特级体育建筑的主席台、贵宾室及其接待室、新闻发布厅等照明用电;计时记分、现场影像采集及回放、升旗控制等系统及其机房用电;网络机房、固定通信机房、扩声及广播机房等的用电;电台和电视转播设备用电;应急照明用电(含 TV 应急照明);消防和安防设备等用电	特级
	特级体育建筑的临时医疗站、兴奋剂检查室、血样收集室等设备的用电;VIP 办公室、奖牌储存室、运动员及裁判员用房、包厢、观众席等照明用电;场地照明用电;建筑设备管理系统、售检票系统等用电;生活水泵、污水泵等用电;直接影响比赛的空调系统、泳池水处理系统、冰场制冰系统等用电; 甲级体育建筑的主席台、贵宾室及其接待室、新闻发布厅等照明用电;计时记分、现场影像采集及回放、升旗控制等系统及其机房用电;网络机房、固定通信机房、扩声及广播机房等用电;电台和电视转播设备用电;场地照明用电;应急照明用电;消防和安防设备等用电	一级

（续表）

建筑物名称	电力负荷名称	负荷级别
体育建筑	特级体育建筑的普通办公用房、广场照明等用电； 甲级体育建筑的临时医疗站、兴奋剂检查室、血样收集室等设备用电；VIP办公室、奖牌储存室、运动员及裁判员用房、包厢、观众席等照明用电；建筑设备管理系统、售检票系统等用电；生活水泵、污水泵等用电；直接影响比赛的空调系统、泳池水处理系统、冰场制冰系统等用电； 乙级及丙级体育建筑（含同级别的学校风雨操场）的主席台、贵宾室及其接待室、新闻发布厅等照明用电；计时记分、现场影像采集及回放、升旗控制等系统及其机房用电；网络机房、固定通信机房、扩声及广播机房等用电；电台和电视转播设备用电；应急照明用电；消防和安防设备等用电；临时医疗站兴奋剂检查室、血样收集室等设备用电；VIP办公室、奖牌储存室、运动员及裁判员用房、包厢、观众席等照明用电；场地照明用电；建筑设备管理系统、售检票系统等用电；生活水泵、污水泵等用电	二级
商场、百货商店、超市	大型百货商店、商场及超市的经营管理用计算机系统用电	一级
	大中型百货商店、商场、超市营业厅、门厅公共楼梯及主要通道的照明及乘客电梯、自动扶梯及空调用电	二级
金融建筑（银行、金融中心、证交中心）	重要的计算机系统和安防系统用电；特级金融设施用电	特级
	大型银行营业厅备用照明用电；一级金融设施用电	一级
	中小型银行营业厅备用照明用电；二级金融设施用电	二级
民用机场	航空管制、导航、通信、气象、助航灯光系统设施和台站用电；边防、海关的安全检查设备用电；航班信息、显示及时钟系统用电；航站楼、外航住机场办事处中不允许中断供电的重要场所的用电	特级
	Ⅲ类及以上民用机场航站楼中的公共区域照明、电梯、送排风系统设备、排污泵、生活水泵、行李处理系统用电；航站楼、外航住机场航站楼办事处、机场宾馆内与机场航班信息相关的系统用电、综合监控系统及其他信息系统用电；站坪照明、站坪机务用电；飞行区内雨水泵站等用电	一级
	航站楼内除一级用电负荷以外的其他主要负荷（包括公共场所空调系统设备、自动扶梯、自动人行道）用电；Ⅳ类及以下民用机场航站楼的公共区域照明、电梯、送排风系统设备、排水泵、生活水泵等用电	二级
铁路旅客车站、综合交通枢纽站	特大型铁路旅客车站、集大型铁路旅客车站及其他车站等为一体的大型综合交通枢纽站中不允许中断供电的重要场所的用电	特级
	特大型铁路旅客车站、国境站和集大型铁路旅客车站及其他车站等为一体的综合交通枢纽站的旅客站房、站台、天桥、地道用电，防灾报警设备用电；特大型铁路旅客车站、国境站的公共区域照明用电；售票系统设备、安防及安全检查设备、通信系统用电	一级

（续表）

建筑物名称	电力负荷名称	负荷级别
铁路旅客车站、综合交通枢纽站	大、中型铁路旅客车站、集铁路旅客车站(中型)及其他车站等为一体的综合交通枢纽站的旅客站房、站台、天桥、地道、防灾报警设备用电;特大和大型铁路旅客车站、国境站的列车到发预告显示系统、旅客用电梯、自动扶梯、国际换装设备、行包用电梯、皮带输送机、送排风机、排污水设备用电;特大型铁路旅客车站的冷热源设备用电;大、中型铁路旅客车站的公共区域照明、管理用房照明及设备用电;铁路旅客车站的驻站警务室用电	二级
城市轨道交通车站、磁浮列车站、地铁车站	专用通信系统设备、信号系统设备、环境与设备监控系统设备、地铁变电所操作电源等车站内不允许中断供电的其他重要场所的用电	特级
	牵引设备用电负荷;自动售票系统设备用电;车站中作为事故疏散用的自动扶梯、电动屏蔽门(安全门)、防护门、防淹门、排水泵、雨水泵用电;信息设备管理用房照明、公共区域照明用电;地铁电力监控系统设备、综合监控系统设备、门禁系统设备、安防设施及自动售检票设备、站台门设备、地下站厅站台等公共区照明、地下区间照明、供暖区的锅炉房设备等用电	一级
	非消防用电梯及自动扶梯和自动人行道、地上站厅站台等公共区照明、附属房间照明、普通通风机、排污泵用电;乘客信息系统、变电所检修电源用电	二级
港口客运站	一级港口客运站的通信、监控系统设备、导航设施用电	一级
	港口重要作业区、一级及二级客运站主要用电负荷(包括公共区域照明、管理用房照明及设备、电梯、送排风系统设备、排污水设备、生活水泵)用电	二级
汽车客运站	一级、二级汽车客运站主要用电负荷(包括公共区域照明、管理用房照明及设备、电梯、送排风系统设备、排污水设备、生活水泵)用电	二级
旅游饭店	四星级及以上旅游饭店的经营及设备管理用计算机系统用电	特级
	四星级及以上旅游饭店的宴会厅、餐厅、厨房、康乐设施用房、门厅及高级客房、主要通道等场所的照明用电;厨房、排污泵、生活水泵、主要客梯用电;计算机、电话和录像设备、新闻摄影用电	一级
	三星级旅游饭店的宴会厅、餐厅、厨房、康乐设施用房、门厅及高级客房、主要通道等场所的照明用电;厨房、排污泵、生活水泵、主要客梯用电;计算机、电话、电声和录像设备、新闻摄影用电	二级
科研院所及教育建筑	四级生物安全实验室用电;对供电连续性要求很高的国家重点实验室用电	特级
	三级生物安全实验室用电;对供电连续性要求较高的国家重点实验室用电;学校特大型会堂主要通道照明用电	一级
	对供电连续性要求较高的其他实验室用电;学校大型会堂主要通道照明、乙等会堂舞台照明及电声设备用电;学校教学楼、学生宿舍等主要通道照明用电;学校食堂冷库及厨房主要设备用电及主要操作间、备餐间照明用电	二级

（续表）

建筑物名称	电力负荷名称	负荷级别
三级、二级医院	急诊抢救室、血液病房的净化室、产房、烧伤病房、重症监护室、早产儿室、血液透析室、手术室、术前准备室、术后复苏室、麻醉室、心血管造影检查室等场所中涉及患者生命安全的设备及其照明用电；大型生化仪器、重症呼吸道感染区的通风系统用电	特级
	急诊抢救室、血液病房的净化室、产房、烧伤病房、重症监护室、早产儿室、血液透析室、手术室、术前准备室、术后复苏室、麻醉室、心血管造影检查室等场所中的除一级用电负荷中特别重要负荷外的其他用电；下列场所的诊疗设备及照明用电：急诊室、急诊观察室及处置室、分娩室、婴儿室、内镜检查室、影像科、放射治疗室、核医学室等；高压氧舱、血库及配血室、培养箱、恒温箱用电；病理科的取材室、制片室、镜检室设备用电；计算机网络系统用电；门诊部、医技部及住院部 30% 的走道照明用电；配电室照明用电；医用气体供应系统中的真空泵、压缩机、制氧机及其控制与报警系统设备用电	一级
	电子显微镜、影像科诊断设备用电；肢体伤残康复病房照明用电；中心（消毒）供应室、空气净化机组用电；贵重药品冷库、太平柜用电；客梯、生活水泵、采暖锅炉及换热站等用电	二级
一级医院	急诊室用电	二级
住宅建筑	建筑高度大于 54 m 的一类高层住宅的航空障碍照明、走道照明、值班照明、安防系统、电子信息设备机房、客梯、排污泵、生活水泵用电	一级
	建筑高度大于 27 m 但不大于 54 m 的二类高层住宅的走道照明、值班照明、安防系统、客梯、排污泵、生活水泵用电	二级
一类高层民用建筑	消防用电；值班照明、警卫照明、障碍照明用电；主要业务和计算机系统用电；安防系统用电；电子信息设备机房用电；客梯用电；排水泵、生活水泵用电	一级
	主要通道及楼梯间照明用电	二级
二类高层民用建筑	消防用电；主要通道及楼梯间照明用电；客梯用电；排水泵、生活水泵用电	二级
建筑高度大于 150 m 的超高层公共建筑	消防用电	特级
体育场（馆）及游泳馆	特级体育场（馆）及游泳馆的应急照明	特级
	甲级体育场（馆）及游泳馆的应急照明	一级
剧场	特大型、大型剧场的消防用电	一级
	中小型剧场消防用电	二级

建筑物名称	电力负荷名称	负荷级别
交通建筑	地下车站及区间的应急照明、火灾自动报警系统设备用电	特级
	Ⅲ类及以上民用机场航站楼、特大型和大型铁路旅客车站、集民用机场航站楼或铁路及城市轨道交通车站为一体的大型综合交通枢纽站、城市轨道交通地下站及具有一级耐火等级的交通建筑的消防用电;地铁消防水泵及消防水管电保温设备、防排烟风机及各类防火排烟阀、防火(卷帘)门、消防疏散用自动扶梯、消防电梯、应急照明等消防设备及发生火灾或其他灾害时仍需使用的设备用电;Ⅰ类、Ⅱ类飞机库的消防用电;Ⅰ类汽车库的消防用电及其机械停车设备、采用升降梯作为车辆疏散出口的升降梯用电;一类、二类隧道的消防用电	一级
	Ⅲ类以下机场航站楼、铁路旅客车站、城市轨道交通地面站、地上站、港口客运站、汽车客运站及其他交通建筑等的消防用电;Ⅲ类飞机库的消防用电;Ⅱ类、Ⅲ类汽车库和Ⅰ类修车库的消防用电及其机械停车设备、采用升降梯作为车辆疏散出口的升降梯用电;三类隧道的消防用电	二级

13.1.2 用电负荷分类

按照核收电费的"电价规定",将建筑用电负荷分成如下三类:

(1)照明和划入照明电价的非工业负荷,其是指公用、非工业用户的生活、生产照明用电;

(2)非工业负荷,如服务行业的炊事电器用电,高层建筑内电梯用电,民用建筑中采暖锅炉房的鼓风机、引风机、上煤机和水泵等用电;

(3)普通工业负荷,其是指总容量不足 320 kV·A 的工业负荷,如纺织工业设备用电、食品加工设备用电等。

设计时按照不同的用电负荷类别,将设备用电分组配电,以便单独安装电表,依照用电负荷的不同电价标准核收电费。

13.2 负荷计算

实际用电负荷即功率或电流是随时间而变化的,一般以最大负荷、尖峰负荷和平均负荷表达。

最大负荷是指消耗电能最多的半小时的平均负荷,这是因为一般设备经过半小时发热能达到稳定温升,所以其可作为按发热条件选择电气设备的依据。最大负荷也称为计算负荷,用 P_{js}(有功功率)、Q_{js}(无功功率)、S_{js}(视在功率)表示。

尖峰负荷是指最大连续 $1\sim 2$ s 的平均负荷,其是最大的短历时负荷。电气设备在此短瞬间,虽然发热不严重,但是电流过大会使其电压降变大,故可依此来计算电路中的电压损失和电压波动,从而选择熔断器、自动开关,整定继电保护装置和检验电动机自启动条件等。尖峰负荷常用 P_{jf}、Q_{jf}、S_{jf} 表示。

平均负荷是指用电设备在某段时间内所消耗的电能除以该段时间所得的平均功率值,即

$$P_n = W_t/t \qquad (13-1)$$

式中:P_n——平均功率,kW;

$\quad W_t$——用电设备在时间 t 内所消耗的电能,kWh;

$\quad t$——实际用电小时数,对于年平均负荷,常取 $t=8760$ h。

平均负荷用于计算某段时间内的用电量和确定补偿电容的大小,常用 P_p、Q_p、S_p 表示。

负荷计算的方法很多,在电气设计的初步设计阶段可采用单位容量法,在施工图设计阶段多采用需要系数法。

13.2.1 单位容量法

首先根据建筑物的类型、等级、附属设备情况及房间的用途确定一个单位面积的用电负荷,再根据当地的生活消费水平进行相应的调整。民用建筑用电负荷估算指标见表 13-2 所列。

表 13-2 民用建筑用电负荷估算指标

建筑分类	范围/(W/m²)	平均/(W/m²)
一般住宅	5.91~10.70	7.53
中等家庭公寓	10.76~16.14	13.45
高级家庭公寓	21.52~26.50	25.80
豪华家庭公寓	43.04~64.50	48.40
有集中空调的家庭公寓		48.40
商店:有空调		194.00
商店:无空调		43.00
餐厅、咖啡馆		247.00
办公室	80.70~107.60	96.80
旅馆	48.40~124.00	71.00
自选商场	129.00~140	134.50
电影院	161.00~172.00	172.00

查取表 13-2 中的相应值,再与建筑总面积相乘,就是建筑物的用电负荷。利用用电负荷即可估算出供配电系统的大小、投资,并进行进一步的设计。

13.2.2 需要系数法

电气设备需要系数 K_x 是指用电设备组所需的最大负荷 P_{js} 与总设备安装容量 P_s 的比值,即

$$K_x = P_{js}/P_s \qquad (13-2)$$

性质相同的用电设备有相近的需要系数。因此,在计算时,先将设备分类,除去备用和不同时工作的,其余设备的功率相加后乘以相应的需要系数,即可得到计算负荷。再将各组计算负荷相加,得到总的用电负荷。其基本计算公式如下:

单组用电设备

$$P_{js} = K_x P_s \tag{13-3}$$

$$Q_{js} = P_{js} \tan\varphi \tag{13-4}$$

$$S_{js} = \sqrt{P_{js} + Q_{js}} \tag{13-5}$$

$$I_{js} = S_{js} / (\sqrt{3} U_e) \tag{13-6}$$

多组用电设备

$$P_{js} = K_q \sum P_{js} \tag{13-7}$$

$$Q_{js} = K_q \sum Q_{js} \tag{13-8}$$

$$S_{js} = \sqrt{P_{js}^2 + Q_{js}^2} \tag{13-9}$$

$$I_{js} = S_{js} / (\sqrt{3} U_e) \tag{13-10}$$

式中:P_s—— 用电设备组的设备功率;

K_x—— 需要系数;

$\tan\varphi$—— 用电设备的功率角的正切;

K_p—— 有功的同期系数,取 $0.8 \sim 0.9$;

K_q—— 无功的同期系数,取 $0.93 \sim 0.97$。

建筑电气设备需要系数见表 13-3 所列。

表 13-3 建筑电气设备需要系数

用电设备组名称	需要系数 K_x	用电设备组名称	需要系数 K_x
住宅楼	0.40～0.60	电影院	0.70～0.80
办公楼	0.70～0.80	剧场	0.60～0.70
科研楼	0.80～0.90	体育馆	0.65～0.75
教学楼	0.80～0.90	冷冻机房	0.65～0.75
商店	0.85～0.95	锅炉房	0.65～0.75
餐厅	0.80～0.90	水泵房	0.60～0.70
社会旅馆	0.70～0.80	通风机	0.60～0.70
社会旅馆(附对外餐厅)	0.80～0.90	电梯	0.18～0.22
旅游宾馆	0.80～0.90	洗衣房	0.30～0.35
医院门诊楼	0.60～0.70	厨房	0.35～0.45
医院病房楼	0.50～0.60	窗式空调机	0.35～0.45

13.3　供配电系统

供配电系统主要包括供电方式的选择、变电所位置的确定、低压配电及线路敷设等内容。

13.3.1　配电系统的接线方式

建筑电气配电系统的接线方式有三种,分别是放射式、树干式和混合式(见图 13-1)。

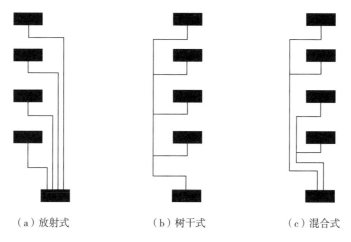

|（a）放射式|（b）树干式|（c）混合式|

图 13-1　建筑电气配电系统的接线方式

1. 放射式

放射式配电系统从低压母线到用电设备或二级配电箱的线缆是直通的,各负荷独立受电,配电设备集中,供电可靠性高,故障范围一般仅限于本回路,检修时只切断本回路即可;但系统灵活性较差,有色金属消耗量较多,因而建设费用较高,一般适用于容量大、负荷集中的场所或重要的用电设备。

2. 树干式

树干式配电系统是向用电区域引出干线,供电设备或二级配电箱可以直接接在干线上。这种方式的系统灵活性好,但干线发生故障时影响范围大,一般适用于用电设备分布较均匀、容量不大、又无特殊要求的场所。

3. 混合式

混合式配电系统是将放射式配电系统和树干式配电系统相结合,其是最常用的配电方式。建筑电气的高压配电系统大多采用放射式接线方式;低压配电系统大多采用放射式和树干式相结合的混合式接线方式。

13.3.2　变配电所

用于安装和布置高低压配电设备和变压器的专用房间和场地称为变配电所。建筑用的变配电所大多属于 10 kV 类型的变配电所,其主要由高压配电、变压器和低压配电三部分组成,变配电所接受电网输入的10 kV的电源,经变压器降至380 V/220 V后,根据需要将其分配给各低压配电设备。

1. 变配电所的位置

变配电所的位置应尽量靠近用电负荷中心,应考虑进出线方便、顺直及设备的吊装、运输方便,应尽量避开多尘、振动、高温、潮湿和有腐蚀性气体的场所,不应设在厕所、浴室或其他积水场所的正上方或贴邻,应根据规划适当考虑发展的可能。

2. 变配电所的类型

变配电所的类型有三种,即建筑物内变电所、建筑物外附式变电所、独立式变电所(见图13-2)。

1)建筑物内变电所

建筑物内变电所位于建筑物内部,可深入用电负荷中心,减少配电导线、电缆,但防火要求高。高层建筑的变配电所一般位于它的地下室,不宜设在地下室的最底层。

2)建筑物外附式变电所

建筑物外附式变电所附设在建筑物外,不占用建筑的面积,但建筑处理较复杂。

1—建筑物内变电所;2—建筑物外附式变电所;3—独立式变电所。

图13-2 变配电所类型

3)独立式变电所

独立式变电所独立于建筑物之外,一般向分散的建筑供电及用于有爆炸和火灾危险的场所。独立式变电所最好布置成单层,当采用双层布置时,变压器应设在底层,设于二层的配电装置应有吊运设备的吊装孔或平台。

3. 变配电所的布置

传统的变配电所因采用的是油浸式变压器,它的组成一般包括高压配电室、变压器室、低压配电室和控制室几部分,有时根据需要设置电容器室。而目前大量采用的是干式变压器,它可以将高压配电设备(柜)、变压器和低压配电设备(柜)共置一室。变配电所内各部分设备之间均应合理布置,并考虑发展的可能性;应尽量利用自然采光和通风,适当安排各设备的相对位置使接线最短、顺直;地面必须抬高,宜高出室外地面400 mm;有人值班的变配电所应设有单独的控制室,并设有其他辅助生活设施。

4. 变配电所对建筑的要求

变配电所的门应向外开,并装有弹簧,宽度应比设备尺寸大0.5 m。变配电所宜设不能开启的自然采光窗,窗户下沿距室外地面高度不宜小于1.8 m,临街的一面不宜开窗。安置变配电所的房间的墙表面均应抹灰刷白,地面宜用高标号水泥抹面压光或用水磨石地面。同时,变配电所应处理好防水、排水、保温和隔热措施,根据不同的耐火等级考虑房间的通风、换气情况等。

13.3.3 自备应急电源设备

符合下列条件之一,应设自备电源:

(1)需要设置自备电源作为一级用电负荷中特别重要负荷的应急电源时;

(2)设置自备电源较从电力系统取得第二电源经济合理,或第二电源不能满足一级用电负荷要求的条件时；

（3）所在地区偏僻,远离电力系统,经与供电部门共同规划设置自备电源作为主电源经济合理时,应急电源与工作电源之间必须有可靠的措施,防止并行运行。

常用的应急电源有独立于正常电源的发电机组、独立于正常电源的专门供电线路、蓄电池。应急电源接入方式由用电负荷对停电时间的要求确定,快速自启动柴油发电机可用于允许中断供电 15 s 以上时间的供电；带有自动投入的专门馈电线路,适用于允许中断 1.5 s 以上的供电；蓄电池静止型和柴油机自备应急电源,可用于允许中断供电为毫秒级时间的供电。

1. 柴油发电机房

柴油发电机房一般由发电机房、控制及配电室、燃油准备及处理房、备品备件存放间等组成。柴油发电机房各工作间耐火等级及火灾危险性类别见表 13-4 所列。

表 13-4　柴油发电机房各工作间耐火等级及火灾危险性类别

机房名称	耐火等级	火灾危险性类别
发电机房	一级	丙
控制与配电间	二级	戊
贮油间	一级	丙

柴油发电机房平面布置应根据设备型号、数量和工艺要求等因素确定。对柴油发电机房的要求如下。(1)通风和采光良好。(2)在我国南方炎热地区宜设普通天窗；当该地区有热带风暴发生时,天窗应设挡风防雨板,或不设天窗而设专用双层百叶窗。(3)在我国北方及风沙较大地区窗口应设防风沙侵入的设施。(4)机房噪声控制应符合国家标准要求,否则应做隔声、消声处置,如机组基础应采取减振措施,防止与房屋产生共振等。(5)管沟和电缆沟内应有一定坡度(0.3%),以利于排放沟内的油和水,沟边应做挡油措施。(6)柴油机基础周边可设置排油污沟槽,以防油侵。(7)发电机房中发电机间应有两个出入口,出入口门的大小应能使搬运机组出入,否则应预留吊装设备孔口,门应向外开,并有防火、隔声功能。(8)若贮油间与发电机房相连布置,则隔墙上应设防火门,且门朝发电机房开。(9)发电机房、贮油间地面应防止油、水渗入地面,一般做水泥压光地面。

2. 电池室

蓄电池属于不间断电源装置,其容量应根据市电停电后由其维持的供电时间的长短要求来选定。蓄电池室要根据蓄电池类型采取相应的技术措施,如酸性蓄电池室顶棚做成平顶对防腐有利,顶棚、墙、门、窗、通风管道、台架及金属结构等应涂耐酸油漆,地面应有排水措施并用耐酸材料浇注。蓄电池室朝阳窗的玻璃应能防阳光直射,一般可用磨砂玻璃或在普通玻璃上涂漆；门应朝外开；当所在地区为高寒区及可能有风沙侵入时则应采用双层玻璃窗。

3. 专用不间断电源装置室

专用不间断电源装置室中整流器柜、递变器柜、静态开关柜宜布设在底部有电缆沟或电缆夹层板上,其底部四周应有防小动物进入柜内的设施。

13.4 电气设备选择

13.4.1 设备容量(P_e)的确定

1. 动力设备容量

动力设备容量只考虑工作设备不包括备用设备,其值与用电设备组的工作制有关,应按工作制分组分别确定。长期工作制用电设备的容量,就是其铭牌额定容量:$P_s = P_e$;短期和反复短期设备的容量,是将其在某一工作状态下的铭牌额定容量换算到标准工作状态下的功率。当进行多组动力设备负荷计算时,由于接于同一干线的各组用电设备的最大负荷并不是同时出现的,因此在确定干线总负荷时,应引入一个同时系数 K_t,再进行后续计算。

2. 照明设备容量(P_l)

对于白炽灯等热辐射光源,照明设备容量可取其铭牌额定功率。对于荧光灯和高压水银灯等气体放电光源,照明设备容量还应计入镇流器的功率损耗,即比灯管的额定功率有所增加,荧光灯应增加 20%,高压水银灯应增加 8%。

13.4.2 导线和电缆的选择

1. 导线截面选择条件

照明线路导线截面的选择条件:导线允许温升、机械强度要求、线路允许电压损失。通常按上述三个条件选择导线截面,并取其中最大值。在设计中,应按照允许温升进行导线截面的选择,然后按允许电压损失进行校核,并应满足机械强度的要求。

2. 线路的工作电流

线路的工作电流是影响导线温升的重要因素,所以有关导线截面选择的计算首先是确定线路的工作电流。

3. 根据允许温升选择导线截面

当电流在导线中流通时,因产生焦耳热而使导线的温度升高,从而导致绝缘加速老化或损坏。为使导线的绝缘具有一定的使用寿命,各种电线电缆应根据其绝缘材料的情况规定最高允许工作温度。导线在持续工作电流的作用下,其温升(或工作温度)不能超过最高允许值。导线温升与导线截面有关,导线截面越小导线温升越大。为使导线在工作时的温度不超过最高允许值,应对其截面的大小有一定的要求。

供配电工程中一般使用已标准化的计算和试验结果,即导线载流量数据。导线载流量是在使用条件下导线温度不超过最高允许值时导线允许的长期持续电流。按照导线材料、最高允许工作温度(与绝缘材料无关)、散热条件、导线截面等不同情况列出的导线载流量,可查有关手册获得。导线载流量数据是在一定的环境温度和敷设条件下给出的。当环境温度和敷设条件不同时,载流量数据需要乘以校正系数。

4. 导线、电缆的敷设

1)室内导线的敷设

明敷,即导线直接(或者在管子、线槽等保护体内)敷设于墙壁、顶棚的表面及支架等处,明敷的线路施工、改造、维修很方便。

　　暗敷,即导线在管子、线槽等保护体内,敷设于墙壁、顶棚、地坪及楼板的内部,或者在混凝土板孔内敷线,暗敷比较美观和安全。金属管、塑料管,以及金属线槽、塑料线槽等内的布线,必须采用绝缘导线和电缆。

　　2)室外导线的敷设

　　电缆直埋敷设:当沿同一路径敷设的电缆根数小于等于 8 时,可采用电缆直埋敷设(见图 13 - 3)。这种敷设施工简单、投资少、散热条件好,其直埋深度不应小于 0.7 m,且上下各铺 100 mm 厚的软土或细砂,并覆盖保护层。由于电缆通电工作后温度会发生变化,土壤会局部突起下沉,因此埋设的电缆长度要考虑余量。

　　电缆在电缆沟或隧道内敷设:同一路径的电缆根数大于 8 根、小于或等于 18 根时宜采用电缆在电缆沟敷设(见图 13 - 4);同一路径的电缆根数大于 18 根时可采用电缆在隧道内敷设。隧道内和电缆沟应采取防水措施,其底部应做坡度不小于 0.5% 的排水沟。若采用电缆在隧道内敷设,要考虑通风,内应有照明。

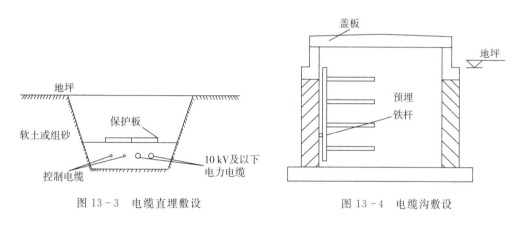

图 13 - 3　电缆直埋敷设　　　　　　　图 13 - 4　电缆沟敷设

　　电缆在排管内敷设:当电缆根数小于等于 12,而道路交叉多、路径拥挤,不宜采用电缆直埋或电缆沟敷设时,可采用电缆在排管内敷设。排管可采用石棉水泥管或混凝土管,内径不能小于电缆外径的 1.5 倍。

13.4.3　开关和熔断器的选择

　　1. 熔断器

　　熔断器俗称保险丝,用于供电系统中的电气短路保护。当电路短路或过负荷时,其能利用熔断来断开电路,但在正常工作时其不能用熔断来切断和接通电路。熔断器按结构可分为插入式、旋塞式和管式三种。

　　2. 隔离开关

　　隔离开关灭弧能力微弱,一般只能用来隔离电压,不用来接通或切断负荷电流。隔离开关的主要用途:当电气设备需停电检修时,用它来隔离电源电压,并造成一个明显的断开点,以保证检修人员工作的安全。

　　3. 高压断路器

　　高压断路器具有可靠的灭弧装置,其灭弧能力很强。当电路正常工作时,可用它来接通或切断负荷电流;当电路发生故障时,可用它来切断巨大的短路电流。

4. 负荷开关

负荷开关只具有简单的灭弧装置,其灭弧能力有限。当电路正常工作时,可用它来接通或切断负荷电流;但当电路短路时,不能用它来切断巨大的短路电流。负荷开关断开后,有可见的断开点。

5. 自动空气开关

自动空气开关是一种低压开关,其作用与高压断路器类似。自动空气开关具有短路、过载、断路、过流等保护功能。

思 考 题

1. 简述常用的负荷计算方法。
2. 配电系统的接线方式有哪几种,其优缺点有哪些?
3. 变配电室的选址、类型和布置应注意什么?
4. 常用的应急电源有哪几种,均在什么情况下应用?

第14章 防雷和接地

14.1 雷电的形成及其危害

雷电是由雷云对地面建筑物及大地的自然放电引起的,它会对建筑物或设备产生严重破坏。因此对雷电的形成过程及放电条件应有所了解,从而采取适当的措施,保护建筑物不受雷击。

雷电造成的破坏作用,一般可分为直接雷、间接雷两大类。直接雷是指雷云对地面直接放电。间接雷是雷云的二次作用(静电感应效应和电磁效应)造成的危害。无论是直接雷还是间接雷,都可能演变成雷电的第三种作用形式——高电位侵入,即很高的电压(可达数十万伏)沿着供电线路和金属管道,高速侵入变电所、用电户等建筑内部。

本节对雷电的危害进行列举。

14.1.1 静电感应

当线路或设备附近发生雷云放电时,虽然雷电流没有直接击中线路,但在导线上会感应出大量和雷云极性相反的束缚电荷。当雷云对大地上其他目标放电,雷云中所带电荷迅速消失,导线上的感应电荷就会失去雷云电荷的束缚而成为自由电,并以光速向导线两端急速涌去,从而出现过电压,这种过电压称为静电感应过电压。

一般由雷电引起的局部地区感应过电压,在架空线路上可达 $300\sim400\ kV$,在低压架空线上可达 $100\ kV$,在通信线路上可达 $40\sim60\ kV$。由静电感应产生的过电压对接地不良的电气系统有破坏作用,其可使建筑物内部金属构架与金属器件之间发生火花,引起火灾。

14.1.2 电磁感应

由于雷电流有极大的峰值和陡度,在它周围有强大的交变电磁场,处在此场中的导体会感应出极高的电动势,在有气隙的导体之间放电,产生火花,引起火灾。

由雷电引起的静电感应和电磁感应统称为感应雷(又叫作二次雷)。解决感应雷的办法是对建筑金属屋顶、建筑物内的大型金属物品等做好接地处理,使感应电荷能迅速流向地下,防止在缺口处形成高电压和放电火花。

14.1.3 直击雷过电压

带电的雷云与大地上某一点之间发生迅猛的放电现象称为直击雷。当雷云通过线路或电气设备放电时,放电瞬间线路或电气设备将流过数十万安的巨大雷电流,此电流以光速向线路两端涌去,大量电荷会使线路发生很高的过电压,过电压将绝缘薄弱处击穿并将雷电流导入大地,人们把这种过电压称为直击雷过电压。直击雷电流(在短时间内以脉冲的形式通过)的峰值有几十千安,甚至上百千安。一次雷电放电时间(从雷电流上升达到峰值开始到下降达到 1/2 峰值为止的时间间隔)通常有几十微秒。

当雷电流通过被雷击的物体时会发热,引起火灾。同时,雷电流在空气中会引起雷电冲击波和次声波,对人和牲畜带来危害。此外,雷电流还能使物体变形、折断。

防止直击雷的主要措施有采用避雷针、避雷带、避雷网作为接闪器,使雷电流通过接地引下线和接地装置,迅速而安全地送到大地,保证建筑物、人身和电气设备的安全。

14.1.4 雷电波的侵入

雷电波的侵入主要是指直击雷或感应雷通过输电线路、通信光缆、无线天线等金属引入建筑物内,导致人和设备发生闪击和雷击事故。此外,直击雷是在建筑物或建筑物附近入地的,当直击雷通过接地网入地时,接地网上会有数百千伏的高电位,这些高电位可以通过系统中的零线、保护接地线或通信系统传入室内,沿着导线的传播方向扩大范围。

防止雷电波侵入的主要措施是对于输电线路等能够引起雷电波侵入的设备采取在进入建筑物前的合适位置装设避雷器等保护装置。保护装置可以将雷电高电压限制在一定范围内,保证用电设备不被高电波冲击击穿。

14.2 建筑防雷

14.2.1 建筑物防雷系统的组成

防雷装置一般由接闪器、引下线和接地装置三部分组成(见图 14 - 1)。

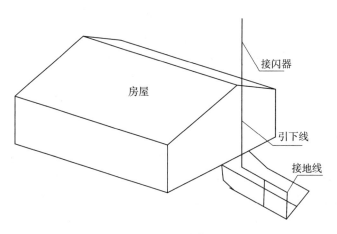

图 14 - 1 防雷装置

1. 接闪器

接闪器是接受雷电流的金属导体,也就是通常所说的避雷针、避雷带和避雷网(见图 14 - 2)。避雷针由圆钢或焊接钢管制成,适用于保护细高的建筑物或构筑物,如烟囱和水塔等。避雷带和避雷网一般由镀锌的圆钢或扁钢制成,适用于宽大的建筑,通常为了保护建筑物的表层不被击坏在建筑顶部及其边缘处明装,古典建筑为了美观有时采用暗装。此外,若屋顶上的旗杆、栏杆、装饰物等的规格不小于标准接闪器规定的尺寸,则也可作为接闪器使用。

2. 引下线

引下线是把雷电流由接闪器引到接地装置的金属导体,一般敷设在外墙面或暗敷于水泥柱子内,也可利用建筑物、构筑物钢筋混凝土中的钢筋作为防雷引下线。引下线可由圆钢或扁钢制成,但外表面需镀锌、焊接处需涂防腐漆。建筑艺术水准较高的建筑物可以暗敷引下线,但截面要适当加大。

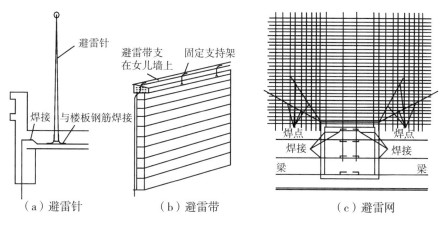

图 14 - 2　接闪器

3. 接地装置

接地装置是埋设在地下的接地导体和垂直打入地内的接地体的总称,其作用是把雷电流疏散到大地中去。垂直埋设的接地体由圆钢、钢管、角钢等制成;水平埋设的接地体由扁钢、圆钢等制成。为了降低跨步电压,防直接雷的人工接地装置距建筑物入口处及人行道不应小于 3 m,当不得不小于 3 m 时,应采取相应的措施。

14.2.2　建筑物的防雷分级及防雷保护

各类防雷建筑物应设接闪器、引下线、接地装置,并应采取防闪电电涌侵入的措施。建筑物应根据建筑物的重要性、使用性质、发生雷电事故的可能性和后果,按防雷要求分为以下三类。

1. 第一类防雷建筑物

在可能发生对地闪击的地区,遇下列情况之一时,应划为第一类防雷建筑物。

(1)凡制造、使用或贮存火炸药及其制品的危险建筑物,因电火花而引起爆炸、爆轰,会造成巨大破坏和人身伤亡者。

(2)具有 0 区或 20 区爆炸危险场所的建筑物。

(3)具有 1 区或 21 区爆炸危险场所的建筑物,因电火花而引起爆炸,会造成巨大破坏和人身伤亡者。

对于第一类防雷建筑物,防直接雷的接闪器应采用装饰在屋角、屋脊、女儿墙上的避雷带,并在屋面上装设不大于 5 m×5 m 或 6 m×4 m 的网格,建筑物最高处加避雷针;建筑物内的设备、管道、构架、电缆金属外皮、钢屋架、钢窗等较大金属物和突出屋面的金属物应接到防雷电感应的接地装置上;防雷电感应的接地装置应和电气设备接地装置共用;当建筑物高于 30 m 时,尚应采取从 30 m 起每隔不大于 6 m 沿建筑物四周设水平接闪带并应与引下线相连等防侧击的措施;在电源引入的总配电箱处应装设 I 级试验的电涌保护器;引下线不应少于 2 根,并应沿建筑物四周和内庭院四周均匀或对称布置,其间距沿周长计算不宜大于

12 m；金属外皮、钢管接到防雷电感应的接地装置上；当全线采用电缆有困难时，可采用钢筋混凝土杆和铁横担的架空线，并应使用一段金属铠装电缆或护套电缆穿钢管直接埋地引入。

2. 第二类防雷建筑物

在可能发生对地闪击的地区，遇下列情况之一时，应划为第二类防雷建筑物。

(1)国家级重点文物保护的建筑物。

(2)国家级的会堂、办公建筑物、大型展览和博览建筑物、大型火车站和飞机场、国宾馆、国家级档案馆、大型城市的重要给水泵房等特别重要的建筑物。注：飞机场不含停放飞机的露天场所和跑道。

(3)国家级计算中心、国际通信枢纽等对国民经济有重要意义的建筑物。

(4)国家特级和甲级大型体育馆。

(5)制造、使用或贮存火炸药及其制品的危险建筑物，且电火花不易引起爆炸或不致造成巨大破坏和人身伤亡者。

(6)具有1区或21区爆炸危险场所的建筑物，且电火花不易引起爆炸或不致造成巨大破坏和人身伤亡者。

(7)具有2区或22区爆炸危险场所的建筑物。

(8)有爆炸危险的露天钢质封闭气罐。

(9)预计雷击次数大于0.05次/a的部、省级办公建筑物和其他重要或人员密集的公共建筑物，以及火灾危险场所。

(10)预计雷击次数大于0.25次/a的住宅、办公楼等一般性民用建筑物或一般性工业建筑物。

对于第二类防雷建筑物，防直接雷宜采用装饰在屋角、屋脊、女儿墙上的环状避雷带，并在屋面上装设不大于10 m×10 m或12 m×8 m的网格，也可采用装饰在建筑物上的避雷网或避雷针；突出屋面的风管、烟囱等金属物体可不装接闪器，但应和屋面防雷装置相连；在屋面接闪器保护范围之外的非金属物体应装接闪器，并和屋面防雷装置相连；建筑物宜利用钢筋混凝土屋面、梁、柱、基础内的钢筋作为引下线，引下线不应少于2根，并应沿建筑物四周和内庭院四周均匀对称布置，其间距沿周长计算不应大18 m。

3. 第三类防雷建筑物

在可能发生对地闪击的地区，遇下列情况之一时，应划为第三类防雷建筑物。

(1)省级重点文物保护的建筑物及省级档案馆。

(2)预计雷击次数大于或等于0.01次/a，且小于或等于0.05次/a的部、省级办公建筑物和其他重要或人员密集的公共建筑物，以及火灾危险场所。

(3)预计雷击次数大于或等于0.05次/a，且小于或等于0.25次/a的住宅、办公楼等一般性民用建筑物或一般性工业建筑物。

(4)在平均雷暴日大于15 d/a的地区，高度在15 m及以上的烟囱、水塔等孤立的高耸建筑物；在平均雷暴日小于或等于15 d/a的地区，高度在20 m及以上的烟囱、水塔等孤立的高耸建筑物。

对于第三类防雷建筑物，防直接雷宜采用装饰在屋角、屋脊、女儿墙上的避雷针或避雷带，当采用避雷带保护时，应在屋面上装设不大于24 m×16 m或20 m×20 m的网格，当采用避雷针保护时，其滚球半径为60 m；引下线数量不小于2条，间距不应大于25 m；防雷接地装置宜与电气设备等接地装置共用，且宜与埋地金属管相连。

14.3　接　地

14.3.1　接地的种类

所谓接地,简单说来是各种用电设备与大地的电气连接。要求接地的设备各式各样,如电力设备、通信设备、电子设备、防雷装置等。接地的目的是使设备正常安全运行,以及确保建筑物和人员的安全。

1. 工作接地

在正常或事故情况下,为保证电气设备可靠地运行,会将电力系统中某点(如发电机或变压器的中性点)直接或经特殊装置与地连接。这种接地类型称为工作接地。

2. 保护接地

电气设备的金属外壳、线路的金属管、电缆的金属保护层、安装电气设备的金属支架等,在正常情况下是不带电的。但是在绝缘损坏时发生漏电,金属外壳就会带电。为防止人身触电事故,会将金属外壳接地。这种接地类型称为保护接地。

3. 重复接地

将零线上的一点或多点与地重复连接的接地类型称为重复接地。例如,供电系统的架空线路沿线每一公里及引入建筑物、车间的入口处,零线都要重复接地。

4. 屏蔽接地

为了防止外来电磁波的干扰和侵入造成电子设备的误动作或通信质量的下降,为了防止电子设备产生的高频能向外部泄放,会将线路的滤波器、精合变压器的静电屏蔽层、电缆的屏蔽层、屏蔽室的屏蔽网等进行接地。这种接地类型称为屏蔽接地。高层建筑为减少竖井内垂直管道受雷电流感应产生的感应电势的影响,将竖井混凝土壁内的钢筋予以接地,也属于屏蔽接地。

5. 防静电接地

由于流动介质等原因而产生的积蓄电荷,要防止静电放电产生事故或影响电子设备的工作,就需要有使静电荷迅速向大地泄放的接地。这种接地类型称为防静电接地。

6. 等电位接地

医院的某些特殊的检查和治疗室、手术室和病房中,病人所能接触到的金属部分(如床架、床灯、医疗电器等),不应发生有危险的电位差,因此要把这些金属部分相互连接起来成为等电位体并予以接地。这种接地类型称为等电位接地。高层建筑中为了减少雷电流造成的电位差,将每层的钢筋网及大型金属物体连接成一体并接地,也是等电位接地。另外,在下述场所还需要设置辅助等电位:在局部区域,当自动切断供电的时间不能满足防电击要求;在特定场所,需要有更低接触电压要求的防电击措施;具有防雷和电子信息系统抗干扰要求。

7. 电子设备的信号接地及功率接地

电子设备的信号接地(或称逻辑接地)是指信号回路中放大器、混频器、扫描电路、逻辑电路等的统一基准电位接地,其目的是不致引起信号量的误差。功率接地是指所有继电器、电动机、电源装置、大电流装置、指示灯等电路的统一接地,其目的是保证这些电路中的干扰信号泄漏到地中,不至于干扰灵敏的信号电路。

14.3.2 电气系统的接地方式

1. TN－S 方式

TN－S 方式俗称为三相五线方式。其特点:从变配电所引向用电设备的导线由三根相线、一根中性线(N 线)和一根保护接地线(PE 线)组成,PE 线平时不通过电流,只在发生接地故障时才通过故障电流,因此用电设备的外露可导电部分平时对地不带电压,安全性最好,但系统采用了五根导线,造价较高。

2. TN－C 方式

TN－C 方式俗称为三相四线方式。其特点:从变配电所引向用电设备的导线由三根相线、一根兼做 PE 线和 N 线的 PEN 线,用电设备的 N 线和外露可导电部分都接在 PEN 线上,这样少用一根线比较省钱;其缺点是 N 线电流在 PEN 线上产生的压降将出现在外露可导电部分上,安全性能不及 TN－S 方式。

3. TN－C－S 方式

在 TN－C－S 方式中。其特点:系统中电源至用户的馈电线路的 N 线和 PE 线是合一的,而在进户处分开,此接地方式在经济性和安全性上介于 TN－S 方式和 TN－C 方式之间。

4. TT 方式

TT 方式俗称接地保护方式。其特点:整个电力系统只有一点直接接地,用电设备的外露可导电部分通过保护线接在与电力系统接地点无直接关联的接地极,故障电压不互窜,电气设备正常工作时外露可导电部分为地电压,比较安全;但其相线与外露可导电部分短路时仍有触电的可能,须与漏电保护电压合用。

5. IT 方式

IT 方式也称为经高阻接地方式。其特点:电力系统的中性点不接地或经很大阻抗接地,用电设备的外露可导电部分经保护线接地。这种保护接地方式特别适用于环境特别恶劣的场合。

目前,我国低压配电系统多数采用电磁兼容性好的 TN－S 方式和 TN－C－S 方式,通过电力系统中性点直接接地,当设备发生故障时能形成较大的短路电流,从而使线路保护装置很快动作,切断故障设备的电源,防止触电事故的出现或扩大。

14.4 安全电压

14.4.1 安全电压等级

当工频($f＝50$ Hz)电流流过人体时,安全电流为 $0.008\sim0.01$ A。人体的电阻,主要集中在厚度 $0.005\sim0.02$ mm 的角质层,但该层宜损坏和脱落,去掉角质后的皮肤电阻约 $800\sim1200$ Ω,据此可求出安全电压 $U＝I\cdot R＝0.01\text{ A}\times1200\text{ }\Omega＝12(\text{V})$,故我国确定安全电压为 12 V。当空气干燥,工作条件好时可使用 24 V 和 36 V。12 V、24 V 和 36 V 为我国规定安全电压常用的三个等级。

14.4.2　安全电压的条件

（1）因人而异。一般来说，手有老茧、身心健康、情绪乐观的人电阻大，较安全；皮肤细嫩、情绪悲观、疲劳过度的人电阻小，较危险。

（2）与触电时间长短有关。触电时间越长，情绪越紧张，越易发热出汗，人体电阻越小，危险性越大。若可迅速脱离电源，则危险性较小。

（3）与皮肤接触的面积和压力大小有关。接触面积和压力越大，越危险；反之，越安全。

（4）与工作环境有关。在低矮潮湿、仰卧操作、不易脱离现场的情况下，触电危险性较大，安全电压易取 12 V。其他条件较好的场所，安全电压可取 24 V 或 36 V。

14.4.3　用电安全的基本原则

直接接触防护：防止电流经由身体的任何部位通过；限制可能流经人体的电流，使之小于电击电流。

间接接触防护：防止故障电流经由身体的任何部位通过；限制可能流经人体的故障电流，使之小于电击电流；在故障情况下触及外露可导电部分时，可能引起流经人体的电流等于或大于电击电流时，能在规定的时间内自动断开电流。电气设备应按外界影响条件分别采用以下一种或多种低压电击故障防护措施：自动切断电源；双重绝缘或加强绝缘；电气分隔；特低电压。特殊场所和设备的电击防护还需要设置附加保护，包括漏电保护和上述的辅助等电位保护。

正常工作时的热效应防护：应使所在场所不会发生地热或电弧引起的可燃物燃烧现象。

14.4.4　漏电保护

漏电保护主要是弥补保护接地中的不足，有效地进行防触电保护，是目前较好的防触电措施。其主要原理：正常工作时，剩余电流通过保护装置主回路各相电流的矢量和值为零，当人体接触带电体或所保护的线路及设备绝缘损坏时，呈现剩余电流，剩余电流达到漏电保护器的动作电流时，就在规定的时间内自动切断电源。

对于家用电器回路，常采用 30 mA 及以下的数值作为剩余电流保护装置的动作电流。

思　考　题

1. 建筑防雷等级如何划分？
2. 简述防雷装置的组成。
3. 什么是接地？常见的接地有哪些？
4. 接地方式有哪些？

第 15 章 电气照明

在建筑物的各个空间创造各种标准光环境的技术称为建筑照明。其中,利用阳光(包括直接光和反射光)实现的建筑照明称为自然照明;利用人为设置的、可以将其他形式的能量转换为光能的光源实现的建筑照明称为人工照明。在人工照明中,利用电能转化为光能的电光源实现的建筑照明称为电气照明。当前采用的人工照明,大都是电气照明。故本章所介绍的内容,仅涉及电气照明。

15.1 照明的基本知识

15.1.1 照明的种类和方式

根据所起的主要作用,照明可分为视觉照明和气氛照明两大类。

1. 视觉照明

视觉照明是为保证生活、工作和生产活动的正常进行,在人眼中必须形成对周围事物的足够视觉,满足人们的视觉需要。按照人们活动条件和范围,视觉照明可分为正常照明和应急照明。

1)正常照明

正常照明是指在建筑内外,正常工作下需要照明的全部建筑区间所采用的照明,它一般可单独使用,也可与应急照明、值班照明同时使用,但控制线路必须分开。正常照明按照明装置的分布特点有以下三种方式:

(1)一般照明是为照亮整个场地而设置的均匀照明,对光照方向无特殊要求,通常是均匀布灯;

(2)局部照明是特定视觉工作用的、为照亮某个局部而设置的照明,某个区域需高照度并对照射方向有要求,或为避免眩光、减弱频闪效应,都可采用局部照明;

(3)混合照明是由一般照明和局部照明组成的照明。

2)应急照明

应急照明是当正常照明因事故而中断时,供暂时维持工作或保证人员安全疏散所采用的照明。应急照明按功能不同可分为以下三种:

(1)备用照明:用于确保正常活动继续进行或暂时继续进行的照明。

(2)安全照明:用于确保处于潜在危险之中的人员安全的照明。

(3)疏散照明:用于确保疏散通道被有效地辨认和使用的照明。

应急照明必须采用能瞬时点燃的可靠光源,一般采用 LED 灯,当应急照明作为正常照明的一部分经常点燃,且发生故障不需要切换电源时,也可用气体放电灯。

在由于工作中断或误操作容易引起爆炸、火灾和人身事故或将造成严重政治后果和经济损失的场所,应设置应急照明。应急照明灯宜布置在可能引起事故的工作场所及主要通道和出入口。

暂时继续工作用的备用照明,照度不低于一般照明的 10%;安全照明的照度不低于一般照明的 5%;保证人员疏散用的照明,主要通道上的照度不应低于 3.0 lx。应急照明设计可查阅有关的建筑设计规范。

3)障碍照明

障碍照明是指为保障航空飞行安全,在高大建筑物和构筑物上安装的障碍标志灯。一般建筑物高度超过周围 45 m 就应设置障碍照明,当制高点平面面积较大或组成建筑群时,应按民航和交通部门的有关规定执行。

4)警卫值班照明

警卫照明是指在夜间为改善对人员、财产、建筑物、材料和设备的保卫,用于警戒而安装的照明。可根据警戒任务的需要,在厂区或仓库区等警卫范围内装设。

在非工作时间内供值班人员用的照明称为值班照明。在非三班制生产的重要车间、仓库,或非营业时间的大型商店、银行等处,通常宜设置值班照明。值班照明可利用正常照明中能单独控制的一部分或利用应急照明的一部分或全部。

2. 气氛照明

气氛照明是指在特定的环境和场所,用于创造和渲染某种与人们当时所从事活动相适应的气氛,以满足人们心理和生理上的要求。这类照明又可分为建筑彩灯照明、专用彩灯照明和装饰花灯照明等。

建筑彩灯照明有节日彩灯和泛光照明之分。节日彩灯一般是以防水彩灯等距成串布置在建筑物正面轮廓线上来显示建筑物的艺术造型,以增添节日之夜的欢乐气氛。建筑物上安装霓虹灯取代成串的建筑彩灯,装饰效果也不错,同时可以节省电能。泛光照明是一种在邻近的房屋或装置上安装高强度灯,从不同角度照射主建筑,使整个建筑立面被均匀照亮,形成某种色彩,达到对建筑物的装饰效果。其装饰效果与周围环境的明暗程度有关。使用冷光照明还需要具备隐蔽安装泛光灯的条件。

专用彩灯照明是满足各种专门需要的气氛照明,如声控喷泉照明、音乐舞池照明等。专用彩灯照明通常配合环境的特点和节日的内容,不断变换灯光色彩的图案的组合,从而加强人们艺术欣赏的效果。

装饰花灯照明是指在礼堂、剧院等不同功能的大厅中,配合吊顶的色彩、图案,布置适当的装饰花灯,以起到增强这些建筑物功能的效果。

15.1.2　照明的基本物理量

1. 光通量

光通量是指光源在单位时间内,向空间发射出的、使人产生光感觉的能量,是一视觉感受的计量,常用 F 表示,单位为流明(lm)。

2. 照度

照度是指单位面积上的光通,即光通量的表面密度,用于表示被照表面上光的强弱,常用 E 表示,单位为勒克斯(lx)。例如,采光良好的室内照度为 100~500 lx。

3. 发光强度

发光体在空间发出的光通量是不均匀的。为了表示发光体在不同方向上的光通量的特性,必须了解光通量的空间分布密度,即光源在某一方向的单位立体角内的光通,也称为该光通量在这一方向上的发光强度,如图 15-1 所示。图 15-1 中 r 为球的半径,单位为 cm;S 为与 ω 立体角相对应的球表面积,单位为 cm²。对于各个方向具有均匀辐射光通量的光源,在各个方向上的光强相等,其值为

$$I = F/\omega \qquad (15-1)$$

式中:F——光源在 ω 立体角内所射出的总光通量,lm;

ω——光源发光范围的立体角或称为球面角。

I——光强,单位为坎德拉(cd),1 cd = 1 lm/1 sr,sr 为球面度。

4. 光出射度

发光体上单位面积发出的光通称为该发光体的光出射度,常用 M 表示。为了区别于照度,光出射度的单位为 rlx,1 rlx = 1 lm/m²。照度与光出射度虽然具有相同的量纲,但两者的意义是不同的,前者是指受照面所接收到的光通,而后者则是指发光体(光源)面上发出的光通。这里指的光源也包括次级光源,即除了本身发光的发光面外,也包括接受外来的光而反射或透射的发光面。

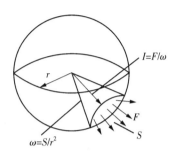

图 15-1　发光强度示意

5. 亮度

在同一照度下,并排放着黑色和白色两个物体,我们看起来白色物体要亮得多。这说明人眼明暗的视觉不取决于物体的照度,而取决于物体在眼睛视网膜上成像的照度——亮度。被视物体实际上是一个发光体,视网膜上的照度是由被视物体在沿视线方向上的发光强度所造成的。被视物体在视线方向单位投影面上的发光强度称为该被视物表面的亮度,用符号 L 表示,单位是坎德拉每平方米(cd/m²)。

15.1.3　光与视觉

1. 视觉

视觉是接受外界信息的重要途径,而光线是引起视觉感知环境的最重要的条件。视觉是指光射入眼睛后产生的视知觉,它并不是瞬息即逝的过程,而是多步译码和分析的最终产物。

2. 视觉过程

视觉过程是指物体发出(或透射、折射、反射)的光线射入眼中,在感光视网膜上形成大小和照度与物体的尺寸和相应部位的亮度成比例的图像;感光细胞根据所吸收光能的多少和波长发生相应的化学反应,形成相应的脉冲电流,并经神经送入大脑相应部位的视觉皮质中进行加工处理,再现图像的形状和色彩,最后形成对所观察物体的视觉。

3. 暗视觉与明视觉

视网膜是人眼感受光的部分,视网膜上分布两种感光细胞,边缘部位杆状细胞占多数,中央部位锥状细胞占多数。杆状细胞的感光性很强,而锥状细胞的感光性则很弱。因此,在微弱的照度下,只有杆状细胞工作,而锥状细胞不工作,这种视觉状态为暗视觉。随着视场亮度的增加,当亮度达到某一程度时,锥状细胞工作起主要作用,这种视觉状态为明视觉。杆状细胞虽然对光的感受性很高,但它却不能分辨颜色,只有锥状细胞在感受光刺激时,才

有颜色感,因此在照度较高的条件下才有良好的颜色感,而在低照度的条件下各种颜色都给人以蓝、灰的色感。

4. 明适应与暗适应

适应是人的视觉器官对光刺激变化相顺应的感受性,适应有明适应和暗适应,明适应发生在从暗处到亮处的时候,明适应的时间较短,大约需几百秒;而暗适应发生在由光亮处进入黑暗处,它所需要的过渡时间较长。当视场内有明暗急剧变化时,眼睛不能很快适应,因而会造成视觉的下降。为满足眼睛的适应性,需要做些过渡照明。

视觉适应问题在日常生活中和工程设计中是非常重要的,像地下工程的引洞、大厅的过渡走廊、隧道的出入口等处应特别注意亮度问题。例如,在隧道照明设计中,应对隧道口亮度进行考虑,当汽车在阳光下行驶,突然进入隧道,司机眼睛会一时失明,容易发生危险,为此在隧道口需设置过渡(或缓和)照明,以使眼睛对亮度的变化逐渐适应。白天在隧道入口处增设过渡照明,夜晚在隧道出口处也要适当地增设过渡照明。

5. 眩光

当视场中有极高的亮度或强烈的对比时,会造成视觉下降和人眼的不舒适甚至疼痛感,这种现象就称为眩光。长期在有眩光的环境下进行视觉工作,易引起视疲劳。

15.2 电光源及灯具

15.2.1 电光源

电光源是将电能转换为光能的设备,以其所产生的光通量向周围空间辐射,经四壁、顶棚、地板及室内物体表面的多次反射、折射后,在工作面上形成足够的照度,以满足人们的视觉要求及其他各种需要。

1. 光源的分类

光源按工作原理有热辐射光源、气体放电光源、半导体发光光源之分。热辐射光源主要是根据电流的热效应,将高熔点、低挥发性的灯丝加热到白炽程度而发出可见光,如白炽灯、卤钨灯等。气体放电光源主要是利用电流通过气体(或蒸汽)时,激发气体(或蒸汽)电离、放电而产生可见光,如氖灯(气体放电光源)、汞灯、钠灯(金属蒸气灯)、霓虹灯(辉光放电灯)、荧光灯(弧光放电灯)等。半导体发光光源主要是利用发光二极管(Light Emitting Diode,LED)将电能转换为可见光,LED 可以直接发出红色、黄色、蓝色、绿色、青色、橙色、紫色、白色的光。一般情况下,气体放电光源的发光效率、亮度、显色性等指标,随灯泡内蒸汽压的增高而提高。目前 LED 发光光源是建筑电气照明中最为普遍应用的光源形式。

2. 电光源的主要特性

1)光源的光通量

光源的光通量表征着光源的发光能力,是光源的重要性能指标,它会随光源点燃的时间而发生变化,点燃时间越长,光通量因衰减而变得越小。大部分光源在点燃初期光通量衰减较多,随着点燃时间的增长,衰减也逐渐减少。

2)发光效率

光源的光通量输出与它取用的电功率之比称为光源的发光效率,简称光效,单位为 lm/W。在照明设计中应优先选用光效高的光源。

3)寿命

据某种规定标准点到不能再使用的状态的累计时间称为全寿命,电光源的全寿命有相当大的离散性,即同批电光源虽然同时点燃,却不会同时损坏,它们将有先有后陆续损坏,且可能有较大的差别,因此常用平均寿命的概念来定义电光源的寿命,即在规定条件下,同批寿命试验灯所测得寿命的算术平均值。一般光通量衰减较小的光源常用平均寿命作为其寿命指标。电光源在使用过程中光通量将随使用时间的增加而逐渐衰减,电光源从点燃起,一直到光通量衰减到某个百分比所经过的燃点时间称为光源的有效寿命,一般取 70%～80% 额定光通量作为更换光源的依据。

4)启动特性

启动稳定时间:电光源启动稳定时间指的是光源接通电源到光源正常发光所需的时间。热辐射光源的启动时间一般不足一秒,气体放电光源的启动时间从几秒到几分钟不等,取决于光源的种类。

再启动时间:某些高强气体放电光源熄灭后,必须要等到冷却后才能再次点燃,从灯熄灭到再次点燃所需的时间称为再启动时间。

电光源的启动与再启动时间影响着光源的应用范围。频繁开关光源的场所一般不用启动与再启动时间长的光源,且启动次数对光源的寿命影响很大。

5)光色

人眼观察光源所发出光的颜色称为光源的色表。光源照射到物体上所显现颜色的性能称为光源的显色性。色表和显色性构成了光源的光色。

习惯上以日光的光谱成分和能量分布为基准来分辨颜色。同一颜色的物体在具有不同光谱能量分布的光源照射下呈现颜色与日光照射下呈现颜色相符合的程度称为某光源的显色指数(R_d),显色指数越高,则颜色失真就越少,人们把日光显色指数定为 100。表 15-1 为几种光源的显色指数。表 15-2 为各种建筑物中光源显色性分组推荐值。

表 15-1 几种光源的显色指数

光源	显色指数	光源	显色指数
白色荧光灯	63	高压水银灯	23
日光色荧光灯	78	氙灯	94
暖白色荧光灯	59	金属卤化物灯	88～92
高显色荧光灯	92	LED 灯	70～92

表 15-2 各种建筑物中光源显色性分组推荐值

建筑类别	显色指数范围 R_n	建筑类别	显色指数范围 R_n
大会堂、宴会厅、展览厅	$R_n \geqslant 80$	仓库	$40 \leqslant R_n < 60$
教室、办公室、餐厅、商店营业厅	$60 \leqslant R_n < 80$	室外	$R_n < 40$

3. 常用电光源

1)白炽灯

白炽灯随处可用、价格低廉、显色性好、便于调光且功率多样化,是常见的热辐射光源。

白炽灯由灯头、灯丝和玻璃壳等部分组成(见图 15-2)。

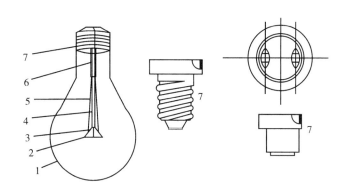

1—玻璃壳;2—灯丝;3—钼丝支架;4—排气管;5—内导丝;6—外导丝;7—灯头。

图 15-2　白炽灯构造示意

(1)灯头,用于固定灯泡和引入电流。有螺口和卡口两种灯头。

(2)灯丝,用高熔点、高温下蒸发率低的钨丝做成螺旋状或双螺旋状。由灯头经引线引入电流后,发热使灯丝温度升高到白炽(2400~3000 K)程度而发光。

(3)玻璃壳,由普通玻璃制成。为降低其表面亮度,可采用磨砂玻璃,或罩上白色涂料,或镀一层反光铝膜等。

白炽灯具有以下特点:灯丝具有电阻特性,冷电阻小,启动电流可达额定电流的 12~16 倍。启动冲击电流持续时间可达 0.05~0.23 s(灯泡功率越大,持续时间越长)。因此,一个开关控制的白炽灯数量不宜过多。白炽灯泡能瞬间起燃,迅速加热,灯丝有热惰性,随交流电频率、光通量波动不大,电压陡降也不会骤然熄灭,因而可应用于重要场所。白炽灯应按额定电压选用,因为电压超过 5% 寿命会减半。电压降低,输出的光通量会大大减少,故要求电压偏移 ≤2.5% 额定电压。白炽灯发光效率随灯丝温度的升高而提高,如在钨丝熔点温度 3663 K 时理论发光效率为 541 m/W。白炽灯点燃时玻璃壳表面温度很高,应防止溅上水而炸裂。白炽灯的平均寿命一般为 1000 h,尽管灯丝未断,但蒸发的钨粒会使玻璃壳变黑,当光通量降到一定程度就不能使用了。

2)卤钨灯

卤钨灯由灯头(陶瓷)、灯丝(螺旋状钨丝)和灯管(由耐高温玻璃、高硅酸玻璃内充氮、氩和氪、氙和少量卤素)等组成(见图 15-3)。

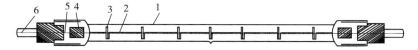

1—石英玻璃管;2—螺旋灯丝;3—石英支架;4—钼箔;5—导丝;6—电极。

15-3　管状卤钨灯构造示意

由于卤钨灯造价高,因此较少生产功率太低的卤钨灯。大功率卤钨灯可制成数千瓦,常用的卤钨灯光效在 20 lm/W 左右,最高可达 30 lm/W;色温为 2700~3400 K。卤钨灯的工作原理与普通白炽灯一样,但两者在结构上有较大的区别。卤钨灯的灯泡(管)内不仅充入了气体同时还加入了微量的卤族元素。这样在灯的使用过程中,卤钨灯内会发生卤钨循环,既可以延长灯的寿命,又可以进一步提高灯丝温度,获得较高的光效,从而减少使用过程中的光通衰减。目前,国内用的卤钨灯主要有两类:一类是灯内充入微量的碘化物,称为碘钨灯;另一类是灯内充入微量的溴化物,称为溴钨灯。一般溴钨灯的光效略高于碘钨灯。

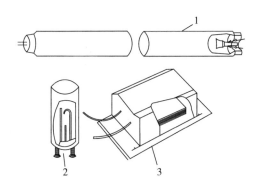

卤钨灯在安装使用中应注意:玻璃壳温度高,故不能和易燃物靠近,也不允许采用任何人工冷却措施(如风吹、水淋等);灯管应及时擦洗,以保持透明度;电极与灯座应可靠接触,以防高温氧化;耐振性差,不适于振动场所,也不便用于移动式照明。

3)荧光灯

荧光灯是室内照明应用最广的光源。荧光灯由灯管和附件(镇流器和启辉器)两部分组成(见图 15-4)。

它主要是由放电产生的紫外辐射激发荧光粉而发光的。与白炽灯相比,它具有

1—灯管;2—启辉器;3—镇流器。

图 15-4　荧光灯的基本构造和接线示意

光效高、寿命长、光色和显色性都比较好等特点,因此在大部分场合取代了白炽灯。

荧光灯的灯管由玻璃制成,灯管抽成真空,再封入汞粒和稀有气体。荧光灯工作时,将电极通电加热,并使电极上的电子发射物质具备热电子发射的条件;启动附件,两电极之间产生很高的电压脉冲;在此高压电场作用下,电极发射电子;发射的电子在管中撞击氩蒸汽中的汞原子,使之激发,产生光辐射,大约有 3% 的能量在放电中直接转化为可见光;紫外辐射照射到灯管内壁的荧光粉涂层上,紫外线的能量被荧光材料所吸收,其中一部分转化为可见光并释放出来。荧光灯具有发光效率高、光色好、可发出不同颜色的光线和寿命长等优点。其寿命会随开关次数的增加而缩短。

荧光灯有功功率低,具有频闪效应;电压偏差不宜超过 ±5%V;最适宜的环境温度为 18~25 ℃;环境湿度不宜过大,达到 75%~80% 时起燃困难;应防止灯管破损造成汞污染。

4)霓虹灯

霓虹灯又称为氖气灯,它并不是照明用光源,但常用于建筑装饰,在娱乐场所、商业装饰及广告中应用尤其普遍,是一种用途极其广泛的装饰用光源。

霓虹灯是一种辉光放电光源,主要由灯管、电极和引入线组成。霓虹灯的灯管是一段长为 6~20 mm 的密封玻璃管,灯管内抽成真空后充入氖、氩等惰性气体中的一种或多种,还可充入少量的氯气。玻璃管的两端装有电极,当通过变压器将 10~15 kV 高压加到霓虹灯两端时,管内气体被电离激发、导通,发出彩色的辉光。

5)LED 灯

20 世纪 60 年代,科技工作者利用半导体 PN 结发光的原理,研制成了 LED 灯。当时研制的 LED 灯,所用的材料是 GaASP,其发光颜色为红色。经过近 30 年的发展,大家十分熟悉的 LED 灯,已能发出红、橙、黄、绿、蓝等多种色光。然而,照明需用的白色光 LED 仅在

2000 年以后才发展起来。

LED 与普通二极管一样是由一个 PN 结组成,也具有单向导电性,只是 LED 可以发光。其发光原理:电子(带负电)多的 N(一:negative)型半导体和空穴(带正电)多的 P(+:positive)型半导体结合而成;当向该半导体施加正向电压时,电子和空穴就会移动并在结合部再次结合,并在结合的过程中产生大量的能量,而这些能量以光的形式释放出来。与先将电能转换为热能,再转换为光能的以往光源相比(如早期爱迪生发明的白炽灯),因为 LED 能够直接将电能转换为光能,所以光电转换效率非常高。

LED 灯的构造示意如图 15 - 5 所示。其由芯片(作用:光源发光)、支架(作用:散热、导电)、金线(作用:导电)、透明树脂(作用:保护晶粒、透光)、灯罩等组成。

LED 灯目前是建筑电气中广泛应用的照明形式,它具有节能、长寿、可以工作在高频开关状态,便于运输和安装,光电转换效率非常高等特点。

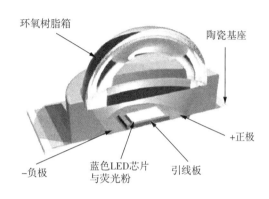

图 17 - 5　LED 灯的构造示意

4. 电光源的选择

室内电光源应根据使用场所的不同,合理地选择光源的光效、显色性、寿命、启动点燃时间和再点燃时间等光电特性指标。还要按环境条件对光源光电参数的影响、建筑功能特点及对照明可靠性的要求、设备档次、常年运行费用、电源电压等因素,依次确定光源的类型、功率、电压的数量,并应优先采用高光效光源和高效灯具。

室内一般照明宜采用同一类型的光源,当有装饰性或功能性要求时,也可采用不同类型的光源。当使用一般光源不能满足显色性要求时,可采用混光措施。各种光源在发光效率、光色、显色性和点亮特性方面各有特点,分别可适用于不同场合(见表 15 - 3)。

表 15 - 3　主要电光源的特性和用途

灯名	种类	光效	显色性	亮度	特征	主要用途
白炽灯	普遍型	低	优	高	一般用途,易于使用,适用于表现光泽和阴影暖光色,也适用于气氛照明	住宅、商店的一般照明
	透明型	低	优	非常高	闪耀效果,光泽和阴影的表现效果好,暖光色气氛照明用	花吊灯、有光泽陈列品的照明
	球型	低	优	非常高	明亮的效果,看上去具有辉煌气氛的照明	住宅、商店的吸顶效果
	反射型	低	优	非常高	控制配光良好、光集中,光泽、阴影和材质感的表现力非常强	显示灯、商店、气氛照明
卤钨灯	一般照明	稍良	优	高	体积小,瓦数大,易于控制配光	投光灯体育馆照明
	微型灯钨灯	稍良	优	高	体积小,功率为 150～500 W,易于控制配光	下射灯和点灯的商店照明

（续表）

灯名	种类	光效	显色性	亮度	特征	主要用途
荧光灯	—	高	一般或高	稍低	光效高，显色性好，亮度低，眩光小；有扩散光，难于造成阴影；尺寸大，瓦数不能太大	一般房间、办公室、商店的照明
LED灯	—	高	优	高	节能，白光 LED 的能耗仅为白炽灯的 1/10，节能灯的 1/4；长寿，理想寿命可达 5 万 h；固态封装，属于冷光源类型；环保，没有汞等有害物质，可回收	各类建筑照明

15.2.2　灯具

照明灯具是将光源发出的光在空间进行重新分配的器具。它包括除光源外所有用于固定和保护光源所需的全部零部件，以及与电源连接的线路附件。灯具的主要作用：保护电源免受损伤，并为其供电；控制光的照射方向，将光通量重新分配，达到合理的应用，或得到舒适的光环境；装饰美化建筑环境；防止眩光。

1. 灯具特性

标志灯具性能的主要特性有三个：灯具效率、保护角（遮光角）、配光曲线（光强空间分布特性）。

1）灯具效率

灯具效率是指从灯具内发出的总光通与灯具内所有的光源发出的光通之比。灯具效率与其形状和所用材料有关，未射出的光通会被灯具吸收，造成光的损失，这不仅影响光能的有效利用，还会使灯具温度上升。

2）保护角——遮光角

灯具的保护角是指光源的下端与灯具的下缘连线同水平线之间的夹角，如图 15-6 所示。保护角是对任意位置的平视观察者眼睛入射角的最小值，它具有限制直射眩光的作用。灯具保护角一般为 10°～30°。格栅灯具的保护角取决于格子的宽度和高度的比例，一般为 25°～45°。

3）配光曲线——光强空间分布特性

光强空间分布特性可用配光曲线来表示，一般有三种表示曲线的方法：极坐标方法、直角坐标表示法和等光强曲线给示法。其中，极坐标表示法是应用最多的一种

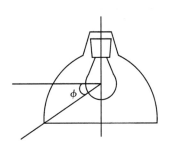

15-6　灯具的保护角

照明器光强空间分布的表示方法，其工作原理：在通过光源中心的测光平面上，测出灯具在不同角度的光强值，从某一给定的方向起，以角度为函数，将各个角度的光强用矢量标注出来，连接矢量顶端的连线就是灯具配光的极坐标曲线。该方法适用于旋转对称型的灯具。对于有些光束集中于狭小的立体角内的灯具，难以用极坐标表示法表示清楚，可用直角坐标

表示法,其横轴表示光束的投射角,纵轴表示光强。对于不对称配光的灯具,要用许多平面上的配光曲线才能表达清楚,使用不便,因此常采用等光强曲线表示法。其工作原理:将光源放在一个球体的中心,发光体射向空间的每根光线均与球体表面相交,因此可以用球体表面上每个交点的坐标来表示它的光强,将球体表面上每个光强相同的点用线连接起来,即成为封闭的等光强配光曲线。

2. 灯具的分类

1)按照明器具的结构特点分类

(1)开启型。它的光源和外界环境直接接触,灯具是敞开的或无灯罩的。其照明效率非常高。

(2)保护型。它有闭合的透光罩,但罩内外可以自由流通空气,尘埃易进入透光罩内,照明效率主要取决于透光罩的透射比,如走廊吸顶灯。

(3)密闭型。它的透光罩将其内外空气隔绝,如浴室的防水防尘灯。

(4)防爆安全型。这种照明器具严格密闭,在任何情况下都不会因灯具而爆炸。其主要用于易燃易爆场所。

2)按灯光的配光曲线分类

(1)直接型。它的敞口型灯罩由反光性能良好的不透光材料制成。照明器具上射的光通量趋于零,效率高但房间顶棚暗。

(2)半直接型。它的灯罩由半透明的材料制成,下方为敞口型,上方留有较大的通风、透光空隙,较多的光线直接照射到工作面,向上的分量将减少影子的硬度并改善室内各表面的亮度比,如碗形玻璃罩灯。

(3)漫射型。它的灯罩为闭合型,由漫射透光材料制成,照明器具向四周均匀发射光线,光通利用率较低,如球型乳白灯罩。

(4)半间接型。它的灯罩的上半部分由透明材料制成或敞开,下半部分由漫透射材料制成,由于上射光通量增加,室内光线均匀,但光效较低且易积灰。

(5)间接型。它的灯罩的上半部分由透明材料制成或敞开,下半部分由非透光材料制成。其主要作为建筑装饰照明,由于照明器下射的光通量趋于零,因此几乎所有光线全部由顶棚反射至工作面。其光线极为柔和宜人,但照明器具效率低。

3)按安装方式分类

(1)吸顶型。照明器具吸附在顶棚,适用于顶棚比较光洁且房间不高的室内。

(2)嵌入顶棚型。照明器具的大部分或全部陷在顶棚里,只露出发光面。

(3)悬挂型。照明器具挂吊在顶棚上,根据挂吊用材料的不同又可分为线吊型、链吊型和管吊型。

(4)附墙型。照明器具安装在墙壁上,又称为壁灯,只能作为辅助照明。

4)按照配光曲线的形状分类

按照配光曲线的形状,灯具又可分为广照灯、配照灯、深照灯、特深照灯四种。

3. 灯具的选择

(1)应根据建筑物各房间的不同照度标准、对光色和显色性的要求、环境条件(温度、湿度)、建筑特点、对照明可靠性的要求、基建投资情况,结合考虑长年运行费用(包括电费、更换光源费、维护管理费和折旧费等),以及电源、电压等因素,确定光源的类型、功率、电压和数量。可靠性要求高的场所,需选用便于启动的白炽灯;特别潮湿的房间内,应将导线引入端密封;为提高照明技术的稳定性,采用内有反射镀层的灯泡比使用有外壳的灯具有利;高大房间宜选用寿命长、效率高的光源;办公室宜选用光效高、显色性好、表面亮度低的荧光灯和 LED 灯作为光源等。

(2)技术性主要是指满足配光和限制眩光的要求。高大的车间宜选深照型灯具;宽大的车间宜选广照型灯具、配照型灯具,以使绝大部分光线直接照到工作面上;一般公共建筑可选半直射型灯具;较高级的可选漫射型灯具,通过顶和墙壁的反射使室内光线均匀、柔和;选用半反射型或反射型灯具可以使室内无阴影。

(3)使用性是指结合环境条件、建筑结构等情况,加以全面考虑。低温场所不宜选用电感镇流器的预热式荧光灯,以免启动困难;机床设备附近的局部照明不宜选用气体放电灯,以免产生频闪,发生危险;振动剧烈的场所不宜采用卤钨灯;等等。

(4)经济性应综合最初投资费用和年运行费用全面考虑。光源的光效对照明设施的灯具数量、电气设备费用、材料费用及安装费用等均有直接影响。运行费用包括年电力费、年耗用灯泡数、照明装置的维护费、折旧费等,其中,电力费和照明装置的维护费占较大比重。一般来讲,运行费超过最初投资费。满足照度要求而耗电最少即最经济,故应选光效高、寿命长的灯具为宜。

(5)功能性是指根据不同的建筑功能,恰当确定灯具的光、色、型、体和布置,合理运用光照的方向性、光色的多样性、照度的层次性和光点的连续性等技术手段,从而起到渲染建筑、烘托环境和满足不同需要和要求的目的。例如,大阅览室中采用均匀布置的荧光灯,创造明亮、均匀而无闪烁的光照条件,以形成安静的读书环境;宴会厅采用以组合花灯或大吊灯为中心,配上高亮度的无影白炽灯具,产生温暖而明朗的光照条件,形成一种欢快热烈的气氛。

4. 灯具的布置

照明产生的视觉效果不仅与光源和灯具的类型有关,而且与灯具的布置方式有关。灯具的布置内容包括确定灯具的安装高度(竖向布置)和灯具的平面布置。

1)灯具的竖向布置

灯具的竖向布置示意如图 15 - 7 所示,图中 h_c 为垂度,h 为计算高度,h_p 为工作面高度,h_s 为悬挂高度,它们的单位均为 m。

灯具的悬挂高度(电光源距地的距离),应考虑以下因素。

(1)保证电气安全,对工厂的一般车间应不低于 2.4 m,对电气车间可降至 2 m,对民用建筑一般无此项限制。

(2)对于限制直接眩光的场所,灯具的悬挂高度与光源的种类、瓦数及灯具形式相对应,最低悬挂高度通过表 15 - 4 确定。对于不考虑限制眩光的普通住房,悬挂高度可降至 2 m。

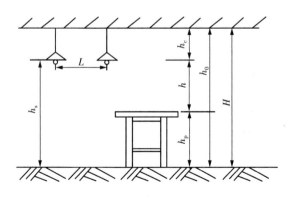

15 - 7 灯具的竖直布置示意

（3）便于维护管理。用梯子维护时悬挂高度不应超过 6～7 m，用升降机维护时悬挂的高度由升降机高度确定。

（4）与建筑尺寸配合，如吸顶灯的高度即建筑的层高。

（5）应防止晃动，垂度（建筑顶棚距电光源的高度）一般取 0.3～1.5 m，多取 0.7 m。

（6）应提高照度的经济性。应符合表 15-5 中规定的合理距高比 L/h 的值。

（7）一般灯具的悬挂高度为 2.4～4 m；搪瓷深照灯的悬挂高度为 5.0～10 m；镜面深照灯的悬挂高度为 8.0～20 m；其他灯具的适宜悬挂高度见表 15-6 所列。

表 15-4　最低悬吊高度

光源种类	灯具形式	保护角	灯泡功率/W	最低悬挂高度/m
白炽灯	搪瓷反射罩呈镜面反射罩	10°～30°	≤100	2.5
			150～200	3.0
			300～500	3.5
高压水银荧光灯	搪瓷、镜面深照型	10°～30°	≤250	5.0
			≥400	6.0
碘钨灯	搪瓷或铝抛光反射罩	≥30°	500	6.0
			1000～2000	7.0
白炽灯	乳白玻璃漫射罩	—	≤100	2.0
			150～200	2.5
			300～500	3.0
荧光灯	—	—	≤40	2.0
LED 灯	封面装后加装温射灯罩	—	≤30	2.0

表 15-5　合理距高比 L/h 值

灯具类型	L/h	
	多行布置	单行布置
配照灯、广照灯	1.8～2.5	1.8～2
深照灯、镜面深照灯、乳白玻璃罩灯	1.6～1.8	1.5～1.8
防爆灯、圆球灯、吸顶灯、防水防尘灯	2.3～3.2	1.9～2.5
荧光灯	1.4～1.5	—

表 15-6　灯具适宜悬挂高度

灯具类型	悬吊高度/m	灯具类型	悬吊高度/m
防水防尘灯	2.5～5	软线吊灯	≥2
防潮灯	2.5～5 个别可低于 5	荧光灯	≥2
配照灯	2.5～5	碘钨灯	7～15，特殊可低于 7
隔爆灯	2.5～5	镜面磨砂灯	≥2.5（200 W 以上）
球灯、吸顶灯	2.5～5	裸磨砂灯	≥4（200 W 以上）
乳白玻璃吊灯	2.5～5	路灯	≥5.5

2)灯具的平面布置

灯具的平面布置应周密考虑光的投射方向、工作面的照度、反射眩光和直射眩光、照明均匀性、视野内各平面的亮度分布、阴影、照明装置的安装功率和初次投资、用电的安全性、维护管理的方便性等因素。

一般照明系统的灯具采用均匀布置,做到考虑功能、照顾美观、防止阴影、方便施工;并应与室内设备布置情况相配合,即尽量靠近工作面,但不应安装在高大型设备上方;应保证用电安全,即裸露导电部分应保持规定的距离;应考虑经济性。若无单行布置的可能性,则应按表 15-5 中规定确定灯的间距。对于荧光灯,纵向和横向合理距高比的数值不一样,可查照明设计手册。

当实际布灯距高比等于或略小于相应的合理距高比时,即认为灯具的平面布置合理。灯距离墙的距离,一般取$(1/3\sim1/2)L$,其中 L 为灯距。当靠墙有工作面时取$(1/4\sim1/3)L$。

15.3 照度计算

照明计算是使空间获得符合视觉要求的亮度分配,从而使工作面上达到适宜的亮度标准。照明计算的实质是进行亮度的计算。因亮度计算较为困难,故直接计算与亮度成正比的照度值,以间接反映亮度值,使计算简化。

照度计算的方法有很多,但从计算工作的内容和程序上可分为已知照明系统标准求所需光源的功率和总功率;已知照明系统的功率和总功率求在某点产生的照度。

目前国内在一般照明工程中常用的照明计算方法,大体分为以下两大类。

15.3.1 点照度的计算

点照度的计算可求出工作面上任意一点的照度,或其上的亮度分布,这种方法是以照明的平方反比定律为基础,多用以进行照明的验算。

15.3.2 平均照度计算

平均照度的计算适用于进行一般均匀照明的水平照度的计算,其可分为单位功率法和利用系数法。

1. 单位功率法

单位功率法又称为单位容量法,可进一步分为估算法和单位面积安装功率法。

1)估算法

若建筑物的总用电量为

$$P = \omega \times S \times 10^3 \tag{15-2}$$

式中:P——建筑物(该功能相同的所有房间)的总用电量;

ω——单位建筑面积安装功率,W/m^2,其值查表 15-7 确定;

S——建筑物或功能相同的所有房间的总面积,m^2。

则每盏灯的瓦数（灯数为 n 盏）为

$$p = P/n \qquad (15-3)$$

表 15-7　综合建筑物单位面积安装功率估算指标　（单位：W/m²）

序号	建筑物名称	单位功率	序号	建筑物名称	单位功率
1	学校	9	7	实验室	9
2	办公室	9	8	各种仓库（平均）	5
3	住宅	6	9	汽车库	8
4	托儿所	6	10	锅炉房	5
5	商店	10	11	水泵房	5
6	食堂	6	12	煤气站	7

2）单位面积安装功率法

根据灯具类型和计算高度、房间面积和照度编制出单位容量表，再根据确定的灯具类型和计算高度得到单位面积的安装功率 ω 的值，进而可采用与估算法相同的公式和步骤求出建筑物的总用电量和每盏灯的瓦数。单位面积安装功率一般按照灯具类型分别编制（见表15-8）。其他情况可查有关设计手册。

表 15-8　乳白玻璃灯罩单位面积安装功率　（单位：W/m²）

灯具类型	计算高度/m	房间面积/m²	白炽灯照度/lx							
			10	15	20	25	30	40	50	75
乳白玻璃灯罩的球形灯和吸顶灯	2~3	10~15	6.3	8.4	11.2	13.0	15.4	20.5	24.8	35.3
		15~25	5.3	7.4	9.8	11.2	13.3	17.7	21.0	30.0
		25~50	4.4	6.0	8.3	9.6	11.2	14.9	17.3	24.8
		50~150	3.6	5.0	6.7	7.7	9.1	12.1	13.5	19.5
		150~300	3.0	4.1	5.6	6.5	7.7	10.2	11.3	16.5
		300 以上	2.6	3.5	4.9	5.7	7.0	9.3	10.1	15.0
	3~4	10~15	7.2	9.9	12.8	14.6	18.2	24.2	31.5	45.0
		15~20	6.1	8.5	10.5	12.2	15.4	20.6	27.0	37.5
		20~30	5.2	7.2	9.5	11.0	13.3	17.8	21.8	32.2
		30~50	4.4	6.1	8.1	9.4	11.2	15.0	18.0	26.3
		50~120	3.6	5.0	6.7	7.7	9.1	12.1	14.3	21.0
		120~300	2.9	4.0	5.6	6.5	7.6	10.1	11.3	17.3
		300 以上	2.4	3.2	4.6	5.3	6.3	8.4	9.4	14.3

2. 利用系数法

利用系数法是指投射到被照面的光通量 F 与房内全部灯具辐射的总光通量 nF_0 的比值（n 为房内灯具数，F_0 为每盏灯具的辐射光通量）为 $\eta = F/nF_0$。F 值中包括直射光通量和反射光通量两部分。反射光通量在多次反射过程中总要被控制器和建筑内表面吸收一部分，故被照面实际利用的光通量必然少于全部光源辐射的总光通量，即利用系数 $\eta < 1$。乳白色玻璃罩灯的发光强度和利用系数见表 15 - 9 所列。

表 15 - 9　乳白色玻璃罩灯的发光强度和利用系数

α°	发光强度	利用系数 η						
		$\rho_t(\%)$	50			70		
		$\rho_q(\%)$	30	50		30	50	
0	100	$\rho_d(\%)$	10	10	30	10	10	30
10	98	i			$\eta(\%)$			
20	90							
30	85	0.6	17	21	22	18	23	23
40	80	0.7	19	24	25	21	26	27
50	76	0.8	22	27	28	24	29	31
60	72	0.9	24	29	30	26	31	32
70	65	1.0	25	30	31	27	32	35
80	53	1.1	27	31	33	29	34	37
90	45	1.25	28	33	35	31	36	39
100	40	1.5	31	36	38	34	39	42
110	40	1.75	33	38	40	36	42	45
120	45	2.0	35	40	42	36	44	49
130	48	2.25	38	41	44	42	46	51
140	50	2.5	39	43	46	43	48	53
150	55	3.0	41	45	48	46	50	56
160	60	3.5	44	46	50	49	52	58
170	63	4.0	46	49	52	51	55	62
180	0	5.0	47	50	54	53	56	64

影响利用系数的因素有灯具的效率（η 值与灯具的效率成正比），空间反射特性（顶棚反射比 ρ_t，墙壁反射比 ρ_q，地面反射比 ρ_d），灯具的配光曲线（向下部分配的直射光通量的比例越大，η 值越大），建筑内装饰的颜色（墙面和顶棚等颜色越淡，η 值越大），房间的建筑尺寸和结构特点可用室形系数 i 表示，即 $i = ab/h(a+b) = s/h(a+b)$，其中 a、b、s 分别为房间的长（m）、宽（m）、面积（m²），h 为灯具的计算高度（m）。当其他条件相同时，i 值越大，η 值越大。

利用系数法的计算：在公式 $\eta = F/nF_0$ 中，F 是受照面上实际接受的光通量，该光通量应保证受照面积 S 达到规定的照度 E 的值，故 $F = E \times S$。考虑到使用过程中灯具和建筑内表面污染,受照面实际接受的光通量会有所下降的情况,以及考虑到被照面上照度分布不均匀的情况,上式应加以修正,并得出 $F=E \times S \times K \times Z$,其中 K 为减光补偿系数值,Z 为最小照度系数($Z=E_0/E<1$),E_0 为受照面上的平均照度,E 为受照面上的最低照度,即按照照度标准查出的数值。当距高比 L/h 接近合理值时,可取 $Z=1.2$,其他分别按表 15-10~表 15-12 选取,则有 $\eta=F/nF_0=ESKZ/nF_0$,$F_0=ESKZ/n\eta$。由该式可求出每个光源所需的辐射光通量 F_0 值,再由 F_0 值查相应的光源样本,即可确定每盏灯的功率,进而确定房间内的总功率,完成照度计算。

表 15-10　减光补偿系数

序号	照明地点		较佳值			在电力消耗上的允许值		
			灯具的清扫次数	减光补偿系数		灯具的清扫次数	减光补偿系数	
				白炽灯	荧光灯		白炽灯	荧光灯
1	稍有粉尘、烟、灰生产房间		每月二次	1.3	1.4	每月一次	1.4	1.5
2	粉尘、烟、灰较多的生产房间		每月四次	1.3	1.4	每月二次	1.5	1.6
3	有大量粉尘、烟、灰生产房间		每月三次	1.4	1.5	每月四次	1.5	1.5
4	办公室休息室及其他类似场所		—	—	—	每月二次	1.3	1.4
5	室外	普通照明灯具	—	—	—	每月二次	1.3	—
		投光灯	—	—	—	每月二次	1.5	—

表 15-11　部分灯具的最小照度系数

灯具类型		深照型	防水防尘型	圆球形
Z	采用最经济的布置方式(L/h 为较佳值)	1.2	1.2	1.18
	使用使照度最均匀的布置方式	1.11	1.18	1.15
使照度最均匀所采用的 L/h 值		1.5	1.65	2.1

表 15-12　较佳 L/h 值布置时的最小照度系数

灯具类型	L/h			
	0.8	1.2	1.6	2.0
观察工厂灯	1.27	1.22	1.33	1.55
防水防尘灯	1.26	1.15	1.25	1.50
深照灯	1.15	1.09	1.18	1.44
乳白玻璃罩灯	1.00	1.00	1.18	1.18

【例 15-1】　某房间的面积为 $(6 \times 10.5)\,\mathrm{m}^2$,净高为 $3.8\,\mathrm{m}$,顶棚、墙壁和地面的反射系数分别为 $\rho_t=0.7$,$\rho_q=0.5$,$\rho_d=0.3$。现采用乳白玻璃圆球罩灯作为一般照明,照明器的悬挂高度为 $3\,\mathrm{m}$,工作面高度为 $0.8\,\mathrm{m}$。试确定照明器的数量、灯泡功率和位置,如图 15-8 所示。

【解】　(1)根据房间的类型查民用建筑照明的照度标准,得 $E=50\,\mathrm{lx}$。

(2)灯具的平面布置。灯具的设计高度：$h=h_s-h_p=3.0-0.8=2.20(\text{m})$。由于单行布置时房间最大宽度 $h=2.20\ \text{m}<6.0\ \text{m}$，因此不可能单行布置。对于多行布置得合理距高比：$L/h=1.6$，则合理间距为 $L=1.6\times2.20\ \text{m}=3.52\ \text{m}$，取 $3.5\ \text{m}$。宽向 $6.0\ \text{m}/3.5\ \text{m}=1.71$，故布置两行，宽度 $=L_a+2l_a=L_a+2\times0.35L_a=1.7L_a$，间距 $L_a=3.5\ \text{m}$，$l_a=1.25\ \text{m}$。长向 $10.5/3.5=3$，故布置成三列。长度 $=2L_b+2l_b=2L_b+2\times0.35L_b=2.7L_b$，间距 $L_b=3.89\ \text{m}$，$l_b=1.36\ \text{m}$。故共布置六盏灯。

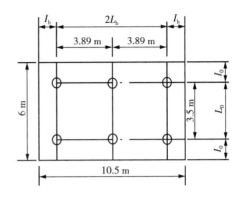

15-8 平面布置图

(3)房间的室形系数：$i=ab/h(a+b)=6\times10.5/2.2\times(6+10.5)=1.74$。

(4)确定利用系数：根据室形系数，顶棚、地面及墙的反射系数，所选照明器型号，查表 15-9 并用插值法计算得利用系数 $\eta=0.45$。

(5)计算总光通量：查取最低照度系数 Z 为 1.18，补偿系数 K 为 1.3。利用公式计算所需的总光通量：$nF_0=ESKZ/\eta=50\times6\times10.5\times1.3\times1.18/0.45=10738(\text{lm})$。

(6)每盏灯具所需得光通量：$F_0=10738/6=1789.67(\text{lm})$。查表，选用 PZ220-150 型的白炽灯泡，150 W 白炽灯泡的光通量为 2090 lm。

(7)校核：灯具的距高比 $L/h=\sqrt{3.89\times3.5}/2.2=1.68$，1.68 在 $1.5\sim1.8$ 内，平面布置合理。$E'=F_0'n\eta/(abKZ)=2090\times6\times0.45/(6\times10.5\times1.3\times1.18)=58.39(\text{lx})$，$(58.39-50)/50=16.78\%<20\%$，满足要求。

【例 15-2】 某办公室面积为 $(3.3\times4.2)\text{m}^2$，净高 3 m，办公桌高 0.8 m，现采用 YG2-1 型荧光灯照明，照明器离地高度 2.5 m。试用单位功率法确定所需的照明器数量。

【解】 办公室采用一般性均匀照明。查有关手册得办公室的平均照度为 75 lx。

(1)房间面积：$S=3.3\times4.2=13.86(\text{m}^2)$。

(2)计算高度：$h=2.5-0.8=1.7(\text{m})$。

(3)单位功率(单位面积安装功率)：首先将平均照度换算成最低照度。查得 YG2-1 型荧光灯的最低照度值 Z 为 1.28，则 $E=E_0/Z=75/1.28=58.6(\text{lx})$，查建筑电气设计手册得单位功率为 $p=6.09\ \text{W/m}^2$。

(4)总安装功率：$P=pS=6.09\times13.86=84.4(\text{W})$。

(5)照明器数量：YG2-1 型荧光灯内装 40 W 荧光灯管一支，故 $n=84.4/40\approx2$，即办公室内应装 YG2-1 型荧光灯两盏。

15.4 照明设计

15.4.1 电气照明设计的原始资料

首先根据设计任务了解设计内容，收集必要的设计基础资料，收集的原始资料如下：

（1）电源资料：当地供电系统的情况、本工程供电方式、供电的电压等级、对功率因数的要求、电费的收费分类和标准、电源进户线的进线方位、标高、进户装置的形式。

（2）图纸资料：建筑物的平面图、立面图、剖面图；建筑功能，建筑结构状况，设备布置和室内设施布置装饰材料情况，各层的标高、各房间的用途、顶棚、窗及楼梯间等的情况，以便考虑照明供电的方案、线路的走向、敷设方式和照明器具的安装方法等。

（3）其他资料：了解建筑设计标准，各房间使用功能对电气工程的要求，工作场所对光源的要求等；了解其他专业的要求，电气照明设计与建筑协调一致，按建筑的格局进行布置，不影响结构的安全；建筑设备的管道很多，应注意相互协调，约定各类管道的敷设部位，尽可能地避免发生矛盾；了解工程建设地点的气象、地质资料，以供防雷和接地装置设计之用。

原始资料的收集视工程的具体情况及工程的规模大小来确定，最好能在着手设计前全部收集齐备，必要时也可以在设计过程中继续收集。

15.4.2　照明设计

以利用系数法说明照明设计的步骤和方法。

（1）根据建筑的功能要求、房间的照度标准，选择合理的照明方式，并根据房间对配光、光色、显色性及环境条件来选择光源和灯型。

（2）根据各个房间对视觉工作的要求和室内环境的清洁情况，确定各房间的照度和减光补偿系数（或维护系数）。

（3）根据房间的照明标准进行灯具布置，并确定灯数 n 及实际的距高比 L/h。

（4）根据灯具的计算高度 h，房间面积 S 及平面尺寸 $a \times b$，计算确定室形系数 i 的值，或查表得到 i 的值。

（5）根据灯具型号、墙壁、顶棚和地面的反射系数，以及 i 值，求光通量利用系数 η 值。由灯具类型和 L/h（距高比），查表确定最小照度系数。根据公式计算每盏灯具所必需的光通量 F_0，由此确定灯具的功率。

（6）验算受照面上的最低照度 E 是否满足照度标准。

15.4.3　各种建筑对电气照明的要求

各类建筑的功能根据使用要求有所区别，因此各类建筑要求电气照明达到的功效也有所不同。由于建筑装修影响电气照明的效果，因此应做好建筑设计，使建筑与建筑电气照明设计相协调。表 15 - 13 列出了 10 种建筑电气照明设计要求。

表 15 - 13　10 种建筑电气照明设计要求

建筑类别	要求内容
住宅	应使光环境实用、舒适；卧室、餐厅宜选低色温光源，卧室应有局部照明；楼梯间应选双控或定时开关
旅馆	照明应满足视觉和非视觉功效，后者的目的是制造气氛、增强建筑表现力等；客房、餐厅、休息室、酒吧间、咖啡厅和舞厅宜选用低色温光源、应有调光装置
办公楼	对办公室、阅览室、计算机显示屏等工作区域，照明设计要控制光幕反射和反射眩光，如顶棚灯具宜设在工作区的两侧等

（续表）

建筑类别	要求内容
商店	货架、柜台和橱窗的照明应防止直接眩光和反射眩光,营业柜台和陈列区应有局部照明,便于改变光线方向和照度分布
影剧院	观众厅宜设调光装置,观众座位宜设座位排号灯
学校	教室灯具设置应与学生主视线平行,且在课桌间通道上方;宜采用蝙蝠翼式和非对称配光灯具;视听室不宜选用气体放电光源
图书馆	存放及阅读珍贵资料的房间,不宜选用具有短波辐射的光源;一般阅览室、研究室、装裱修整间等应加设局部照明
医疗建筑	手术室应选用与手术无影灯光源相协调的一般照明光源,其水平照度不宜小于 500 lx,垂直照度不应小于水平照度的 1/2;候诊室、传染病院的诊所、厕所、呼吸器科、血库、穿刺、妇科清洗和手术室等应设紫外线杀菌灯
体育建筑	游泳竞赛和训练馆照明灯具宜沿泳池长边两侧布置;花样游泳池应增设水下照明装置,其照明灯具光通量为 1000～1100 lm;水面光通量不应小于 1000 lm;摔跤、拳击比赛和训练场地,各类棋类比赛场地宜有局部照明
铁路港口旅客站	候车、船室、站台、行李存放场所,应采用高光强气体放电的显色性好的灯具,不宜采用白炽灯和荧光灯;检票处、售票台、海关检验处,结账交接班台,票据存放库宜增设局部照明;较大站台宜选用高杆照明

思 考 题

1. 建筑电气照明的种类和方式有哪些?
2. 建筑电气照明设计中常用到哪些光学物理量?
3. 常用的电光源有哪些? 各有什么特点和适用场合?
4. 灯具布置应考虑哪些因素?
5. 简述常用的照度计算方法。

第16章 电气防火

16.1 电源及其配电

建筑消防电源是建筑物中消防设施运行的动力源,其可靠性直接关系到消防设施在火灾发生时,能否正常发挥作用,乃至保护生命安全,减少财产损失。

16.1.1 供电要求

(1)下列建筑物的消防用电应按一级负荷供电:

① 建筑高度大于 50 m 的乙、丙类厂房和丙类仓库;

② 一类高层民用建筑。

(2)下列建筑物、储罐(区)和堆场的消防用电应按二级负荷供电:

① 室外消防用水量大于 30 L/s 的厂房(仓库);

② 室外消防用水量大于 35 L/s 的可燃材料堆场、可燃气体储罐(区)和甲、乙类液体储罐(区);

③ 粮食仓库及粮食筒仓;

④ 二类高层民用建筑;

⑤ 座位数超过 1500 个的电影院、剧场,座位数超过 3000 个的体育馆,任一层建筑面积大于 3000 m² 的商店和展览建筑,省(市)级及以上的广播电视、电信和财贸金融建筑,室外消防用水量大于 25 L/s 的其他公共建筑。

(3)除上述条件外的建筑物、储罐(区)和堆场等的消防用电,可按三级负荷供电。

16.1.2 供电时间

(1)消防用电按一、二级负荷供电的建筑,当采用自备发电设备作备用电源时,自备发电设备应设置自动和手动启动装置。当采用自动启动方式时,应能保证在 30 s 内供电。

(2)建筑内消防应急照明和灯光疏散指示标志的备用电源的连续供电时间应符合下列规定:

① 建筑高度大于 100 m 的民用建筑,不应小于 1.5 h;

② 医疗建筑、老年人照料设施建筑、总建筑面积大于 100000 m² 的公共建筑和总建筑面积大于 20000 m² 的地下、半地下建筑,不应少于 1.0 h;

③ 其他建筑,不应少于 0.5 h。

(3)保证消防设施在火灾延续时间内可靠运行。

16.1.3 消防配电

(1)消防用电设备应采用专用的供电回路,当建筑内的生产、生活用电被切断时,应仍能保证消防用电。备用消防电源的供电时间和容量,应满足该建筑火灾延续时间内各消防用电设备的要求。

(2)消防配电干线宜按防火分区划分,消防配电支线不宜穿越防火分区。

(3)消防控制室、消防水泵房、防烟和排烟风机房的消防用电设备及消防电梯等的供电,应在其配电线路的最末一级配电箱处设置自动切换装置。

(4)按一、二级负荷供电的消防设备,其配电箱应独立设置;按三级负荷供电的消防设备,其配电箱宜独立设置。消防配电设备应设置明显标志。

(5)消防配电线路应满足火灾时连续供电的需要,其敷设应符合下列规定。

① 明敷时(包括敷设在吊顶内),应穿金属导管或采用封闭式金属槽盒保护,金属导管或封闭式金属槽盒应采取防火保护措施;当采用阻燃或耐火电缆并敷设在电缆井、沟内时,可不穿金属导管或采用封闭式金属槽盒保护;当采用矿物绝缘类不燃性电缆时,可直接明敷。

② 暗敷时,应穿管并应敷设在不燃性结构内且保护层厚度不应小于 30 mm。

③ 消防配电线路宜与其他配电线路分开敷设在不同的电缆井、沟内;确有困难需敷设在同一电缆井、沟内时,应分别布置在电缆井、沟的两侧,且消防配电线路应采用矿物绝缘类不燃性电缆。

16.2 火灾自动报警系统

火灾自动报警系统是为了早期发现火灾并及时通报且采取有效措施,控制和扑灭火灾而设置在建筑物中的一种自动消防措施。它发展至今,大致可分为三个阶段:多线制开关量火灾报警系统(第一代,目前已经淘汰)、总线制可寻址开关量式火灾报警系统(第二代)和模拟量式火灾报警系统(第三代)。

传统的开关量式火灾报警系统对火灾的探测依据是火灾探测器的探测参数(设定阈值),只要所探测的参数超过其设定阈值就发出报警信号,探测器在这里起着触发元件的作用。这种火灾报警的依据单一,无法消除环境的干扰,对探测器自身电路元件的误差也无能为力,因而易产生误报警。

模拟量式火灾探测器适用于与火灾的某些参数成正比的测量值,探测器在这里起着火灾参数传感器的作用,对火灾的判断由控制器完成。由于控制器能对探测器探测的火灾参数(如烟的质量浓度、温度的上升速度等)进行分析,自动排除环境的干扰,同时,还可以将控制器中预先存储的火灾参数变化曲线与现场检测的结果进行比较,以确定是否发生火灾。这样,火灾参数的当前值并不是判断火灾发生的唯一条件,即系统没有一个固定的"阈值",而是具有"可变阈"。因而,这种系统属于智能系统。

16.2.1 火灾自动报警系统的组成

火灾自动报警系统由火灾探测器、火灾报警装置及具有其他辅助功能的装置组成(见图 16 - 1)。

图 16 - 1 中,外援用附加设备包括消防末端设备联动控制系统、灭火控制系统、消防用电设备的双电源配电系统、事故照明与疏散照明系统、紧急广播与通信系统等用于及时疏散人员、启动灭火系统、操作防火卷帘、防火门、防排烟系统、向消防队报警等。图 16 - 1 中,实线表示系统中必须具备的设备和元件,虚线表示当要求完善程度高时可以设置的设备和元件。

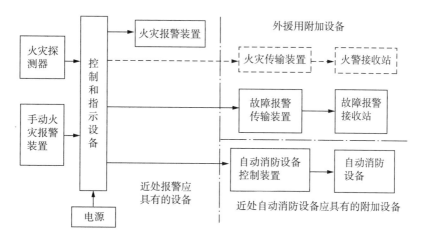

图 16-1 火灾自动报警系统的组成示意

16.2.2 火灾自动报警系统的分类

根据工程建设的规模、保护对象的性质、火灾报警区域的划分和消防管理机制的组织形式,火灾自动报警系统可以分为区域报警系统、集中报警系统和控制中心报警系统三类。

1. 区域报警系统

区域报警系统由火灾探测器、火灾报警装置、区域火灾报警控制器、火灾警报装置和电源等组成(见图 16-2)。

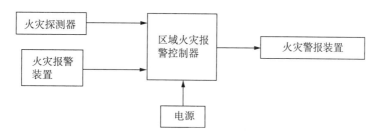

图 16-2 区域报警系统基本组成原理

这种自动报警系统比较简单,且使用很广泛,行政事业单位、工矿企业的要害部门和娱乐场所均可使用。区域报警系统设计时应符合以下几点要求:

(1)在一个区域系统中,宜选用一台通用区域火灾报警控制器,最多不应超过三台;

(2)区域火灾报警控制器应设置在有人值班的房间里;

(3)该系统比较小,只能设置一些功能比较简单的联动控制设备;

(4)当用系统警戒多个楼层时,应在每个楼层的楼梯口和消防电梯前明显部位设置识别报警楼层的灯光显示装置;

(5)当区域火灾报警控制器安装在墙上时,其底边距离地面或楼板高度为 1.3～1.5 m,靠近门轴侧面距离不小于 0.5 m,正面操作距离不小于 1.2 m。

2. 集中报警系统

集中报警系统由一台集中火灾报警控制器、两台以上的区域火灾报警控制器、火灾报警装置,以及火灾警报装置和电源等组成(见图 16-3)。

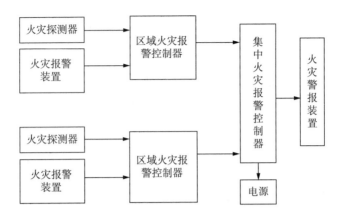

图 16-3 集中报警系统基本组成原理

高层宾馆、饭店、大型建筑群一般使用的都是集中报警系统。集中火灾报警控制器设在消防控制室里,区域火灾报警控制器设在各层的服务台处。对于总线制火灾报警控制系统,区域火灾报警控制器就是重复显示屏。集中报警系统在设计时应符合以下几点要求:

(1)应设置必要的消防联动控制输出节电,可控制有关消防设备并接收其反馈信号;

(2)在控制器上应能准确显示火灾报警的具体部位,并能实现简单的联动控制;

(3)集中火灾报警控制器的信号传输线应通过端子连接,应具有明显的标记和编号;

(4)集中火灾报警控制器所连接的区域火灾报警控制器(层显)应符合区域火灾报警控制系统的技术要求。

3. 控制中心报警系统

控制中心报警系统除了集中火灾报警控制器、区域火灾报警控制器、火灾探测器外,在消防控制室内增加了消防联动控制设备。被联动控制的设备包括火灾报警装置、火警电话、火灾应急照明、火灾应急电源、火灾应急广播、联动装置等(见图 16-4)。也就是说,集中报

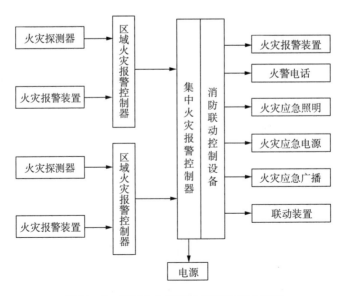

图 16-4 控制中心报警系统基本组成原理

警系统加上联动的消防控制设备就构成了控制中心报警系统。控制中心报警系统主要用于大型宾馆、饭店、商场、办公室、大型建筑群和大型综合楼等。

16.2.3　火灾探测器的种类和布置

火灾探测器是一种能够自动发出火情信号的器件,主要有感烟式、感温式、感光式三种,还有可燃气体探测器,复合式火灾探测器(感烟-感温型、感光-感烟型、感光-感烟型等),漏电流、静电、微压差、超声波感应型探测器,缆式探测器,地址码式探测器和智能化探测器等多种类型。

感烟探测器还可分为离子感烟探测器和光电感烟探测器两种,具有较好的报警功能,适用于火灾的前期和早期报警。但以下场所不适宜采用:正常情况下多烟或多尘的场所;存放火药或汽油等发火迅速的场所;安装高度大于 12 m、烟不易到达的场所;维护管理十分困难的场所。

感光探测器也称为火焰探测器,有红外火焰型和紫外火焰型之分,可以在一定程度上克服感烟探测器的一些缺点,但报警时已经造成一定的物质损失。而且当附近有过强的红外或紫外光源时,可能导致探测器工作不稳定。故只适宜在特定场合下使用。

感温探测器不受非火灾性烟尘雾气等干扰,当火灾形成一定温度时工作比较稳定,适用于火灾早期、中期报警。凡是不可能使用感烟探测器、非爆炸性的,并允许产生一定损失的场所,都可应用这种探测器。

可燃气体火灾探测器有铂丝型、铂钯型和半导体型之分,主要用于易燃易爆场合的可能泄漏的可燃气体检测。

火灾探测器布置与探测器的种类、建筑防火等级及布置特点等多种因素有关。一般规定,探测区域内的每个房间至少应布置一个探测器。感烟、感温探测器的保护面积和保护半径,与房间的面积、高度及屋顶坡度有关,最大安装间距与探测器的保护面积有关。在一个探测区域内所需设置的探测器数量,可按照下式计算确定:

$$N \geqslant S/KA \tag{16-1}$$

式中:N——一个探测区域内所需设置的探测器数量,只;

S——一个探测区域的面积,m^2;

A——一个探测器的保护面积,m^2;

K——修正系数,重点保护建筑取 0.7~0.9,普通保护建筑取 1.0。

探测器宜水平安装,如必须倾斜安装时,倾斜角不应大于 45°。

16.2.4　火灾报警控制器

火灾报警控制器也称为火灾自动报警控制器,是建筑消防系统的核心部分。由微机技术实现的火灾报警控制器已将报警与控制融为一体,除了具有控制、记忆、识别和报警功能外,还具有自动检测、联动控制、打印输出、图形显示、通信广播等功能。控制器功能的多少反映出火灾自动报警系统的技术构成、可靠性、稳定性和性能价格比等因素,是评价火灾自动报警系统先进与否的一项重要指标。

火灾报警控制器由信号获取与传送电路、中央处理单元、输出电路三部分组成。其中,中央处理单元是火灾报警控制器电路的核心部分,其由 CPU、EPROM、和 RAM 组成。中央处理单元产生编码与巡检信号,并经驱动接口发往现场,被总线中所有设备同时接收,各主动型报警器根据自身编码及信号指令状态,相应发出自身状态信号,自身状态信号经总线进入信号采集与传送电路。这些信号反映着现场设备的正常、故障、火警等信息。这些信号在信号读取软件的控制下,进入中央处理单元进行分析、处理后确定故障或火灾的部位,并通过相应的输出电路完成各种相应的控制、报警及联动功能。

16.2.5 火灾探测新技术及智能化信息处理

1. 火灾探测新技术

因受到空间高度、空气流速、粉尘、温度、湿度等因素的影响,或因被保护场所的特殊要求,传统的火灾探测技术会遇到各种困难,从而失去效用。例如,对于越来越多的大空间场所、需要早期发现或超早期发现火险的重要场所,传统的火灾探测技术都是把火灾过程中的某个特征物理量作为检测对象。近年来,研究人员正逐渐将注意力转移到火灾现象本身和深层次的机理研究方面,并已取得一定的成果,模拟量火灾探测器、智能复合型火灾探测器、图像型火灾探测器及高灵敏度吸气式感烟火灾探测器等新型探测技术和产品的出现都表明了这种趋势。

(1)图像型火灾探测器技术由于使用 CCD 摄像机摄取的视频影像进行火灾探测及相应的火灾空间定位,因此可以免受空间高度和气流的影响;配有防护罩,可以有效地消除粉尘的不利影响;利用多重判据,克服了常规火灾探测报警系统因判据单一而遇到的困难,使火灾探测的灵敏度和可靠性都得到很大的提高,基本消除了复杂、恶劣环境因素对火灾探测系统的影响。作为一种控制面积大、适用于大空间(包括开放空间)的可靠的火灾监控技术,该技术对于提高大型厂房、仓库、礼堂、商场、银行、车站、机场等大空间场所的火灾检测技术水平有重要作用。

(2)一些要求极高的重要场所(计算机房、通信设施、集成电路生产车间、核电站等),需要对火灾进行超早期报警。近年来,针对这种实际需要,国际上开发了高灵敏度吸气式感烟火灾探测报警系统。它一改被动等烟方式为吸气工作方式,主动抽取空气样本进行烟粒子探测;同时,采用特殊设计的检测室,高强度的光源和高灵敏度的光接收器件,使灵敏度增加了几百倍,能在烟尚不被人眼所见的情况下,正确探测其存在并发出报警信号,为超早期探测预报火灾提供了有效手段,对保护洁净空间的超早期火灾安全起到积极作用。

2. 智能化信息处理

目前,智能型火灾自动报警系统按智能分配可分为三种类型:探测智能、监控智能和综合智能。

(1)探测智能。这种系统根据探测环境的变化而改变自身的探测零点,对自身进行补偿,并对自身能否可靠地完成探测做出判断,而控制部分仍是开关量的接收型。这种智能系统解决了由探测器零点漂移引起的误报和系统自检问题。

(2)监控智能。目前,大多数智能系统均为这种系统,它是将模拟量探测器(或称为类比式探测器)输出的模拟信号通过 A/D 变换后的数字信号送到控制器,由控制器对这些信号进行处理,并判断是否发生火灾或存在故障。

(3)综合智能。这种系统是上面两种系统的合成,其智能程度更高。因为火灾信息在探测器内进行了预处理,所以传递火灾信息的时间可以缩短,控制器也可以减少信号处理时间,提高了系统的运行速度,但同时设备费用也会提高。

上述三种智能系统的智能处理是在探测器或控制器内进行信号处理,由于传感器的输出信息随火灾的发展而变化,而火灾的早期特征是不稳定的,识别真假火灾的火灾信息处理要比其他典型的信息处理要困难得多、复杂得多,因此完备的火灾信息处理工作应在控制器内完成。

16.3　火灾应急照明

火灾应急照明主要为火灾应急疏散照明,它的主要作用是为人员疏散和发生火灾时仍需工作的场所提供照明和疏散指示。作为应急照明的一种,火灾应急疏散照明是确保疏散通道被有效地辨认和使用的照明。火灾应急疏散照明技术标准的类别主要分为 A 型消防应急灯具和 B 型消防应急灯具,集中控制型疏散指示系统和非集中控制型疏散指示系统等。

16.3.1　设置场所

(1)除筒仓、散装粮食仓库和火灾发展缓慢的场所外,下列建筑应设置灯光疏散指示标志,疏散指示标志及其设置间距、照度应保证疏散路线指示明确、方向指示正确清晰、视觉连续:

① 甲、乙、丙类厂房,高层丁、戊类厂房;

② 丙类仓库,高层仓库;

③ 公共建筑;

④ 建筑高度大于 27 m 的住宅建筑;

⑤ 除室内无车道且无人员停留的汽车库外的其他汽车库和修车库;

⑥ 平时使用的人防工程;

⑦ 地铁工程中的车站、换乘通道或连接通道、车辆基地、地下区间内的纵向疏散平台;

⑧ 城市交通隧道、城市综合管廊;

⑨ 城市的地下人行通道;

⑩ 其他地下或半地下建筑。

(2)除筒仓、散装粮食仓库和火灾发展缓慢的场所外,厂房、丙类仓库、民用建筑、平时使用的人防工程等建筑中的下列部位应设置疏散照明:

① 安全出口、疏散楼梯(间)、疏散楼梯间的前室或合用前室、避难走道及其前室、避难层、避难间、消防专用通道、兼作人员疏散的天桥和连廊;

② 观众厅、展览厅、多功能厅及其疏散口;

③ 建筑面积大于 200 m² 的营业厅、餐厅、演播室、售票厅、候车(机、船)厅等人员密集的场所及其疏散口;

④ 建筑面积大于 100 m² 的地下或半地下公共活动场所;

⑤ 地铁工程中的车站公共区,自动扶梯、自动人行道,楼梯,连接通道或换乘通道,车辆基地,地下区间内的纵向疏散平台;

⑥ 城市交通隧道两侧，人行横通道或人行疏散通道；

⑦ 城市综合管廊的人行道及人员出入口；

⑧ 城市地下人行通道。

16.3.2 设置要求

(1)建筑内疏散照明的地面最低水平照度应符合下列规定：

① 疏散楼梯间、疏散楼梯间的前室或合用前室、避难走道及其前室、避难层、避难间、消防专用通道，不应低于 10.0 lx；

② 疏散走道、人员密集的场所，不应低于 3.0 lx；

③ 本条上述规定场所外的其他场所，不应低于 1.0 lx。

(2)消防控制室、消防水泵房、自备发电机房、配电室、防排烟机房及发生火灾时仍需正常工作的消防设备房应设置备用照明，其作业面的最低照度不应低于正常照明的照度。

(3)疏散照明灯具应设置在出口的顶部、墙面的上部或顶棚上；备用照明灯具应设置在墙面的上部或顶棚上。

(4)公共建筑、建筑高度大于 54 m 的住宅建筑、高层厂房（库房）和甲、乙、丙类单、多层厂房，应设置灯光疏散指示标志，并应符合下列规定。

① 应设置在安全出口和人员密集的场所的疏散门的正上方。

② 应设置在疏散走道及其转角处距地面高度 1.0 m 以下的墙面或地面上。灯光疏散指示标志的间距不应大于 20 m；对于袋形走道，不应大于 10 m；在走道转角区，不应大于 1.0 m。

(5)下列建筑或场所应在疏散走道和主要疏散路径的地面上增设能保持视觉连续的灯光疏散指示标志或蓄光疏散指示标志：

① 总建筑面积大于 8000 m² 的展览建筑；

② 总建筑面积大于 5000 m² 的地上商店；

③ 总建筑面积大于 500 m² 的地下或半地下商店；

④ 歌舞娱乐放映游艺场所；

⑤ 座位数超过 1500 个的电影院、剧场，座位数超过 3000 个的体育馆、会堂或礼堂；

⑥ 车站、码头建筑和民用机场航站楼中建筑面积大于 3000 m² 的候车、候船厅和航站楼的公共区。

(6)建筑内设置的消防疏散指示标志和消防应急照明灯具，应符合国家标准《消防安全标志　第 1 部分：标志》(GB 13495.1—2015)和《消防应急照明和疏散指示系统》(GB 17945—2010)的规定。

(7)爆炸和火灾危险环境电力装置的设计，应按国家标准《爆炸危险环境电力装置设计规范》(GB 50058—2014)的有关规定执行。

16.4 电气火灾监控系统

电气火灾监控系统用于对建筑物整体供配电系统进行全范围监视和控制，其主机安装在消防控制室。电气火灾监控系统的控制器应安装在建筑物的消防控制室内，宜由消防控制室统一管理。

16.4.1　设置场所

老年人照料设施的非消防用电负荷应设置电气火灾监控系统。下列建筑或场所的非消防用电负荷宜设置电气火灾监控系统：

（1）建筑高度大于 50 m 的乙、丙类厂房和丙类仓库，室外消防用水量大于 30 L/s 的厂房（仓库）；

（2）一类高层民用建筑；

（3）座位数超过 1500 个的电影院、剧场，座位数超过 3000 个的体育馆，任一层建筑面积大于 3000 m² 的商店和展览建筑，省（市）级及以上的广播电视、电信和财贸金融建筑，室外消防用水量大于 25 L/s 的其他公共建筑；

（4）国家级文物保护单位的重点砖木或木结构的古建筑。

16.4.2　系统构成

电气火灾监控系统的探测器由下列部分或全部组成：剩余电流式电气火灾探测器、测温式电气火灾探测器、电弧故障探测器。

设置了电气火灾监控系统的档口式家电商场、批发市场等场所的末端配电箱应设置电弧故障火灾探测器或限流式电气防火保护器。储备仓库、电动车充电等场所的末端回路应设置限流式电气防火保护器。

16.4.3　技术要求

（1）TN-C-S 系统、TN-S 系统或 TT 系统中的非消防负荷的配电回路中设置电气火灾监控系统时，应符合下列规定：

① 电气火灾监控系统应独立设置，设有火灾自动报警系统的场所，电气火灾监控系统应作为其子系统；

② 电气火灾监控系统应检测配电线路的剩余电流和温度，当超过限定值时应报警；

③ 电气火灾监控系统应具备图形显示装置接入功能，实时传送监控信息，显示监控数值和报警部位。

（2）剩余电流式电气火灾探测器、测温式电气火灾探测器和电弧故障探测器的监测点设置应符合下列规定。

① 计算电流 300 A 及以下时，宜在变电所低压配电室或总配电室集中测量；计算电流 300 A 以上时，宜在楼层配电箱进线开关下端口测量。当配电回路为封闭母线槽或预制分支电缆时，宜在分支线路总开关下端口测量。

② 建筑物为低压进线时，宜在总开关下分支回路上测量。

③ 国家级文物保护单位、砖木或木结构重点古建筑的电源进线宜在总开关的下端口测量。

（3）已设置直接及间接接触电击防护的剩余电流保护电器的配电回路，不应重复设置剩余电流式电气火灾探测器。

（4）电气火灾监控系统的剩余电流动作报警值宜为 300 mA。测温式电气火灾探测器的动作报警值宜按所选电缆最高耐温的 70%～80% 设定。

(5)当独立式电气火灾监控设备的监控点数不超过 8 个时,可自行组成系统,也可采用编码模块接入火灾自动报警系统。报警点位号在火灾报警器上显示应区别于火灾探测器编号。

(6)电气火灾监控系统的导线选择、线路敷设、供电电源及接地,应与火灾自动报警系统要求相同。

思 考 题

1. 建筑物的消防用电设备,其电源应符合什么要求?

2. 火灾自动报警系统分为哪几类?

3. 哪些建筑应设火灾应急照明?

4. 火灾报警控制器应具有哪些功能?

第17章 电气节能

随着我国双碳战略的实施,电能替代、新基建建设将大幅度提升建筑电力负荷水平。到 2060 年我国能源发展将实现"70、80、90"的目标("70"就是电能终端能源消费的比重达到 70%,"80"是非化石能源的消费比重要达到 80%,"90"就是发电占比要达到 90%),打造新型电力系统。因此,如何降低损耗、高效利用,如何将节能技术合理应用到工程项目中,已成为建筑电气的焦点。

17.1 遵循的原则

电气节能既不能以牺牲建筑功能、损害使用需求为代价,也不能盲目增加投资、为"节能"而节能,应遵循以下原则。

(1)满足建筑物的功能。这主要包括满足建筑物不同场所、部位对照明照度、色温、显色指数的不同要求;满足舒适性空调所需要的温度及新风量;满足特殊工艺的要求,如体育场馆、医疗建筑、酒店、餐饮娱乐场所的一些必需的电气设施用电,展厅、多功能厅的工艺照明及电力用电等。

(2)考虑实际经济效益。节能应考虑国情和实际经济效益,不能因为追求节能而过高地消耗投资,增加运行费用,而是应该通过比较分析,合理选用节能设备及材料,增加节能方面的投资。

(3)节省无谓消耗的能量。节能的着眼点,应是无谓消耗的能量。首先找出哪些方面的能量消耗是与发挥建筑物功能无关的,再考虑采用什么措施节能。例如,变压器功率的损耗、电能传输线路上的有功损耗,都是无用的能量消耗;又如,量大面广的照明容量,宜采用先进的调光技术、控制技术使其能耗降低。

(4)科学的能效管理。采用能耗监管系统和科学的管理手段:通过安装能耗监测设备,实时监控电气设备的能耗情况,及时发现并解决能耗异常问题;同时,通过科学的管理手段,如能源审计、能源管理体系等,提高建筑电气节能的效果。

(5)新能源应用。广泛采用新能源,并构建以新能源应用为特征的建筑新型电气系统,加强建筑内"光、储、直、柔"的应用,提高需求侧的响应能力,构建智能化的分布式智能电网,提高电力系统的稳定性和运行效率,降低能耗。

总之,电气节能应把握"满足功能、经济合理、技术先进"的原则从多方面采用节能措施,将节能技术应用到实际工程中。

17.2 变压器的选择

变压器节能的实质是降低有功功率损耗、提高运行效率。

变压器的有功功率损耗可由下式表示:

$$\Delta P_b = P_0 + P_k \beta^2 \tag{17-1}$$

式中:ΔP_b——变压器有功功率损耗,kW;

  P_0——变压器空载损耗,又称为铁损,kW;

  P_k——变压器有载损耗,kW;

  β^2——变压器负载率。

变压器空载损耗由铁芯的涡流损耗及漏磁损耗组成,其值与硅钢片的性能及铁芯的制造工艺有关,而与负荷大小无关,是基本不变的部分。

因此变压器应选用不低于能效标准的节能评价值的节能型变压器,它们均是选用高导磁的优质冷轧晶粒取向硅钢片和先进工艺制造的新系列节能变压器。"取向"处理使硅钢片的磁场方向接近一致,可减少铁芯的涡流损耗;全斜接缝结构使接缝弥合性好,可减少漏磁损耗。与老产品相比,SL7、SL27 无励磁调压变压器的空载损失和短路损失,10 kV 系列可分别降低 41.5％和 13.93％,35 kV 系列可分别降低 38.33％和 16.22％。S9、SC9 系列与 SL7、SL27 系列相比,其空载和短路损耗分别降低 5.9％和 23.33％,平均每千伏安较 SL7、SL27 系列年节电 9 kW·h。新系列节能型变压器,因具有损耗低、质量轻、效率高、抗冲击、节能显著等优点,在近年来得到了广泛的应用,所以设计时应首选低损耗的节能变压器。

P_k 的值取决于变压器绕组的电阻及流过绕组电流的大小。因此,应选用阻值较小的铜芯绕组变压器。对于 $P_k\beta^2$,用微分求它的极值可知,当 $\beta=50\%$ 时,变压器的能耗最小。但这仅仅是从变压器节能的单一角度出发,而没有考虑综合经济效益。因为 $\beta=50\%$ 的负载率仅减少了变压器的线损,并没有减少变压器的铁损,因此节能效果有限。此外,在此低负载率下,由加大变压器容量而多付的变压器费用,由变压器增大而引起的设备购置费,再计及设备运行、折旧、维护等费用,累积起来就是一笔不小的投资。由此可见,取变压器负载率为 50％是得不偿失的。综合考虑各方面的价费因素,且使变压器在使用期内预留适当的容量,变压器的负载率 β 宜为 75％～85％。这样既经济合理,又物尽其用。

设计时,合理分配用电负荷、台数、选择变压器容量和台数,使其工作在高效区内,可有效减少变压器总损耗。

当负荷率低于 30％时,应按实际负荷换小容量变压器;当负荷率超过 80％且通过计算不利于经济运行时,可放大一级容量选择变压器。

当容量大需要选用多台变压器时,在合理分配负荷的情况下,尽可能减少变压器的台数,选用大容量的变压器。例如,需要装机容量为 2000 kVA,可选 2 台 1000 kVA,不选 4 台 500 kVA。因为前者总损耗比后者小,且综合经济效益优于后者。

对于分期实施的项目,宜采用多台变压器方案;避免轻载运行而增大损耗;内部多个变电所之间宜敷设联络线,根据负荷情况,可切除部分变压器,从而减少损耗;对可靠系数要求高、不能受影响的负荷,宜设置专用变压器。

17.3　优化供配电系统及线路

根据负荷容量及分布、供电距离、用电设备特点等因素,合理配置供配电系统和选择供电电压,可达到节能的目的。按经济电流密度合理选择导线截面,一般按年综合运行费用最小原则确定单位面积经济电流密度。

由于一般工程的干线、支线等线路总长度可达数万米,线路上的总有功功率损耗相当可观,因此减少线路上的损耗必须引起足够重视。由于线路总损耗电导率和长度成正比、与截面成反比,因此应从以下几个方面入手。

(1)选电导率较小的材质做导线。铜芯最佳,但又要贯彻节约用铜的原则。

(2)缩短导线长度,其主要有以下措施。

① 变配电所应尽量靠近负荷中心,以缩短线路供电距离,减少线路损失。

② 在高层建筑中,低压配电室应靠近强电竖井。

③ 线路尽可能走直线,以减少导线长度;低压线路应不走或少走回头线,以减少来回线路上的电能损失。

(3)增大线缆截面,其主要有以下措施。

① 对于比较长的线路,在满足载流量、动热稳定、保护配合、电压损失等条件下,可根据情况再加大一级线缆截面。若加大线缆截面所增加的费用为 M,因节约能耗而减少的年运行费用为 m,则 M/m 为回收年限。若回收年限为几个月或一、二年,则应加大一级导线截面。一般来说,当线缆截面小于 $70 \ \text{mm}^2$、线路长度超过 $100 \ \text{m}$ 时,增加一级线缆截面可达到经济合理的节能效果。

② 合理调剂季节性负荷、充分利用供电线路。例如,将空调风机、风机盘管与一般照明、电开水等计费相同的负荷,集中在一起,采用同一干线供电,可在春、秋两季空调不用时,以同样大的干线截面传输较小的负荷电流,从而减少线路损耗。

在供配电系统的设计中,应积极采取上述各项技术措施,就可有效减少线路上的电能损耗,达到线路节能的目的。

17.4　提高系统的功率因数

17.4.1　提高功率因数的意义

若输电线路导线每相电阻为 $R(\Omega)$,则三相输电线路的功率损耗为

$$\Delta P = 3I^2 R \times 10^{-3} = \frac{P^2 R}{U^2 \cos^2 \varphi} \times 10^3$$

式中:ΔP——三相输电线路的功率损耗,kW;

　P——电力线路输送的有功功率,kW;

　U——线电压,V;

　I——线电流,A;

　$\cos\varphi$——电力线路输送负荷的功率因数。

由上式可以看出,在系统 P 一定的情况下,$\cos\varphi$ 越高(减少系统无功功率 Q),功率损耗 ΔP 越小,所以提高系统功率因数、减少无功功率在线路上传输,可减少线路损耗,从而达到节能的目的。

在线路的 U 和 P 不变的情况下,若改善前的功率因数为 $\cos\varphi_1$,改善后的功率因数为 $\cos\varphi_2$,则三相回路实际减少的功率损耗可按下式计算:

$$\Delta P = \left(\frac{P}{U}\right)^2 R \left(\frac{1}{\cos^2 \varphi_1} - \frac{1}{\cos^2 \varphi_2}\right) \times 10^3$$

提高变压器二次侧的功率因数,可使总的负荷电流减少,从而减少变压器的铜损、线路和变压器的电压损失。此外,提高系统功率因数,可使负荷电流减少,这相当于提高了变配电设备的供电能力。

17.4.2 提高功率因数的措施

(1)减少供配电设备的无功消耗,提高自然功率因数的主要措施如下。①正确设计和选用交流装置,对直流设备的供电和励磁,应采用硅整流或晶闸管整流装置,取代变流机组、汞弧整流器等直流电源设备。②限制电动机和电焊机的空载运转。设计中对空载率大于 50% 的电动机和电焊机,可安装空载断电装置;对大、中型连续运行的胶带运输系统,可采用空载自停控制装置;对大型非连续运转的异步笼型风机、泵类电动机,宜采用电动调节风量、流量的自动控制方式,以节省电能。③条件允许时,采用功率因数较高的等容量同步电动机代替异步电动机。④荧光灯选用高次谐波系数低于 15% 的电子镇流器,气体放电灯的电感镇流器,单灯安装电容器就地补偿等,都可使自然功率因数提高到 0.85~0.95。

(2)用静电电容器进行无功补偿。根据全国供用电规定,高压供电的用户和高压供电装有带负荷调整电压装置的电力用户,在当地供电局规定的电网高峰负荷时功率因数应不低于 0.9。当自然功率因数达不到上述要求时,应采用电容器人工补偿的方法,以满足规定的功率因数要求。实践表明,每千瓦补偿电容每年可节电 150~200 kW·h,因此其是一项值得推广的节电技术。特别是对于下列运行条件的电动机要优先选用:远离电源的水源泵站电动机;距离供电点 200 m 以上的连续运行的电动机;轻载或空载运行时间较长的电动机;YZR、YZ 系列电动机;高负载率变压器供电的电动机。

20 kV 及以下无功补偿宜在配电变压器低压侧集中补偿,补偿基本无功功率的电容器组,宜在变电所内集中设置。有高压负荷时宜考虑高压无功补偿。当民用建筑内设有多个变电所时,宜在各个变电所内的变压器低压侧设置无功补偿。容量较大、负荷平稳且经常使用的用电设备的无功功率宜单独就地补偿。

(3)无功补偿的设计原则如下。①高、低压电容器补偿相结合,即变压器和高压用电设备的无功功率由高压电容器来补偿,其余无功功率则需按经济合理的原则对高、低压电容器容量进行分配。②固定与自动补偿相结合,即最小运行方式下的无功功率采用固定补偿,经常变动的负荷采用自动补偿。③分散与集中补偿相结合,对无功容量较大、负荷较平稳、距供电点较远的用电设备,采用单独就地补偿;对用电设备集中的地方采用成组补偿,其他的无功功率则在变电所内集中补偿。

就地安装无功补偿装置,可有效减少线路上的无功负荷传输,其节能效果比集中安装、异地补偿要好。

17.5 建筑照明节能

因建筑照明量大而面广,故照明节能的潜力很大。在满足照度、色温、显色指数等相关技术参数要求的前提下,照明节能设计应从下列几个方面着手。

17.5.1　选用高效光源

按工作场所的条件,选用不同种类的高效光源,可降低电能消耗,节约能源。其具体要求如下。

(1)一般室内场所照明,优先采用荧光灯、小功率高压钠灯和 LED 灯等高效光源,可采用 T5 细管、U 型管节能荧光灯,以满足《建筑照明设计标准》(GB/T 50034—2024)对照明功率密度(LPD)的限值要求。不宜采用白炽灯,只有在开合频繁或特殊需要时,方可使用白炽灯,但宜选用双螺旋(双绞丝)白炽灯。

(2)高大空间和室外场所的一般照明、道路照明,应采用金属卤化物灯、高压钠灯等高光强气体放电灯。

(3)气体放电灯应采用耗能低的镇流器,且荧光灯和气体放电灯,必须安装电容器,补偿无功损耗。

17.5.2　选用高效灯具

(1)除装饰需要外,应优先选用直射光通比例高、控光性能合理、反射或透射系数高、配光特性稳定的高效灯具。

(2)采用非对称光分布灯具。由于其具有减弱工作区反射眩光的特点,在一定照度下,能够大大改善视觉条件,因此可获得较高的效能。

(3)选用变质速度较慢的材料制成的灯具,如玻璃灯罩、搪瓷反射罩等,以减少光能衰减率。

(4)室内灯具效率不应低于 70%(装有遮光栅格时,不应低于 55%);室外灯具效率不应低于 40%(但室外投光灯不应低于 55%)。

17.5.3　选用合理的照明方案

(1)采用光通利用系数较高的布灯方案,优先采用分区一般照明方式。

(2)在有集中空调且照明容量大的场所,采用照明灯具与空调回风口相结合的形式。

(3)在需要有高照度或有改善光色要求的场所,采用两种以上光源组成的混光照明。

(4)室内表面采用高反射率的浅色饰面材料,以更加有效地利用光能。

17.5.4　照明控制和管理

(1)充分利用自然光,根据自然光的照度变化,分组分区域控制灯具的开停。适当增加照明开关点,即每个开关控制灯的数量不要过多,以方便管理和利于节能。

(2)对大面积场所的照明,采取分区控制方式,这样可增加照明分支回路控制的灵活性,使不需照明的地方不开灯,以利于节电。

(3)有条件时,应尽量采用调光器、定时开关、节电开关等控制电气照明。公共场所照明,可采用集中控制的照明方式,并安装带延时的光电自动控制装置。

(4)室外照明系统,为防止白天亮灯,可采用光电控制器代替照明开关,以利于节电。

(5)在插座面板上设置翘板开关控制,当用电设备不使用时,可方便切断插座电源、消除设备空载损耗、达到节电的目的。

(6)通过可编程自动化控制模块对照明回路实现智能照明控制,通过感知采集器灯设备联动软件下发控制管理策略实现灯光回路与应用的最优化组合,比如节假日少开灯、白天自然光强烈少开灯或不开灯,有效实现照明节能目标。

17.6 节电型低压电器的应用

设计时应积极选用具有节电效果的新系列低压电器,以取代功耗大的老产品。

(1)用 RT20、RT16(NT)系列熔断器取代 RT0 系列熔断器。

(2)用 JR20、T 系列热继电器取代 JR0、JR16 系列热继电器。

(3)用 AD1、AD 系列新型信号灯取代原 XD2、XD3、XD5 和 XD6 老系列信号灯。

(4)选用带有节电装置的交流接触器。大中容量交流接触器加装节电装置后,接触器的电磁操作线圈的电流由原来的交流吸持改变为直流吸持,既可省去铁芯和短路环中绝大部分损耗功率,又可降低线圈的温升和噪声,从而取得较高的节电效益(一般节电率可达85%以上)。

建筑的电气设备也需要采用节能型设备及节能控制措施,照明产品、三相配电变压器、水泵、风机等设备能效等级需满足国家现行有关标准的节能评价值的要求。

17.7 能耗监测系统

建筑能耗监测系统可实现对能耗使用全参数、全过程的管理和控制。其既是能耗监测、温度集中控制和节能运行管理的综合解决方案,符合国家有关公共建筑管理节能的政策和技术要求;更是融合了能耗监测、空调温度集中控制和节能运行管理的整体解决方案,可对建筑能耗进行动态监测和分析,实现建筑的精细化管理与控制,带给用户新的价值体验,达到节能减排的效果。

在自动化技术和信息技术基础上建立的能源管理系统,以客观数据为依据,是工厂、学校、公用建筑等能源消耗大户实施节能降耗最根本的办法。推广先进的能源管理系统应用理念,改变传统的能源无科学依据的管理方式,是现代化大、中、小型单位企业先进的行之有效的管理措施,并成为各大公司各级管理者的共识。建立能源管理系统的基本目的就是要在提高能源系统的运行、管理效率的同时,提供一个成熟的、有效的、使用方便的能源系统整体管控解决方案(一套先进的、可靠的、安全的能源系统运行、操作和管理平台),并实现安全稳定、经济平衡、优质环保、监督考核的基本目标。

17.7.1 能源管理系统的组成及架构

能耗管理系统结构示意如图 17-1 所示。

硬件组成:各个采集点的计量表(带 RS485 通信的水表、电表等);采集和传输数据的集成箱;可以通信的有线网络;上位机主机。

软件组成:计量表的通信协议;采集有线网络数据的接口程序;采集无线网络的抄表软件;适用的数据库;分析和显示数据的能源管理软件。

界面显示:各个点的数据累计值和即时问询值;通过运算得到的能耗值;具备导入、导出、筛选和存储功能;具备柔性的操作后台,支持后期维护和扩展;最终按客户所需求的采控点,生成能源报表;操作界面通过客户端访问,支持网络共享,具有管理员访问和维护功能。

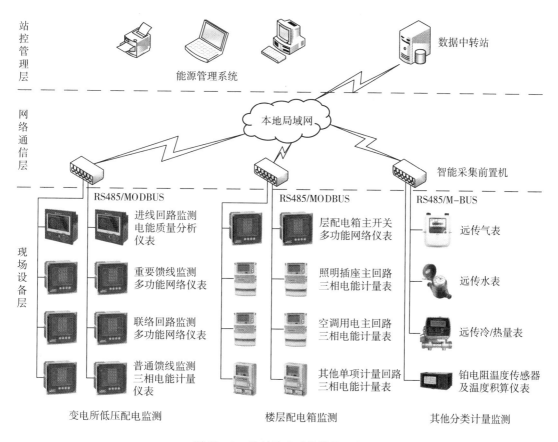

图 17-1　能耗管理系统结构示意

建筑能耗监测系统以计算机、通信设备、测控单元为基本工具,为大型公共建筑的实时数据采集、开关状态监测及远程管理与控制提供了基础平台,它可以和检测、控制设备构成任意复杂的监控系统。该系统主要采用分层分布式计算机网络结构,一般分为三层:站控管理层、网络通信层和现场设备层。

1. 站控管理层

站控管理层针对能耗监测系统的管理人员,是人机交互的直接窗口,也是系统的最上层部分。其主要由监测系统软件和必要的硬件设备,如工业级计算机、打印机、UPS 电源等组成。

监测系统软件具有良好的人机交互界面,对采集的各类现场数据信息进行计算、分析与处理,并以图形、数显、声音等方式反映现场的运行状况。

监控主机:用于数据采集、处理和数据转发,为系统内或外部提供数据接口,进行系统管理、维护和分析工作。

打印机:系统召唤打印或自动打印图形、报表等。

模拟屏:系统通过通信方式与智能模拟屏进行数据交换,形象地显示整个系统运行状况。

UPS 电源:保证计算机监测系统的正常供电,在整个系统发生供电问题时,保证站控管理层设备的正常运行。

2. 网络通信层

网络通信层由通信管理机、以太网设备及总线网络组成。该层是数据信息交换的桥梁,负责对现场设备回送的数据信息进行采集、分类和传送等工作的同时,转达上位机对现场设备的各种控制命令。

通信管理机是系统数据处理和智能通信管理中心。它具备了数据采集与处理、通信控制器、前置机等功能。

以太网设备主要为工业级以太网交换机。

通信介质主要采用屏蔽双绞线、光纤及无线通信等。

3. 现场设备层

现场设备层是数据采集终端,主要由智能仪表组成,采用具有高可靠性、带有现场总线连接的分布式 I/O 控制器构成数据采集终端,并向数据中心上传存储的建筑能耗数据。测量仪表担负着最基层的数据采集任务,其监测的能耗数据必须完整、准确并实时传送至数据中心。

17.7.2　能源管理系统的功能

1. 数据采集系统功能

将建筑的能源数据通过有线或无线方式采集进入中心系统,供数据监视、报警、数据分析、数据计算、数据统计等用。

2. 监控系统功能

通过能源管理中心显示界面,监控流量、压力、温度、电能等数据,实现能源监视、系统故障报警和分析。作为能源的指挥控制中心,负责日常的能源生产调度,保证主作业线正常有序的生产,并在突发事件期间实施能源应急调度策略,确保能源供应的安全稳定,从而达到节能增效。

3. 能源管理功能

将采集的数据进行归纳、分析和整理,结合计划的数据,进行能源管理工作(包括能源实绩分析管理、能源质量管理、能源成本费用管理、能源平衡管理、能源预测分析等),形成能源管理报表。

能源管理系统根据管理要求,一般设置电力、动力、流量(气体、蒸汽、液体流量计)、压力、温度等专业调度台,完成主要数据监视、技术分析、日报、月报、年报统计和报表输出等功能,并以此为依据,为生产指导制订运行方案。

思　考　题

1. 建筑物电气节能遵循的原则有哪些?
2. 如何为建筑物选配合理的变压器?
3. 简述提高功率因数的意义。
4. 建筑照明节能的措施有哪些?
5. 能耗监测系统的结构是什么?

第18章 建筑智能化

18.1 智能建筑简介

1984年1月,美国联合技术建筑系统公司(United Technology Building System Corp.)在美国康涅狄克州的哈特福德市建设了一幢City Place大厦。该大楼的空调设备、照明设备、防灾和防盗系统、垂直运输(电梯)设备由计算机控制,实现自动化综合管理。此外,这栋大厦拥有程控交换机和计算机局域网络,能为用户提供语音、文字处理、电子邮件、情报资料检索等服务。这也是第一次出现"智能建筑(Intelligent Building)"这一名称。

智能建筑是建筑发展的高级阶段。所谓智能建筑,就是以建筑物为平台,基于对各类智能化信息的综合应用,集架构、系统、应用、管理及优化组合于一体,具有感知、传输、记忆、推理、判断和决策的综合智慧能力,形成以人、建筑、环境互为协调的整合体,为人们提供安全、高效、便利及可持续发展的功能环境。

美国智能建筑学会(American Intelligent Building Institute)对智能建筑的定义:通过对建筑物的四个要素,即建筑结构、系统装备、服务、管理及其相互关系的最优考虑,为用户提供一个高效、舒适、便捷、安全的建筑空间。

欧洲智能建筑集团(The European Intelligent Building Group)对智能建筑的定义:使其用户发挥最高效率,同时又以最低的保养成本,最有效地管理其本身资源的建筑。智能建筑应提供"反应快、效率高和有支持力的环境,使机构能达到其业务目标"。

国际智能建筑物研究机构则认为智能建筑是通过对建筑物的结构、系统、服务和管理方面的功能及其内在的联系,以最优化的设计,提供一个既投资合理又拥有高效率的优雅舒适、便利快捷、高度安全的环境空间。智能建筑能够帮助其主人、财产的管理者和拥有者等意识到,他们在诸如费用开支、生活舒适、商务活动和人身安全等方面将得到最大利益的回报。

我国《智能建筑设计标准》(GB 50314—2015)对智能建筑的定义:以建筑为平台,兼备建筑设备、办公自动化及通信网络系统,集结构、系统、服务、管理及它们之间的最优化组合,向人们提供一个安全、高效、舒适、便利的建筑环境。

18.2 智能建筑的特点

各种类型的智能建筑,其使用性质各不相同,但它与一般建筑(非智能建筑)则有着显著的差别。智能建筑有很高的技术含量,能满足人民日益增长的客观需要。各种类型的智能建筑具有以下相同或类似的特点。

(1)工程投资高。智能建筑采用当前最先进的计算机、控制、通信技术来获得高效、舒适、便捷、安全的环境,大大地增加了建筑的工程总投资。

（2）具有重要性质和特殊地位。智能建筑在所在城市或客观环境中，一般具有重要性质，如广播电台、电视台、报社、军队、武警和公安等指挥调度中心，通信枢纽楼和急救中心等；有些具有特殊地位，如党政机关的办公大楼，各种银行及其结算中心等。

（3）应用系统配套齐全，服务功能完善。智能建筑通过楼宇自动化系统（BAS）、办公自动化系统（OAS）和通信自动化系统（CAS），采用系统集成的技术手段，实现远程通信、办公自动化及楼宇自动化的有效运行，提供反应快速、效率高和支持力较强的环境，使用户能达到迅速实现其业务的目的。

（4）技术先进、总体结构复杂、管理水平要求高。智能建筑是现代"4C"技术的有机融合，系统技术先进、结构复杂，涉及各个专业领域，因此建筑管理不同于传统的简单设备维护，需要通过具有较高素质的管理人才对整个智能化系统有全面的了解，建立完善的智能化管理制度，使智能建筑发挥出它强大的服务功能。

18.3 智能建筑的核心技术

现代智能建筑是综合利用目前国际上最先进的技术，并基于分布式信息与控制理论而设计的集散型系统（Distributed Control System），建立一个由计算机系统管理的一元化集成系统。一元化集成系统即"智能建筑物管理系统"（Intelligent Building Management System，IBMS）。先进的技术即现代化计算机技术（Computer）、现代控制技术（Control）、现代通信技术（Communication）和现代图形显示技术（LED），是实现智能建筑的前提手段；系统一元化是智能建筑的核心。

1. 现代化计算机技术

智能建筑采用当代最先进的并行处理、计算机网络技术。该技术是计算机联网的一种新形式，是计算机发展的高级阶段，该技术采用统一的分布式操作系统，把多个数据处理系统的通用部件合并为一个具有整体功能的系统，各软硬件资源管理没有明显的主从管理关系。分布式计算机系统强调分布式计算的并行处理，做到整个网络系统硬件和软件资源、任务和负载的共享。系统可以做到更快的响应、更高的输入/输出能力和更高可靠性，并可以提高系统的冗余性和容错能力。

2. 现代控制技术

智能建筑采用国际上先进的集散型监控系统（Distributed Control System，DCS），即分布式控制系统。DCS 是利用计算机技术对过程进行集中监视、操作、管理和分散控制的一种新型控制技术。它是由计算机技术、信号处理技术、测量控制技术、通信网络技术和人机接口技术相互发展、渗透而产生的。它不同于分散的仪表控制系统，也不同于集中式计算机控制系统。它是吸收了两者的优点，并在其基础上发展起来的一门系统工程技术。

DCS 由集中操作管理部分、分散过程控制部分和通信部分组成。集中操作管理部分又分为工程师站、操作员站和管理计算机。工程师站主要用于组态和维护，操作员站主要用于监控和操作，管理计算机用于全系统的信息管理和优化控制。分散过程控制部分按功能又可分为控制站、检测站和现场控制站。通信部分连接集散型监控系统的各个部分，完成数据、指令及其他信息的传递。

3. 现代通信技术

智能建筑采用一体化的综合布线来实现通信的功能。现代通信技术是通信技术与计算机网络技术的结合。其主要体现在综合业务数字网(ISDN)和数据专线通信(DDN)等功能的通信网络,同时在一个通信网上实现语音、计算机数据及文本通信,并实现在一个建筑物中语音、数据、图像一体化的综合布线功能。

4. 现代图像显示技术

现代图像显示技术主要体现在信息显示的图形化。其是窗口技术和多媒体技术的完美结合。窗口技术可以实现简单方便的屏幕操作,多媒体技术实现了语音和影像两方面一体化的结合。通过多媒体技术与交互式电视(ITV)技术的结合,利用动态图形和图形符号来代替静态的文字显示,并利用多媒体技术实现语音和影像一体化的操作和显示,可以完成电话、电视、电脑"三位一体"的综合功能,实现建筑的可视化。

5. 信息综合的智能化平台

"智能化平台"的概念是随着人们对智能建筑要求的不断提高而产生的,是一个目前最为先进的理念。这个平台偏向于软件,偏向于用户的需求;应具备良好的开放性,同外来系统有良好的接口;应具备标准化的数据属性,能支持将来的未知应用;应具备自学习性、自适应性,具有知识发现的辅助分析工具,能实时调整组态和平台构成,实现智能建筑群的可持续发展。

18.4　建设智能建筑的目标

建设智能建筑的目标主要体现在提供安全、舒适、便捷的优质服务;建立先进的、科学的综合管理机制;节省能耗与降低人工成本三个方面。

1. 提供安全、舒适、便捷的优质服务

(1)安全性。安全性可由如下相关的子系统来实现:①防盗报警系统;②出入口控制系统;③视频监视系统;④安保巡更系统;⑤火灾报警与消防联动系统;⑥紧急广播系统;⑦紧急呼叫系统;⑧停车场管理系统;等等。

(2)舒适性。舒适性可由如下相关的子系统来实现:①空调与供热系统;②供电与照明控制系统;③有线电视系统;④背景音乐系统;⑤多媒体会议系统;等等。

(3)便捷性。便捷性可由如下相关的子系统来实现:①结构化综合布线系统;②信息传输系统;③通信网络系统;④办公自动化系统;⑤物业管理系统;等等。

2. 建立先进的、科学的综合管理机制

在智能建筑的工程实施以后,还需要建立先进的综合管理机制,而且系统与管理之间还存在着相辅相成的依赖关系,否则建成的智能化楼宇也是不成功的。因此,不仅要重视智能楼宇的硬件设施,而且要加强有关软件的开发和应用研究、培训管理和使用人员水平提升,还要重视智能建筑作为一种高度集成系统的系统技术的研究。

3. 节省能耗与降低人工成本

通过建设智能化大厦,有可能实现能源的科学与合理的消费,从而达到最大限度地节省能源的目的。同时,通过管理的科学化、智能化,使智能化大厦各类机电设备的运行管理、保养维修更趋自动化,从而节省能源、降低人工成本。

18.5 智能化子系统

智能建筑系统主要包括以下要素。(1)智能化子系统。其是智慧建筑的核心,也是各种传感器、计算机、网络、软件等技术的集成与应用。智能化子系统可以对建筑的多个方面进行管理,如照明、空调、电梯、安防、水电设施等智能化子系统通过传感器获取建筑内部和外部的信息,并经计算机网络传输到监控中心,同时智能化子系统会根据这些信息进行智能控制、调节和处理反馈,从而使整个建筑的运行更加高效、经济、安全和舒适。(2)智能建筑系统集成。智能化子系统需要通过集成系统来进行统一的监测、控制和管理。集成系统将分散的、相互独立的智能化子系统,用相同的网络环境,相同的软件界面进行集中监视。集成系统可以实现跨子系统的联动,提高建筑的控制流程自动化,提供开放的数据结构,共享信息资源,提高工作效率,降低运行成本。

18.5.1 信息网络系统

1. 信息网络的定义

信息网络是一种以计算机网络为基础,将各种信息资源(如文字、图像、声音、视频等)进行数字化处理,并通过互联网进行传输和交换的现代通信网络。信息网络发展迅速,已经成为建筑智能化最为重要的基础设施之一。它改变了设施设备及各系统的通信和协作方式,促进了智能建筑的高速发展。

2. 信息网络的发展历程

信息网络的发展经历了多个阶段。从最初的电话线到光纤、卫星通信,再到现在的互联网和移动互联网,信息网络的传输速度越来越快,覆盖范围越来越广。同时,随着物联网、云计算、大数据等技术的不断发展,信息网络的应用领域也越来越广泛。

3. 信息网络的体系结构

信息网络的体系结构包括网络协议、网络设备和网络应用三大内容。网络协议是网络通信的基础,它规定了数据传输的规则和格式。设置于智能建筑内的网络设备一般包括接入交换机、核心交换机、服务器等,它们负责数据的传输和处理。智能建筑信息网络拓扑示意如图18-1所示。智能建筑网络应用则是基于网络协议和网络设备开发的各种应用系统,如网络广播、数字监控、门禁系统等。

4. 信息网络的主要技术协议简介

信息网络的核心技术包括 TCP/IP 协议、HTTP 协议、DNS 服务、HTML/CSS/JavaScript 等。TCP/IP 协议是互联网的核心协议,它规定了数据传输的规则和格式;HTTP 协议是互联网上较常用的协议之一,它负责网页的传输和浏览;DNS 服务是互联网上较常用的服务之一,它负责将域名解析为 IP 地址;HTML/CSS/JavaScript 则是用于 B/S 架构的应用层开发的三大核心技术。信息网络有许多协议,如 TCP/IP 协议、HTTP 协议、FTP 协议、SMTP 协议、POP3 协议等。这些协议规范了信息网络的传输和交换方式,使得不同厂商生产的设备和应用程序可以相互通信和协作。同时,这些协议和标准也促进了信息网络的标准化和规范化发展。

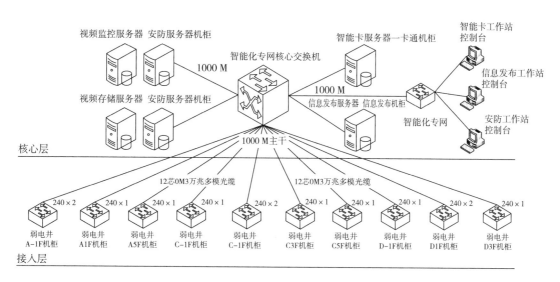

图 18-1 智能建筑信息网络拓扑示意

5. 信息网络在建筑智能化中的典型应用场景

信息网络在建筑智能化中的典型应用场景包括以下几个方面。

(1)智能安防系统:利用网络技术,实现建筑内的安全监控、门禁管理、入侵报警等功能。它可以提高建筑的安全性,减少安全事故的发生。

(2)楼宇自动化系统:通过计算机网络技术,将建筑内的各种设备(如照明、空调、电梯等)连接起来,实现集中管理和控制。它可以提高设备的运行效率,降低能源消耗,并提高建筑的安全性和舒适性。

(3)智能照明系统:通过无线网络技术,实现对建筑内照明设备的远程控制和管理。它可以提高照明的舒适度和节能性,同时也可以提高照明设备的维护效率。

(4)智能能源管理系统:通过计算机网络技术,实现对建筑内能源使用情况的实时监测和管理。这可以帮助建筑管理者更好地了解能源使用情况,优化能源使用策略,降低能源消耗。

(5)智能家居系统:通过无线网络技术,实现家庭设备的互联互通,实现远程控制和管理。它可以提高家居的舒适度和便捷性,同时也可以提高家居的安全性。

总之,信息网络在建筑智能化中的应用场景非常广泛,可以提高建筑的智能化水平,提高建筑的运行效率,降低能源消耗,提高建筑的安全性和舒适性。

6. 信息网络未来的发展方向

随着科技的不断发展,信息网络的未来发展趋势将更加明显。首先,信息网络的传输速度将更快,覆盖范围将更广。其次,信息网络将更加智能化和自动化,如人工智能技术的应用将使得信息网络的运行更加高效和智能。最后,信息网络将更加注重安全性和隐私保护,如加密技术和防火墙技术的应用将使得信息网络更加安全可靠。

18.5.2 有线电视系统

1. 有线电视系统的发展历程

我国有线电视系统可分为共用天线电视系统(CATV)、有线电视邻频系统、网络电视系统(IPTV)。我国有线电视的发展始于1974年,其可概括为以下三个阶段。第一个阶段,即1974年至1983年期间的共用天线阶段。它的技术特点是在全频道采用隔频传输,一个共用的天线系统能够传送5~6套电视节目。这个阶段又被称为有线电视的初级发展阶段。第二个阶段,即1983年至1990年期间的电缆电视阶段。它的技术特点是对以电缆方式建设为主的企业或者城域网络采用邻频传输,可以传送10套左右的电视节目。以1985年沙市建立的有线电视网络为起点,有线电视网络从共用天线阶段演进到了电缆电视阶段。然而在这个阶段,有的地市有线电视网络已经开始采用光缆进行远程传输。第三个阶段,即指从1990年至今。这个阶段以1990年11月2日政府颁布的《有线电视管理暂行条例》为标志,从此以后,我国的有线电视网络进入了高速的、规范的、法制化的发展轨道中。

2. 有线电视系统的分类及组成

有线电视按传输技术方式的不同可分为双向传输系统、宽带接入系统(IPTV)、光纤同轴混合系统(HFC)三种类型。(1)双向传输系统是指有线电视系统能够同时支持上行和下行信号传输的系统。这种系统通常采用光纤或同轴电缆作为传输介质,通过调制解调技术将上行和下行信号混合在一起进行传输。双向传输系统可以提供更高的传输速率和更稳定的信号质量,同时支持多种业务,如语音、数据、视频等。(2)宽带接入系统(IPTV)是指通过光纤或铜线等介质,为用户提供高速、宽带接入服务的系统。这种系统通常采用ADSL、VDSL、EPON等技术,为用户提供高速、稳定的互联网接入服务。宽带接入系统可以满足用户对高速互联网接入的需求,同时也可以提供多种增值服务,如在线教育、视频会议等。(3)光纤同轴混合系统是指将光纤和同轴电缆结合在一起使用的系统。这种系统通常采用光纤作为主干网络的传输介质,将多个小区的同轴电缆连接在一起,形成一个大的覆盖网络。光纤同轴混合系统可以提供更高的传输速率和更远的传输距离,同时也可以支持更多的用户和更丰富的业务。目前这种系统应用范围最广,以下内容主要以光纤同轴混合系统技术来展开介绍。

有线电视系统的组成与接收地区的场强、楼房密集程度和分布、配接电视机的多少、接收和传送电视频道的数目等因素有关。有线电视系统组成框架如图18-2所示。

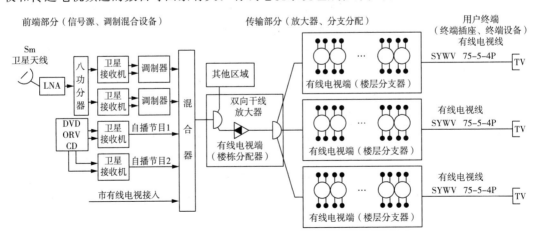

图18-2 有线电视系统组成框架

1)前端部分

(1)前端的作用。前端部分主要包括电视接收天线、频道放大器、频率变换器、自播节目设备、卫星电视、接收设备、导频信号发生器、调制器、混合器及连接线电缆等。有线电视系统前端的主要作用如下:将天线接收的各频道电视信号分别调整至一定电平值,经混合后送入干线;必要时将电视信号变换成另一频道的信号,然后按这一频道信号进行处理;向干线放大器提供用于自动增益控制和自动频率控制的导频信号;自播节目通过调制器成为某一频道的电视信号而进入混合器;卫星电视接收设备输出的视频信号通过调制器成为某一频道的电视信号而进入混合器;等等。

(2)有线电视前端部分的设置。有线电视前端部分的设置主要考虑如下几个因素:系统规模的大小,用户数量及用户性质(是住宅还是宾馆);接收电视频道的多少(有无卫星接收,是否与有线电视联网);接收点信号场强的高低,采用直接传输还是邻频传输。

如果是一般住宅建筑,且可与当地有线电视联网的话,那么应取消前端部分,仅用分配网络将有线电视信号送至各用户即可,反之则需要认真考虑前端部分的设计与施工。

2)干线部分

一般在较大型的有线电视系统或有线电视网络中才有较长的干线部分。例如,一个小区的多幢建筑物共用一套前端,自前端至各建筑物的传输部分为干线。干线距离较长,为了保证末端信号有足够高的电平,需加入干线放大器以补偿传输电缆的信号衰减。电缆对信号的衰减基本上与信号频率的平方根成正比,所以有时需加入均衡器以补偿干线部分的频谱特性,保证干线末端各频道信号电平基本相同。小型有线电视系统可不包括干线部分,而直接由前端和分支分配网络构成。传输干线可用同轴电缆或光缆。光缆在长距离传输电视信号时的性能远优于同轴电缆,因此其常常用于长距离传输干线或有线电视网络的主干线建设,但其传输光缆的两端需增加电/光和光/电转换设备。

3)传输分配系统

传输分配系统一般采用光纤同轴混合(HFC)的传输方式。光纤同轴混合的传输分配系统又称为用户系统,它由分配、分支网络构成,主要包括放大器(宽频带放大器、频段放大器、线路延长放大器等)、分配器、分支器、系统输出端及电缆线路等。

(1)分配器的作用是把一路电缆的信号分配到多路电缆中去传输,常用的分配器有二分配器、三分配器、四分配器和六分配器。

(2)分支器用来从传输线路上分出电视信号,供给终端用户。其常用的有二分支器、四分支器、六分支器和串接一分支器。

(3)用户终端是一个特性阻抗为 $75\ \Omega$ 的同轴电缆插座,是用户将电视机接入有线电视系统的接口。

(4)同轴电缆是电视信号传输的物理媒介,有很好的频率特性,抗干扰能力较强,特性阻力为 $75\ \Omega$。根据单位长度的同轴电缆传输电视信号衰减程度的不同,同轴电缆可分为 SYWV-75-12 型(单位长度衰减最小)、SYWV-75-9 型、SYWV-75-7 型(衰减中等)和 SYWV-75-5 型(衰减较大)等几种供选用。干线和分支线常采用 SYWV-75-12 型和 SYWV-75-9(7)型,用户线(至分支器到用户终端插座的连线)多为 SYWV-75-5 型同轴电缆。

一般而言,传输分配系统的结构宜采用分配-分支方式,这种方式具有较强的可扩充性、用户之间隔离好、相互影响小、维修方便,是采用得最多的一种网络分配方式。在传输分配系统中,还要注意各种器件和传输电缆的频率特性,以保证将各频道的电视信号按各项技术要求,均匀地分配给各个用户,保证各用户终端之间互不干扰,并不影响前端部分的正常工作。这里的"均匀"分配,实际上是指如下两点:对某个用户而言,各个频道的电视信号的强弱差别被限制在一个允许的范围(±2 dB)内;对整个系统而言,各用户端的电视信号电平差控制在 8 dB 以内,即用户端信号电平为(70±4)dB 或(66±4)dB(邻频传输)。

由于有线电视系统传输的图像清晰,节目源多,可同时播送数十套甚至上百套节目,而且互不干扰,因此获得了极大的推广,在全国各地几乎所有的城市(包括中、小城市)都有自己的有线电视网络。将这些网络用有线或无线的方式互联起来,就构成了一个新的全国性网络。目前,三网融合技术可将有线电视网络改造成能双向传输信号的交互式网络,从而形成一种新的信息高速公路。

3. 节目制作系统

电视节目制作系统分类见表 18-1 所列。

表 18-1　电视节目制作系统分类

类别	内容范围	系统组成
Ⅰ类	参与省(部)级以上台(站)节目交流	宜由高级业务级彩色电视设备组成
Ⅱ类	参与地市级大专院校台(站)节目交流	宜由业务级彩色电视设备组成
Ⅲ类	自制自用或参与地方或本行业节目交流	宜由普及级彩色电视设备组成

有线电视系统的设备及工艺用房,因用户多少和应用要求的不同而有所差别。对技术用房的建筑设计要求如下。

(1)位置应尽量靠近播放网络的负荷中心;所有技术用房在满足系统工艺流程的条件下宜集中布置;要远离具有噪声、污染、腐蚀、振动和较强电磁场干扰的场所。

(2)演播室、播音室等各类节目制作系统用房使用面积可参考表 18-2 确定。其中,演播室的室型可按表 18-3 选用。对录配音演播室的室型长、宽、高比宜为 1.6:1.25:1。其他建筑物理、空调、通风应达到表 18-4 的要求。

表 18-2　各种节目制作系统用房使用面积参考指标　　　　　(单位:m²)

序号	用房名称	系统分类			备注
		Ⅰ	Ⅱ	Ⅲ	
1	电视录像演播室	120～200	80～120	50～80	
2	电视录像控制室	25～40	20～25	15～20	
3	录配音演播室	20～25	15～20	10～15	
4	录配音控制室	12～15	8～12	5～8	
5	被加工及外景工作室	20～25	15～20	10～15	
6	节目转换室	20～25	15～20	10～15	
7	整修及编辑室	20～25	15～20	10～15	

（续表）

序号	用房名称	系统分类			备注
		Ⅰ	Ⅱ	Ⅲ	
8	资料及成品复制室	25～30	20～25	15～20	
9	收、转及播放机房	20～25	15～20	10～15	
10	资料及成品库	40～60	30～50	20～40	
11	设备维修间、器材库	30～40	25～35	20～30	
12	美工室及洗印间	30～40	20～30	—	
13	道具制作及存放间	20～30	15～25	—	
14	化妆及待播室	20～25	15～20	10～15	
15	空调及配电用房	35～50	30～40	25～35	
16	编审及技术办公用房	40～60	30～50	20～40	
17	行政办公及接待用房	40～50	30～40	20～30	
18	其他辅助用房	100～150	80～100	50～80	包括楼道及卫生间

表 18-3　演播室的室型参考表

使用面积/m²		50	60	80	90	100	120	150	200
轴线/m	长	9.00	9.90	12.00	12.60	13.80	15.00	16.50	18.00
	宽	6.00	6.60	7.20	7.50	7.80	8.40	9.60	12.00
轴线面积/m²		54.00	65.34	86.40	94.50	107.64	126.0	158.30	216.00
棚下净高/m		3.9	4.20	5.10	5.30	5.50	5.80	6.60	8.00

表 18-4　系统技术用房计算荷载等建筑设计要求一览表

项目	用房						
	演播室	控制室	编辑室	复制转换室	维修间器材室	资料成品室	其他
计算负荷/(N/m²)	2500	4500	3000	3000	3000	按书库计算	2000
声学 NR 值	20/15	20	20	30	30	—	
温度/℃	18～28	18～28	18～28	18～28	15～30	15～25	
相对湿度/%	50～70	50～70	50～70	50～70	45～75	45～50	
换气次数/次	3～5	2	2	2	1	1	
换气风速/(m/s)	≤1.0	1～2	1～2	1～2	1～2	—	
风道口噪声/dB	≤25	≤35	≤35	≤35	≤35	—	
门窗	隔声防尘	隔声防尘	隔声防尘	隔声防尘	隔声防尘	防尘	
顶棚、墙壁、装修	扩散声场	无光漆	无光漆	无光漆	无光漆	防尘	
地面	簇绒地毯静电导出	防静电地板菱苦土地面	木地板或菱苦土地面	木地板或菱苦土地面	木地板或菱苦土地面	菱苦土或水磨石地面	
一般照明照度	50/100	75	75	100	50	150/30	

4.有线电视系统发展趋势

随着有线电视技术的发展,双向传输已经成为未来发展的重要趋势。双向传输可以实现数据和视频信号的双向传输,提高网络利用效率,为观众提供更多的互动服务。有线电视运营商正在不断改进传输技术,提高网络覆盖范围,实现更高的传输速率,以满足用户对高速、高效网络的需求。数字化和高清化是有线电视发展的另一重要趋势。数字化可以提供更高的传输质量和更稳定的信号,减少信号干扰和失真。高清化则可以提供更清晰、更生动的视觉体验,满足用户对高质量视频的需求。

现代技术正在不断推动数字化和高清化的进程,为用户提供更好的视听体验。有线电视的发展不仅局限于传统的电视业务,还不断拓展新的业务领域。例如,有线电视运营商可以提供互联网接入、语音通信、视频会议、在线教育等多种服务。这些服务的提供可以满足用户多元化的需求,提高用户满意度,同时也可以为运营商带来更多的收入。

18.5.3 电话通信系统

1.常见的电话通信系统电缆配线

外墙进户方式是在建筑物预埋进户管至配线设备间或分线箱内。进户管应呈内高外低倾斜状,并做防水弯头,以防雨水进入管中;进户点应靠近配线设施并尽量选在建筑物后面或侧面。这种方式适合架空或挂墙的电缆进线。

配线设备间及配线设备在有用户交换机的建筑物内一般设配线架(箱)于电话站的配线室内;在不设用户交换机的较大型建筑物内,于首层或地下一层的电话电缆引入点设电缆交接间,内置交接箱。配线架(箱)和交接箱是连接内外线的汇集点。

高层建筑一般都设有专门的智能化竖井,从配线架或交接箱出来的配电电缆一般采用电缆桥架或线槽敷设至智能化竖井,并在竖井内穿钢管或以桥架沿墙明管敷设至各楼层的电话分线箱。对于未设智能化竖井的小型多层建筑物,配线电缆引至各层通常采用暗管敷设方式。

分线箱是每层(也可几层合用)连接配线电缆和用户线的设备,在每层智能化竖井内装设的电话分线箱为明装挂墙方式,其他情况下的电话分线箱应采用嵌墙暗装式。电话通信的室内配线方式可分为以下四种:明配线,如用户线穿管明敷和主干电缆在专用智能化竖井内沿墙明敷;暗配线,如主干电缆及用户线穿保护管在混凝土地坪内、吊顶内暗敷;混合配线,如用户线为明配,主干电缆或分支电缆为暗配线,或主干电缆在专用智能化竖井内明敷;智能化桥架或线槽配线,如将室内配线敷设在吊平顶内或墙壁内。不论采用什么配线方式,室内配线宜采用全塑铜芯线或电缆,不应穿越易燃、易爆、高温、高湿、高电压及有较强震动的区域,实在不可避免时,应采取保护措施。

市话电缆的进户线可采用架空式或地埋式引入建筑物,目前采用后者较多。当建筑物有地下层时,市话电缆应埋地引入,在自然地坪下0.8 m(散水坡外1 m以上)处穿保护管进入地下层,再穿过底层地坪进入底层机房。当无地下层时,则只能直接在地坪下穿一弯管引入底层的配线间或分线箱。当电话进线电缆对数较多时,应在建筑物室外设电缆人井(或手孔),以方便穿线施工。

2.IP电话通信系统

随着网络的飞速发展和数字传输技术不断取得重大应用突破,原来的传统PSTN电路交互快速被基于 TCP/IP 的网络软交换所取代,IP 电话通信系统已成为我们的生活、办公必不可少的通信形式。

IP 电话系统是基于互联网协议(IP)进行语音传输的通信系统。通过 IP 电话系统,用户可以利用局域网或广域网,以高清晰语音通话质量与全球各地的亲朋好友进行通信。IP 电话系统具有高效、灵活、可靠等特点,已成为现代通信的重要组成部分。

(1)IP 电话系统主要由终端、交换机、多点控制服务器及网络接入设备等构成。IP 电话通信系统如图 18-3 所示。

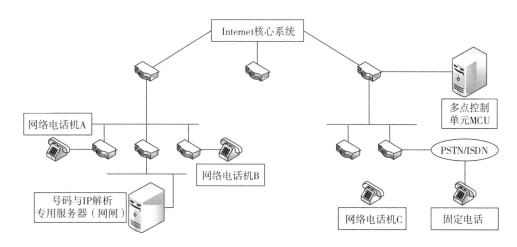

图 18-3　IP 电话通信系统

IP 电话终端:用于实现语音通话的设备,可以是一台独立的电话机,也可以是集成在电脑、智能手机等设备上的软件客户端。

IP 电话交换机:负责管理终端设备,实现语音通话的建立、维持和释放,同时提供一些附加功能,如呼叫转移、呼叫等待等。

网络核心设备:包括路由器、交换机等,用于将 IP 电话系统接入互联网,实现全球范围内的语音通话。

多点控制服务器 MCU:用于存储和管理用户的通话记录、个人信息等数据。

(2)IP 电话系统相比于传统电话具有以下优势。

高清语音通话:支持高清晰度的语音通话,可以与全球各地的亲朋好友进行通信。

交互式视频通话:支持视频通话功能,可以实时传输视频图像。

个人信息管理:可以管理用户的个人信息,如姓名、电话号码等。

电话会议功能:支持多人会议功能,可以同时与多个用户进行语音通话或视频会议。

其他附加功能:如语音信箱、留言等功能,方便用户进行通信和管理。

18.5.4　综合安防系统

1. 综合安防系统概述

综合安防系统是利用先进的电子技术、计算机技术和通信技术,对各种安全防范措施进行集成,实现对人员、设备、环境等的全面监控和保护。综合安防系统的应用范围广泛,包括公共场所、办公大楼、住宅小区、学校、医院等。

2. 数字视频监控系统

1)数字视频监控系统概述

数字视频监控系统是从视频编码、视频传输到控制存储都是数字信号的视频监控系统，是相对于模拟监控系统而言的。视频监控系统的进化经历了四代:第一代,全模拟系统,采用模拟摄像机和磁带机(已被淘汰);第二代,半数字化系统,采用模拟摄像机和嵌入式硬盘录像机(DVR);第三代,准数字化系统,采用模拟摄像机和视频服务器(DVS);第四代,全数字化系统,采用网络摄像机,可以与其他子系统无缝连接,实现真正的数字化。

数字视频监控系统通过网络方式来获取视频、存储图像、查询信息,并显示于电视墙或大屏幕;借助图像压缩算法的不断优化,提高视频图像质量和网络吞吐性能;布线简单灵活,适合于大规模、远距离组网的视频管理;满足不同级别用户、不同功能建筑的综合使用,提供管理权限复杂、使用要求便捷的管理模式;充分发挥网络视频管理的优势——网络分级存储、虚拟监控中心;提供智能视频分析功能,有利于智能化管理及判断。

2)数字视频监控系统架构

数字视频监控系统如图 18-4 所示。

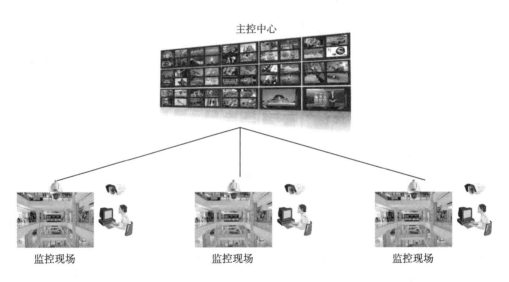

图 18-4　数字视频监控系统

数字视频监控系统为二级结构。通过 IP 网络,监控现场的媒体信息传送至主控中心;根据主控中心或监控用户的请求,通过 IP 网络将媒体信息发送给主控中心或监控用户。其中,主控中心将高清摄像机接入到统一的监控系统中,以达到统一监控、统一管理的目的,主控中心能够看到所有的媒体信息。

监控系统设计分为监控现场和主控中心。在监控系统中,主控中心负责查看、管理辖区范围内的媒体信息,满足各级管理部门权限管理的需要。系统的典型组网示意如图 18-5 所示。

监控系统设计充分考虑监控信息的实时性和媒体效果,在现场监控点和主控中心之间通过监控系统承载网(主要为 TCP/IP 网络)进行系统信息交互,实现媒体流和信令流数据的传输。

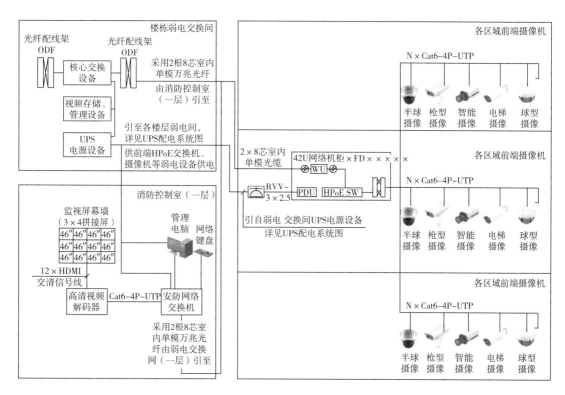

图 18-5　系统的典型组网示意

在监控现场,主要由高清网络摄像机采集现场视频信号,通过监控系统承载网将监控信息传输至主控中心。主控中心具备监控业务功能,同时具有系统管理功能,能实现系统的集中、统一管理。重要的媒体信息会存储在主控中心磁盘阵列上,便于后期的调查取证。

3)数字视频监控系统优势

数字视频监控系统优势:IP 系统具备卓越的可扩展性,一个摄像机可以被立即添加;IP系统的灵活性更好,如果使用了 POE,移动一个摄像机意味着只需移动一个网络跳线;网络摄像机的图形质量要优于模拟摄像机;只有网络摄像机才会达到百万像素;IP 系统可以进行远程服务,如通过网络进行调整/诊断;IP 系统中用到的计算机服务器比 DVR 具备更好的保修和服务计划;IT 设备的降价可能要快于模拟系统。

全数字化网络监控系统具有如下特点。

(1)前瞻性。模拟监控系统的结构决定其无法避免诸多的局限性,如只能在线实时观看,难以实现远程监控等。模拟监控被网络监控替代必然是大势所趋。

(2)智能化。数字监控可以利用计算机图像视觉分析技术,基于目标行为进行智能分析判断,并自动给出预警指令。视频智能分析流程如图 18-6 所示。基于智能分析技术的数字视频监控系统可以实现二十多种计算机视觉分析场景,比如人脸识别、物体识别、徘徊检测、超速检测、工业生产质量检测、火灾检测、数量识别等,为传统视频监控安装了可以判断分析的"大脑"。

(3)性价比。网络摄像机虽然价格比模拟摄像机要贵,但从整个系统来考虑就能突显其优势,特别是对于视频路数超过 100 路的大型网络视频监控系统,所需设备简单。系统可通过后端的管理软件进行集中管理,省去了模拟监控系统中的大量设备,如昂贵的矩阵、画面分割器、切换器、视频转网络的主机等。线材这一项同比即可节约 60% 以上的成本。所以大型的监控系统采用网络监控系统比采用模拟监控系统造价更低廉。

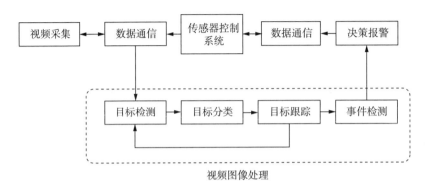

图 18-6 视频智能分析流程

(4)安全性。网络监控系统可通过设置不同的权限级别,授权给不同等级的使用者,更方便对系统进行管理。仅有最高级权限的用户才可以对整个系统进行设置和更改,具有足够的权限才能观看相应的视频,因此大大提高了系统的安全性。

(5)使用和维护简单。系统的安装方便,维护简单。简单的系统架构使系统发生故障的概率大大降低,且可以通过远程操作对系统软件进行升级和维护。

(6)扩展性好。当系统需要扩展时,只需要增加相应的前端设备(如网络摄像机等)即可,无须对系统进行大范围的更改和变动。

(7)应用范围广。利用网络传送实时图像,实现区域性监控,如办公室、大楼等;跨区域远端监控,如连锁事业、大型工厂机房、远端老人、儿童监控、公共建筑、无人环境监控、金融机构分行监控、交通监管、错误警报辨识等。

3. 门禁管理系统

在建筑的主要管理区的出入口、电梯厅、主要设备控制中心机房、存放贵重物品的库房等重要部位的通道口需安装门磁开关、电子门锁或读卡机等装置。门禁管理系统如图 18-7所示。门禁管理系统可以对通道通行情况进行控制,是加强办公楼公共安全管理的一种有效手段。

使用门禁系统可以方便地对重要的通道实施有效管理。相关人员使用分级密码和智能卡出入受控通道,控制系统可以监控人员使用密码和智能卡进出通道的情况。各处受控通道都以网络接入控制中心,通过控制中心可以设置和修改密码、智能卡的通行允许状态和级别,系统可以随时记录密码或智能卡在建筑内的通行情况。

4. 防盗报警系统

防盗报警系统是由红外或微波技术的信号探测器和控制器和报警输出装置构成。防盗报警系统组成示意如图 18-8 所示。在现场根据需要设置具有不同监测原理的探测器,以提高探测报警的灵敏度和准确性。

探测器都与报警控制器连接,报警控制器接收到报警信号后会将报警信号输出到模拟盘或显示器上,同时驱动联动装置。

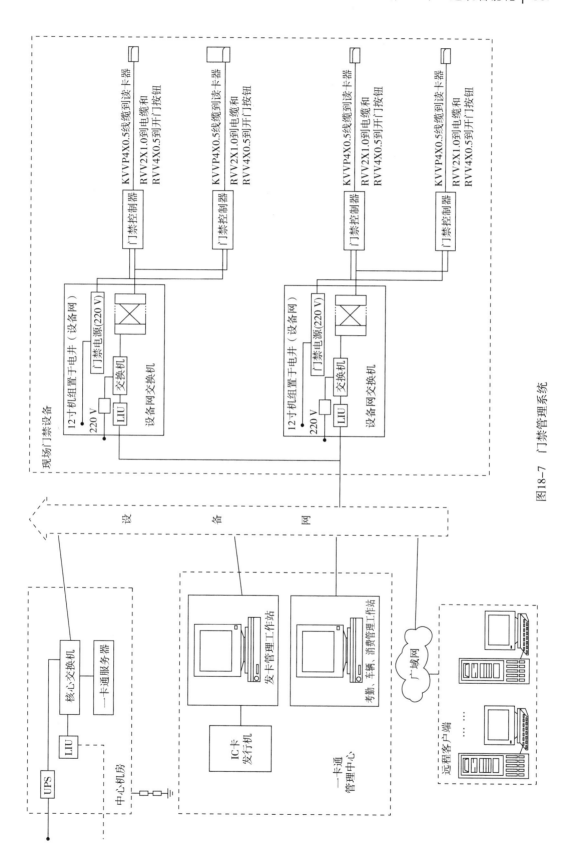

图18-7　门禁管理系统

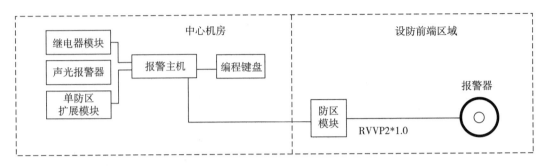

图 18-8 防盗报警系统组成示意

5. 巡更系统

大型建筑内部除了有先进的安保设备外,还应有保安人员的巡查。巡更系统在预定程序路径上设置巡视开关或读卡机,当巡更安保人员按路线经过时触发开关或在读卡机上读卡,信息被送到中心记录。这样,可以督促安保人员按时、按路线巡逻,同时保障安保人员的安全。

6. 停车场管理系统

随着车辆的增加,停车管理越来越复杂。停车场管理系统为车辆停放管理提供了方便、快捷、安全的管理模式。

停车场管理系统由自动计费收费系统、出入口管理系统、文件服务器、车辆引导及检测装置等组成。停车场管理系统如图 18-9 所示。

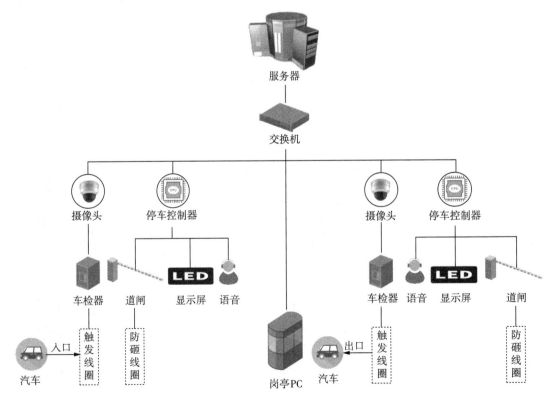

图 18-9 停车场管理系统

停车场管理系统分为自动收费和人工现金收费，自动收费又分为中央收费模式和出口收费模式两种。访客采用进入时开始由系统自动计费、开出时付费的方式，对于长期客户可使用智能卡或车牌识别方式进出车库通道口。另外，车库安装了车辆和车位引导装置，其可以自动引导车辆行驶和停放。

7. 安防系统联动应用平台

安防系统联动应用平台是一个综合性的平台，可以实现各种安防设备和系统的统一管理和联动控制。通过分布式架构、模块化设计、多级多域管理等方式，可以满足不同规模和复杂度的项目需求。安防系统联动应用平台包括以下内容。

(1)设备接入层：该层负责连接各种安防设备和系统，包括视频监控系统、报警系统、门禁系统、人脸识别系统、车牌识别系统等。这些系统可以通过标准协议与平台进行通信，实现数据交互。

(2)数据交互层：该层负责处理设备和系统之间的数据交互，包括视频流、报警信息、门禁状态等。通过数据交互层，平台可以实现对各种安防设备和系统的统一管理和控制。

(3)基础应用层：该层负责提供基础的应用功能，如视频监控、报警管理、门禁控制等。这些功能可以与各种安防设备和系统进行集成，实现联动和信息共享。

(4)业务实现层：该层负责提供具体的业务功能，如人脸识别、车牌识别、电子地图等。这些功能可以根据实际需求进行定制和扩展，满足不同场景下的安防需求。

(5)业务表现层：该层负责将业务功能以可视化的方式呈现给用户，包括界面设计、操作流程等。用户可以通过业务表现层对安防设备和系统进行远程监控和管理，提高管理效率。

8. 综合安防系统发展趋势

随着技术的不断发展，综合安防系统向着融合、新技术助力、智慧化加持等趋势发展，主要有以下几个方面。

(1)智能化与自动化融合已成为安防系统的未来趋势。通过人工智能、机器学习等技术，综合安防系统能够实现自主识别、自主响应等功能，提高系统的安全性和效率。

(2)云计算与大数据助力，云计算和大数据技术的应用为综合安防系统提供了强大的支持。通过云计算和大数据技术，可以对海量的视频、数据进行分析和处理，实现更精准的预测和更高效的管理。

(3)物联网与 5G 技术融合。物联网和 5G 技术的融合为综合安防系统提供了更广阔的应用前景。通过物联网技术，可以实现设备的远程监控和管理；通过 5G 技术，可以实现更快速的数据传输和更高效的响应。

(4)人工智能赋能安防。人工智能技术的应用为综合安防系统提供了更多的可能性。通过人工智能技术，可以实现更精准的预测、更智能的响应等功能，提高系统的安全性和效率。

18.5.5　公共广播系统

1. 公共广播系统概述

公共广播系统是指企事业单位或建筑物内部自成体系的独立广播系统。因为这种系统服务的区域分散，扬声器与放大设备之间的距离远，需要用很长的线缆将音频信号送过去，所以公共广播系统也称为有线广播系统。通常将紧急广播与公共广播系统集成在一起，组成通用性极强的公共广播系统。这样即可节省投资，又可使系统始终处于完好的运行状态。

2. 公共广播系统分类

(1)基本公共广播系统。在基本公共广播系统中,时间控制器控制定时自动播出,信号发生器在开始播放节目或开始业务广播前发出预告信号,监听器可监听各分区的播出情况,扬声器分区选择器可以手动控制分区播出。其节目源多为 FM 广播、语音或 CD 音乐等,多作为背景音乐广播和业务广播之用,通常采用高电平传输方式。

(2)数字式多功能公共广播系统。数字式多功能公共广播系统是由基本公共广播系统扩展了火灾报警紧急广播功能而构成的。该系统在播放背景音乐和业务广播时,通过选择器、矩阵器、继电器组来间接选择扬声器分区。一旦有消防报警信号到来,就通过紧急开关、矩阵器、继电器和终端板选择火灾楼层区及与该区联动区的广播,与此同时,消防信号控制卡座启动,播出预先录制好的紧急广播词,向预先选择分区播出。而终端板将功放输出切换到不经音量调节器、直接接到扬声器的接线上,使此时音量为最大。此外,还可直接由紧急呼唤话筒紧急广播,紧急呼唤器将自动抑制原来正在进行的背景音乐或其他业务广播,强行切换到火灾报警紧急广播状态。

(3)网络综合型公共广播系统。网络综合型公共广播系统采用 TCP/IP 技术,将音频信号以标准 IP 包的形式在局域网和广域网上进行传送。其是一套纯数字网络传输的双向音频扩声系统,彻底解决了传统广播系统存在的音质不佳、维护管理复杂、缺乏互动性等问题。该系统设备使用简单,安装扩展方便,只需将数字音频终端接入计算机网络即可构成功能强大的数字化广播系统,每个接入点无须单独布线,真正实现计算机网络、数字视频监控、公共广播的多网合一。

3. 公共广播系统设计

公共广播系统设计需要考虑以下几个方面。

(1)需求分析:首先需要明确公共广播系统的需求,包括需要覆盖的区域、播放的内容、播放的时间等。

(2)设备选择:根据需求分析,选择合适的公共广播设备,包括功放、扬声器、麦克风等,公共广播设备组成示意如图 18-10 所示。

(3)线路设计:根据设备的位置和数量,设计合适的线路布局,确保信号传输的稳定性和可靠性。

(4)电源设计:公共广播系统需要稳定的电源供应,因此需要设计合适的电源线路,确保系统的正常运行。

(5)控制设计:公共广播系统需要具备控制功能,如定时播放、分区控制等,因此需要设计合适的控制方案。

(6)设备匹配设计:功率放大器与线路扬声器的正确配接能发挥功率放大器的效能和体现扬声器音质音量。

① 与定阻抗输出形式的配接:只有在功放输出电路与负载相匹配时,即负载阻抗与输出阻抗一致,功放和扬声器之间才能获得最有效的耦合,功放才能输出额定的功率,这时传输效率最高,失真也很小。定阻抗式功放的输出阻抗又分为低阻抗和高阻抗两种:低阻抗一般为 $4\,\Omega$、$8\,\Omega$、$16\,\Omega$,高阻抗一般为 $250\,\Omega$。高阻抗配接适用于功放和扬声器距离较远的情况,为了达到阻抗匹配的要求,需要在功放和扬声器之间靠近扬声器的一端加接定阻式输送变压器。

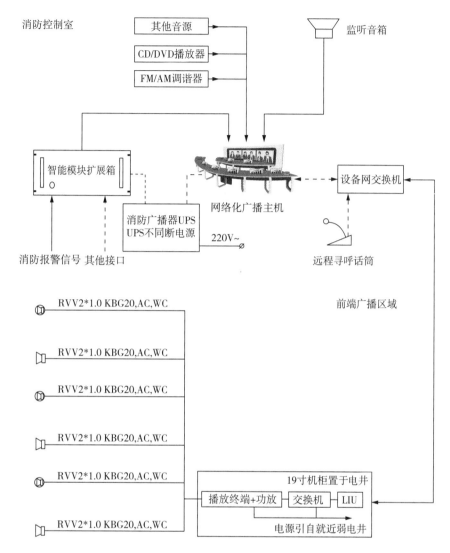

图 18-10　公共广播设备组成示意

② 与定电压输出形式的配接：目前建筑物的公共广播系统一般都采用定电压（简称定压）式输出的功放。由于定压式功放内采用了较深的负反馈电路，因此其输出阻抗很低，从而保证了负载阻抗在一定范围内变化时（在最大输出功率范围内）输出电压恒定。这样在使用时就显得非常灵活方便，而且与功放相连的扬声器有一定数量的增减对其他扬声器的发声几乎没有影响。

③ 用线间变压器输出形式的配接：使用定阻式输送变压器和定压式输送变压器作为线间变压器，分别用于定阻式功放和定压式功放。目前使用的扬声器一般是标明了阻抗和功率，当定压输出与其配接时，需要将标称阻抗换算成额定工作电压值。

在具体配接时，每只（组）扬声器可根据其额定工作电压和输送变压器输出电压相符的原则，找出扬声器应接在哪个抽头上，以保证其正常工作。不论是定压式还是定阻式输出，扬声器负载得到的总功率都不能超过功放的额定输出功率。在与定压输出功放配接时，使用的输送变压器，其初、次级经常由两个或多个线圈组成，每个线圈的中间又有几个不同的抽头,使用时可通过线圈的串联或并联及变换线圈的抽头来获得不同的输入和输出电压值。

定压式输送变压器的一般用法是先将其初级接成与功放输出相符的输入电压,并与之相连接,然后根据扬声器所需要的电压选择次级。

4. 紧急广播设计

1)共用方式

建筑应具有完善的火灾报警和消防联动控制系统,在火灾发生时,应及时地通知并指挥、引导有关人流疏散,这就需要用紧急广播来实现。一般来说,每套火灾报警系统均应设火灾事故紧急广播,宜有自己独立的一套扩音机、扬声器和输送网络,其扩音设备和控制也设在消防控制室(中心)内。当与基本公共广播系统合用、组成多功能公共广播系统时,应满足如下要求:

(1)当火灾发生时,能在消防控制室(中心)将火灾疏散层(着火层和其上、下各一层,共计三层)的扬声器、客房内的背景音响扬声器和广播音响扩音机强行切换到火灾事故紧急广播状态,如客房扬声器无火灾事故紧急广播功能时,宜在客房外的走廊上设置实配功率不小于 3 W 的扬声器,且扬声器的间距不超过 10 m;

(2)消防控制室(中心)应能监控火灾事故紧急广播扩音机的工作状态,并能遥控开启扩音机和用传声器直接播音;

(3)宜专设一台用于火灾事故紧急广播的备用扩音机,其容量不小于广播扬声器最大三层容量功率总和的 1.5 倍。

2)单设方式

如果建筑中未设公共广播系统,则需要有独立的火灾事故紧急广播,它的组成与基本公共广播系统类似,且应满足以下要求。

(1)大厅、前室、餐厅及走廊等公共区域设置的扬声器,额定功率不应小于 3 W,实配功率不应小于 2 W。其平面分布应能保证从本层任意位置到最近一个扬声器的步行距离不超过15 m,走道最末端扬声器距墙的距离不大于 8 m,而在走道的交叉处、拐弯处均应设置扬声器。

(2)在客房内的扬声器额定功率不应低于 1 W;设在车库、洗衣房、通信机房、娱乐场所及其他有背景噪声干扰场所内的扬声器,在其播放范围内最远处的声音应高于背景噪声15 dB,并以此确定扬声器的功率。

(3)火灾事故紧急广播扩音机的输出功率,应为全部扬声器总容量的 1.3 倍及以上。扩音机宜采用定压式输出,馈线电压一般不大于 10 V,各楼层宜设置馈线隔离变压器。

(4)火灾事故紧急广播线路,不应与其他线路同管或共线槽敷设,配线应选用耐热导线。

18.5.6 综合布线系统

1. 综合布线概述

综合布线是一个模块化、灵活性极高的建筑物内或建筑群之间的信息传输通道,是智能建筑的"信息高速公路"。它既能使语音、数据、图像设备和交换设备与其他信息管理系统彼此相连,也能使这些设备与外部通信网相连接。它由建筑物外部网络或电信线路的连线点与应用系统设备之间的所有电缆及相关的连接部件组成,包括传输介质、相关连接硬件(如配线架、连接器、插座、插头、适配器)及电气保护设备等。具有各自具体用途的子系统则由这些部件来构建,它们不仅易于实施,而且能随需求的变化而平稳升级。一个设计良好的综合布线对其服务的设备应具有一定的独立性,并能互连许多不同应用系统的设备,如模拟式或数字式的公共系统设备,也能支持图像(电视会议、监视电视)设备连接。

2. 综合布线系统特点

综合布线系统具有如下特点。

(1)开放性:采用开放式体系结构,符合国际上的现行标准,接插件为积木式的标准件。

(2)灵活性:运用模块化设计技术,采用标准的传输线缆和连接器件,所有信息通道都是通用的;所有设备的增加及更改均不需要改变布线,只需要在配线架上进行相应的跳线管理即可。

(3)可扩充性:具有扩充本身规模的能力,在相当长的时期满足所有信息传输的要求。

(4)可靠性:采用高品质的材料和组合压接的方式,以保证其电气性能;采用点到点端接并使用相同的传输介质,避免了各种传输信号的相互干扰,能充分保证各应用系统正常准确的运行。

(5)经济性:综合布线系统是将原来相互独立的、互不兼容的若干种布线系统集中成一套完整的布线系统,使布线周期大大缩短,从而节约大量的宝贵时间。

3. 综合布线系统组成

综合布线系统采用模块化的结构。按每个模块的作用,可把综合布线系统划分成六个部分,即工作区、干线子系统、水平子系统、设备间、管理区和建筑群干线子系统。其中每一个部分都相互独立,可以单独设计、单独施工。下面简要介绍这六个部分的功能。

(1)工作区。工作区是放置应用系统终端设备的地方。由终端设备和连接到信息插座的连线(或接插软线)组成(见图 18-11)。它用接插软线在终端设备和信息插座之间搭接。它相当于电话系统中的连接电话机的用户线及电话机终端部分。

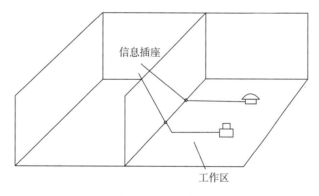

图 18-11　工作区

在进行终端设备和信息插座连接时,可能需要某种电气转换装置。例如,适配器可用不同尺寸和类型的插头与信息插座相匹配,提供引线的重新排列,允许多对电缆分成较小的几股,使终端设备与信息插座相连接。

(2)干线子系统。干线子系统即设备间和楼层配线间之间的连接线缆,其采用大对数双绞电缆或光缆,两端分别接在设备间和楼层配线间的配线架上。它相当于电话系统中的干线电缆。

(3)水平子系统。水平子系统是将干线子系统经楼层配线间的管理区连接并延伸到工作区的信息插座(见图18-12)。水平子系统与干线子系统的区别在于:水平子系统总是处于同一楼层上,线缆的一端接在配线间的配线架上,另一端接在信息插座上。在建筑物内,干线子系统总是处于垂直的智能化间,并采用大对数的双绞电缆或光缆,而水平子系统多为四对双绞电缆。这些双绞电缆能支持大多数终端设备。在需要较高宽带应用时,水平子系统也可以采用"光纤到桌面"的方案。

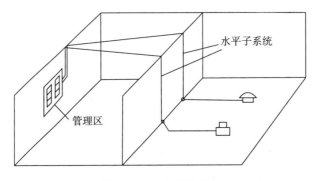

图18-12　水平子系统

当水平工作面积较大时,可在区域内设置二级交接间。这时干线线缆、水平线缆连接方式:干线线缆端接在楼层配线间的配线架上,另一端通过二级交接间的配线架连接后,再端接到信息插座上;干线线缆直接接到二级交接间的配线架上,水平线缆一端接在二级交接间的配线架上,另一端接在信息插座上。

(4)设备间。设备间是建筑内放置综合布线线缆和相关连接硬件及其应用系统设备的场所(见图18-13)。为便于设备搬运、节省投资,设备间一般设在每一座大楼的第二层或第三层,可把公共系统用的各种设备(如电信部门的中继线和公共系统设备)互联起来。设备间还包含建筑物的入口区设备或电气保护装置及其连接到符合要求的建筑物接地点。它相当于电话系统中站内的配线设备及电缆、导线连接部分。

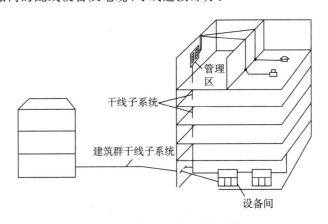

图18-13　建筑群干线子系统及设备间

(5)管理区。管理区在配线间或设备间的配线区域,它采用交联和互联等方式管理干线子系统和水平子系统的线缆。管理区为连通各个子系统提供连接手段,它相当于电话系统中每层配线箱或电话分线盒部分。

(6)建筑群干线子系统。建筑群由两个及两个以上建筑物组成。这些建筑物彼此之间要进行信息交流。综合布线的建筑群干线子系统由连接各建筑物之间的线缆组成。

建筑群综合布线所需的硬件,包括电缆、光缆和防止电缆的浪涌电压进入建筑物的电气保护设备。它相当于电话系统中电缆保护箱及各建筑物之间的干线电缆。

4. 综合布线系统设计施工时要考虑的问题

1)设计时要考虑的问题

综合布线系统的设计必须与计算机网络系统相适应,要充分考虑抗干扰要求,并针对具体工程采取必要的防护措施,优秀的工程施工设计应表现在安全可靠、技术先进、可扩展性强、经济合理等综合技术和经济指标上。

在进行综合布线系统设计时,首先应全面准确地分析和掌握工程的实际需求,并在充分考虑适应未来发展的基础上,提供经济合理、技术可行及满足用户需求的实施方案。很多多功能建筑因用户与使用要求都不能确定,其综合布线系统设计需要更大的灵活性。综合布线系统设计通常采用先完成主干网的布线,再完成或预留好垂直通道与水平通道的相关布线,必要时可在二次装修时再进行工作区子系统布线的做法,以节省初期投资。

目前,我国大多数智能建筑的综合布线系统设计需要注意以下问题:

(1)做好需求分析,进而确定相应的设计方案,应既立足于近期,又必须适应未来发展的需要;

(2)计算机主干网络均采用光缆作为传输介质;

(3)必要时可以用作 BA、CATV、CCTV 等系统信号的传输通道;

(4)我国语音通信的城市网络已光缆化,故大型建筑的语音干线亦采用光缆入户;

(5)语音通信可设置专用程控交换机,但可以利用虚拟技术,以远端模块取代交换机;

(6)水平缆线应考虑千兆网的应用,可选用超五类和六类线缆;

(7)UTP 双绞线布线系统适合办公环境的网络应用,屏蔽双绞线适用于电磁干扰严重、机密度要求高的场合,如银行、机场、军事工程等。

2)施工时要考虑的问题

(1)严格施工管理,不允许未受过培训和不具备上岗资格的人员从事该技术工种的施工;加强施工过程的监理。

(2)严格按照规程施工,特别是在穿线、捆扎、布线、接头处理等方面。

(3)认真完成工程的测试、验收,并及时全面做好施工、测试与验收等过程的文件与技术档案的管理工作。

18.5.7　多媒体会议系统

1. 多媒体会议系统概述

随着科技的快速发展,多媒体会议系统已经成为商务、教育、医疗等领域中不可或缺的沟通工具。多媒体会议系统是一种集成了音频、视频、数据同步传输等多种媒介的通信系统,能够实现远程多方之间的实时交流与协作。其主要组成要素包括音视频设备、数据交互系统、网络传输系统、控制系统及显示系统等。

2. 多媒体会议系统功能特点

多媒体会议系统和传统会议相比具有高效、多元、集中、不受地域限制等优势。多媒体呈现：多媒体会议系统支持多种媒体内容的展示，如文字、图片、音频、视频等，使参会者能够更加直观地理解会议内容。(2)数据共享与交互：系统支持电子白板、文档共享和标注、屏幕共享等功能，方便参会者实时交流与协作。(3)远程参与：多媒体会议系统打破了地域限制，允许远程参会者实时参与会议，提高沟通效率。(4)会议录制与回放：系统支持会议录制和回放功能，方便参会者回顾会议内容和讨论。(5)音视频质量优化：系统通过音视频编解码技术和传输优化技术，确保音视频传输的质量和稳定性。

3. 多媒体会议系统构成

多媒体会议系统主要由以下几部分构成：音视频采集设备、数据交互系统、网络传输系统、控制系统、显示系统、扩声系统。

(1)音视频采集设备：主要包括摄像头、麦克风等设备，用于采集会议现场的音视频信息。

(2)数据交互系统：支持电子白板、文档共享和标注、屏幕共享等功能，方便参会者实时交流与协作。

(3)网络传输系统：负责将音视频及数据信息实时传输至各个参会终端，如交换机、分布式节点等。

(4)控制系统：对整个会议系统进行集中控制和管理，如音视频设备的开关、音量调节等。

(5)显示系统：负责将音视频信号输出至显示设备，如 LED 大屏幕、投影仪等。

(6)扩声系统：负责将音频信号放大输出至音箱设备，如功率放大器、音箱等。

多媒体会议系统如图 18-14 所示。

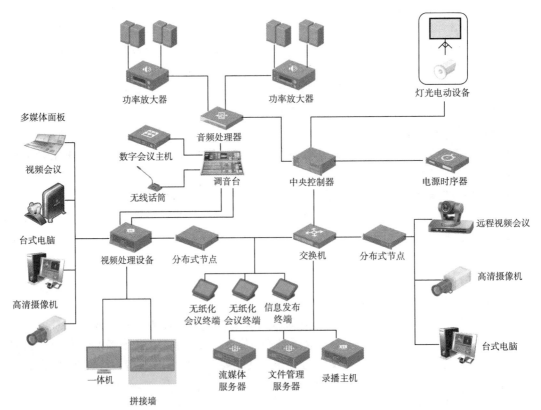

图 18-14　多媒体会议系统

4．多媒体会议系统工作原理

多媒体会议系统的核心在于其音视频编解码技术和传输技术。音视频编解码技术负责对采集的音视频信息进行压缩编码,使其便于传输和存储。传输技术则负责将压缩后的音视频数据实时传输至各个参会终端,确保数据的完整性和实时性。

在多媒体会议系统中,数据传输通常采用流媒体技术。流媒体技术将音视频数据流分割成小的数据包,通过网络进行传输。接收端收到数据包后,按顺序重新组合成完整的音视频流,实现实时播放。为了确保传输质量,系统通常采用适应性强的传输协议,如实时传输协议(RTP)和实时流协议(RTSP)等。

此外,多媒体会议系统还需要实现音视频同步技术,确保各个参会终端收到的音视频信号同步播放。这通常通过时间戳、同步机制等技术实现。

5．多媒体会议系统工作流程

(1)会议准备:首先确定会议议程,选择合适的会议室和设备,并配置网络环境;然后连接音视频设备,调整设备位置和角度,确保参会者能够清晰地听到和看到会议内容。

(2)登录与设置:参会者使用相应的客户端软件登录会议系统,并根据需要进行音视频设置和调整。

(3)开始会议:主持人宣布会议开始后,按照预定的议程进行讨论和交流。参会者可以通过发言请求、文字聊天、投票等方式参与讨论。

(4)数据共享与交互:在讨论过程中,参会者可以使用电子白板、文档共享和标注、屏幕共享等功能进行实时交流与协作。

(5)会议录制与回放:根据需要,可以选择对会议进行录制和回放。录制的文件可以保存到本地或云端存储。

(6)结束会议:讨论结束后,主持人宣布会议结束,并按照预定流程退出会议系统。参会者也需要退出客户端软件并关闭音视频设备。

6．多媒体会议系统未来发展趋势

多媒体会议系统作为现代社会中的重要沟通工具,其应用越来越广泛。在未来的发展中,随着技术的不断进步和应用需求的不断提高,多媒体会议系统将会不断优化和完善,为人们带来更加高效和便捷的沟通体验。多媒体会议系统的未来发展趋势是多方面的,包括虚拟现实与增强现实技术、AI 技术助力会议效率、无纸化环保趋势、云端会议系统普及、5G 技术助力低延迟传输、智能硬件集成、信息安全强化及适应性更强的终端设备等。这些趋势将共同推动多媒体会议系统的发展和完善,为人们带来更加高效和便捷的沟通体验。

18.5.8 楼宇自动化控制系统

1．楼宇自动化控制系统概述

楼宇自动化控制系统是利用计算机技术、网络通信技术、自动化控制技术等现代科技手段,对建筑物内的各种设备进行智能管理和控制,以实现高效、舒适、安全的建筑环境。

2．楼宇自动化控制系统工作原理

楼宇自动化控制系统采用的是基于现代控制理论的集散型计算机控制系统,也称为分布式控制系统(Distributed Control Systems,DCS)。它的特征是"集中管理分散控制",即用分布在现场被控设备处的微型计算机控制装置(DDC)完成被控设备的实时检测和控制任务,克服了计算机集中控制带来的危险性高度集中的不足和常规仪表控制功能单一的局限性。安装于中央控制室的中央管理计算机具有显示、打印输出、丰富的软件管理和很强的数字通信功能,能完成集中操作、显示、报警、打印与优化控制等任务,避免了常规仪表控制分散后人机联系困难、无法统一管理的缺点,保证设备在最佳状态下运行。

3. 楼宇自动化控制系统功能

楼宇自动化控制系统的功能可以归纳如下:

(1)自动监视并控制各种机电设备的起、停,显示或打印当前运转状态;

(2)自动检测、显示、打印各种机电设备的运行参数及其变化趋势或历史数据;

(3)根据外界条件、环境因素、负载变化情况自动调节各种设备,使之始终运行于最佳状态;

(4)监测并及时处理各种意外、突发事件;

(5)实现对大楼内各种机电设备的统一管理、协调控制;

(6)能源管理:水、电、气等的计量收费、实现能源管理自动化;

(7)设备管理:包括设备档案、设备运行报表和设备维修管理等;

(8)对公共安全防范系统、火灾自动报警与消防联动控制系统运行工况进行必要的监视及联动控制。

4. 楼宇自动化控制系统组成

楼宇自动化控制系统主要包括空调系统、照明系统、电梯系统、供配电系统等。

(1)空调系统:通过温度传感器、湿度传感器等实时监测室内温度、湿度等参数,并通过控制系统调节空调设备的运行状态,以达到舒适的环境。

楼宇自动化对空调系统监控原理如图 18-15 所示。

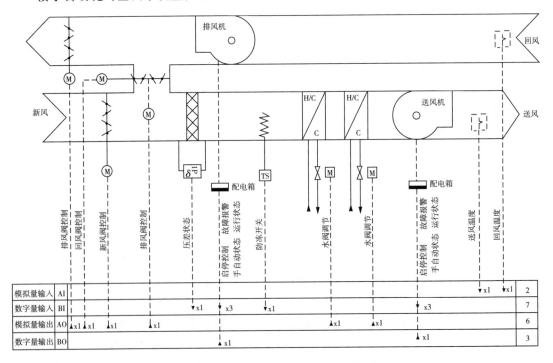

图 18-15 楼宇自动化对空调系统监控原理

空调系统典型控制内容如下：

① 回风温度控制：根据设定值与测量值之差 PID；

② 阀控制：新风阀、回风阀、排风阀的比例调节控制，以实现节能和不同工况运行（全新风、全回风、最小新风量混合风）；

③ 机组监控：监控送风段温度，监控机组运行/停止状态，手自动状态；

④ 定时启停控制：根据事先排定的工作及节假日作息时间表定时启停机组，自动统计机组的工作时间，提示定时维护；

⑤ 报警：监控参数越限报警，过滤器阻塞报警，风机异常自动报警；

⑥ 保护监控：冬季停机时如室外温度低于 2 ℃ 调节阀开度设为 10% 的最低开度，当表冷器温度低于 5 ℃ 时防冻报警并自动开启热水调节阀开度为最大，对于带电加热器的空调机组同时接通电加热器；

⑦ 机组联动：机组的启停与风阀、调节阀的联动控制，季节切换与调节阀的正反作用切换控制；

⑧ 复杂控制：根据不同系统进行串级、选择等复杂调节以提高系统的控制质量；

⑨ 节能控制过渡季节：根据室内外焓值变化，调节送、排、回比率以达到节能的目的。

（2）照明系统：通过 DDC 模块根据室内光线强度、人员流动情况、节假日照明策略等条件对建筑电气照明进行控制。楼宇自动化对照明系统监控原理如图 18 - 16 所示。通过控制系统调节照明设备的开关和亮度，以达到节能和舒适的照明环境。

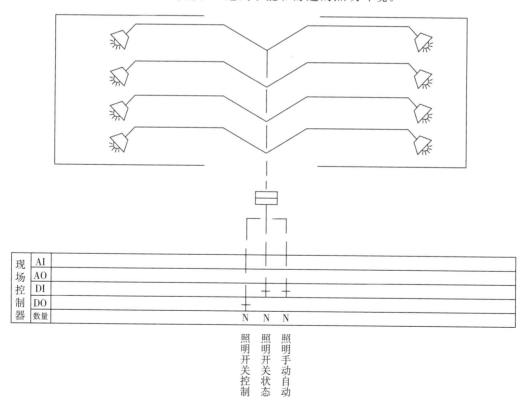

图 18 - 16　楼宇自动化对照明系统监控原理

（3）电梯系统：通过电梯系统对电梯的运行状态进行监测，一般不进行运行管控，楼宇自动化对电梯系统监测原理如图 18 - 17 所示。

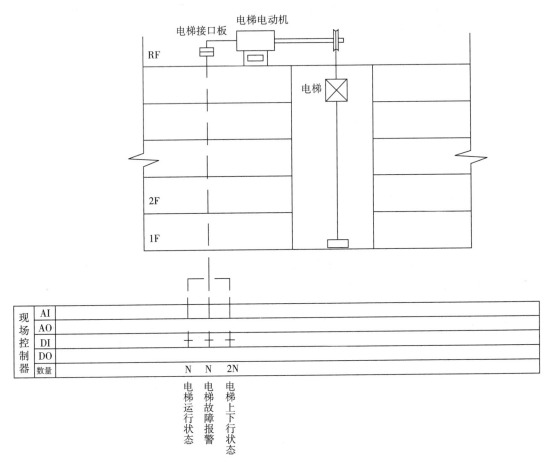

图 18 - 17　楼宇自动化对电梯系统监测原理

5. 楼宇自动化控制系统设计

（1）系统架构设计：根据建筑物的规模和功能需求，设计合理的楼宇自动化控制系统架构，包括硬件设备选型、网络通信设计、软件系统设计等。

（2）设备选型与配置：根据实际需求选择合适的设备，并进行合理的配置，以确保系统的稳定性和可靠性。

（3）控制策略设计：根据实际需求设计合理的控制策略，包括设备运行模式、控制逻辑等，以确保系统的智能化管理和控制。

6. 楼宇自动化控制系统发展趋势

（1）智能化技术应用：随着人工智能技术的发展，楼宇自动化控制系统将更加智能化，能够实现更加复杂的控制和管理功能。

（2）物联网技术应用：随着物联网技术的发展，楼宇自动化控制系统将更加互联互通，能够实现更加高效和智能的管理和控制。

（3）云计算和大数据技术应用：随着云计算和大数据技术的发展，楼宇自动化控制系统将更加高效和可靠,能够实现更加精细化的管理和控制。

18.5.9　机房工程

1. 机房工程概述

机房工程是为了满足信息化时代对设备运行环境的高标准要求而发展起来的新兴产业,其主要目标是创造一个安全可靠、节能高效、舒适宜人的设备运行环境。其具体任务包括保障设备安全稳定运行,提高设备运行效率,降低能耗和维护成本,提升机房整体形象和品质。机房工程的建设应符合如下原则。

(1)标准化原则:机房建设应遵循国家相关标准和规范,确保建设的规范性和可靠性。

(2)安全性原则:机房建设应充分考虑设备运行的安全性,采取相应的防护措施,预防各类事故的发生。

(3)可靠性原则:机房建设应保证设备运行的稳定性和可靠性,采取多种措施降低故障率。

(4)节能环保原则:机房建设应注重节能环保,合理选用节能型设备和材料,提高能源利用效率。

(5)扩展性原则:机房建设应具备可扩展性,以满足未来业务发展的需求。

2. 机房工程组成

机房工程应合理规划平面布置与空间划分,根据设备种类和功能合理划分区域,便于管理和维护。考虑设备布局的合理性和美观性,使设备摆放整齐有序。留出适当的通道和空间,方便人员流动和设备检修。划出特殊区域,用于放置备用设备和临时设备。

机房工程具体由以下部分组成。

(1)建筑装修。机房的建筑装修是机房的基础,其主要包括墙面、地面、吊顶、隔断、门窗等装修项目,主要目标是创造一个安全、舒适、美观的设备运行环境。装修材料应选择不易燃烧、不易污染、易于清洁的材料,同时要考虑节能环保的要求。

(2)供配电系统。供配电系统是机房的心脏,负责为机房设备提供稳定、可靠的电力供应。供配电系统包括电源线路、配电柜、UPS 等设备。供配电系统的设计要考虑设备的负载需求、电源质量、供电的稳定性和可靠性等因素,同时要做好设备的接地和防雷措施,保障设备安全。

(3)空调与通风系统。空调与通风系统是机房的重要组成部分,负责调节机房内的温度、湿度和洁净度,为设备提供良好的运行环境。空调系统可以采用精密空调或舒适性空调,通风系统可以采用新风系统或排风系统。空调与通风系统的设计要考虑设备的散热需求、空气质量等因素,确保设备正常运行。

(4)防雷接地系统。防雷接地系统是机房的安全保障,可以防止雷击对设备的损坏。防雷接地系统包括避雷针、防雷器、接地网等设备。在设计中要考虑设备的防雷等级和接地要求,选用合适的防雷设备和接地方式,保障设备安全。

(5)信息设施系统。信息设施系统是机房的神经系统,包括交换机、路由器、入侵检测等设备。信息设施系统的设计要考虑设备的性能和功能要求,同时要考虑设备的可扩展性和可维护性;在布线时要遵循规范,合理规划线路走向和接口位置,方便后期维护和管理。

(6)消防系统。消防系统是机房的安全保障之一,可以在火灾发生时及时扑灭火灾并保障人员安全。消防系统包括灭火器、烟雾报警器等设备。消防系统的设计要考虑设备的灭火效果和安全性,同时要考虑设备的维护和保养要求。

（7）机房环境监控系统。机房环境监控系统可以对机房内的温湿度、空调运行状态、漏水等环境参数进行实时监测和记录,及时发现异常情况并采取相应措施。机房环境监控系统的设计要考虑监控范围和监控精度要求,同时要考虑系统的可扩展性和可维护性。

（8）机柜及空间布局。机柜及空间布局是机房的重要组成部分,可以合理地摆放和管理设备。机柜可以采用标准机柜或定制机柜,空间布局可以采用面对面或背对背的方式。机柜及空间布局的设计要考虑设备的数量和种类,同时要考虑设备的可维护性和可扩展性要求。

3. 机房工程发展趋势

随着科技的快速发展,机房工程也在不断演变,以满足日益增长的计算和存储需求。机房工程未来发展的五大趋势,包括模块化设计、绿色节能、智能化管理、安全性提升和定制化服务。

模块化设计已成为机房工程的重要趋势。这种设计方法使得机房能够在保持高效运行的同时,更加灵活地适应各种需求。模块化设计能够快速部署新的设备和系统,同时减少维护和升级的停机时间,大大提升了机房的效率和稳定性。

在环境问题日益严峻的今天,绿色节能已成为各行各业关注的焦点,机房工程也不例外。通过采用更高效的冷却系统、节能的 UPS 供电方案及优化的气流组织设计,机房的能源消耗得到了显著降低。同时,更多的可再生能源如太阳能、风能也被引入到机房的运行中,进一步减少了碳排放。

智能化管理是机房工程的另一个重要发展趋势。借助物联网、大数据和 AI 等技术,可以实时监控机房的运行状态、预测潜在的故障、自动调整运行参数,以优化能效。这不仅提高了机房的运行效率,也大大减轻了运维人员的工作负担。

随着网络攻击的日益严重,机房工程的安全性提升变得尤为重要。这包括物理安全和网络安全两个方面。在物理安全方面,强化门禁系统、视频监控及电子巡查等手段已被广泛应用。在网络安全方面,引入防火墙、入侵检测系统及数据加密等技术,以保障数据的安全和完整性。

随着各行各业对计算和存储需求的个性化,机房工程也在向定制化服务的方向发展。根据客户的具体需求,从机房的布局、设备配置到系统架构都可以进行个性化的定制,以满足各种特定应用的需求。这不仅能更好地满足客户的实际需求,也进一步推动了机房工程的技术创新。

综上所述,模块化设计、绿色节能、智能化管理、安全性提升和定制化服务是机房工程发展的五大趋势。这些趋势不仅有助于提高机房的运行效率和稳定性,降低能耗和成本,同时也为应对未来挑战提供了新的思路和方法。面对未来更多变的需求和更复杂的环境,我们应持续关注和研究这些趋势,以便更好地应对挑战并抓住机遇。

18.6 智能建筑系统集成

18.6.1 智能建筑系统集成概述

系统集成技术是构建建筑智能化集成系统（Intelligent Integrated System,IIS）的相关技术。《智能建筑设计标准》(GB 50314—2015)对智能化集成系统(IIS)给出如下定义:"为实现建筑物的运营及管理目标,基于统一的信息平台,以多种类智能化信息集成方式,形成的具有信息汇聚、资源共享、协同运行、优化管理等综合应用功能的系统"。

在智能建筑中,为满足功能、管理等要求,需要资源共享。要利用各种智能系统信息资源,采用系统集成的技术手段、方式方法把与建筑物综合运作所需要的信息汇集起来,以实现对建筑物的综合运作、管理和提供辅助决策,实现各个子系统独立运行无法实现的功能。

智能化系统集成的目的是为设置在建筑物内的各种智能子系统建立一个统一的操作使用平台,利用先进的计算机及网络技术,使各种智能化系统的效能得到充分利用,统一管理,操作使用简洁协调。

智能化系统集成的目标不仅是要对整个建筑物内有关设备资源及其运行状态进行记录和管理,而且是要对建筑物内的各种公用服务设施、通信系统、办公自动化、结构化综合布线系统及公众信息服务等进行综合管理。

18.6.2　智能建筑系统集成优越性

在许多没有很好地进行系统集成的大厦中,各个子系统处于分开管理的局面,形成了一些相互脱节的独立系统,各个子系统之间的硬件设备大量重复冗余,操作和管理人员需要熟悉和掌握各个不同厂家的技术,因而造成了系统建设、技术培训及维修的高额投资和系统效率的低下。

系统集成的优越性主要有以下几个方面。

(1)可以在一个中央监控室内对大厦的保安、消防、各类机电设备、照明、电梯等进行监视与控制。这样一方面提高了管理和服务的效率,节省了人工成本;另一方面由于采用了同一操作系统的操作平台和统一的监控与管理界面,因此各职能部门的计算机终端都可以通过数据库得到大厦内所有的数据信息,实施全局的事件和事务处理,同时进一步降低运行和维护费用,实现物业管理现代化。

(2)采用全面综合的优化设计,它所配置的各个子系统的硬件和软件都不会重复,因此集成系统的造价可比采用独立子系统节省20%左右。

(3)采用统一的模块化硬件和软件结构,便于物业管理人员掌握操作技术和保养维护系统。

(4)将各个子系统的管理集中到多个中央监控主机上,并采用统一的并行处理,分布式操作系统,可以实现双机(或多机)并行运行,互为热备份,从而大大提高了智能建筑管理系统的容错性和可靠性。

(5)适合采用工程总承包的方式,这有利于提高工程质量、保证工程进度、减少相互推诿、降低工程管理费用、提高效益/费用比,并且因减少了工程承包界面,可以有效地解决各子系统之间的界面协调,保证系统的一次性开通。

18.6.3　智能建筑系统集成设计

1. 第一阶段:需求说明

第一阶段的主要任务是确定系统的需求并阐明需求的可行性。在阐明需求可行性时,

要求满足技术先进性和经济可承受性两方面的最佳统一。一般说来,需求说明应满足如下要求:

(1)有利于对问题陈述及其正确解释的更好理解;

(2)能导致更好与更易于验证的设计;

(3)对复杂性有更好的管理和控制;

(4)防止系统及各子系统的设计人员之间的误解;

(5)能满足最终测试标准。

在这一阶段应该清楚说明的内容包括建筑物的用途,建筑物的结构与面积、地理位置、周边环境对系统的影响和要求,相关管理部门对系统的特殊要求,工作流程及数据组成,数据量的大小及分布,已具有的资源,投资的规模等。

第一阶段的工作往往以业主为主来完成,当业主感到技术力量不足时,可以聘请系统集成咨询与设计机构。在实际的工程运转中,这一阶段常常由建筑的勘察设计单位配合业主来完成。

2. 第二阶段:需求分析、确定方案

需求分析是要深刻了解客户的需求并考虑用什么样的方案来满足这种需求。需求分析包括功能分析、结构分析、环境分析和特性分析。在进行上述分析时要划定系统的边界,列出系统的输入、输出,以及产生这些输入、输出的条件和结果。另外,还要区分哪些属于常规性需求,哪些属于特殊需求。确定集成方案的主要工作是选择系统集成的框架和各子系统间的通信连接方式,针对系统集成需求说明所采取的技术手段和设施等。

第一阶段的工作主要由系统集成咨询设计机构来完成。其在进行需求分析和确定系统集成方案的过程中要和业主经常联系、紧密协作,要真正清楚业主到底需要解决什么问题?从多大程度上、分几个步骤去解决?主要的矛盾是什么?矛盾的主要方面是什么?在解决这些矛盾的时候,前提条件是什么?对其他的智能化系统有什么样的要求?

系统集成的招、投标往往和其他的智能化系统同步进行。系统集成设计方案的优劣是业主决定选择哪一个系统集成商的重要依据。一个优秀的设计方案不但要全面满足系统集成技术、性能等方面的要求,还要在价格上具有优势,获得好的性能价格比。

3. 第三阶段:详细设计

经过招、投标之后,各个系统的承包方已经明确,总体设计方案和主要设备的选择已经定型,因此已经具备对系统集成方案做深、做细的条件。详细设计是在投标方案的基础上修改和完善系统集成的总体方案,设计出工程的实施方案。工程实施方案至少应包括以下内容。

(1)系统集成的具体组成,包括所有的软、硬件设施。对于硬件,应有物理配置图、安装流程图;对于软件,应按照软件工程的要求提供全套的相关资料。

(2)系统集成的总体功能描述及其对决策的辅助方式和作用。

(3)各子系统的具体连接方式,智能建筑系统集成框架组成如图 18 - 18 所示。

(4)各子系统信息交流的具体方式和方法、内容和格式、大小和频次、情景和场合。

(5)各子系统的协作方式和内容。

(6)用户界面,包括信息交互的方法和方式、可提供的管理模式等。

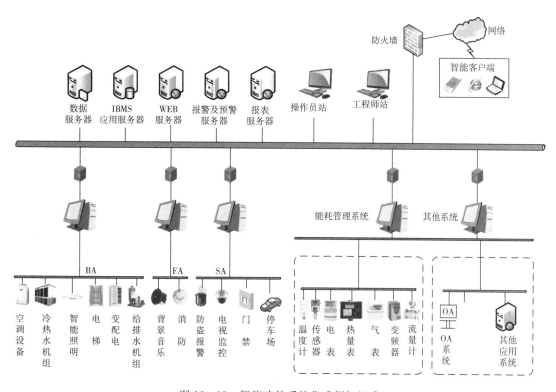

图 18 - 18　智能建筑系统集成框架组成

（7）工程进度和时间安排，与其他智能化系统协作与配合的要求。

（8）安装和调试步骤，正确性的测试和验收标准。

4. 第四阶段：设计方案会审

整个智能化系统是由多个子系统组成的，而这些子系统往往又由多个承包商来承建。由于在设计阶段各个承包方分别进行设计，因此有必要对所有的设计方案进行会审，以便将相互矛盾、疏漏或不协调之处消灭在设计阶段。会审的最理想方式是用计算机来进行模拟和仿真，但是这样要付出较大的代价，花费较多的时间。因为目前尚缺乏有效的商业化模拟仿真软件，会审简单可行的办法是在方案推理运作整个系统，即假设多种可能发生的情况，从图纸上来看各个系统的反应与应该产生的动作，从而预测各个系统是否可以相互配合、达到预期的功能。有经验的系统集成研发人员常常能从这一过程中发现设计上的不足和疏漏。认真进行方案会审是保证工程顺利实施不可或缺的重要步骤。在这一过程中，可能会要求方案修改，甚至重新选择其他方案，但这样做是值得的。当对方案进行必要修改之后，应当进行再次会审，直到各个子系统的设计方案完全有效可行。

5. 第五阶段：系统实施

当各子系统的详细设计方案确定下来之后，各子系统分别实施，具体工作包括设备的招标选购、技术交底、现场施工、安装调试等。一般情况下，各子系统往往不是由一个承包单位承建，因此各个单位之间的协作和配合对于保证工程的质量和进度十分重要。尤其在现场施工和安装调试时，需要邀请对智能化工程全面了解的人进行整体的统筹和协调，与现场施工同时进行的便是系统集成的软件设计和开发,其中最大的难点是如何保证它的正确性。系统集成软件涉及多个系统,它的输入来自被集成的系统,程序化结果也要返回到这些系统,而且结果往往和某些控制动作密切相关。有些输出结果可以进行现场验证,而有的则无法进行现场验证。因此,采用模拟技术来对所开发的程序加以验证是必要的。

6. 第六阶段:测试和试运行

智能建筑系统集成的测试目前只能进行功能测试而不能进行完整的性能测试。有的智能化系统,其标准化的程度很高,如结构化布线系统,可以按照标准进行性能测试。我国虽然颁发了《智能建筑设计标准》,但对智能化系统集成所规定的标准弹性较大,完全按照标准操作还有较大的难度。在实际工作中,可以参考标准,由业主和承包方一起共同协商系统集成的功能和性能指标。

智能化系统的试运行时间较长,如空调系统的功能要分别经过冬天和夏天的检验才能得到证明。使用和维护人员也需要经过一段较长的时间才能了解和掌握系统。在试运行阶段,一个重要的工作是形成完整的运行资料,按时填写运行日志。目前,还没有测试整个智能化系统的仪器。智能化系统建成后,更新和改造是不可避免的,完整的运行资料不仅是管理系统的需要,也是进行系统升级和改造时的重要依据。

18.7 智慧建筑应用

18.7.1 智慧建筑定义

智慧建筑是在建筑智能化基础上,利用人工智能、大数据及物联网等先进技术,以深度服务于便捷、舒适、安全、绿色、健康、高效等各类建筑应用场景为目标,在理念规划、技术手段、管理运营、可持续发展环节中充分体现数据集成、分析判断、管控策略,具有整体自适应和自进化能力的新型建筑形态。

18.7.2 智慧建筑技术基础

智慧建筑的核心技术包括物联网、云计算、大数据和人工智能等,各技术具体应用目标如下。

(1)物联网系统:通过各种传感器、控制器等设备,实现对建筑物内各种设备和系统的智能化管理和控制。

(2)云计算系统:通过云计算技术,实现对建筑物内各种数据和信息的集中管理和分析,为建筑物的管理和维护提供更加准确、高效的支持。

(3)大数据系统:通过大数据技术,实现对建筑物内各种数据和信息的挖掘和分析,为建筑物的管理和维护提供更加科学、合理的决策支持。

(4)人工智能系统:通过人工智能技术,实现对建筑物内各种设备和系统的智能化管理和控制,提高建筑物的安全、舒适、节能和环保性能。

传统建筑智能化向智慧建筑演进如图 18-19 所示。

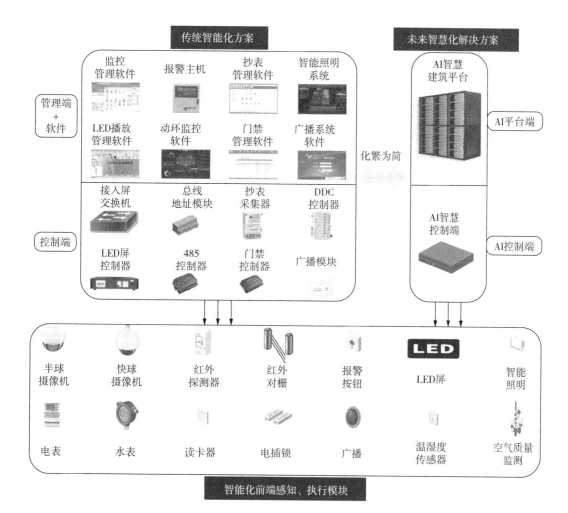

图 18-19　传统建筑智能化向智慧建筑演进

18.7.3　智慧建筑应用场景

智慧建筑是一种基于现代科技和物联网技术的新型建筑形态,它采用智能化的设备和系统,利用大数据、云计算、物联网等技术实现信息的共享和交互,具有智能化、高效性、舒适性等优点。智慧建筑的应用场景非常广泛,按建筑特点分为以下应用场景。

(1)商业建筑:智慧商业建筑可以通过智能化的设备和系统,实现自动化的门禁、安防、空调、照明等管理,提高商业建筑的安全性、便利性和舒适性,同时还能通过大数据分析提高商业运营效率。

(2)住宅建筑:智慧住宅建筑可以通过智能化的设备和系统,实现智能家居、智能门锁、智能照明、智能窗帘等功能,提升住宅的舒适性和便利性,同时还能通过大数据分析提高住宅的能耗效率。

(3)教育建筑:智慧教育建筑可以通过智能化的设备和系统,实现校园安防、智能化课室、智能化图书馆等功能,提高教育建筑的安全性、教学效率和服务质量。

(4)医疗建筑:智慧医疗建筑可以通过智能化的设备和系统,实现医疗设备的智能化管理、医院信息化管理、患者管理等功能,提高医疗建筑的服务质量和工作效率,同时还能通过大数据分析提高医疗的效率和质量。

(5)城市建筑:智慧城市建筑可以通过智能化的设备和系统,实现城市交通、城市安全、城市环境等方面的智能化管理,提高城市的安全性、便利性和舒适性,同时还能通过大数据分析提高城市的管理效率。

总之,智慧建筑的应用场景非常广泛,涵盖了商业、住宅、教育、医疗、城市等多个领域,有望为人们的生活和工作带来更多的便利和舒适。

18.7.4 智慧建筑的优势

(1)提高建筑物的安全性能:通过物联网系统实现对建筑物内各种设备和系统的智能化管理和控制,及时发现和解决安全隐患。

(2)提高建筑物的舒适性能:通过人工智能系统实现对建筑物内各种设备和系统的智能化管理和控制,提高建筑物的舒适度。

(3)提高建筑物的节能性能:通过大数据系统实现对建筑物内各种数据和信息的挖掘和分析,为建筑物的管理和维护提供更加科学、合理的决策支持。

(4)提高建筑物的环保性能:通过云计算系统实现对建筑物内各种数据和信息的集中管理和分析,为建筑物的管理和维护提供更加准确、高效的支持。

(5)提高建筑物的管理和维护效率:通过云计算系统和大数据系统实现对建筑物内各种数据和信息的集中管理和分析,提高建筑物的管理和维护效率。

(6)提高建筑物的投资回报率:通过提高建筑物的安全、舒适、节能和环保性能,提高建筑物的市场价值和使用价值,从而提高建筑物的投资回报率。

18.7.5 智慧建筑与智慧城市的关系

智慧建筑与智慧城市有着密切的联系和相互作用。智慧建筑是智慧城市的重要组成部分,它为智慧城市的建设提供了物质基础,同时也为智慧城市的各种系统和应用提供了数据和支持。

首先,智慧建筑作为城市基础设施的一部分,通过提高建筑物的安全、舒适、节能和环保性能,为城市居民提供了更高效、舒适、便利的生活和工作环境。同时,智慧建筑还可以为城市提供更高效、智能的能源管理和资源利用,为城市的可持续发展提供支持。

其次,智慧建筑与智慧城市的联动可以实现更高效的资源利用和能源管理。例如,智慧建筑可以通过与智慧城市的能源系统相连接,优化能源使用,减少浪费,从而实现节约能源的目标。同时,智慧建筑还可以通过与智慧交通、智慧环保等领域的联动,实现城市资源的共享和优化配置,提高城市的整体运营效率。

此外,智慧建筑还可以为智慧城市提供数据支持。通过物联网、云计算、大数据等技术,智慧建筑可以收集和分析各种数据,如建筑物内设备运行的数据、室内空气质量数据等,这些数据可以为城市管理和决策提供科学依据。

综上所述,智慧建筑与智慧城市相互促进、共同发展,智慧建筑为智慧城市的建设提供了重要支撑,而智慧城市则为智慧建筑的发展提供了更广阔的应用前景。

18.8　智慧校园应用

18.8.1　智慧校园概述

智慧校园应用是一种基于物联网、大数据、人工智能等技术的校园信息化解决方案,旨在提高校园管理效率、提升教学质量、促进师生互动、增强校园安全等方面的应用。以下是一些智慧校园应用的具体例子。

（1）智能门禁系统:通过人脸识别、指纹识别等技术,实现校园门禁的智能化管理,提高校园安全防范水平。

（2）智能安防监控系统:通过视频监控、人脸识别等技术,实现校园内的实时监控和异常情况自动报警,保障校园安全。

（3）智能照明系统:通过智能照明控制技术,实现教室、图书馆等场所的灯光自动调节和节能控制,提高能源利用效率。

（4）智能水电管理系统:通过智能水电控制技术,实现对学生宿舍、教学楼等场所的水电用量进行实时监测和智能控制,提高能源利用效率和节约用水用电。

（5）智能排课系统:通过人工智能算法,实现课程表的智能排课和优化,提高教学资源利用效率,减轻教师排课负担。

（6）智能教学平台:通过多媒体教学、在线课程等技术,实现教学资源的共享和师生互动,提高教学质量和效果。

（7）智能图书馆管理系统:通过智能图书管理、借阅控制等技术,实现图书馆图书的智能化管理和借阅流程的自动化,提高图书馆服务水平和借阅效率。

（8）智能学生管理系统:通过学生信息管理、成绩查询、考勤管理等系统,实现学生信息的集中管理和查询的自动化,提高学校管理效率。

总之,智慧校园应用通过各种智能化技术手段,提高了校园管理效率、提升了教学质量、促进了师生互动、增强了校园安全,为学校的发展提供了有力支持。

18.8.2　智慧校园基础设施

基础设施建设是智慧校园的基础,包括网络建设、数据中心建设、智能感知设备等。网络建设需要覆盖校园的每一个角落,保证师生在任何时间、任何地点都能接入网络;数据中心建设需要为校园的各项应用提供数据支持,保证数据的安全、可靠;智能感知设备能够对校园内的各种信息进行采集、传输和展示。

信息化基础设施是智慧校园的重要组成部分,包括智能门禁系统、安防监控系统、照明系统、水电管理系统等。这些系统能够实现校园的全面智能化管理,提高学校的管理效率,为师生提供更好的服务。同时,信息化管理系统还需要与移动端应用开发相结合,实现信息的实时传递和交互。

18.8.3　智慧校园新技术应用

物联网技术应用是智慧校园的关键技术之一,它能够实现各种设备的互联互通,提高信息采集和传输的效率。通过物联网技术，我们可以对校园内的各种信息进行实时监测和采集，为大数据分析和决策支持提供数据支持。同时，物联网技术还可以应用于智能排课系统、学生管理系统等，实现后勤管理的全面智能化。

大数据分析与决策支持是智慧校园的核心功能之一，它能够对海量的数据进行处理和分析，为学校的管理和决策提供有力支持。通过大数据分析，我们可以了解学生的学习情况、教师的教学情况、学校的运行情况等，为学校的发展提供科学依据。同时，大数据分析还可以应用于招生就业指导、课程优化等方面，提高学校的整体办学水平。

云计算服务平台是智慧校园的重要支撑平台之一，它能够提供高效、安全、可靠的计算和存储服务，为各种应用提供稳定的技术支持。通过云计算服务平台，我们可以实现资源的动态管理和调度，提高资源的利用效率。同时，云计算服务平台还可以提供数据备份和容灾服务，保证数据的安全性和可靠性。

移动端应用开发是智慧校园的重要组成部分，它能够实现信息的实时传递和交互，提高师生的使用体验。移动端应用需要与信息化管理系统相结合，实现各种功能的移动化操作和管理。同时，移动端应用还需要注重用户体验和个性化需求，根据不同用户的需求进行定制化开发。

18.8.4　智慧校园安全保障体系

安全与保障体系是智慧校园的重要保障措施之一，它需要保证各种设备和系统的安全稳定运行，防止信息泄露和被攻击。我们需要采取一系列的安全措施和技术手段，如加密传输、身份认证等，保证数据的安全性和完整性。同时，我们还需要建立完善的安全管理制度和应急预案，提高安全防范意识和应对能力。

18.8.5　未来发展趋势

随着技术的不断发展和进步，智慧校园将呈现出更加智能化的趋势。未来智慧校园将更加注重个性化需求和服务体验，同时将面临更加严格的数据安全和隐私保护挑战。我们需要不断探索和创新，加强技术研发和应用实践，推动智慧校园的持续发展。

18.9　智慧医院应用

18.9.1　智慧医院概述

智慧医院是在传统医院的基础上，通过引入先进的信息化和智能化技术，对医院的管理、服务和治疗等方面进行全面升级的一种新型医院模式。智慧医院旨在提高医疗服务的效率和质量，优化医疗资源的配置，提升患者的就医体验，推动医疗行业的数字化转型。智慧医院相比传统医院具有众多优势，具体如下。

（1）提高医疗服务质量：智慧医院通过应用最新的技术手段，优化诊疗流程，提高医疗服务质量。患者能够获得更加高效、便捷、安全的医疗服务，医护人员的工作负担也得到减轻。

（2）提升医疗资源利用效率：智慧医院通过云计算和大数据技术，实现了医疗资源的共享和优化配置。这有助于减少医疗资源的浪费，提高医疗服务的覆盖范围和可及性。

（3）强化跨地区医疗合作：智慧医院的建设有助于实现跨地区、跨医院的医疗合作。通过信息共享和远程诊疗,患者可以获得更加全面和专业的医疗服务,有助于提升整体医疗服务水平。

（4）提升医院管理效率:智慧医院的管理系统通过应用物联网和大数据技术,实现了医院运营的智能化管理。这有助于提高医院的管理效率,降低运营成本。

（5）加强疾病诊疗效果:通过对大量医疗数据的分析和挖掘,智慧医院能够提供更加精准的疾病诊疗方案。同时,通过实时监测患者的生理参数,能够及时发现病情变化,加强疾病诊疗效果。

18.9.2　智慧医院构成

智慧医院主要包括智能化医疗设备、信息化管理体系、数字化医疗服务、自动化医疗诊断及数据辅助决策等。

（1）智能化医疗设备:智慧医院采用了一系列先进的智能化医疗设备,如智能诊断设备、智能手术机器人等,这些设备能够自动完成检测、诊断和治疗等工作,提高了医疗服务的效率和精确度。

（2）信息化管理系统:智慧医院建立了完善的信息化管理系统,实现了医疗数据的实时采集、存储、分析和共享,为医疗工作者提供了全面的数据支持,提高了医院的管理效率。

（3）数字化医疗服务:智慧医院提供了数字化的医疗服务,患者可以通过互联网预约挂号、查询检查结果、在线咨询医生等,省去了许多烦琐的环节,大大提高了患者的就医体验。

（4）自动化诊断技术:智慧医院采用了基于人工智能的自动化诊断技术,通过深度学习和图像识别等技术,对医学影像进行分析和诊断,提高了诊断的准确性和效率。

（5）高效运营管理:智慧医院通过精细化的运营管理,优化了医疗资源的配置,实现了医院的可持续发展。通过数据分析和预测,医院能够更好地掌握患者的需求,制定科学的管理策略。

（6）患者参与和互动:智慧医院注重患者的参与和互动,通过建立患者服务平台,让患者能够参与到自己的治疗过程中,提高了患者的满意度和信任度。

（7）医疗质量监控:智慧医院建立了完善的质量监控体系,对医疗服务的质量进行实时监测和评估,及时发现和解决存在的问题,确保了医疗服务的高质量。

（8）数据分析与决策支持:智慧医院通过对大量的医疗数据进行深入分析,为医院的决策提供科学依据,帮助医院更好地制定发展策略和优化资源配置。

（9）远程医疗与移动医疗:智慧医院还积极推广远程医疗和移动医疗技术,使患者可以在家中享受到专业的医疗服务。这不仅方便了患者,也提高了医疗服务的覆盖面和效率。

综上所述,智慧医院是信息技术与医疗服务深度融合的产物。通过智能化、信息化、数字化等技术手段,智慧医院实现了医疗服务的升级和优化,提高了医疗效率和质量。随着科技的不断进步和社会的发展,相信智慧医院将成为未来医疗服务的主流模式,为人类的健康事业作出更大的贡献。

18.9.3　智慧医院新技术应用

随着科技的飞速发展,智慧医院的概念正逐渐成为现实。智慧医院借助最新的技术手段,包括大数据、云计算、物联网、人工智能等,对医疗服务进行智能化升级,为患者提供更加高效、便捷、安全的医疗体验。新技术在智慧医院中的应用及其带来的优势如下。

（1）大数据技术：通过收集和分析海量的医疗数据，大数据技术可以帮助医生制定更加精确的诊断和治疗方案。例如，通过对患者的历史病历、遗传信息、生活习惯等进行深度挖掘，医生可以预测疾病发展趋势，制定个性化的诊疗方案。

（2）云计算技术：云计算技术为医疗数据提供了集中存储和高效处理的能力，使跨医院、跨地区的医疗信息共享成为可能。通过云计算平台，医生可以随时随地访问患者的医疗记录，提高诊疗效率。

（3）物联网技术：物联网技术在智慧医院中发挥了重要作用，实现了医疗设备、患者、医护人员之间的实时信息交互。例如，通过物联网技术，可以实时监测患者的生理参数，为医护人员提供及时反馈。

（4）人工智能技术：人工智能技术在智慧医院中有广泛的应用，包括医学影像识别、疾病辅助诊断、智能导诊等。AI 技术的应用极大地提高了诊疗效率和准确率，减轻了医护人员的工作负担。

新技术在智慧医院的应用带来了巨大的变革和优势。它不仅提高了医疗服务的质量和效率，优化了医疗资源的配置，还提升了医院的管理效率。然而，新技术在智慧医院应用中可能面临数据安全和隐私保护等问题。在未来的发展中，需要不断完善相关法规和技术手段，确保智慧医院的安全和可持续发展。随着科技的不断发展，相信智慧医院将成为医疗服务的重要趋势，为患者带来更加美好的健康生活。

18.10　智慧住宅应用

18.10.1　智慧住宅概述

智慧住宅的核心在于其智能家居系统，该系统利用先进的物联网技术，实现各种家电、家居用品之间的互联互通。智慧住宅采用了先进的节能环保技术（如太阳能、风能等可再生能源）的应用，以及高效的保温、隔热材料等，以降低住宅的能耗。智慧住宅的安全防护系统集成了智能监控、红外探测、燃气泄漏检测等多种功能，能够在第一时间发现异常情况并采取相应的措施，保障住户的生命财产安全。智慧住宅注重舒适生活体验，利用智能环境控制系统根据住户的需求和室内环境的变化，自动调节室内温度、湿度和空气质量，为住户创造一个舒适的生活环境。智慧住宅的物业管理采用智能化手段，通过物联网技术和大数据分析，实现物业的智能化管理。智慧住宅注重住户的个性化需求，提供人性化的定制服务。

智慧住宅主要由感知层、通信层、控制中心、终端设备层及平台层几个部分构成，具体介绍如下。

（1）感知层：感知层主要包括各种传感器和设备，如温度传感器、门窗传感器、摄像头等。这些设备可以感知家居环境的变化和状态，为后续的决策提供数据支持。

（2）通信层：通信层负责将感知层的数据传输到其他设备或系统。其可以通过无线技术（如 Wi-Fi、蓝牙、ZigBee 等）实现设备间的实时通信和协作。

（3）控制中心：控制中心是智能家居的大脑，它负责接收、处理和分析来自各个设备的数据。控制中心可以是一个智能手机、平板电脑、智能音箱，甚至是专门的智能家居中心。通过控制中心，用户可以远程监控和控制家居设备。

（4）终端设备层：终端设备层由照明灯具、空调新风、窗帘、电器设备等家用电器组成，它们都接受系统的统一控制。

（5）平台层：平台层由智能住宅云组成，对接入的全部终端、服务场景、控制功能等进行统一管理，并为智慧社区等第三方业务系统提供接口。

这些组成部分相互协作，共同构成一个完整的智慧住宅系统，为住户提供安全、舒适、便利的居住环境。

18.10.2　智慧住宅新技术应用

随着科技的飞速发展，智慧住宅领域不断涌现出新的技术应用，这些应用提升了居住的便捷性、舒适性和安全性。以下是智慧住宅新技术应用的概述。

（1）智能家居系统：智能家居系统是智慧住宅的核心，它利用先进的物联网技术，将家中的各种设备连接到同一个平台上，实现设备的互联互通。住户可以通过手机、平板电脑等设备远程控制家中的设备（如灯光、空调、门窗、安防系统等），从而提升生活的便利性和舒适度。

（2）自动化设备控制：利用传感器和自动化技术，实现对家电设备的自动化控制。例如，可以根据室内光线强弱自动调节窗帘的开合；根据环境温度自动开启或关闭空调等。这种自动化控制方式使生活更加舒适，节省了人力和能源。

（3）人工智能语音助手：结合人工智能和语音识别技术，创造出智能语音助手。住户可以通过简单的语音指令控制家中设备、查询信息、设置提醒等，使生活更加便捷。

（4）智能安全系统：安全监控系统集成了智能监控、红外探测、燃气泄漏检测等多种功能，能够在第一时间发现异常情况并采取相应的措施，保障住户的生命财产安全。

（5）节能管理系统：智能环境控制系统可以根据住户的需求和室内环境的变化，自动调节室内温度、湿度和空气质量，从而实现节能减排的效果。同时，智能家电设备也可以根据住户的生活习惯，智能调节能耗，达到节能的目的。

（6）智能照明系统：利用智能家居系统和传感器技术，实现照明系统的智能化控制。系统可以根据室内光线强弱、时间等因素自动调节灯光亮度、色温等，以达到舒适的光照环境。同时，智能照明系统还可以根据住户的生活习惯和需求，提供个性化的照明方案。

（7）智能窗帘系统：利用智能家居系统和传感器技术，实现窗帘的智能化控制。系统可以根据光线强弱、时间等因素自动调节窗帘的开合，创造舒适的室内环境。同时，智能窗帘系统还可以与安防系统联动，提高居住的安全性。

（8）智能环境监测：利用传感器技术，实时监测室内空气质量、温湿度、紫外线等环境参数，为住户提供实时的环境信息。同时，智能环境监测还可以与智能家电设备联动，自动调节室内环境，创造舒适的居住环境。

（9）智能家电控制：利用智能家居系统和无线通信技术，实现家电设备的智能化控制。住户可以通过手机、平板电脑等设备远程控制家中的设备，如空调、电视、洗衣机等。此外，智能家电还可以与智能环境监测联动，根据室内环境的变化自动调节家电的运行状态，提高生活的便利性和舒适度。

（10）智慧居家养老：利用先进的 IT 技术手段，开发面向居家老人的物联网系统平台，提供实时、快捷、高效、物联化、智能化的养老服务。借助"养老"和"健康"综合服务平台，将医疗服务、运营商、服务商、个人、家庭连接起来，满足老年人多样化、多层次的需求。智能化、科技化已成为养老产业新的发展热点,是目前中国养老产业发展中的一个重要方向。

综上所述,智慧住宅的新技术应用为住户提供了更加便捷、舒适和安全的居住环境。随着科技的不断发展,未来还将有更多的新技术应用于智慧住宅领域,为人们创造更加美好的居住体验。

18.11 智慧城市应用

18.11.1 智慧建筑和智慧城市的关系

建筑是构成城市的重要元素之一,是城市中最基本的设施之一,也是城市最小分割单元,可以说智慧建筑也是智慧城市的最小组成部分。

随着科技的飞速发展,智能建筑与智慧城市已成为当今世界建筑和城市发展的必然趋势。它们不仅代表着技术的进步,更是对人类生活方式和居住环境的深刻变革。

智能建筑是将建筑物的结构、系统、服务和管理根据用户的需求进行最优化组合,为用户提供一个高效、舒适、便利的人性化建筑环境。然而,智能建筑仅仅是智慧城市的一个组成部分。智慧城市是将新一代信息技术充分运用在城市各行各业,基于知识社会下一代创新的城市信息化高级形态。它实现了信息化、工业化与城镇化的深度融合,有助于缓解"大城市病",提高城镇化质量,实现精细化和动态管理,提升城市管理成效和改善市民生活质量。

智慧城市的建设涉及多个领域,包括交通管理、公共安全、环境保护、社区服务等。通过物联网、云计算、大数据等先进技术的应用,智慧城市能够实现对城市各个方面的智能化管理,从而提高城市的运行效率,提升市民的生活质量,推动城市的可持续发展。

智能建筑和智慧城市的发展是相辅相成的。智能建筑作为智慧城市的基础设施,为智慧城市提供了重要的数据来源和控制节点。而智慧城市则是智能建筑的延伸和扩展,它将智能建筑的理念和技术应用到整个城市的管理和运行中。

未来,随着技术的不断进步和应用范围的不断扩大,智能建筑和智慧城市的发展将更加紧密地结合在一起。智能建筑将不再是孤立的个体,而是成为智慧城市网络中的一部分,与其他设施和系统进行数据交换和协同工作。而智慧城市也将通过数据分析和智能化决策,更好地服务于市民,推动城市的可持续发展。

总的来说,从智能建筑到智慧城市的发展,是人类社会对更高效、更舒适、更可持续的居住和城市发展模式的探索和实践。这一过程不仅需要技术的支持,更需要全社会的参与和合作。

18.11.2 智慧城市的组成部分

智慧城市是一种集成了先进信息技术、大数据处理和智能化决策支持的城市形态。它利用信息技术提升城市运行的智能化水平,从而改善居民的生活质量,优化城市资源分配,提高城市治理效率。完整的智慧城市应由如下几部分组成。

(1)便捷的服务平台:智慧城市通过建立和完善服务平台,提供更为便捷、高效的城市服务。这些服务包括但不限于公共交通、医疗健康、教育资源、市政设施等,通过智能化的服务平台,实现资源的优化配置,提高服务效率,进而提升城市服务水平。

(2)全面的感知系统:利用各类传感器、摄像头等设备,智慧城市可以实时感知城市运行的状态,包括环境质量、交通流量、公共安全等,从而对城市运行进行实时监控和预警。

(3)智能的分析决策系统:基于大数据和人工智能技术,智慧城市可以实现对海量数据的处理和分析,通过数据挖掘和预测模型,为决策者提供科学的决策依据,实现城市运行的智能化决策。

(4)高效的能源管理系统:智慧城市通过建立高效的能源管理系统,实现能源的优化配置和有效利用,降低能源消耗,减少环境污染。

(5)创新的城市治理模式:智慧城市推动城市治理模式的创新,通过引入信息化、网络化、智能化的手段,提高城市治理的效率和透明度,提升城市的治理能力。

智慧城市是未来城市发展的重要方向,它通过整合先进的信息技术、大数据处理和智能化决策支持,推动城市的智能化、高效化发展。然而,智慧城市的实现需要跨部门、跨领域的协作,同时也需要政策的引导和支持。在未来,我们期待看到更多的创新和实践,推动智慧城市的进一步发展。

18.11.3　智慧城市的新技术

随着科技的飞速发展,智慧城市的概念和应用得到了广泛关注。智慧城市运用各种前沿技术,优化城市运营和管理,提高城市的生活质量和运行效率。以下将详细介绍智慧城市中的一些关键新技术应用。

(1)大数据分析:大数据技术是智慧城市的核心,它能够对海量数据进行快速、准确的分析,提供有价值的信息,支持决策制定。通过对交通、环境、公共安全等领域的实时数据采集和分析,可以优化城市资源配置,提高城市运行效率。

(2)物联网技术:物联网技术通过各种传感器和设备,实现物体之间的互联互通,为智慧城市提供了实时感知和数据采集的能力。在智能交通、智能家居、环境监测等领域,物联网技术发挥着重要作用。

(3)云计算服务:云计算为智慧城市提供了强大的数据处理和存储能力,可以快速响应各种应用需求。利用云计算服务,政府和企业可以实现数据共享、业务协同,提升服务效率。

(4)人工智能应用:人工智能技术为智慧城市提供了智能化决策支持。在交通管理、公共安全监控、智能制造等领域,AI 可以快速处理各种信息,实现精准预测和控制。

(5)城市信息模型:城市信息模型通过数字化的方式对城市进行三维建模,实现城市各领域的可视化和仿真模拟。这一技术为城市规划和设计提供了强有力的支持。

(6)下一代通信技术:下一代通信技术为智慧城市提供了超高速、低延迟的数据传输服务,为各种智能化应用提供了强大的通信保障。

(7)无人驾驶技术:无人驾驶技术是智慧交通的重要组成部分,通过高精度地图、传感器和 AI 算法,实现车辆的自主导航和驾驶,提升交通效率,降低事故率。

(8)智能安防系统:智能安防系统运用物联网、人工智能等技术,构建全方位、智能化的安防体系,有效预防和应对各类安全事件,保障公共安全。

(9)绿色能源技术:智慧城市积极采用绿色能源技术(如太阳能、风能等),通过智能化的能源管理系统实现能源的优化配置和高效利用,推动城市的可持续发展。

(10)数字孪生城市:数字孪生城市利用大数据、物联网和仿真技术,构建城市的数字镜像,实现对城市运行的实时监测、模拟预测和优化管理。

综上所述,智慧城市涉及的新技术众多,这些技术的广泛应用将极大地推动城市的智能化进程。然而,如何有效地整合这些技术,实现技术与城市运营的深度融合,仍需进一步探索和实践。在未来的智慧城市建设过程中,需要政府、企业和社会各界的共同努力,持续创新和优化技术应用方案,共同构建一个高效、宜居、可持续发展的智慧城市。

18.11.4 智慧城市的发展趋势

随着科技的不断进步,智慧城市的概念正在逐步成为现实。智慧城市以其独特的优势和巨大的潜力,正在引领城市发展的新方向。

(1)数字化转型:随着大数据、云计算等技术的发展,数字化转型正成为智慧城市的核心。数据作为关键要素,被广泛应用于城市的规划、管理、服务等领域,使城市治理和服务更为高效、精准。

(2)人工智能应用:人工智能技术,如机器学习、深度学习等,在智慧城市中发挥着越来越重要的作用。从智能交通管理到智能安防系统,人工智能正在提升城市的智能化水平。

(3)绿色与可持续发展:随着环保意识的提高,绿色和可持续发展已成为智慧城市的重要方向。智慧城市将通过智能化的能源管理、绿色出行等方式,实现资源节约和环境友好的发展。

(4)数据驱动的决策制定:大数据和人工智能的应用,使数据成为决策的关键依据。智慧城市将通过数据分析和预测,实现更为科学、精准的决策。

(5)公共服务的智能化升级:智慧城市将推动公共服务的智能化升级,如智能医疗、智能教育等,提升市民的生活质量。

(6)创新商业模式与经济发展:智慧城市将催生新的商业模式和经济形态,如共享经济、智能制造等,为经济发展注入新的活力。

(7)跨部门协作与共享:智慧城市建设涉及多个部门和多方利益相关者,需要加强跨部门协作与资源共享,共同推动智慧城市的可持续发展。

智慧城市的发展趋势涵盖了数字化转型、人工智能应用、绿色与可持续发展等多个方面。这些趋势相互交织、相互促进,共同推动着智慧城市的快速发展。面对未来,我们需要紧跟这些趋势,积极探索和实践智慧城市建设的新思路和新方法,为城市的可持续发展注入新的动力。同时,我们也需要注意防范潜在的风险和挑战,确保智慧城市建设能够在安全、可持续的道路上不断发展并持续创新。

思 考 题

1. 智能建筑的定义、功能和目标分别是什么?
2. 简述有线电视系统由哪几部分组成?
3. 常见的电话通信系统电缆配线方式有哪几种?
4. 监控系统由哪几部分组成,简述每部分的功能。
5. 公共广播系统分为哪几类?
6. 综合布线系统由哪几部分组成,简述每一部分的基本功能。
7. 简述楼宇自动化控制系统的概念、工作原理及组成部分。
8. 简述智能建筑系统集成设计需要涉及的内容。

参 考 文 献

[1] 中华人民共和国住房和城乡建设部. 建筑给水排水设计标准:GB 50015—2019[S]. 北京:中国计划出版社,2019.

[2] 中华人民共和国公安部. 建筑设计防火规范:GB 50016—2014(2018 年版)[S]. 北京:中国计划出版社,2014.

[3] 中华人民共和国公安部. 消防给水及消火栓系统技术规范:GB 50974—2014[S]. 北京:中国计划出版社,2018.

[4] 中华人民共和国公安部. 自动喷水灭火系统设计规范:GB 50084—2017[S]. 北京:中国计划出版社,2017.

[5] 中华人民共和国建设部. 城镇燃气设计规范:GB 50028—2006(2020 年版)[S]. 北京:中国建筑工业出版社,2020.

[6] 中国建筑设计研究院有限公司. 建筑给水排水设计手册:全 2 册[M]. 3 版. 北京:中国建筑工业出版社,2018.

[7] 住房和城乡建设部工程质量安全监管司,中国建筑标准设计研究院. 全国民用建筑工程设计技术措施:2019 年版. 给水排水[M]. 北京:中国计划出版社,2009.

[8] 王增长,岳秀萍. 建筑给水排水工程[M]. 8 版. 北京:中国建筑工业出版社,2021.

[9] 张勤,刘鸿霞. 高层建筑给水排水工程[M]. 4 版. 重庆:重庆大学出版社,2023.

[10] 中国建筑标准设计研究院. 国家建筑标准设计图集. 给水排水标准图集. 给水设备安装,1:2014 年合订本. S1.1:替代 2004 年合订本[M]. 北京:中国计划出版社,2014.

[11] 中华人民共和国住房和城乡建设部. 民用建筑供暖通风与空气调节设计规范:GB 50736—2012[S]. 北京:中国建筑工业出版社,2012.

[12] 刘源全,刘卫斌. 建筑设备[M]. 3 版. 北京:北京大学出版社,2017.

[13] 韦节廷. 建筑设备工程[M]. 4 版. 武汉:武汉理工大学出版社,2012.

[14] 章熙民. 传热学[M]. 6 版. 北京:中国建筑工业出版社,2014.

[15] 贺平,孙刚,吴华新,等. 供热工程[M]. 5 版. 北京:中国建筑工业出版社,2020.

[16] 吴味隆,奚士光,蒋群衍. 锅炉及锅炉房设备[M]. 4 版. 北京:中国建筑工业出版社,2006.

[17] 陆亚俊. 暖通空调[M]. 3 版. 北京:中国建筑工业出版社,2015.

[18] 住房和城乡建设部工程质量安全监管司,中国建筑标准设计研究院. 全国民用建筑工程设计技术措施:2009 年版. 建筑产品选用技术. 暖通空调·动力[M]. 北京:中国计划出版社,2009.

[19] 陆耀庆. 实用供热空调设计手册[M]. 2 版. 北京:中国建筑工业出版社,2007.

[20] 中华人民共和国住房和城乡建设部. 公共建筑节能设计标准:GB 50189—2015[S]. 北京:中国建筑工业出版社,2015.

［21］黄翔．空调工程［M］.3 版．北京:机械工业出版社,2017.

［22］高明远,岳秀萍．建筑设备工程［M］.3 版．北京:中国建筑工业出版社,2005.

［23］王汉青．通风工程［M］.2 版．北京:机械工业出版社,2018.

［24］沈恒根．工业通风［M］.4 版．北京:中国建筑工业出版社,2010.

［25］孙一坚．简明通风设计手册［M］．北京:中国建筑工业出版社,1997.

［26］朱颖心．建筑环境学［J］.4 版．北京:中国建筑工业出版社,2015.

［27］王鹏,谭刚．生态建筑中的自然通风［J］.世界建筑,2000,(4):62-65.

［28］龚光彩,李红祥,李玉国．自然通风的应用与研究［J］.建筑热能通风空调,2003,(4):4-6+20.

［29］吴忠标．大气污染控制工程［M］.2 版．北京:科学出版社,2021.

［30］中华人民共和国住房和城乡建设部．智能建筑设计规范:GB 50314—2015［S］.北京:中国计划出版社,2015.

［31］中华人民共和国住房和城乡建设部．建筑照明设计标准:GB 50034—2013［S］.北京:中国建筑工业出版社,2013.

［32］戴瑜兴．民用建筑电气设计手册［M］.2 版．北京:中国建筑工业出版社,2007.

［33］中国航空工业规划设计研究院．工业与民用配电设计手册［M］.3 版．北京:中国电力出版社,2005.

［34］戴瑜兴,黄铁兵,梁志超．民用建筑电气设计数据手册［M］.2 版．北京:中国建筑工业出版社,2010.

［35］中国建筑标准设计研究院．国家建筑标准设计图集:民用建筑电气设计计算及示例.12SDX101-2.北京:中国计划出版社,2012.

［36］苏文成．工厂供电［M］.2 版．北京:机械工业出版社,1993.